U0396084

危险废物管理处置与环境损害司法鉴定技术丛书

危险废物
鉴别与检测

WEIXIAN FEIWU JIANBIE YU JIANCE

主编　熊天庆　邵孝峰　熊新宇　张诗萍

APTIME
时代出版
时代出版传媒股份有限公司
安徽科学技术出版社

图书在版编目(CIP)数据

危险废物鉴别与检测 / 熊天庆等主编. -- 合肥:安徽科学技术出版社,2021.4
(危险废物管理处置与环境损害司法鉴定技术丛书)
ISBN 978-7-5337-8286-3

Ⅰ.①危…　Ⅱ.①熊…　Ⅲ.①危险物品管理-废物处理　Ⅳ.①X7

中国版本图书馆 CIP 数据核字(2020)第 169672 号

内 容 提 要

本书共六章,详细阐述了危险废物的定义、特性、分类、鉴别标准、鉴别方法以及危险废物成分和含量的检测方法。对于危险废物管理机构、科研单位以及危险废物的处理处置和综合利用单位都具有非常实用的价值。本书亦可供危险废物研究人员和大专院校相关专业的师生参考。

危险废物鉴别与检测

主编　熊天庆　邵孝峰　熊新宇　张诗萍

出版人:丁凌云　　　　　　　　　　选题策划:王爱菊　责任编辑:王爱菊
责任校对:张　枫　沙　莹　岑红宇　责任印制:李伦洲　装帧设计:冯　劲
出版发行:时代出版传媒股份有限公司　http://www.press-mart.com
　　　　　安徽科学技术出版社　　　　http://www.ahstp.net
(合肥市政务文化新区翡翠路 1118 号出版传媒广场,邮编:230071)
电话:(0551)63533330
印　　制:合肥华云印务有限责任公司　　电话:(0551)63418899
(如发现印装质量问题,影响阅读,请与印刷厂商联系调换)

开本:787×1092　1/16　　印张:24.5　　　　字数:688 千
版次:2021 年 4 月第 1 版　　2021 年 4 月第 1 次印刷

ISBN 978-7-5337-8286-3　　　　　　　　　定价:158.00 元

序

危险废物又称"有害废物""有毒废物"等,它可对环境安全和人类健康造成严重的危害。现代社会经济的快速发展,虽然提高了人类的物质文明,但同时也带来了大量的危险废物,如各种工业废渣、废酸、废碱、医疗废物等。这些废物在人类生活的环境中广泛存在,可以说,随着工业的发展,危险废物也在同步增加,对社会造成的危害性也在加大。

要对危险废物进行科学管理、合理处置,需要做到以下几点:首先,需要明确某种废物是否属于危险废物,要明确危险废物的性质和组分,只有这样,危险废物管理者才能根据废物的性质和组分确定管理的原则;其次,危险废物产生者、治理者要根据废物的特性,合理制订废物的处理处置及综合利用方案。

安徽华维检测技术有限公司及马鞍山市华清环保工程有限公司为配合国家对危险废物管理、处理和处置的要求及危险废物污染防治的法律、法规和技术政策的实施,组织有关专家编写了"危险废物管理处置与环境损害司法鉴定技术丛书"。丛书包括《危险废物处理技术及综合利用工程可行性研究实例》《危险废物鉴别与检测》《危险废物司法鉴定及典型案例》《环境损害司法鉴定检测技术》等分册。丛书的出版将对我国危险废物科学管理、有效治理及合理利用起到促进和提高的作用,也必将为我国危险废物的污染防治工作创造更新的局面提供一定的参考。

"危险废物管理处置与环境损害司法鉴定技术丛书"的面世,是我国环境保护工作的幸事。在此,向为丛书的出版付出辛勤劳动的编写、编辑工作者表示感谢。让我们携起手来,把我国的生态环境治理好、保护好!让祖国的山山水水都变成绿水青山,都变成金山银山!

修敬国

前　言

　　危险废物是具有腐蚀性、毒性、易燃性、反应性、感染性等特性的废弃物,若随意处置或不当处理,将会对人类健康和生态环境造成严重的危害。危险废物的科学管理与有效治理已成为当今世界各国共同面临的一个重大课题。联合国环境规划署于1989年3月通过了《控制危险废料越境转移及其处置巴塞尔公约》(简称《巴塞尔公约》),并于1992年生效,我国是《巴塞尔公约》的缔约国之一。20世纪90年代开始,我国加强了对危险废物的管理与控制,陆续制定和颁布了相关政策、法规、制度和技术标准,并于1998年1月发布了《国家危险废物名录》。《国家危险废物名录》(2021年版)所列的危险废物种类有46大类467种之多。随着我国经济的发展,危险废物的产生量越来越大,种类越来越多,性质越来越复杂,而且危险废物的产生源多,分布广泛,管理与治理难度大。危险废物的产生单位、危险废物处理处置单位及危险废物管理单位之间,由于对危险废物的属性鉴别不准,经常发生矛盾或纠纷。因此说,危险废物检测与鉴别是非常重要的工作。

　　为了对危险废物的性质精准鉴别,以促进我国危险废物更科学的处理、处置及综合利用,安徽华维检测技术有限公司组织有关人员编写了这本《危险废物鉴别与检测》,将危险废物的定义、特性、鉴别标准及相关的检测方法汇编成书,以便为各级环境保护管理部门提供监督管理的技术依据,为危险废物的产生企业及危险废物的收集、运输、处理和综合利用企业提供技术指导。这将有利于改变危险废物管理及经营活动的盲目性和无序局面,最大限度减少危险废物对人类健康和生态环境的危害,促进我国环境质量的不断提高,保证国民经济的健康发展。

　　本书共六章,第一章由熊天庆、宋倩倩编写,第二章由胡华佳、熊新宇编写,第三章由陈洁、邵嘉铭编写,第四章由邵孝峰、熊天庆、邵思琪编写,第五章由张诗萍、邵孝峰编写,第六章由于梦影、邵丹琦编写。本书资料由熊天庆、张诗萍、邵丹琦整理,由邵孝峰统稿,由熊新宇、熊天庆审核。

　　本书既可供相关环境管理人员、危险废物产生企业及处理处置和综合

1

利用企业有关技术人员参考,也可作为危险废物科学研究人员及大专院校环境专业师生参考用书。

本书在编写过程中,得到了安徽华维检测技术有限公司、马鞍山市华清环保工程有限公司的大力支持,在此表示真挚的谢意!此外,本书在编写过程中也参考了大量的科技文献,在此对有关文献的作者一并表示衷心感谢!

由于编者水平有限,书中难免有不当之处,敬请读者予以指正。

编　者

目　　录

第一章　危险废物的鉴别

第一节　危险废物概述

一、危险废物定义

关于危险废物的定义,不同的国家和国际组织提法并不一致,目前国际上尚未形成统一的说法。

1. 国际提法

世界卫生组织对"危险废物"的定义是:"一种生活垃圾和放射性废物之外的,由于数量、物理化学性质或传染性,尚未进行适当的处理、存放、运输或处置时会对人类健康或生活环境造成重大危害的废物。"

经济合作与发展组织对"危险废物"的定义是:"除放射性之外,一种会引起对人和环境的重大危害,这种危害可能来自一次事故或不适当的运输或处置,而被认为是危险的废物。"

《巴塞尔公约》则列出了专门的危险废物目录,除非这些废物不具有危险特性。同时也指出,任一出口、进口或过境国的国内立法确定或视为危险废物的废物也是危险废物。

英国对"危险废物"的定义是:"凡是有毒、有害、污染和存在于地面上能危害环境的所有废物。"

加拿大则将"危险废物"定义为"特殊废弃物",即指废弃物中不适合采用一般处理方法、不适合进入城市污水或生活垃圾处理系统处理处置的有害物质,这些物质往往要进行焚烧、安全填埋或其他的特殊处置。

美国在其《资源保护和回收法》[Resource Conservation & Recovery Act(RCRA,1976年)]中将"危险废物"定义为"危险废物是固体废物,由于不适当的处理、贮存、运输、处置或其他管理方面,它能引起或明显地影响各种疾病和死亡或对人体健康或环境造成显著的威胁"。

日本在其《废弃物处理法》(2013年)中将有爆炸性、毒性或感染性及可能产生对人体健康或环境危害的物质,定义为"特别管理废物",相当于我国所称的"危险废物"。

2. 国内提法

在《中华人民共和国固体废物污染环境防治法》中,将危险废物定义为"列入国家危险废物名录或者根据国家规定的危险废物鉴别标准和鉴别方法认定的具有危险特性的废物"。

在《国家危险废物名录》中,将"具有腐蚀性、毒性、易燃性、反应性或者感染性一种或者几种危险特性的""不排除具有危险特性,可能对环境或人体健康造成有害影响,需要按照危险废物进行管理的固体废物,列入本名录"。另外,还有"医疗废物属于危险废物""列入《危险化学品名录》的化学品废弃后属于危险废物"等。

对于危险废物的定义,虽然不同国家、不同组织各有不同的定义,但根据对其定义的应用性,通常可分为三种定义方法,即法律定义、排他性定义和包含性定义。

(1)法律定义。通常出现在关于危险废物的立法中,法律本身要求对立法的范围做简要的描述,如在《中华人民共和国固体废物污染环境防治法》中明确了固体废物分为工业固体废物、生活垃圾和危险废物,第六章附则第八十八条(四)明确"危险废物,是指列入国家危险废物名录或者根据国家规定的危险废物鉴别标准和鉴别方法认定的具有危险特性的固体废物"。

(2)排他性定义。是一种基于排他原理的定义方法,指危险废物可以是传统废物管理系统可以处置的废物之外的废物,即除常规水处理、废气处理、生活垃圾和一般工业固体废物处理之外的废物。这种定义在实践中没有多大的应用意义。

(3)包含性定义。是试图通过名录或者标准明确某种废物是危险废物,如果废物达到这类标准或者包含在名录内则属于危险废物。包含性定义可分为三类,即通用定义、组分定义和性质定义。其中,通用定义是基于对废物产生过程的描述来确定是否属于危险废物的,如来自储存罐底部和溶剂回收蒸馏塔底部的污泥;组分定义指若废物中含有的某种组分超过规定标准,即可确定为危险废物;性质定义根据危险废物的性质,如腐蚀性、毒性、易燃性、反应性和感染性等性质判断废物是否属于危险废物。

二、危险废物特性

危险废物的特性包括腐蚀性、毒性、易燃性、反应性和感染性等,其具体含义如下。

1. 腐蚀性(Corrosivity,C)

含水废物的浸出液或不含水废物加水的浸出液,能使接触物质发生质变,即称该物质具有腐蚀性。按照规定,浸出液 pH≥12.5 或 pH≤2.0 的废物,或温度≥55℃时,浸出液对规定 20 号钢材腐蚀率≥6.35 mm/a(毫米/年)的废物,为具有腐蚀性物质。

2. 毒性(Toxicity,T)

危险废物的毒性具体表现为以下三种。

(1)浸出毒性。用规定的方法对危险废物进行浸取,在浸出液中有一种或一种以上的有毒成分,其浓度超过规定标准,就可以认定这种物质具有毒性。

(2)急性毒性。指一次投给实验动物加大剂量的毒性物质,在短时间内所出现的毒性。通常用一群实验动物出现半数以上死亡的剂量,即半致死量来表示。按照摄毒的方式,急性毒性又可分为口服毒性、吸入毒性和皮肤吸收毒性三种。

(3)其他毒性。其他毒性包括生物富集性、刺激性、遗传变异性、水生物毒性及传染性等。

3. 易燃性(Ignitability,I)

燃点较低的废物,或者经摩擦或自然反应易于发热而进行剧烈、持续燃烧的废物,即是具有易燃性的危险废物。一般规定,燃点低于 60℃的废物即具有易燃性。

4. 反应性(Reactivity,R)

废物在无引发条件的情况下,由于其本身不稳定而易发生剧烈变化,如遇水在常温下能发生化学反应而形成爆炸性的混合物,或产生有毒气体、蒸气、烟雾或臭气,在受热的条件下能爆炸,常温常压下即可发生爆炸,等等,此类废物即可认为具有反应性。

5. 感染性(Infectivity,In)

感染性是指细菌、病毒、真菌、寄生虫等病原体,侵入人体且能够引起人体局部或全身性炎症反应。常见的具有感染性的危险废物有医疗废物、为防止动物传染病而需要收集和处置的废物、研究开发和教学活动产生的对人类或环境有危害的不明废物等。

三、危险废物分类

1. 按照物理状态分类

按照物理状态,危险废物可分为固态、液态和气态三种。这三种状态危险废物在危险废物的管理中均纳入固体废物管理范畴,其中以固态危险废物的种类和数量为最多。

液态危险废物主要包括废矿物油、废酸液、废碱液、废有机溶剂、废液体农药、废显影液、废定影液等。

气态危险废物主要包括废弃的罐装氯气以及其他有害气体等。

2. 按照产生形式分类

按照产生形式,危险废物可分为最后一个消费者丢弃的物品、生产生活过程中产生的无法使用于其他用途的物品、原有价值已经失去的原料或产品、过期药剂及其包装物、生产过程中产生的不能作为产品的残次品等。

3. 按照产生源分类

按照产生源,危险废物可分为工业源(包括矿业)危险废物和社会源危险废物。

工业源危险废物包括工业生产过程中产生的无法利用的副产品或残次品以及失去使用价值的原料或产品等。社会源危险废物包括医疗废物、维修丢弃的含油废物以及丢弃的废铅酸电池、干电池、日光灯管、电路板等。

4. 按照化学成分分类

按照化学成分,危险废物可分为有机危险废物和无机危险废物。

其中,有机危险废物包括废有机溶剂、废矿物油、含多氯联苯废物、有机树脂类废物以及蒸馏、精馏残渣等。

无机危险废物包括含重金属废物、废无机氟化物、废无机氰化物、废酸、废碱以及石棉废物等。

5. 名录分类

在《国家危险废物名录》中,废物类别是在《巴塞尔公约》划定的基础上,结合我国实际情况对危险废物进行的分类。

根据《中华人民共和国固体废物污染环境防治法》,我国于1998年1月4日由国家环境保护局、国际经济贸易委员会、对外贸易经济合作部、公安部联合制定并公布了《国家危险废物名录》。2008年6月6日,环境保护部会同国家发展和改革委员会对《国家危险废物名录》进行修订;2016年3月30日环境保护部会同国家发展和改革委员会及公安部再次修订《国家危险废物名录》,《国家危险废物名录》(2021年版)已于2020年11月25日经生态环境部部务会议通过,自2021年1月1日起施行,对危险废物进行分类管理。

四、国家危险废物名录

2021年版《国家危险废物名录》共46大类(HW01～HW40,HW45～HW50),467种危险废物;《危险废物豁免管理清单》,共32类。

第一条 根据《中华人民共和国固体废物污染环境防治法》的有关规定,制定本名录。

第二条 具有下列情形之一的固体废物(包括液态废物),列入本名录:

(一)具有毒性、腐蚀性、易燃性、反应性或者感染性一种或几种危险特性的。

(二)不排除具有危险特性,可能对生态环境或者人体健康造成有害影响,需要按照危险废物进行管理的。

第三条 列入本名录附录《危险废物豁免管理清单》中的危险废物,在所列的豁免环节,且满足相应的豁免条件时,可以按照豁免内容的规定实行豁免管理。

第四条 危险废物与其他物质混合后的固体废物,以及危险废物利用处置后的固体废物的属性判定,按照国家规定的危险废物鉴别标准执行。

第五条 本名录中有关术语的含义如下:

(一)废物类别,是在《控制危险废物越境转移及其处置巴塞尔公约》划定的类别基础上,结合我国实际情况对危险废物进行的分类。

(二)行业来源,是指危险废物的产生行业。

(三)废物代码,是指危险废物的唯一代码,为8位数字。其中,第1～3位为危险废物产生行业代码(依据《国民经济行业分类(GB/T 4754—2017)》确定),第4～6位为危险废物顺序代码,第7～8位为危险废物类别代码。

(四)危险特性,是指对生态环境和人体健康具有有害影响的毒性(Toxicity,T)、腐蚀性(Corrosivity,C)、易燃性(Ignitability,I)、反应性(Reactivity,R)和感染性(Infectivity,In)。

第六条 对不明确是否具有危险特性的固体废物,应当按照国家规定的危险废物鉴别标准和鉴别方法予以认定。

经鉴别具有危险特性的,属于危险废物,应当根据其主要有害成分和危险特性确定所属废物类别,并按代码"900—000—××"(××为危险废物类别代码)进行分类管理。

经鉴别不具有危险特性的,不属于危险废物。

第七条 本名录根据实际情况实行动态调整。

第八条 本名录自2021年1月1日起施行。原环境保护部、国家发展和改革委员会、公安部发布的《国家危险废物名录》(环境保护部令第39号)同时废止。

《国家危险废物名录》列于表1-1,《危险废物豁免管理清单》列于表1-2。

表 1-1　国家危险废物名录

废物类别	行业来源	废物代码	危险废物	危险特性[①]
HW01 医疗废物[②]	卫生	841-001-01	感染性废物	In
		841-002-01	损伤性废物	In
		841-003-01	病理性废物	In
		841-004-01	化学性废物	T/C/I/R
		841-005-01	药物性废物	T
HW02 医药废物	化学药品 原料药制造	271-001-02	化学合成原料药生产过程中产生的蒸馏及反应残余物	T
		271-002-02	化学合成原料药生产过程中产生的废母液及反应基废物	T
		271-003-02	化学合成原料药生产过程中产生的废脱色过滤介质	T
		271-004-02	化学合成原料药生产过程中产生的废吸附剂	T
		271-005-02	化学合成原料药生产过程中的废弃产品及中间体	T
	化学药品 制剂制造	272-001-02	化学药品制剂生产过程中的原料药提纯精制、再加工产生的蒸馏及反应残余物	T
		272-003-02	化学药品制剂生产过程中产生的废脱色过滤介质及吸附剂	T
		272-005-02	化学药品制剂生产过程中产生的废弃产品及原料药	T
	兽用药品 制造	275-001-02	使用砷或有机砷化合物生产兽药过程中产生的废水处理污泥	T
		275-002-02	使用砷或有机砷化合物生产兽药过程中产生的蒸馏残余物	T
		275-003-02	使用砷或有机砷化合物生产兽药过程中产生的废脱色过滤介质及吸附剂	T
		275-004-02	其他兽药生产过程中产生的蒸馏及反应残余物	T
		275-005-02	其他兽药生产过程中产生的废脱色过滤介质及吸附剂	T
		275-006-02	兽药生产过程中产生的废母液、反应基和培养基废物	T
		275-008-02	兽药生产过程中产生的废弃产品及原料药	T
	生物药品 制品制造	276-001-02	利用生物技术生产生物化学药品、基因工程药物过程中产生的蒸馏及反应残余物	T
		276-002-02	利用生物技术生产生物化学药品、基因工程药物(不包括利用生物技术合成氨基酸、维生素、他汀类降脂药物、降糖类药物)过程中产生的废母液、反应基和培养基废物	T
		276-003-02	利用生物技术生产生物化学药品、基因工程药物(不包括利用生物技术合成氨基酸、维生素、他汀类降脂药物、降糖类药物)过程中产生的废脱色过滤介质	T
		276-004-02	利用生物技术生产生物化学药品、基因工程药物过程中产生的废吸附剂	T
		276-005-02	利用生物技术生产生物化学药品、基因工程药物过程中产生的废弃产品、原料药和中间体	T

废物类别	行业来源	废物代码	危险废物	危险特性^①
HW03 废药物、 药品	非特定行业	900-002-03	销售及使用过程中产生的失效、变质、不合格、淘汰、伪劣的化学药品和生物制品（不包括列入《国家基本药物目录》中的维生素、矿物质类药、调节水、电解质及酸碱平衡药），以及《医疗用毒性药品管理办法》中所列的毒性中药	T
HW04 农药废物	农药制造	263-001-04	氯丹生产过程中六氯环戊二烯过滤产生的残余物，及氯化反应器真空汽提产生的废物	T
		263-002-04	乙拌磷生产过程中甲苯回收工艺产生的蒸馏残渣	T
		263-003-04	甲拌磷生产过程中二乙基二硫代磷酸过滤产生的残余物	T
		263-004-04	2,4,5-三氯苯氧乙酸生产过程中四氯苯蒸馏产生的重馏分及蒸馏残余物	T
		263-005-04	2,4-二氯苯氧乙酸生产过程中苯酚氯化工段产生的含2,6-二氯苯酚精馏残渣	T
		263-006-04	乙烯基双二硫代氨基甲酸及其盐类生产过程中产生的过滤、蒸发和离心分离残余物及废水处理污泥，产品研磨和包装工序集（除）尘装置收集的粉尘和地面清扫废物	T
		263-007-04	溴甲烷生产过程中产生的废吸附剂、反应器产生的蒸馏残液和废水分离器产生的废物	T
		263-008-04	其他农药生产过程中产生的蒸馏及反应残余物（不包括赤霉酸发酵滤渣）	T
		263-009-04	农药生产过程中产生的废母液、反应罐及容器清洗废液	T
		263-010-04	农药生产过程中产生的废滤料及吸附剂	T
		263-011-04	农药生产过程中产生的废水处理污泥	T
		263-012-04	农药生产、配制过程中产生的过期原料及废弃产品	T
	非特定行业	900-003-04	销售及使用过程中产生的失效、变质、不合格、淘汰、伪劣的农药产品，以及废弃的与农药直接接触或含有农药残余物的包装物	T
HW05 木材防腐 剂废物	木材加工	201-001-05	使用五氯酚进行木材防腐过程中产生的废水处理污泥，以及木材防腐处理过程中产生的沾染该防腐剂的废弃木材残片	T
		201-002-05	使用杂酚油进行木材防腐过程中产生的废水处理污泥，以及木材防腐处理过程中产生的沾染该防腐剂的废弃木材残片	T
		201-003-05	使用含砷、铬等无机防腐剂进行木材防腐过程中产生的废水处理污泥，以及木材防腐处理过程中产生的沾染该防腐剂的废弃木材残片	T

续表

废物类别	行业来源	废物代码	危险废物	危险特性①
HW05 木材防腐 剂废物	专用化学 产品制造	266-001-05	木材防腐化学品生产过程中产生的反应残余物、废过滤介质及吸附剂	T
		266-002-05	木材防腐化学品生产过程中产生的废水处理污泥	T
		266-003-05	木材防腐化学品生产、配制过程中产生的过期原料和废弃产品	T
	非特定行业	900-004-05	销售及使用过程中产生的失效、变质、不合格、淘汰、伪劣的木材防腐化学药品	T
HW06 废有机溶 剂与含有 机溶剂 废物	非特定行业	900-401-06	工业生产中作为清洗剂、萃取剂、溶剂或反应介质使用后废弃的四氯化碳、二氯甲烷、1,1-二氯乙烷、1,2-二氯乙烷、1,1,1-三氯乙烷、1,1,2-三氯乙烷、三氯乙烯、四氯乙烯，以及在使用前混合的含有一种或多种上述卤化溶剂的混合/调和溶剂	T,I
		900-402-06	工业生产中作为清洗剂、萃取剂、溶剂或反应介质使用后废弃的有机溶剂，包括苯、苯乙烯、丁醇、丙酮、正己烷、甲苯、邻二甲苯、间二甲苯、对二甲苯、1,2,4-三甲苯、乙苯、乙醇、异丙醇、乙醚、丙醚、乙酸甲酯、乙酸乙酯、乙酸丁酯、丙酸丁酯、苯酚，以及在使用前混合的含有一种或多种上述溶剂的混合/调和溶剂	T,I,R
		900-404-06	工业生产中作为清洗剂、萃取剂、溶剂或反应介质使用后废弃的其他列入《危险化学品目录》的有机溶剂，以及在使用前混合的含有一种或多种上述溶剂的混合/调和溶剂	T,I,R
		900-405-06	900-401-06、900-402-06、900-404-06 中所列废有机溶剂再生处理过程中产生的废活性炭及其他过滤吸附介质	T,I,R
		900-407-06	900-401-06、900-402-06、900-400-06 中所列废有机溶剂分馏再生过程中产生的高沸物和釜底残渣	T,I,R
		900-409-06	900-401-06、900-402-06、900-404-06 中所列废有机溶剂再生处理过程中产生的废水处理浮渣和污泥（不包括废水生化处理污泥）	T
HW07 热处理 含氰废物	金属表面 处理及热 处理加工	336-001-07	使用氰化物进行金属热处理产生的淬火池残渣	T,R
		336-002-07	使用氰化物进行金属热处理产生的淬火废水处理污泥	T,R
		336-003-07	含氰热处理炉维修过程中产生的废内衬	T,R
		336-004-07	热处理渗碳炉产生的热处理渗碳氰渣	T,R
		336-005-07	金属热处理工艺盐浴槽（釜）清洗产生的含氰残渣和含氰废液	T,R
		336-049-07	氰化物热处理和退火作业过程中产生的残渣	T,R

废物类别	行业来源	废物代码	危险废物	危险特性①
HW08 废矿物油 与含矿物 废油	石油开采	071-001-08	石油开采和联合站贮存产生的油泥和油脚	T,I
		071-002-08	以矿物油为连续相配制钻井泥浆用于石油开采所产生的钻井岩屑和废弃钻井泥浆	T
	天然气开采	072-001-08	以矿物油为连续相配制钻井泥浆用于天然气开采所产生的钻井岩屑和废弃钻井泥浆	T
	精炼石油 产品制造	251-001-08	清洗矿物油储存、输送设施过程中产生的油/水和烃/水混合物	T
		251-002-08	石油初炼过程中储存设施、油-水-固态物质分离器、积水槽、沟渠及其他输送管道、污水池、雨水收集管道产生的含油污泥	T,I
		251-003-08	石油炼制过程中含油废水隔油、气浮、沉淀等处理过程中产生的浮油、浮渣和污泥(不包括废水生化处理污泥)	T
		251-004-08	石油炼制过程中溶气浮选工艺产生的浮渣	T,I
		251-005-08	石油炼制过程中产生的溢出废油或乳剂	T,I
		251-006-08	石油炼制换热器管束清洗过程中产生的含油污泥	T
		251-010-08	石油炼制过程中澄清油浆槽底沉积物	T,I
		251-011-08	石油炼制过程中进油管路过滤或分离装置产生的残渣	T,I
		251-012-08	石油炼制过程中产生的废过滤介质	T
	电子元件及 专用材料制造	398-001-08	锂电池隔膜生产过程中产生的废白油	T
	橡胶制品业	291-001-08	橡胶生产过程中产生的废溶剂油	T,I
	非特定行业	900-199-08	内燃机、汽车、轮船等集中拆解过程产生的废矿物油及油泥	T,I
		900-200-08	珩磨、研磨、打磨过程产生的废矿物油及油泥	T,I
		900-201-08	清洗金属零部件过程中产生的废弃煤油、柴油、汽油及其他由石油和煤炼制生产的溶剂油	T,I
		900-203-08	使用淬火油进行表面硬化处理产生的废矿物油	T
		900-204-08	使用轧制油、冷却剂和酸进行金属轧制产生的废矿物油	T
		900-205-08	镀锡及焊锡回收工艺产生的废矿物油	T
		900-209-08	金属、塑料的定型和物理机械表面处理过程中产生的废石蜡和润滑油	T,I
		900-210-08	含油废水处理中隔油、气浮、沉淀等处理过程中产生的浮油、浮渣和污泥(不包括废水生化处理污泥)	T,I
		900-213-08	废矿物油再生净化过程中产生的沉淀残渣、过滤残渣、废过滤吸附介质	T,I
		900-214-08	车辆、轮船及其他机械维修过程中产生的废发动机油、制动器油、自动变速器油、齿轮油等废润滑油	T,I

废物类别	行业来源	废物代码	危险废物	危险特性①
HW08 废矿物油 与含矿物 废油	非特定行业	900-215-08	废矿物油裂解再生过程中产生的裂解残渣	T,I
		900-216-08	使用防锈油进行铸件表面防锈处理过程中产生的废防锈油	T,I
		900-217-08	使用工业齿轮油进行机械设备润滑过程中产生的废润滑油	T,I
		900-218-08	液压设备维护、更换和拆解过程中产生的废液压油	T,I
		900-219-08	冷冻压缩设备维护、更换和拆解过程中产生的废冷冻机油	T,I
		900-220-08	变压器维护、更换和拆解过程中产生的废变压器油	T,I
		900-221-08	废燃料油及燃料油储存过程中产生的油泥	T,I
		900-249-08	其他生产、销售、使用过程中产生的废矿物油及沾染矿物油的废弃包装物	T,I
HW09 油/水、 烃/水混 合物或 乳化液	非特定行业	900-005-09	水压机维护、更换和拆解过程中产生的油/水、烃/水混合物或乳化液	T
		900-006-09	使用切削油或切削液进行机械加工过程中产生的油/水、烃/水混合物或乳化液	T
		900-007-09	其他工艺过程中产生的油/水、烃/水混合物或乳化液	T
HW10 多氯(溴) 联苯类 废物	非特定行业	900-008-10	含有多氯联苯(PCBs)、多氯三联苯(PCTs)和多溴联苯(PBBs)的废弃电容器、变压器	T
		900-009-10	含有PCBs、PCTs和PBBs的电力设备的清洗液	T
		900-010-10	含有PCBs、PCTs和PBBs的电力设备中废弃的介质油、绝缘油、冷却油及导热油	T
		900-011-10	含有或沾染PCBs、PCTs和PBBs的废弃包装物及容器	T
HW11 精(蒸)馏 残渣	精炼石油 产品制造	251-013-11	石油精炼过程中产生的酸焦油和其他焦油	T
	煤炭加工	252-001-11	炼焦过程中蒸氨塔残渣和洗油再生残渣	T
		252-002-11	煤气净化过程氨水分离设施底部的焦油和焦油渣	T
		252-003-11	炼焦副产品回收过程中萘精制产生的残渣	T
		252-004-11	炼焦过程中焦油储存设施中的焦油渣	T
		252-005-11	煤焦油加工过程中焦油储存设施中的焦油渣	T
		252-007-11	炼焦及煤焦油加工过程中的废水池残渣	T
		252-009-11	轻油回收过程中的废水池残渣	T
		252-010-11	炼焦、煤焦油加工和苯精制过程中产生的废水处理污泥(不包括废水生化处理污泥)	T

废物类别	行业来源	废物代码	危险废物	危险特性①
HW11 精(蒸)馏残渣	煤炭加工	252-011-11	焦炭生产过程中硫铵工段煤气除酸净化产生的酸焦油	T
		252-012-11	焦化粗苯酸洗法精制过程产生的酸焦油及其他精制过程产生的蒸馏残渣	T
		252-013-11	焦炭生产过程中产生的脱硫废液	T
		252-016-11	煤沥青改质过程中产生的闪蒸油	T
		252-017-11	固定床气化技术生产化工合成原料气、燃料油合成原料气过程中粗煤气冷凝产生的焦油和焦油渣	T
	燃气生产和供应业	451-001-11	煤气生产行业煤气净化过程中产生的煤焦油渣	T
		451-002-11	煤气生产过程中产生的废水处理污泥（不包括废水生化处理污泥）	T
		451-003-11	煤气生产过程中煤气冷凝产生的煤焦油	T
	基础化学原料制造	261-007-11	乙烯法制乙醛生产过程中产生的蒸馏残渣	T
		261-008-11	乙烯法制乙醛生产过程中产生的蒸馏次要馏分	T
		261-009-11	苄基氯生产过程中苄基氯蒸馏产生的蒸馏残渣	T
		261-010-11	四氯化碳生产过程中产生的蒸馏残渣和重馏分	T
		261-011-11	表氯醇生产过程中精制塔产生的蒸馏残渣	T
		261-012-11	异丙苯生产过程中精馏塔产生的重馏分	T
		261-013-11	萘法生产邻苯二甲酸酐过程中产生的蒸馏残渣和轻馏分	T
		261-014-11	邻二甲苯法生产邻苯二甲酸酐过程中产生的蒸馏残渣和轻馏分	T
		261-015-11	苯硝化法生产硝基苯过程中产生的蒸馏残渣	T
		261-016-11	甲苯二异氰酸酯生产过程中产生的蒸馏残渣和离心分离残渣	T
		261-017-11	1,1,1-三氯乙烷生产过程中产生的蒸馏残渣	T
		261-018-11	三氯乙烯和四氯乙烯联合生产过程中产生的蒸馏残渣	T
		261-019-11	苯胺生产过程中产生的蒸馏残渣	T
		261-020-11	苯胺生产过程中苯胺萃取工序产生的蒸馏残渣	T
		261-021-11	二硝基甲苯加氢法生产甲苯二胺过程中干燥塔产生的反应残余物	T
		261-022-11	二硝基甲苯加氢法生产甲苯二胺过程中产品精制产生的轻馏分	T
		261-023-11	二硝基甲苯加氢法生产甲苯二胺过程中产品精制产生的废液	T
		261-024-11	二硝基甲苯加氢法生产甲苯二胺过程中产品精制产生的重馏分	T

废物类别	行业来源	废物代码	危险废物	危险特性①
HW11 精（蒸）馏 残渣	基础化学 原料制造	261-025-11	甲苯二胺光气化法生产甲苯二异氰酸酯过程中溶剂回收塔产生的有机冷凝物	T
		261-026-11	氯苯、二氯苯生产过程中的蒸馏及分馏残渣	T
		261-027-11	使用羧酸肼生产 1,1-二甲基肼过程中产品分离产生的残渣	T
		261-028-11	乙烯溴化法生产二溴乙烯过程中产品精制产生的蒸馏残渣	T
		261-029-11	α-氯甲苯、苯甲酰氯和含此类官能团的化学品生产过程中产生的蒸馏残渣	T
		261-030-11	四氯化碳生产过程中的重馏分	T
		261-031-11	二氯乙烯单体生产过程中蒸馏产生的重馏分	T
		261-032-11	氯乙烯单体生产过程中蒸馏产生的重馏分	T
		261-033-11	1,1,1-三氯乙烷生产过程中蒸汽汽提塔产生的残余物	T
		261-034-11	1,1,1-三氯乙烷生产过程中蒸馏产生的重馏分	T
		261-035-11	三氯乙烯和四氯乙烯联合生产过程中产生的重馏分	T
		261-100-11	苯和丙烯生产苯酚和丙酮过程中产生的重馏分	T
		261-101-11	苯泵式硝化生产硝基苯过程中产生的重馏分	T,R
		261-102-11	铁粉还原硝基苯生产苯胺过程中产生的重馏分	T
		261-103-11	以苯胺、乙酸酐或乙酰苯胺为原料生产对硝基苯胺过程中产生的重馏分	T
		261-104-11	对硝基氯苯胺氨解生产对硝基苯胺过程中产生的重馏分	T,R
		261-105-11	氨化法、还原法生产邻苯二胺过程中产生的重馏分	T
		261-106-11	苯和乙烯直接催化、乙苯和丙烯共氧化、乙苯催化脱氢生产苯乙烯过程中产生的重馏分	T
		261-107-11	二硝基甲苯还原催化生产甲苯二胺过程中产生的重馏分	T
		261-108-11	对苯二酚氧化生产二甲氧基苯胺过程中产生的重馏分	T
		261-109-11	萘磺化生产萘酚过程中产生的重馏分	T
		261-110-11	苯酚、三甲苯水解生产 4,4'-二羟基二苯砜过程中产生的重馏分	T
		261-111-11	甲苯硝基化合物羰基化法、甲苯碳酸二甲酯法生产甲苯二异氰酸酯过程中产生的重馏分	T
		261-113-11	乙烯直接氯化生产二氯乙烷过程中产生的重馏分	T
		261-114-11	甲烷氯化生产甲烷氯化物过程中产生的重馏分	T
		261-115-11	甲醇氯化生产甲烷氯化物过程中产生的釜底残液	T
		261-116-11	乙烯氯醇法、氧化法生产环氧乙烷过程中产生的重馏分	T
		261-117-11	乙炔气相合成、氧氯化生产氯乙烯过程中产生的重馏分	T

废物类别	行业来源	废物代码	危险废物	危险特性①
HW11 精(蒸)馏 残渣	基础化学 原料制造	261-118-11	乙烯直接氯化生产三氯乙烯、四氯乙烯过程中产生的重馏分	T
		261-119-11	乙烯氧氯化法生产三氯乙烯、四氯乙烯过程中产生的重馏分	T
		261-120-11	甲苯光气法生产苯甲酰氯产品精制过程中产生的重馏分	T
		261-121-11	甲苯苯甲酸法生产苯甲酰氯产品精制过程中产生的重馏分	T
		261-122-11	甲苯连续光氯化法、无光热氯化法生产氯化苄过程中产生的重馏分	T
		261-123-11	偏二氯乙烯氢氯化法生产1,1,1-三氯乙烷过程中产生的重馏分	T
		261-124-11	醋酸丙烯酯法生产环氧氯丙烷过程中产生的重馏分	T
		261-125-11	异戊烷(异戊烯)脱氢法生产异戊二烯过程中产生的重馏分	T
		261-126-11	化学合成法生产异戊二烯过程中产生的重馏分	T
		261-127-11	碳五馏分分离生产异戊二烯过程中产生的重馏分	T
		261-128-11	合成气加压催化生产甲醇过程中产生的重馏分	T
		261-129-11	水合法、发酵法生产乙醇过程中产生的重馏分	T
		261-130-11	环氧乙烷直接水合生产乙二醇过程中产生的重馏分	T
		261-131-11	乙醛缩合加氢生产丁二醇过程中产生的重馏分	T
		261-132-11	乙醛氧化生产醋酸蒸馏过程中产生的重馏分	T
		261-133-11	丁烷液相氧化生产醋酸过程中产生的重馏分	T
		261-134-11	电石乙炔法生产醋酸乙烯酯过程中产生的重馏分	T
		261-135-11	氢氰酸法生产原甲酸三甲酯过程中产生的重馏分	T
		261-136-11	β-苯胺乙醇法生产靛蓝过程中产生的重馏分	T
	石墨及其他 非金属矿物 制品制造	309-001-11	电解铝及其他有色金属电解精炼过程中预焙阳极、碳块及其他碳素制品制造过程烟气处理所产生的含焦油废物	T
	环境治理业	772-001-11	废矿物油再生过程中产生的酸焦油	T
	非特定行业	900-013-11	其他化工生产过程(不包括以生物质为主要原料的加工过程)中精馏、蒸馏和热解工艺产生的高沸点釜底残余物	T
HW12 染料、 涂料废物	涂料、油墨、 颜料及类似 产品制造	264-002-12	铬黄和铬橙颜料生产过程中产生的废水处理污泥	T
		264-003-12	钼酸橙颜料生产过程中产生的废水处理污泥	T
		264-004-12	锌黄颜料生产过程中产生的废水处理污泥	T
		264-005-12	铬绿颜料生产过程中产生的废水处理污泥	T
		264-006-12	氧化铬绿颜料生产过程中产生的废水处理污泥	T
		264-007-12	氧化铬绿颜料生产过程中烘干产生的残渣	T

废物类别	行业来源	废物代码	危险废物	危险特性①
HW12 染料、 涂料废物	涂料、油墨、 颜料及类似 产品制造	264-008-12	铁蓝颜料生产过程中产生的废水处理污泥	T
		264-009-12	使用含铬、铅的稳定剂配制油墨过程中,设备清洗产生的洗涤废液和废水处理污泥	T
		264-010-12	油墨生产、配制过程中产生的废蚀刻液	T
		264-011-12	染料、颜料生产过程中产生的废母液、残渣、废吸附剂和中间体废物	T
		264-012-12	其他油墨、染料、颜料、油漆(不包括水性漆)生产过程中产生的废水处理污泥	T
		264-013-12	油漆、油墨生产、配制和使用过程中产生的含颜料、油墨的废有机溶剂	T
	非特定 行业	900-250-12	使用有机溶剂、光漆进行光漆涂布、喷漆工艺过程中产生的废物	T,I
		900-251-12	使用油漆(不包括水性漆)、有机溶剂进行阻挡层涂敷过程中产生的废物	T,I
		900-252-12	使用油漆(不包括水性漆)、有机溶剂进行喷漆、上漆过程中产生的废物	T,I
		900-253-12	使用油墨和有机溶剂进行丝网印刷过程中产生的废物	T,I
		900-254-12	使用遮盖油、有机溶剂进行遮盖油的涂敷过程中产生的废物	T,I
		900-255-12	使用各种颜料进行着色过程中产生的废颜料	T
		900-256-12	使用酸、碱或有机溶剂清洗容器设备过程中剥离下的废油漆、废染料、废涂料	T,I,C
		900-299-12	生产、销售及使用过程中产生的失效、变质、不合格、淘汰、伪劣的油墨、染料、颜料、油漆(不包括水性漆)	T
HW13 有机树脂 类废物	合成材料 制造	265-101-13	树脂、合成乳胶、增塑剂、胶水/胶合剂合成过程产生的不合格产品(不包括热塑型树脂生产过程中聚合物经脱除单体、低聚物、溶剂及其他助剂后产生的废料,以及热固型树脂固化后的固化体)	T
		265-102-13	树脂、合成乳胶、增塑剂、胶水/胶合剂生产过程中合成、酯化、缩合等工序产生的废母液	T
		265-103-13	树脂(不包括水性聚氨酯乳液、水性丙烯酸乳液、水性聚氨酯丙烯酸复合乳液)、合成乳胶、增塑剂、胶水/胶合剂生产过程中精馏、分离、精制等工序产生的釜底残液、废过滤介质和残渣	T
		265-104-13	树脂(不包括水性聚氨酯乳液、水性丙烯酸乳液、水性聚氨酯丙烯酸复合乳液)、合成乳胶、增塑剂、胶水/胶合剂合成过程中产生的废水处理污泥(不包括废水生化处理污泥)	T
	非特定 行业	900-014-13	废弃的黏合剂和密封剂(不包括水基型和热熔型黏合剂及密封剂)	T
		900-015-13	温法冶金、表面处理和制药行业重金属、抗生素提取、分离过程产生的废弃离子交换树脂,以及工业废水处理过程产生的废弃离子交换树脂	T

废物类别	行业来源	废物代码	危险废物	危险特性^①
HW13 有机树脂 类废物	非特定行业	900-016-13	使用酸、碱或有机溶剂清洗容器设备剥离下的树脂状、黏稠杂物	T
		900-451-13	废覆铜板、印刷线路板、电路板破碎分选回收金属后产生的废树脂粉	T
HW14 新化学物 质废物	非特定行业	900-017-14	研究、开发和教学活动中产生的对人类或环境影响不明的化学物质废物	T/C/I/R
HW15 爆炸性 废物	炸药、火工 及焰火产 品制造	267-001-15	炸药生产和加工过程中产生的废水处理污泥	R,T
		267-002-15	含爆炸品废水处理过程中产生的废活性炭	R,T
		267-003-15	生产、配制和装填铅基起爆药剂过程中产生的废水处理污泥	R,T
		267-004-15	三硝基甲苯生产过程中产生的粉红水、红水,以及废水处理污泥	T,R
HW16 感光材料 废物	专用化学 产品制造	266-009-16	显(定)影剂、正负胶片、像纸、感光材料生产过程中产生的不合格产品和过期产品	T
		266-010-16	显(定)影剂、正负胶片、像纸、感光材料生产过程中产生的残渣和废水处理污泥	T
	印刷	231-001-16	使用显影剂进行胶卷显影,使用定影剂进行胶卷定影,以及使用铁氰化钾、硫代硫酸盐进行影像减薄(漂白)产生的废显(定)影剂、胶片和废像纸	T
		231-002-16	使用显影剂进行印刷显影,抗蚀图形显影,以及凸版印刷产生的废显(定)影剂、胶片和废像纸	T
	电子元件及 电子专用 材料制造	398-001-16	使用显影剂、氢氧化物、偏亚硫酸氢盐、醋酸进行胶卷显影产生的废显(定)影剂、胶片和废像纸	T
	影视节目制作	873-001-16	电影厂产生的废显(定)影剂、胶片和废像纸	T
	摄影扩印服务	806-001-16	摄影扩印服务行业产生的废显(定)影剂、胶片和废像纸	T
	非特定行业	900-019-16	其他行业产生的废显(定)影剂、胶片和废像纸	T
HW17 表面处理 废物	金属表面 处理及热 处理加工	336-050-17	使用氯化亚锡进行敏化处理产生的废渣和废水处理污泥	T
		336-051-17	使用氯化锌、氯化铵进行敏化处理产生的废渣和废水处理污泥	T
		336-052-17	使用锌和电镀化学品进行镀锌产生的废槽液、槽渣和废水处理污泥	T
		336-053-17	使用镉和电镀化学品进行镀镉产生的废槽液、槽渣和废水处理污泥	T
		336-054-17	使用镍和电镀化学品进行镀镍产生的废槽液、槽渣和废水处理污泥	T
		336-055-17	使用镀镍液进行镀镍产生的废槽液、槽渣和废水处理污泥	T

续表

废物类别	行业来源	废物代码	危险废物	危险特性①
HW17表面处理废物	金属表面处理及热处理加工	336-056-17	使用硝酸银、碱、甲醛进行敷金属法镀银产生的废槽液、槽渣和废水处理污泥	T
		336-057-17	使用金和电镀化学品进行镀金产生的废槽液、槽渣和废水处理污泥	T
		336-058-17	使用镀铜液进行化学镀铜产生的废槽液、槽渣和废水处理污泥	T
		336-059-17	使用钯和锡盐进行活化处理产生的废渣和废水处理污泥	T
		336-060-17	使用铬和电镀化学品进行镀黑铬产生的废槽液、槽渣和废水处理污泥	T
		336-061-17	使用高锰酸钾进行钻孔除胶处理产生的废渣和废水处理污泥	T
		336-062-17	使用铜和电镀化学品进行镀铜产生的废槽液、槽渣和废水处理污泥	T
		336-063-17	其他电镀工艺产生的废槽液、槽渣和废水处理污泥	T
		336-064-17	金属或塑料表面酸（碱）洗、除油、除锈、洗涤、磷化、出光、化抛工艺产生的废腐蚀液、废洗涤液、废槽液、槽渣和废水处理污泥［不包括：铝、镁材（板）表面酸（碱）洗、粗化、硫酸阳极处理、磷酸化学抛光废水处理污泥，铝电解电容器用铝电极箔化学腐蚀、非硼酸系化成液化成废水处理污泥，铝材挤压加工模具碱洗（煲模）废水处理污泥，碳钢酸洗除锈废水处理污泥］	T/C
		336-066-17	镀层剥除过程中产生的废槽液、槽渣及废水处理污泥	T
		336-067-17	使用含重铬酸盐的胶体、有机溶剂、黏合剂进行漩流式抗蚀涂布产生的废渣及废水处理污泥	T
		336-068-17	使用铬化合物进行抗蚀层化学硬化产生的废渣及废水处理污泥	T
		336-069-17	使用铬酸镀铬产生的废槽液、槽渣和废水处理污泥	T
		336-100-17	使用铬酸进行阳极氧化产生的废槽液、槽渣和废水处理污泥	T
		336-101-17	使用铬酸进行塑料表面粗化产生的废槽液、槽渣和废水处理污泥	T
HW18焚烧处置残渣	环境治理业	772-002-18	生活垃圾焚烧飞灰	T
		772-003-18	危险废物焚烧、热解等处置过程产生的底渣、飞灰和废水处理污泥	T
		772-004-18	危险废物等离子体、高温熔融等处置过程产生的非玻璃态物质和飞灰	T
		772-005-18	固体废物焚烧处置过程中废气处理产生的废活性炭	T
HW19含金属羰基化合物废物	非特定行业	900-020-19	金属羰基化合物生产、使用过程中产生的含有羰基化合物成分的废物	T

废物类别	行业来源	废物代码	危险废物	危险特性①
HW20 含铍废物	基础化学 原料制造	261-040-20	铍及其化合物生产过程中产生的熔渣、集(除)尘装置收集的粉尘和废水处理污泥	T
HW21 含铬废物	毛皮鞣制及 制品加工	193-001-21	使用铬鞣剂进行铬鞣、复鞣工艺产生的废水处理污泥和残渣	T
		193-002-21	皮革、毛皮鞣制及切削过程产生的含铬废碎料	T
	基础化学 原料制造	261-041-21	铬铁矿生产铬盐过程中产生的铬渣	T
		261-042-21	铬铁矿生产铬盐过程中产生的铝泥	T
		261-043-21	铬铁矿生产铬盐过程中产生的芒硝	T
		261-044-21	铬铁矿生产铬盐过程中产生的废水处理污泥	T
		261-137-21	铬铁矿生产铬盐过程中产生的其他废物	T
		261-138-21	以重铬酸钠和浓硫酸为原料生产铬酸酐过程中产生的含铬废液	T
	铁合金冶炼	314-001-21	铬铁硅合金生产过程中集(除)尘装置收集的粉尘	T
		314-002-21	铁铬合金生产过程中集(除)尘装置收集的粉尘	T
		314-003-21	铁铬合金生产过程中金属铬冶炼产生的铬浸出渣	T
	金属表面处理 及热处理加工	336-100-21	使用铬酸进行阳极氧化产生的废槽液、槽渣及废水处理污泥	T
	电子元件 及电子专用 材料制造	398-002-21	使用铬酸进行钻孔除胶处理产生的废渣和废水处理污泥	T
HW22 含铜废物	玻璃制造	304-001-22	使用硫酸铜进行敷金属法镀铜产生的废槽液、槽渣及废水处理污泥	T
	电子元件 及电子专用 材料制造	398-004-22	线路板生产过程中产生的废蚀铜液	T
		398-005-22	使用酸进行铜氧化处理产生的废液和废水处理污泥	T
		398-051-22	铜板蚀刻过程中产生的废蚀刻液和废水处理污泥	T
HW23 含锌废物	金属表面 处理及热 处理加工	336-103-23	热镀锌过程中产生的废助镀熔(溶)剂和集(除)尘装置收集的粉尘	T
	电池制造	384-001-23	碱性锌锰电池、锌氧化银电池、锌空气电池生产过程中产生的废锌浆	T
	炼钢	312-001-23	废钢电炉炼钢过程中集(除)尘装置收集的粉尘和废水处理污泥	T
	非特定行业	900-021-23	使用氢氧化钠、锌粉进行贵金属沉淀过程中产生的废液及废水处理污泥	T
HW24 含砷废物	基础化学 原料制造	261-139-24	硫铁矿制酸过程中烟气净化产生的酸泥	T
HW25 含硒废物	基础化学 原料制造	261-045-25	硒及其化合物生产过程中产生的熔渣、集(除)尘装置收集的粉尘和废水处理污泥	T
HW26 含镉废物	电池制造	384-002-26	镍镉电池生产过程中产生的废渣和废水处理污泥	T

废物类别	行业来源	废物代码	危险废物	危险特性①
HW27 含锑废物	基础化学 原料制造	261-046-27	锑金属及粗氧化锑生产过程中产生的熔渣和集(除)尘装置收集的粉尘	T
		261-048-27	氧化锑生产过程中产生的熔渣	T
HW28 含碲废物	基础化学 原料制造	261-050-28	碲及其化合物生产过程中产生的熔渣、集(除)尘装置收集的粉尘和废水处理污泥	T
HW29 含汞废物	天然气开采	072-002-29	天然气除汞净化过程中产生的含汞废物	T
	常用有色金属矿采选	091-003-29	汞矿采选过程中产生的尾砂和集(除)尘装置收集的粉尘	T
	贵金属冶炼	322-002-29	混汞法提金工艺产生的含汞粉尘、残渣	T
	印刷	231-007-29	使用显影剂、汞化合物进行影像加厚(物理沉淀)以及使用显影剂、氨氯化汞进行影像加厚(氧化)产生的废液及残渣	T
	基础化学 原料制造	261-051-29	水银电解槽法生产氯气过程中盐水精制产生的盐水提纯污泥	T
		261-052-29	水银电解槽法生产氯气过程中产生的废水处理污泥	T
		261-053-29	水银电解槽法生产氯气过程中产生的废活性炭	T
		261-054-29	卤素和卤素化学品生产过程中产生的含汞硫酸钡污泥	T
	合成 材料制造	265-001-29	氯乙烯生产过程中含汞废水处理产生的废活性炭	T,C
		265-002-29	氯乙烯生产过程中吸附汞产生的废活性炭	T,C
		265-003-29	电石乙炔法生产氯乙烯单体过程中产生的废酸	T,C
		265-004-29	电石乙炔法生产氯乙烯单体过程中产生的废水处理污泥	T
	常用有色 金属冶炼	321-030-29	汞再生过程中集(除)尘装置收集的粉尘,汞再生工艺产生的废水处理污泥	T
		321-033-29	铅锌冶炼烟气净化产生的酸泥	T
		321-103-29	铜、锌、铅冶炼过程中烟气氯化汞法脱汞工艺产生的废甘汞	T
	电池制造	384-003-29	含汞电池生产过程中产生的含汞废浆层纸、含汞废锌膏、含汞废活性炭和废水处理污泥	T
	照明器具制造	387-001-29	电光源用固汞及含汞电光源生产过程中产生的废活性炭和废水处理污泥	T
	通用仪器 仪表制造	401-001-29	含汞温度计生产过程中产生的废渣	T
	非特定行业	900-022-29	废弃的含汞催化剂	T
		900-023-29	生产、销售及使用过程中产生的废含汞荧光灯管及其他废含汞电光源,及废弃含汞电光源处理处置过程中产生的废荧光粉、废活性炭和废水处理污泥	T
		900-024-29	生产、销售及使用过程中产生的废含汞温度计、废含汞血压计、废含汞真空表、废含汞压力计、废氧化汞电池和废汞开关	T
		900-452-29	含汞废水处理过程中产生的废树脂、废活性炭和污泥	T

废物类别	行业来源	废物代码	危险废物	危险特性①
HW30 含铊废物	基础化学 原料制造	261-055-30	铊及其化合物生产过程中产生的熔渣、集(除)尘装置收集的粉尘和废水处理污泥	T
HW31 含铅废物	玻璃制造	304-002-31	使用铅盐和铅氧化物进行显像管玻璃熔炼过程中产生的废渣	T
	电子元件 及电子专用 材料制造	398-052-31	线路板制造过程中电镀铅锡合金产生的废液	T
	电池制造	384-004-31	铅蓄电池生产过程中产生的废渣、集(除)尘装置收集的粉尘和废水处理污泥	T
	工艺美术及 礼仪用品制造	243-001-31	使用铅箔进行烤钵试金法工艺产生的废烤钵	T
	非特定行业	900-052-31	废铅蓄电池及废铅蓄电池拆解过程中产生的废铅板、废铅膏和酸液	T,C
		900-025-31	使用硬脂酸铅进行抗黏涂层过程中产生的废物	T
HW32 无机氟化 物废物	非特定行业	900-026-32	使用氢氟酸进行蚀刻产生的废蚀刻液	T,C
HW33 无机氰化 物废物	贵金属矿 采选	092-003-33	采用氰化物进行黄金选矿过程中产生的氰化尾渣和含氰废水处理污泥	T
	金属表面处理 及热处理加工	336-104-33	使用氰化物进行浸洗过程中产生的废液	T,R
	非特定行业	900-027-33	使用氰化物进行表面硬化、碱性除油、电解除油产生的废物	T,R
		900-028-33	使用氰化物剥落金属镀层产生的废物	T,R
		900-029-33	使用氰化物和双氧水进行化学抛光产生的废物	T,R
HW34 废酸	精炼石油 产品制造	251-014-34	石油炼制过程产生的废酸及酸泥	C,T
	涂料、油墨、 颜料及类似 产品制造	264-013-34	硫酸法生产钛白粉(二氧化钛)过程中产生的废酸	C,T
	基础化学 原料制造	261-057-34	硫酸和亚硫酸、盐酸、氢氟酸、磷酸和亚磷酸、硝酸和亚硝酸等的生产、配制过程中产生的废酸及酸渣	C,T
		261-058-34	卤素和卤素化学品生产过程中产生的废酸	C,T
	钢压延加工	313-001-34	钢的精加工过程中产生的废酸性洗液	C,T
	金属表面处理 及热处理加工	336-105-34	青铜生产过程中浸酸工序产生的废酸液	C,T
	电子元件及 电子专用 材料制造	398-005-34	使用酸进行电解除油、酸蚀、活化前表面敏化、催化、浸亮产生的废酸液	C,T
		398-006-34	使用硝酸进行钻孔蚀胶处理产生的废酸液	C,T
		398-007-34	液晶显示板或集成电路板的生产过程中使用酸浸蚀剂进行氧化物浸蚀产生的废酸液	C,T

续表

废物类别	行业来源	废物代码	危险废物	危险特性①
HW34 废酸	非特定行业	900-300-34	使用酸进行清洗产生的废酸液	C,T
		900-301-34	使用硫酸进行酸性碳化产生的废酸液	C,T
		900-302-34	使用硫酸进行酸蚀产生的废酸液	C,T
		900-303-34	使用磷酸进行磷化产生的废酸液	C,T
		900-304-34	使用酸进行电解除油、金属表面敏化产生的废酸液	C,T
		900-305-34	使用硝酸剥落不合格镀层及挂架金属镀层产生的废酸液	C,T
		900-306-34	使用硝酸进行钝化产生的废酸液	C,T
		900-307-34	使用酸进行电解抛光处理产生的废酸液	C,T
		900-308-34	使用酸进行催化(化学镀)产生的废酸液	C,T
		900-349-34	生产、销售及使用过程中产生的失效、变质、不合格、淘汰、伪劣的强酸性擦洗粉、清洁剂、污迹去除剂以及其他强酸性废酸液及酸渣	C,T
HW35 废碱	精炼石油产品制造	251-015-35	石油炼制过程产生的废碱液和碱渣	C,T
	基础化学原料制造	261-059-35	氢氧化钙、氨水、氢氧化钠、氢氧化钾等的生产、配制中产生的废碱液、固态碱和碱渣	C
	毛皮鞣制及制品加工	193-003-35	使用氢氧化钙、硫化钠进行浸灰产生的废碱液	C,R
	纸浆制造	221-002-35	碱法制浆过程中蒸煮制浆产生的废碱液	C,T
	非特定行业	900-350-35	使用氢氧化钠进行煮炼过程中产生的废碱液	C
		900-351-35	使用氢氧化钠进行丝光处理过程中产生的废碱液	C
		900-352-35	使用碱进行清洗产生的废碱液	C,T
		900-353-35	使用碱进行清洗除蜡、碱性除油、电解除油产生的废碱液	C,T
		900-354-35	使用碱进行电镀阻挡层或抗蚀层的脱除产生的废碱液	C,T
		900-355-35	使用碱进行氧化膜浸蚀产生的废碱液	C,T
		900-356-35	使用碱溶液进行碱性清洗、图形显影产生的废碱液	C,T
		900-399-35	生产、销售及使用过程中产生的失效、变质、不合格、淘汰、伪劣的强碱性擦洗粉、清洁剂、污迹去除剂以及其他强碱性废碱液、固态碱及碱渣	C,T
HW36 石棉废物	石棉及其他非金属矿采选	109-001-36	石棉矿选矿过程中产生的废渣	T
	基础化学原料制造	261-060-36	卤素和卤素化学品生产过程中电解装置拆换产生的含石棉废物	T
	石膏、水泥制品及类似制品制造	302-001-36	石棉建材生产过程中产生的石棉尘、废石棉	T

废物类别	行业来源	废物代码	危险废物	危险特性^①
HW36 石棉废物	耐火材料 制品制造	308-001-36	石棉制品生产过程中产生的石棉尘、废石棉	T
	汽车零部件 及配件制造	367-001-36	车辆制动器衬片生产过程中产生的石棉废物	T
	船舶及相关 装置制造	373-002-36	拆船过程中产生的石棉废物	T
	非特定行业	900-030-36	其他生产过程中产生的石棉废物	T
		900-031-36	含有石棉的废绝缘材料、建筑废物	T
		900-032-36	含有隔膜、热绝缘体等石棉材料的设施保养拆换及车辆制动器衬片的更换产生的石棉废物	T
HW37 有机磷化 合物废物	基础化学 原料制造	261-061-37	除农药以外其他有机磷化合物生产、配制过程中产生的反应残余物	T
		261-062-37	除农药以外其他有机磷化合物生产、配制过程中产生的废过滤吸附介质	T
		261-063-37	除农药以外其他有机磷化合物生产过程中产生的废水处理污泥	T
	非特定行业	900-033-37	生产、销售及使用过程中产生的废弃磷酸酯抗燃油	T
HW38 有机氰 化物废物	基础化学 原料制造	261-064-38	丙烯腈生产过程中废水汽提器塔底的残余物	T,R
		261-065-38	丙烯腈生产过程中乙腈蒸馏塔底的残余物	T,R
		261-066-38	丙烯腈生产过程中乙腈精制塔底的残余物	T
		261-067-38	有机氰化物生产过程中产生的废母液和反应残余物	T
		261-068-38	有机氰化物生产过程中催化、精馏和过滤工序产生的废催化剂、釜底残余物和过滤介质	T
		261-069-38	有机氰化物生产过程中产生的废水处理污泥	T
		261-140-38	废腈纶高温高压水解生产聚丙烯腈-铵盐过程中产生的过滤残渣	T
HW39 含酚废物	基础化学 原料制造	261-070-39	酚及酚类化合物生产过程中产生的废母液和反应残余物	T
		261-071-39	酚及酚类化合物生产过程中产生的废过滤吸附介质、废催化剂、精馏残余物	T
HW40 含醚废物	基础化学 原料制造	261-072-40	醚及醚类化合物生产过程中产生的醚类残液、反应残余物、废水处理污泥(不包括废水生化处理污泥)	T
HW45 含有机卤 化物废物	基础化学 原料制造	261-078-45	乙烯溴化法生产二溴乙烯过程中废气净化产生的废液	T
		261-079-45	乙烯溴化法生产二溴乙烯过程中产品精制产生的废吸附剂	T
		261-080-45	芳烃及其衍生物氯代反应过程中氯气和盐酸回收工艺产生的废液和废吸附剂	T

续表

废物类别	行业来源	废物代码	危险废物	危险特性①
HW45 含有机卤 化物废物	基础化学 原料制造	261-081-45	芳烃及其衍生物氯代反应过程中产生的废水处理污泥	T
		261-082-45	氯乙烷生产过程中的塔底残余物	T
		261-084-45	其他有机卤化物的生产过程(不包括卤化前的生产工段)中产生的残液、废过滤吸附介质、反应残余物、废水处理污泥、废催化剂(不包括上述 HW04、HW06、HW11、HW12、HW13、HW39 类别的废物)	T
		261-085-45	其他有机卤化物的生产过程中产生的不合格、淘汰、废弃的产品(不包括上述 HW06、HW39 类别的废物)	T
		261-086-45	石墨作阳极隔膜法生产氯气和烧碱过程中产生的废水处理污泥	T
HW46 含镍废物	基础化学 原料制造	261-087-46	镍化合物生产过程中产生的反应残余物及不合格、淘汰、废弃的产品	T
	电池制造	384-005-46	镍氢电池生产过程中产生的废渣和废水处理污泥	T
	非特定行业	900-037-46	废弃的镍催化剂	T,I
HW47 含钡废物	基础化学 原料制造	261-088-47	钡化合物(不包括硫酸钡)生产过程中产生的熔渣、集(除)尘装置收集的粉尘、反应残余物、废水处理污泥	T
	金属表面处理 及热处理加工	336-106-47	热处理工艺中产生的含钡盐浴渣	T
HW48 有色金属 采选和 冶炼废物	常用有色 金属矿采选	091-001-48	硫化铜矿、氧化铜矿等铜矿物采选过程中集(除)尘装置收集的粉尘	T
		091-002-48	硫砷化合物(雌黄、雄黄及硫砷铁矿)或其他含砷化合物的金属矿石采选过程中集(除)尘装置收集的粉尘	T
	常用有色 金属冶炼	321-002-48	铜火法冶炼过程中烟气处理集(除)尘装置收集的粉尘	T
		321-031-48	铜火法冶炼烟气净化产生的酸泥(铅滤饼)	T
		321-032-48	铜火法冶炼烟气净化产生的污酸处理过程产生的砷渣	T
		321-003-48	粗锌精炼加工过程中湿法除尘产生的废水处理污泥	T
		321-004-48	铅锌冶炼过程中,锌焙烧矿、锌氧化矿常规浸出法产生的浸出渣	T
		321-005-48	铅锌冶炼过程中,锌焙烧矿热酸浸出黄钾铁矾法产生的铁矾渣	T
		321-006-48	硫化锌矿常压氧浸或加压氧浸产生的硫渣(浸出渣)	T
		321-007-48	铅锌冶炼过程中,锌焙烧矿热酸浸出针铁矿法产生的针铁矿渣	T
		321-008-48	铅锌冶炼过程中,锌浸出液净化产生的净化渣,包括锌粉-黄药法、砷盐法、反向锑盐法、铅锑合金锌粉法等工艺除铜、锑、镉、钴、镍等杂质过程中产生的废渣	T
		321-009-48	铅锌冶炼过程中,阴极锌熔铸产生的熔铸浮渣	T
		321-010-48	铅锌冶炼过程中,氧化锌浸出处理产生的氧化锌浸出渣	T

废物类别	行业来源	废物代码	危险废物	危险特性①
HW48 有色金属 采选和 冶炼废物	常用有色 金属冶炼	321-011-48	铅锌冶炼过程中,鼓风炉炼锌锌蒸气冷凝分离系统产生的鼓风炉浮渣	T
		321-012-48	铅锌冶炼过程中,锌精馏炉产生的锌渣	T
		321-013-48	铅锌冶炼过程中,提取金、银、铋、镉、钴、铟、锗、铊、碲等金属过程中产生的废渣	T
		321-014-48	铅锌冶炼过程中,集(除)尘装置收集的粉尘	T
		321-016-48	粗铅精炼过程中产生的浮渣和底渣	T
		321-017-48	铅锌冶炼过程中,炼铅鼓风炉产生的黄渣	T
		321-018-48	铅锌冶炼过程中,粗铅火法精炼产生的精炼渣	T
		321-019-48	铅锌冶炼过程中,铅电解产生的阳极泥及阳极泥处理后产生的含铅废渣和废水处理污泥	T
		321-020-48	铅锌冶炼过程中,阴极铅精炼产生的氧化铅渣及碱渣	T
		321-021-48	铅锌冶炼过程中,锌焙烧矿热酸浸出黄钾铁矾法、热酸浸出针铁矿法产生的铅银渣	T
		321-022-48	铅锌冶炼烟气净化产生的污酸除砷处理过程产生的砷渣	T
		321-023-48	电解铝生产过程电解槽阴极内衬维修、更换产生的废渣(大修渣)	T
		321-024-48	电解铝铝液转移、精炼、合金化、铸造过程熔体表面产生的铝灰渣,以及回收铝过程产生的盐渣和二次铝灰	R,T
		321-025-48	电解铝生产过程产生的炭渣	T
		321-026-48	再生铝和铝材加工过程中,废铝及铝锭重熔、精炼、合金化、铸造熔体表面产生的铝灰渣,及其回收铝过程产生的盐渣和二次铝灰	R
		321-034-48	铝灰热回收铝过程烟气处理集(除)尘装置收集的粉尘,铝冶炼和再生过程烟气(包括再生铝熔炼烟气、铝液熔体净化、除杂、合金化、铸造烟气)处理集(除)尘装置收集的粉尘	T,R
		321-027-48	铜再生过程中集(除)尘装置收集的粉尘和湿法除尘产生的废水处理污泥	T
		321-028-48	锌再生过程中集(除)尘装置收集的粉尘和湿法除尘产生的废水处理污泥	T
		321-029-48	铅再生过程中集(除)尘装置收集的粉尘和湿法除尘产生的废水处理污泥	T
	稀有稀土 金属冶炼	323-001-48	仲钨酸铵生产过程中碱分解产生的碱煮渣(钨渣)、除钼过程中产生的除钼渣和废水处理污泥	T
HW49 其他废物	石墨及其他 非金属矿物 制品制造	309-001-49	多晶硅生产过程中废弃的三氯化硅及四氯化硅	R,C
	环境治理	772-006-49	采用物理、化学、物理化学或生物方法处理或处置毒性或感染性危险废物过程中产生的废水处理污泥、残渣(液)	T/In

续表

废物类别	行业来源	废物代码	危险废物	危险特性^①
HW49 其他废物	非特定行业	900-039-49	烟气、VOCs 治理过程（不包括餐饮行业油烟治理过程）产生的废活性炭，化学原料和化学制品脱色（不包括有机合成食品添加剂脱色）、除杂、净化过程产生的废活性炭（不包括 900-405-06、772-005-18、261-053-29、265-002-29、384-003-29、387-001-29 类废物）	T
		900-041-49	含有或沾染毒性、感染性危险废物的废弃包装物、容器、过滤吸附介质	T/In
		900-042-49	环境事件及其处理过程中产生的沾染危险化学品、危险废物的废物	T/C/I/R/In
		900-044-49	废弃的镉镍电池、荧光粉和阴极射线管	T
		900-045-49	废电路板（包括已拆除或未拆除元器件的废弃电路板）及废电路板拆解过程产生的废弃 CPU、显卡、声卡、内存、含电解液的电容器、含金等贵金属的连接件	T
		900-046-49	离子交换装置（不包括饮用水、工业纯水和锅炉软化水制备装置）再生过程中产生的废水处理污泥	T
		900-047-49	生产、研究、开发、教学、环境检测（监测）活动中，化学和生物实验室（不包含感染性医学实验室及医疗机构化验室）产生的含氰、氟、重金属无机废液及无机废液处理产生的残渣、残液，含矿物油、有机溶剂、甲醛有机废液、废酸、废碱，具有危险特性的残留样品，以及沾染上述物质的一次性实验用品（不包括按实验室管理要求进行清洗后的废弃的烧杯、量器、漏斗等实验室用品）、包装物（不包括按实验室管理要求进行清洗后的试剂包装物、容器）、过滤吸附介质等	T/C/I/R
		900-053-49	已禁止使用的《关于持久性有机污染物的斯德哥尔摩公约》受控化学物质；已禁止使用的《关于汞的水俣公约》中氯碱设施退役过程中产生的汞；所有者申报废弃的，以及有关部门依法收缴或接收且需要销毁的《关于持久性有机污染物的斯德哥尔摩公约》《关于汞的水俣公约》受控化学物质	T
		900-999-49	被所有者申报废弃的，或未申报废弃但被非法排放、倾倒、利用、处置的，以及有关部门依法收缴或接收且需要销毁的列入《危险化学品目录》的危险化学品（不含该目录中仅具有"加压气体"物理危险性的危险化学品）	T/C/I/R
HW50 废催化剂	精炼石油产品制造	251-016-50	石油产品加氢精制过程中产生的废催化剂	T
		251-017-50	石油炼制中采用钝镍剂进行催化裂化产生的废催化剂	T
		251-018-50	石油产品加氢裂化过程中产生的废催化剂	T
		251-019-50	石油产品催化重整过程中产生的废催化剂	T
	基础化学原料制造	261-151-50	树脂、乳胶、增塑剂、胶水/胶合剂生产过程中合成、酯化、缩合等工序产生的废催化剂	T
		261-152-50	有机溶剂生产过程中产生的废催化剂	T

废物类别	行业来源	废物代码	危险废物	危险特性①
HW50 废催化剂	基础化学 原料制造	261-153-50	丙烯腈合成过程中产生的废催化剂	T
		261-154-50	聚乙烯合成过程中产生的废催化剂	T
		261-155-50	聚丙烯合成过程中产生的废催化剂	T
		261-156-50	烷烃脱氢过程中产生的废催化剂	T
		261-157-50	乙苯脱氢生产苯乙烯过程中产生的废催化剂	T
		261-158-50	采用烷基化反应(歧化)生产苯、二甲苯过程中产生的废催化剂	T
		261-159-50	二甲苯临氢异构化反应过程中产生的废催化剂	T
		261-160-50	乙烯氧化生产环氧乙烷过程中产生的废催化剂	T
		261-161-50	硝基苯催化加氢法制备苯胺过程中产生的废催化剂	T
		261-162-50	以乙烯和丙烯为原料,采用茂金属催化体系生产乙丙橡胶过程中产生的废催化剂	T
		261-163-50	乙炔法生产醋酸乙烯酯过程中产生的废催化剂	T
		261-164-50	甲醇和氨气催化合成、蒸馏制备甲胺过程中产生的废催化剂	T
		261-165-50	催化重整生产高辛烷值汽油和轻芳烃过程中产生的废催化剂	T
		261-166-50	采用碳酸二甲酯法生产甲苯二异氰酸酯过程中产生的废催化剂	T
		261-167-50	合成气合成、甲烷氧化和液化石油气氧化生产甲醇过程中产生的废催化剂	T
		261-168-50	甲苯氯化水解生产邻甲酚过程中产生的废催化剂	T
		261-169-50	异丙苯催化脱氢生产 α-甲基苯乙烯过程中产生的废催化剂	T
		261-170-50	异丁烯和甲醇催化生产甲基叔丁基醚过程中产生的废催化剂	T
		261-171-50	以甲醇为原料采用铁钼法生产甲醛过程中产生的废铁钼催化剂	T
		261-172-50	邻二甲苯氧化法生产邻苯二甲酸酐过程中产生的废催化剂	T
		261-173-50	二氧化硫氧化生产硫酸过程中产生的废催化剂	T
		261-174-50	四氯乙烷催化脱氯化氢生产三氯乙烯过程中产生的废催化剂	T
		261-175-50	苯氧化法生产顺丁烯二酸酐过程中产生的废催化剂	T
		261-176-50	甲苯空气氧化生产苯甲酸过程中产生的废催化剂	T
		261-177-50	羟丙腈氨化、加氢生产 3-氨基-1-丙醇过程中产生的废催化剂	T
		261-178-50	β-羟基丙腈催化加氢生产 3-氨基-1-丙醇过程中产生的废催化剂	T

废物类别	行业来源	废物代码	危险废物	危险特性①
HW50 废催化剂	基础化学 原料制造	261-179-50	甲乙酮与氨催化加氢生产 2-氨基丁烷过程中产生的废催 化剂	T
		261-180-50	苯酚和甲醇合成 2,6-二甲基苯酚过程中产生的废催化剂	T
		261-181-50	糠醛脱羰制备呋喃过程中产生的废催化剂	T
		261-182-50	过氧化法生产环氧丙烷过程中产生的废催化剂	T
		261-183-50	除农药以外其他有机磷化合物生产过程中产生的废 催化剂	T
	农药制造	263-013-50	化学合成农药生产过程中产生的废催化剂	T
	化学药品 原料药制造	271-006-50	化学合成原料药生产过程中产生的废催化剂	T
	兽用药品制造	275-009-50	兽药生产过程中产生的废催化剂	T
	生物药品 制品制造	276-006-50	生物药品生产过程中产生的废催化剂	T
	环境治理业	772-007-50	烟气脱硝过程中产生的废钒钛系催化剂	T
	非特定行业	900-048-50	废液体催化剂	T
		900-049-50	机动车和非道路移动机械尾气净化废催化剂	T

注:①所列危险特性为该种危险废物的主要危险特性,不排除可能具有其他危险特性;","分隔的多个危险特性代码,表示该种废物具有列在第一位代码所代表的危险特性,且可能具有所列其他代码代表的危险特性;"/"分隔的多个危险特性代码,表示该种危险废物具有所列代码所代表的一种或多种危险特性。

②医疗废物分类按照《医疗废物分类目录》执行。

表 1-2　危险废物豁免管理清单

序号	废物类别/ 代码	危险废物	豁免环节	豁免条件	豁免内容
1	生活垃圾中的危险废物	家庭日常生活或者为日常生活提供服务的活动中产生的废药品、废杀虫剂和消毒剂及其包装物、废油漆和溶剂及其包装物、废矿物油及其包装物、废胶片及废像纸、废荧光灯管、废含汞温度计、废含汞血压计、废铅蓄电池、废镍镉电池和氧化汞电池以及电子类危险废物等	全部环节	未集中收集的家庭日常生活中产生的生活垃圾中的危险废物	全过程不按危险废物管理
			收集	按照各市、县生活垃圾分类要求,纳入生活垃圾分类收集体系进行分类收集,且运输工具和暂存场所满足分类收集体系要求	从分类投放点收集转移到所设定的集中贮存点的收集过程不按危险废物管理

序号	废物类别/代码	危险废物	豁免环节	豁免条件	豁免内容
2	HW01	床位总数在 19 张以下(含 19 张)的医疗机构产生的医疗废物(重大传染病疫情期间产生的医疗废物除外)	收集	按《医疗卫生机构医疗废物管理办法》等规定进行消毒和收集	收集过程不按危险废物管理
			运输	转运车辆符合《医疗废物转运车技术要求(试行)》(GB 19217)要求	不按危险废物进行运输
		重大传染病疫情期间产生的医疗废物	运输	按事发地的县级以上人民政府确定的处置方案进行运输	不按危险废物进行运输
			处置	按事发地的县级以上人民政府确定的处置方案进行处置	处置过程不按危险废物管理
3	841-001-01	感染性废物	运输	按照《医疗废物高温蒸汽集中处理工程技术规范(试行)》(HJ/T 276)或《医疗废物化学消毒集中处理工程技术规范(试行)》(HJ/T 228)或《医疗废物微波消毒集中处理工程技术规范(试行)》(HJ/T 229)进行处理后按生活垃圾运输	不按危险废物进行运输
			处置	按照《医疗废物高温蒸汽集中处理工程技术规范(试行)》(HJ/T 276)或《医疗废物化学消毒集中处理工程技术规范(试行)》(HJ/T 228)或《医疗废物微波消毒集中处理工程技术规范(试行)》(HJ/T 229)进行处理后进入生活垃圾填埋场填埋或进入生活垃圾焚烧厂焚烧	处置过程不按危险废物管理
4	841-002-01	损伤性废物	运输	按照《医疗废物高温蒸汽集中处理工程技术规范(试行)》(HJ/T 276)或《医疗废物化学消毒集中处理工程技术规范(试行)》(HJ/T 228)或《医疗废物微波消毒集中处理工程技术规范(试行)》(HJ/T 229)进行处理后按生活垃圾运输	不按危险废物进行运输
			处置	按照《医疗废物高温蒸汽集中处理工程技术规范(试行)》(HJ/T 276)或《医疗废物化学消毒集中处理工程技术规范(试行)》(HJ/T 228)或《医疗废物微波消毒集中处理工程技术规范(试行)》(HJ/T 229)进行处理后进入生活垃圾填埋场填埋或进入生活垃圾焚烧厂焚烧	处置过程不按危险废物管理

续表

序号	废物类别/代码	危险废物	豁免环节	豁免条件	豁免内容
5	841-003-01	病理性废物（人体器官除外）	运输	按照《医疗废物化学消毒集中处理工程技术规范（试行）》（HJ/T 228）或《医疗废物微波消毒集中处理工程技术规范（试行）》（HJ/T 229）进行处理后按生活垃圾运输	不按危险废物进行运输
			处置	按照《医疗废物化学消毒集中处理工程技术规范（试行）》（HJ/T 228）或《医疗废物微波消毒集中处理工程技术规范（试行）》（HJ/T 229）进行处理后进入生活垃圾焚烧厂焚烧	处置过程不按危险废物管理
6	900-003-04	农药使用后被废弃的与农药直接接触或含有农药残余物的包装物	收集	依据《农药包装废弃物回收处理管理办法》收集农药包装废弃物并转移到所设定的集中贮存点	收集过程不按危险废物管理
			运输	满足《农药包装废弃物回收处理管理办法》中的运输要求	不按危险废物进行运输
			利用	进入依据《农药包装废弃物回收处理管理办法》确定的资源化利用单位进行资源化利用	利用过程不按危险废物管理
			处置	进入生活垃圾填埋场填埋或进入生活垃圾焚烧厂焚烧	处置过程不按危险废物管理
7	900-210-08	船舶含油污水及残油经船上或港口配套设施预处理后产生的需通过船舶转移的废矿物油与含矿物油废物	运输	按照水运污染危害性货物实施管理	不按危险废物进行运输
8	900-249-08	废铁质油桶（不包括 900-041-49 类）	利用	封口处于打开状态、静置无滴漏且经打包压块后用于金属冶炼	利用过程不按危险废物管理
9	900-200-08 900-006-09	金属制品机械加工行业珩磨、研磨、打磨过程，以及使用切削油或切削液进行机械加工过程中产生的属于危险废物的含油金属屑	利用	经压榨、压滤、过滤除油达到静置无滴漏后打包压块用于金属冶炼	利用过程不按危险废物管理

序号	废物类别/ 代码	危险废物	豁免环节	豁免条件	豁免内容
10	252-002-11 252-017-11 451-003-11	煤炭焦化、气化及生产燃气过程中产生的满足《煤焦油标准》(YB/T 5075)技术要求的高温煤焦油	利用	作为原料深加工制取萘、洗油、蒽油	利用过程不按危险废物管理
		煤炭焦化、气化及生产燃气过程中产生的高温煤焦油	利用	作为黏合剂生产煤质活性炭、活性焦、碳块衬层、自焙阴极、预焙阳极、石墨碳块、石墨电极、电极糊、冷捣糊	利用过程不按危险废物管理
		煤炭焦化、气化及生产燃气过程中产生的中低温煤焦油	利用	作为煤焦油加氢装置原料生产煤基氢化油，且生产的煤基氢化油符合《煤基氢化油》(HG/T 5146)技术要求	利用过程不按危险废物管理
		煤炭焦化、气化及生产燃气过程中产生的煤焦油	利用	作为原料生产炭黑	利用过程不按危险废物管理
11	900-451-13	采用破碎分选方式回收废覆铜板、线路板、电路板中金属后的废树脂粉	运输	运输工具满足防雨、防渗漏、防遗撒要求	不按危险废物进行运输
			处置	满足《生活垃圾填埋场污染控制标准》(GB 16889)要求进入生活垃圾填埋场填埋，或满足《一般工业固体废物贮存、处置场污染控制标准》(GB 18599)要求进入一般工业固体废物处置场处置	填埋处置过程不按危险废物管理
12	772-002-18	生活垃圾焚烧飞灰	运输	经处理后满足《生活垃圾填埋场污染控制标准》(GB 16889)要求，且运输工具满足防雨、防渗漏、防遗撒要求	不按危险废物进行运输
			处置	满足《生活垃圾填埋场污染控制标准》(GB 16889)要求进入生活垃圾填埋场填埋	填埋处置过程不按危险废物管理
				满足《水泥窑协同处置固体废物污染控制标准》(GB 30485)和《水泥窑协同处置固体废物环境保护技术规范》(HJ 662)要求进入水泥窑协同处置	水泥窑协同处置过程不按危险废物管理
13	772-003-18	医疗废物焚烧飞灰	处置	满足《生活垃圾填埋场污染控制标准》(GB 16889)要求进入生活垃圾填埋场填埋	填埋处置过程不按危险废物管理
		医疗废物焚烧处置产生的底渣	全部环节	满足《生活垃圾填埋场污染控制标准》(GB 16889)要求进入生活垃圾填埋场填埋	全过程不按危险废物管理

续表

序号	废物类别/代码	危险废物	豁免环节	豁免条件	豁免内容
14	772-003-18	危险废物焚烧处置过程产生的废金属	利用	用于金属冶炼	利用过程不按危险废物管理
15	772-003-18	生物制药产生的培养基废物经生活垃圾焚烧厂焚烧处置产生的焚烧炉底渣、经水煤浆气化炉协同处置产生的气化炉渣、经燃煤电厂燃煤锅炉和生物质发电厂焚烧炉协同处置以及培养基废物专用焚烧炉焚烧处置产生的炉渣和飞灰	全部环节	生物制药产生的培养基废物焚烧处置或协同处置过程不应混入其他危险废物	全过程不按危险废物管理
16	193-002-21	含铬皮革废碎料(不包括鞣制工段修边、削匀过程产生的革屑和边角料)	运输	运输工具满足防雨、防渗漏、防遗撒要求	不按危险废物进行运输
			处置	满足《生活垃圾填埋场污染控制标准》(GB 16889)要求进入生活垃圾填埋场填埋,或满足《一般工业固体废物贮存、处置场污染控制标准》(GB 18599)要求进入一般工业固体废物处置场处置	填埋处置过程不按危险废物管理
		含铬皮革废碎料	利用	用于生产皮件、再生革或静电植绒	利用过程不按危险废物管理
17	261-041-21	铬渣	利用	满足《铬渣污染治理环境保护技术规范(暂行)》(HJ/T 301)要求用于烧结炼铁	利用过程不按危险废物管理
18	900-052-31	未破损的废铅蓄电池	运输	运输工具满足防雨、防渗漏、防遗撒要求	不按危险废物进行运输
19	092-003-33	采用氰化物进行黄金选矿过程中产生的氰化尾渣	处置	满足《黄金行业氰渣污染控制技术规范》(HJ 943)要求进入尾矿库处置或进入水泥窑协同处置	处置过程不按危险废物管理
20	HW34	仅具有腐蚀性危险特性的废酸	利用	作为生产原料综合利用	利用过程不按危险废物管理
			利用	作为工业污水处理厂污水处理中和剂利用,且满足以下条件:废酸中第一类污染物含量低于该污水处理厂排放标准,其他《危险废物鉴别标准 浸出毒性含量鉴别》(GB 5085.3)所列特征污染物含量低于GB 5085.3限值的1/10	利用过程不按危险废物管理

续表

序号	废物类别/代码	危险废物	豁免环节	豁免条件	豁免内容
21	HW35	仅具有腐蚀性危险特性的废碱	利用	作为生产原料综合利用	利用过程不按危险废物管理
				作为工业污水处理厂污水处理中和剂利用,且满足以下条件:液态碱或固态碱按 HJ/T 299 方法制取的浸出液中第一类污染物含量低于该污水处理厂排放标准,其他《危险废物鉴别标准　浸出毒性含量鉴别》(GB 5085.3)所列特征污染物低于 GB 5085.3 限值的 1/10	利用过程不按危险废物管理
22	321-024-48 321-026-48	铝灰渣和二次铝灰	利用	回收金属铝	利用过程不按危险废物管理
23	323-001-48	仲钨酸铵生产过程中碱分解产生的碱煮渣(钨渣)和废水处理污泥	处置	满足《水泥窑协同处置固体废物污染控制标准》(GB 30485)和《水泥窑协同处置固体废物环境保护技术规范》(HJ 662)要求进入水泥窑协同处置	处置过程不按危险废物管理
24	900-041-49	废弃的含油抹布、劳保用品	全部环节	未分类收集	全过程不按危险废物管理
25	突发环境事件产生的危险废物	突发环境事件及其处理过程中产生的 HW900-042-49 类危险废物和其他需要按危险废物进行处理处置的固体废物,以及事件现场遗留的其他危险废物和废弃危险化学品	运输	按事发地的县级以上人民政府确定的处置方案进行运输	不按危险废物进行运输
			利用、处置	按事发地的县级以上人民政府确定的处置方案进行利用或处置	利用或处置过程不按危险废物管理
26	历史遗留危险废物	历史填埋场地清理,以及水体环境治理过程产生的需要按危险废物进行处理处置的固体废物	运输	按事发地的设区市级以上生态环境部门同意的处置方案进行运输	不按危险废物进行运输
			利用、处置	按事发地的设区市级以上生态环境部门同意的处置方案进行利用或处置	利用或处置过程不按危险废物管理
		实施土壤污染风险管控、修复活动中,属于危险废物的污染土壤	运输	修复施工单位制订转运计划,依法提前报所在地和接收地的设区市级以上生态环境部门	不按危险废物进行运输
			处置	满足《水泥窑协同处置固体废物污染控制标准》(GB 30485)和《水泥窑协同处置固体废物环境保护技术规范》(HJ 662)要求进入水泥窑协同处置	处置过程不按危险废物管理

序号	废物类别/代码	危险废物	豁免环节	豁免条件	豁免内容
27	900-044-49	阴极射线管含铅玻璃	运输	运输工具满足防雨、防渗漏、防遗撒要求	不按危险废物进行运输
28	900-045-49	废弃电路板	运输	运输工具满足防雨、防渗漏、防遗撒要求	不按危险废物进行运输
29	772-007-50	烟气脱硝过程中产生的废钒钛系催化剂	运输	运输工具满足防雨、防渗漏、防遗撒要求	不按危险废物进行运输
30	251-017-50	催化裂化废催化剂	运输	采用密闭罐车运输	不按危险废物进行运输
31	900-049-50	机动车和非道路移动机械尾气净化废催化剂	运输	运输工具满足防雨、防渗漏、防遗撒要求	不按危险废物进行运输
32	—	未列入本《危险废物豁免管理清单》中的危险废物或利用过程不满足本《危险废物豁免管理清单》所列豁免条件的危险废物	利用	在环境风险可控的前提下，根据省级生态环境部门确定的方案，实行危险废物"点对点"定向利用，即：一家单位产生的一种危险废物，可作为另外一家单位环境治理或工业原料生产的替代原料进行使用	利用过程不按危险废物管理

五、危险废物鉴别的意义

危险废物是一类对人体健康和生态环境会造成重大危害的废物，世界各国以及有关国际组织都非常重视危险废物的鉴别、检测及处理处置工作。我国在危险废物污染防治规划中，要求国家及省级环保部门指定专门机构负责组织固体废物属性和危险废物的鉴定工作，建立健全危险废物鉴定机制和制度。做好危险废物的鉴别和检测工作，对进一步提高我国危险废物环境污染防治水平具有重要的意义。

（1）有助于国家和地方环境管理部门提高对危险废物的调查和摸底工作的准确性。

（2）有助于危险废物科研机构及处理处置部门对危险废物的处理处置及综合利用工作的开展，能有效地降低危险废物危害环境的风险。

（3）有助于危险废物的仲裁工作，提高司法部门的执法力度。

第二节　危险废物鉴别的程序

一、危险废物鉴别标准体系

危险废物鉴别标准体系，如图1-1所示。

二、危险废物鉴别程序

根据《危险废物鉴别标准　通则》（GB 5085.7—2007）的要求，危险废物的鉴别，应按照以下程序进行：

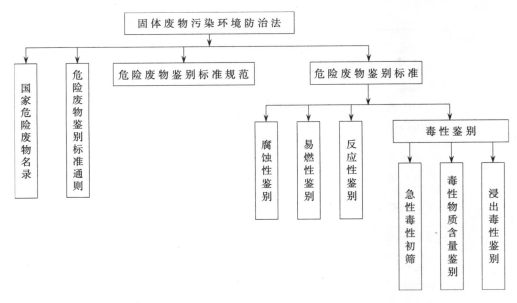

图1-1 危险废物鉴别标准体系

(1)依据《中华人民共和国固体废物污染环境防治法》《固体废物鉴别导则》判断待鉴别的物品、物质是否属于固体废物,不属于固体废物的则不属于危险废物。

(2)经判断属于固体废物,则依据《国家危险废物名录》判断。凡列入《国家危险废物名录》的属于危险废物,不需要进行危险特性鉴别;未列入《国家危险废物名录》的则应进行危险特性鉴别。

(3)依据《危险废物鉴别标准》(GB 5085.1～GB 5085.6)进行鉴别,凡具有腐蚀性、毒性、易燃性、反应性等一种或一种以上危险特性的属于危险废物。

(4)对未列入《国家危险废物名录》或根据危险废物鉴别标准无法鉴别,但可能对人体健康或生态环境造成有害影响的固体废物,由政府环保部门组织专家认定。

危险废物鉴别程序,如图1-2所示。

三、危险废物判定规则

1. 危险废物混合后判定规则

(1)具有毒性(包括浸出毒性、急性毒性及其他毒性)和感染性等一种或一种以上危险特性的危险废物与其他固体废物混合,混合后的废物属于危险废物。

(2)仅具有腐蚀性、易燃性或反应性的危险废物与其他固体废物混合,混合后的废物经GB 5085.1—2007、GB 5085.4—2007 和 GB 5085.5—2007 鉴别不再具有危险性的不属于危险废物。

(3)危险废物与放射性废物混合,混合后的废物应按照放射性废物管理。

2. 危险废物处理后判定规则

(1)具有毒性(包括浸出毒性、急性毒性及其他毒性)和感染性等一种或一种以上危险特性的危险废物处理后的废物,仍属于危险废物。国家有关法规、标准另有规定的除外。

(2)仅有腐蚀性、易燃性或反应性的危险废物处理后,经 GB 5085.1—2007、GB 5085.4—2007 和 GB 5085.5—2007 鉴别不再具有危险特性的不属于危险废物。

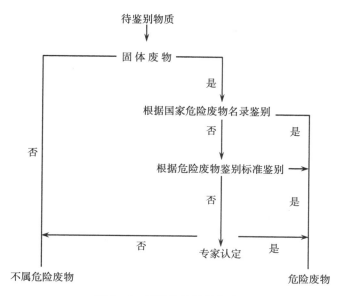

图 1-2　危险废物鉴别程序

3. 豁免规则

以下废物可不按危险废物管理。

（1）家庭源危险废物，在收集及处置过程中不按危险废物管理，如家庭日常生活中产生的废药品及其包装物、废杀虫剂和消毒剂及其包装物、废油漆和溶剂及其包装物、废矿物油及其包装物、废胶片及废相纸、废荧光灯管、废温度计、废血压计、废镍镉电池和氧化汞电池以及电子类废物。

（2）焚烧处置产生的飞灰及可用于冶炼的金属，在填埋或利用过程中，可不按危险废物管理，如生活垃圾焚烧飞灰、医疗废物焚烧飞灰、危险废物焚烧产生的废金属等。

（3）感染性废物、损伤性废物、病理性废物及医疗废物（床位总数在 19 张以下的医疗机构产生的医疗废物）在收集及进入生活垃圾填埋场或焚烧厂处置过程中不按危险废物管理，详见《国家危险废物名录》附录"危险废物豁免管理清单"。

四、危险废物委托鉴别程序

1. 委托

①委托方向固体废物管理中心提出固体废物危险性鉴别的需求。

②固体废物管理中心确认需求并确定鉴别机构后，函告委托方和鉴别机构。

③委托方与鉴别机构签订废物危险性鉴别委托合同。

④鉴别机构在固体废物管理中心协调下，调取委托方废物的有关资料和信息，并在现场核查的基础上，依据《危险废物鉴别技术规范》（HJ/T 298—2007）以及废物产生源的特性，制订该项废物鉴别的方案。固体废物管理中心对该鉴别方案认可后，鉴别机构进行废物的采样、检测和鉴别工作。

2. 采样和检测

①鉴别机构会同固体废物管理中心，依据《工业固体废物采样制样技术规范》（HJ/T 20—1998）和鉴别方案，赴现场采集样品（采样人员应有参加过前期现场核查的人员）。

②采集的样品依据《危险废物鉴别标准》(GB 5085.1—2007～GB 5085.7—2007),按鉴别方案进行样品危险特性的检测(样品应保存 12 个月以上)。

③当无法确定废物是否存在《危险废物鉴别标准》中规定的危险特性或毒性时,按照以下顺序进行检测:

a)反应性、易燃性、腐蚀性检测。

b)浸出毒性中无机物质项目检测。

c)浸出毒性中有机物质项目检测。

d)毒性物质含量鉴别项目中无机物质项目检测。

e)毒性物质含量鉴别项目中有机物质项目检测。

f)急性毒性鉴别项目检测。

④可进行专家咨询,并出具相关专家署名的意见书。

⑤必要时可进行补充实验和测试。

3. 报告编写

鉴别机构依据《危险废物鉴别标准》(GB 5085.1—2007～GB 5085.7—2007)和检测结果,编写《危险废物鉴别报告》(完成时间最多不超过 20 天)。

4. 结果判定

鉴别机构编写完成鉴别报告后应尽快送交委托方,并同时抄送固体废物管理中心。固体废物管理中心依据鉴别报告做出结果判定,向委托方出具废物危险性鉴别结果文件。

5. 重新判定

鉴别工作完成后,如果委托方质疑鉴别结果或认为鉴别过程不符合相关技术规范要求,则可重新委托国家级鉴别机构再次进行鉴别。

说明:若依据《国家危险废物名录》即可判定为危险废物的则无须进行鉴别。

第三节　危险废物的鉴别标准

为贯彻《中华人民共和国环境保护法》和《中华人民共和国固体废物污染环境防治法》,防治危险废物造成的环境污染,加强对危险废物的管理,保护环境,保障人体健康,制定本标准。

国家危险废物鉴别标准规定了固体废物危险特性技术指标,危险特性符合标准规定的技术指标的固体废物属于危险废物,须依法按危险废物进行管理。国家危险废物鉴别标准由以下七个标准组成:

(1)危险废物鉴别标准　通则(GB 5085.7—2007)

(2)危险废物鉴别标准　腐蚀性鉴别(GB 5085.1—2007)

(3)危险废物鉴别标准　急性毒性初筛(GB 5085.2—2007)

(4)危险废物鉴别标准　浸出毒性鉴别(GB 5085.3—2007)

(5)危险废物鉴别标准　易燃性鉴别(GB 5085.4—2007)

(6)危险废物鉴别标准　反应性鉴别(GB 5085.5—2007)

(7)危险废物鉴别标准　毒性物质含量鉴别(GB 5085.6—2007)

按照有关法律规定,本标准具有强制执行的效率。

本标准由国家环境保护总局科技标准司提出。

本标准起草单位:中国环境科学研究院固体废物污染控制技术研究所、环境标准研究所。

本标准国家环境保护总局 2007 年 3 月 27 日批准。

本标准自 2007 年 10 月 1 日起实施。

本标准由国家环境保护总局解释。

本标准由县级以上人民政府环境保护执行主管部门负责监督实施。

一、危险废物鉴别标准　腐蚀性鉴别

1　范围

本标准规定了腐蚀性危险废物的鉴别标准。

本标准适用于任何生产、生活和其他活动中产生的固体废物的腐蚀性鉴别。

2　规范性引用文件

下列文件中的条款通过 GB 5805 的本部分的引用而成为本标准的条款。凡是不注明日期的引用文件,其最新版本适用于本标准。

GB/T 699　优质碳素结构钢

GB/T 15555.12—1995　固体废物腐蚀测定——玻璃电极法

HJ/T 298　危险废物鉴别技术规范

JB/T 7901　金属材料实验室均匀腐蚀全浸试验方法

3　鉴别标准

符合下列条件之一的固体废物,属于危险废物。

3.1　按照 GB/T 15555.12—1995 制备的浸出液,pH$\geqslant$12.5,或者$\leqslant$2.0。

3.2　在 55℃条件下,对 GB/T 699 中规定的 20 号钢材的腐蚀速率$\geqslant$6.35 mm/a。

4　实验方法

4.1　采样点和采样方法按照 HJ/T 298 的规定进行。

4.2　第 3.1 条所列的 pH 测定按照 GB/T 15555.12—1995 的规定进行。

4.3　第 3.2 条所列的腐蚀速率测定按照 JB/T 7901 的规定进行。

注:GB/T 699 中规定的 20 号钢材的化学成分为:C 0.17%~0.23%,Si 0.17%~0.37%,Mn 0.35%~0.65%,Cr 不大于 0.25%,Ni 不大于 0.30%,Ca 不大于 0.25%。

二、危险废物鉴别标准　急性毒性初筛

1　范围

本标准规定了急性毒性危险废物的初筛标准。

本标准适用于任何生产、生活和其他活动中产生的固体废物的急性毒性鉴别。

2　规范性引用文件

下列文件中的条款通过 GB 5085 的本部分的引用而成为本标准的条款。凡是不注明日期的引用文件,其最新版本适用于本标准。

HJ/T 153　化学品测试导则

HJ/T 298　危险废物鉴别技术规范

3　术语和定义

下列术语和定义适用于本标准。

3.1　口服毒性半数致死量 LD_{50}　LD_{50}(median lethal dose) for acute oral toxicity

是经过统计学方法得出的一种物质的单一计量,可使青年白鼠口服后,在 14 天内死亡一

半的物质剂量。

3.2 皮肤接触毒性半数致死量 LD$_{50}$ LD$_{50}$ for acute dermal toxicity

是使白鼠的裸露皮肤持续接触 24 小时,最可能引起这些试验动物在 14 天内死亡一半的物质剂量。

3.3 吸入毒性半数致死浓度 LC$_{50}$ LC$_{50}$ (lethal concentration 50) for acute toxicity on inhalation

是使雌雄青年白鼠连续吸入 1 小时,最可能引起这些试验动物在 14 天内死亡一半的蒸气、烟雾或粉尘的浓度。

4 鉴别标准

符合下列条件之一的固体废物,属于危险废物。

4.1 经口摄取:固体 LD$_{50}$≤200 mg/kg,液体 LD$_{50}$≤500 mg/kg。

4.2 经皮肤接触:LD$_{50}$≤1 000 mg/kg。

4.3 蒸气、烟雾或粉尘吸入:LC$_{50}$≤10 mg/L。

5 实验方法

5.1 采样点和采样方法按照 HJ/T 298 进行。

5.2 经口 LD$_{50}$、经皮 LD$_{50}$ 和吸入 LC$_{50}$ 的测定按照 HJ/T 153 中指定的方法进行。

三、危险废物鉴别标准 浸出毒性鉴别

1 范围

本标准规定了以浸出毒性为特征的危险废物鉴别标准。

本标准适用于任何生产、生活和其他活动中产生的固体废物的浸出毒性鉴别。

2 规范性引用文件

下列文件中的条款通过 GB 5085 的本部分的引用而成为本标准的条款。凡是不注明日期的引用文件,其最新版本适用于本标准。

HJ/T 299 固体废物 浸出毒性浸出方法 硫酸硝酸法

HJ/T 298 危险废物鉴别技术规范

3 鉴别标准

按照 HJ/T 299 制备的固体废物浸出液中任何一种危害成分含量超过如表 1-3 所示中所列的浓度限值,则判定该固体废物是具有浸出毒性特征的危险废物。

表 1-3 浸出毒性鉴别标准值

危险废物种类	序号	危害成分项目	浸出液中危害成分浓度限值(mg/L)	分析方法
无机元素及化合物	1	铜(以总铜计)	100	附录 A,B,C,D
	2	锌(以总锌计)	100	附录 A,B,C,D
	3	镉(以总镉计)	1	附录 A,B,C,D
	4	铅(以总铅计)	5	附录 A,B,C,D
	5	总铬	15	附录 A,B,C,D
	6	铬(六价)	5	GB/T 15555—1995
	7	烷基汞	不得检出[①]	GB/T 14204—93

危险废物种类	序号	危害成分项目	浸出液中危害成分浓度限值(mg/L)	分析方法
无机元素及化合物	8	汞(以总汞计)	0.1	附录B
	9	铍(以总铍计)	0.02	附录A、B、C、D
	10	钡(以总钡计)	100	附录A、B、C、D
	11	镍(以总镍计)	5	附录A、B、C、D
	12	总银	5	附录A、B、C、D
	13	砷(以总砷计)	5	附录C、E
	14	硒(以总硒计)	1	附录B、C、E
	15	无机氟化物(不包括氟化钙)	100	附录F
	16	氰化物(以CN计)	5	附录G
有机农药类	17	滴滴涕	0.1	附录H
	18	六六六	0.5	附录H
	19	乐果	8	附录I
	20	对硫磷	0.3	附录I
	21	甲基对硫磷	0.2	附录I
	22	马拉硫磷	5	附录I
	23	氯丹	2	附录H
	24	六氯苯	5	附录H
	25	毒杀芬	3	附录H
	26	灭蚁灵	0.05	附录H
非挥发性有机化合物	27	硝基苯	20	附录J
	28	二硝基苯	20	附录K
	29	对硝基氯苯	5	附录L
	30	2,4-二硝基氯苯	5	附录L
	31	五氯酚及五氯酚钠(以五氯酚计)	50	附录L
	32	苯酚	3	附录K
	33	2,4-二氯苯酚	6	附录K
	34	2,4,6-三氯苯酚	6	附录K
	35	苯并(a)芘	0.000 3	附录K、M
	36	邻苯二甲酸二丁酯	2	附录K
	37	邻苯二甲酸二锌酯	3	附录L
	38	多氯联苯	0.002	附录N

危险废物种类	序号	危害成分项目	浸出液中危害成分浓度限值(mg/L)	分析方法
挥发性有机化合物	39	苯	1	附录O、P、Q
	40	甲苯	1	附录O、P、Q
	41	乙苯	4	附录P
	42	二甲苯	4	附录O、P
	43	氯苯	2	附录O、P
	44	1,2-二氯苯	4	附录K、O、P、R
	45	1,4-二氯苯	4	附录K、O、P、R
	46	丙烯腈	20	附录O
	47	三氯甲烷	3	附录Q
	48	四氯化碳	0.3	附录Q
	49	三氯乙烯	3	附录Q
	50	四氯乙烯	1	附录Q

注:①"不得检出"指甲基汞<10 ng/L,乙基汞<20 ng/L。

4 实验方法

4.1 采样点和采样方法按照HJ/T 298进行。

4.2 无机元素及其化合物的样品(除六价铬、无机氟化物、氰化物外)的前处理方法参照附录S,六价铬及其化合物的样品的前处理方法参照附录T。

4.3 有机样品的前处理方法参照附录U、附录V、附录W。

4.4 各危害成分项目的测定,除执行规定的标准分析方法外,暂按附录中规定的方法执行;待适用于测定特定危害成分项目的国家环境保护标准发布后,按标准规定执行。

四、危险废物鉴别标准 易燃性鉴别

1 范围

本标准规定了易燃性危险废物的鉴别标准。

本标准适用于生产、生活和其他活动中产生的固体废物的易燃性鉴别。

2 规范性引用文件

下列文件中的条款通过GB 5085的本部分的引用而成为本标准的条款。凡是不注明日期的引用文件,其最新版本适用于本标准。

GB/T 261 石油产品闪点测定法(闭口杯法)

GB 19521.1—2004 易燃固体危险货物危险特性检验安全规范

GB 19521.3—2004 易燃气体危险货物危险特性检验安全规范

HJ/T 298 危险废物鉴别技术规范

3 相关术语和定义

下列术语和定义适用于本标准。

3.1 闪点 flash point

指在标准大气压(101.3 kPa)下,液体表面上方释放出的易燃蒸气与空气完全混合后,可以被火焰或火花点燃的最低温度。

3.2　易燃下限　lower flammable limit

可燃气体或蒸气与空气(或氧气)组成的混合物在点火后可以使火焰蔓延的最低浓度,以%表示。

3.3　易燃上限　upper flammable limit

可燃气体或蒸气与空气(或氧气)组成的混合物,在点火后可使火焰蔓延的最高浓度,以%表示。

3.4　易燃范围　flammable range

可燃气体或蒸气与空气(或氧气)组成的混合物能被引燃并传播火焰的浓度范围,通常以可燃气体或蒸气在混合物中所占的体积分数表示。

4　鉴别标准

符合下列任何条件之一的废物,属于易燃性危险废物。

4.1　液态易燃性危险废物

闪点温度低于60 ℃(闭口杯试验)的液体、液体混合物或含有固体物质的液体。

4.2　固态易燃性危险废物

在标准温度和压力(25 ℃,101.3 kPa)下,因摩擦或自发性燃烧而起火,经点燃后能剧烈而持续地燃烧并产生危害的固态废物。

4.3　气态易燃性危险废物

在20 ℃、101.3 kPa 状态下,在与空气的混合物中体积分数≤13%时可点燃的气体,或者在该状态下,不论易燃下限如何,与空气混合,易燃范围的易燃上限与易燃下限之差大于或等于12 个百分点的气体。

5　实验方法

5.1　采样点和采样方法按照 HJ/T 298 的规定进行。

5.2　第 4.1 条按照 GB/T 261 的规定进行。

5.3　第 4.2 条按照 GB 19521.1—2004 的规定进行。

5.4　第 4.3 条按照 GB 19521.3—2004 的规定进行。

五、危险废物鉴别标准　反应性鉴别

1　范围

本标准规定了反应性危险废物的鉴别标准。

本标准适用于任何生产、生活和其他活动中产生的固体废物的反应性鉴别。

2　规范性引用文件

下列文件中的条款通过 GB 5085 的本部分的引用而成为本标准的条款。凡是不注明日期的引用文件,其最新版本适用于本标准。

GB 19452—2004　氧化性危险货物危险特性检验安全规范

GB 19455—2004　民用爆炸品危险货物危险特性检验安全规范

GB 19521.4—2004　遇水放出易燃气体危险货物危险特性检验安全规范

GB 19521.12—2004　有机过氧化物危险货物危险特性检验安全规范

HJ/T 298　危险废物鉴别技术规范

3 术语和定义

3.1 爆炸 explosion

在极短的时间内，释放出大量能量，产生高温，并放出大量气体，在周围形成高压的化学反应或状态变化的现象。

3.2 爆轰 detonation

以冲击波为特征，以超音速传播的爆炸。冲击波传播速度通常能达到上千到数千米每秒，且外界条件对爆速的影响较小。

4 鉴别标准

符合下列任何条件之一的固体废物，属于反应性危险废物。

4.1 具有爆炸性质

4.1.1 常温常压下不稳定，在无引爆条件下，易发生剧烈变化。

4.1.2 标准温度和压力(25 ℃,101.3 kPa)下，易发生爆轰或爆炸性分解反应。

4.1.3 受强起爆剂作用或在封闭条件下加热，能发生爆轰或爆炸反应。

4.2 与水或酸接触产生易燃气体或有毒气体

4.2.1 与水混合发生剧烈化学反应，并释放出大量易燃气体和热量。

4.2.2 与水混合能产生足以危害人体健康或环境的有毒气体、蒸气或烟雾。

4.2.3 在酸性条件下，每千克含氰化物废物分解产生≥250 mg 氰化氢气体，或者每千克含硫化物废物分解产生≥500 mg 硫化氢气体。

4.3 废弃氧化剂或有机过氧化物

4.3.1 极易引起燃烧或爆炸的废弃氧化剂。

4.3.2 对热、震动或摩擦极为敏感的含过氧基的废弃有机过氧化物。

5 实验方法

5.1 采样点和采样方法按照 HJ/T 298 规定进行。

5.2 第 4.1 条爆炸性危险废物的鉴别主要依据专业知识，在必要时可按照 GB 19455—2004 中第 6.2 和 6.4 条规定进行试验和判定。

5.3 第 4.2.1 条按照 GB 19521.4—2004 中第 5.5.1 和 5.5.2 条规定进行试验和判定。

5.4 第 4.2.2 条主要依据专业知识和经验来判断。

5.5 第 4.2.3 条按照本标准的相关规定进行。

5.6 第 4.3.1 条按照 GB 19452—2004 规定进行。

5.7 第 4.3.2 条按照 GB 19521.12—2004 规定进行。

六、危险废物鉴别标准 毒性物质含量鉴别

1 范围

本标准规定了含有毒性、致癌性、致突变性和生殖毒性物质的危险废物鉴别标准。

本标准适用于任何生产、生活和其他活动中产生的固体废物的毒性物质含量鉴别。

2 规范性引用文件

下列文件中的条款通过 GB 5085 的本部分的引用而成为本标准的条款。凡是不注明日期的引用文件，其最新版本适用于本标准。

HJ/T 298 危险废物鉴别技术规范

3　术语和定义

下列术语和定义适用于本标准。

3.1　剧毒物质　acutely toxic substance

具有非常强烈毒性危害的化学物质,包括人工合成的化学品及其混合物和天然毒素。

3.2　有毒物质　toxic substance

经吞食、吸入或皮肤接触后可能造成死亡或严重健康损害的物质。

3.3　致癌性物质　carcinogenic substance

可诱发癌症或增加癌症发生率的物质。

3.4　致突变性物质　mutagenic substance

可引起人类的生殖细胞突变并能遗传给后代的物质。

3.5　生殖毒性物质　reproductive toxic substance

对成年男性或女性性功能和生育能力以及后代的发育具有有害影响的物质。

3.6　持久性有机污染物　persistent organic pollutants

具有毒性、难降解和生物蓄积等特性,可以通过空气、水和迁徙物种长距离迁移并沉积,在沉积地的陆地生态系统和水域生态系统中蓄积的有机化学物质。

4　鉴别标准

符合下列条件之一的固体废物是危险废物。

4.1　含有本标准附录 A 中的一种或一种以上剧毒物质的总含量≥0.1%。

4.2　含有本标准附录 B 中的一种或一种以上有毒物质的总含量≥3%。

4.3　含有本标准附录 C 中的一种或一种以上致癌性物质的总含量≥0.1%。

4.4　含有本标准附录 D 中的一种或一种以上致突变性物质的总含量≥0.1%。

4.5　含有本标准附录 E 中的一种或一种以上生殖毒性物质的总含量≥0.5%。

4.6　含有本标准附录 A 至附录 E 中两种及以上不同毒性物质,如果符合下列算式,按照危险废物管理:

$$\sum \left[\left(\frac{P_{T^+}}{L_{T^+}} + \frac{P_T}{L_T} + \frac{P_{Carc}}{L_{Carc}} + \frac{P_{Muta}}{L_{Muta}} + \frac{P_{Tera}}{L_{Tera}} \right) \right] \geq 1$$

式中:P_{T^+}——固体废物中剧毒物质的含量;

P_T——固体废物中有毒物质的含量;

P_{Carc}——固体废物中致癌性物质的含量;

P_{Muta}——固体废物中致突变性物质的含量;

P_{Tera}——固体废物中生殖毒性物质的含量;

L_{T^+}、L_T、L_{Carc}、L_{Muta}、L_{Tera}——分别为各种毒性物质在4.1~4.5中规定的标准值。

4.7　含有本标准附录 F 中的任何一种持久性有机污染物(除多氯二苯并对二噁英、多氯二苯并呋喃外)的含量≥50 mg/kg;

4.8　含有多氯二苯并对二噁英和多氯二苯并呋喃的含量≥15 μg TEQ/kg。

5　试验方法

5.1　采样点和采样方法按照 HJ/T 298 进行。

5.2　无机元素及其化合物的样品(除六价铬、无机氟化物、氰化物外)的前处理方法见GB 5085.3 附录 S;六价铬及其化合物的样品的前处理方法参照 GB 5085.3 附录 T。

5.3　有机样品的前处理方法参照 GB 5085.3 附录 U、附录 V、附录 W 和本标准附录 G。

5.4 各毒性物质的测定,除执行规定的标准分析方法外,暂按附录中规定的方法执行;待适用于测定待定毒性物质的国家环境保护标准发布后,按标准的规定执行。

七、毒性物质名录

(1)附录 A 剧毒物质名录(表1-4)

表1-4 剧毒物质名录

序号	中文名称		英文名称	CAS 号	分析方法
	化学名	别名			
1	苯硫酚	硫代苯酚;苯硫醇	Thiophenol;Benzenethiol	108-98-5	GB 5085.3 附录 K
2	丙酮氰醇	2-羟基-2-甲基丙腈;2-羟基异丁腈	Acetone cyanohydrin;2-Hydroxy-2-methylpropionitrile;2-Hydroxuisobutyronitrile	75-86-5	GB 5085.3 附录 O
3	丙烯醛	2-丙烯醛;败脂醛	Acrolein;2-Propenal	107-02-8	GB 5085.3 附录 O
4	丙烯酸	2-丙烯酸	Acrylic acid;2-Propenoic acid	79-10-7	GB 5085.3 附录 I
5	虫螨威	卡巴呋喃;2,3-二氢-2,2-二甲基-7-苯并呋喃基-N-甲基氨基甲酸酯	Furadan;Carbofuran;2,2-Dimethyl-2,3-dihydro-7-benzo-furanyl N-methylcarbamate	1563-66-2	GB 5085.3 附录 K、本标准附录 H
6	碘化汞	碘化高汞;二碘化汞	Mercuric iodide;Mercury diiodide	7774-29-0	GB 5085.3 附录 B
7	碘化铊	碘化亚铊;一碘化铊	Thallium iodide;Thallous iodide	7790-30-9	GB 5085.3 附录 A、B、C、D
8	二硝基邻甲酚	2-甲基-4,6-二硝基苯酚	Dinitro-ortho-cresol;2-Methyl-4,6-dinitrophenol	534-52-1	GB 5085.3 附录 K
9	二氧化硒	亚硒酸	Selenium dioxide;Selenious acid	7783-00-8	GB 5085.3 附录 B、C、E
10	甲拌磷	O,O-二乙基-S-(乙硫基甲基)二硫代磷酸酯;三九一一	Phorate;O,O-Diethyl S-(ethylthio) methyl phosphorodi-thioate	298-02-2	GB 5085.3 附录 I、K、L
11	磷铵	2-氯-2-二乙氨基甲酰基-1-甲基乙烯基二甲基磷酸酯;大灭虫	Phosphamidon;2-Chloro-2-diethylcarbamoyl-1-methylvinyl dimethylphosphate	13171-21-6	GB 5085.3 附录 I、K
12	硫氰酸汞	二硫氰酸汞	Mercuric thiocyanate;Mercury dithiocyanate	592-85-8	GB 5085.3 附录 B
13	氯化汞	氯化汞(Ⅱ);二氯化汞	Mercuric chloride;Mercury(Ⅱ) chloride;Mercury dichloride	7487-94-7	GB 5085.3 附录 B

序号	中文名称		英文名称	CAS号	分析方法
	化学名	别名			
14	氯化硒	一氯化硒	Selenium chloride；Selenium mono-chloride；	10025-68-0	GB 5085.3 附录 B、C、E
15	氯化亚铊	氯化铊	Thallous chloride；Thallium chloride	7791-12-0	GB 5085.3 附录 A、B、C、D
16	灭多威	1-(甲基硫代)亚乙基氨基甲基氨基甲酸酯；灭多虫；灭索威	Methomyl；1-(Methylthio)ethylide-neamino；methyl carbamate	16752-77-5	GB 5085.3 附录 L、本标准附录 H
17	氰化钡	二氰化钡	Barium cyanide；Barium dicyanide	542-62-1	GB 5085.3 附录 G
18	氰化钙	—	Calcium cyanide；Calcyanide	592-01-8	GB 5085.3 附录 G
19	氰化汞	二氰化汞	Mercuric cyanide；Mercury dicyanide	592-04-1	GB 5085.3 附录 G
20	氰化钾	氢氰酸钠盐；山奈；山奈钾	Potassium cyanide；Hydrocyanic acid；Potassium salt	151-50-8	GB 5085.3 附录 G
21	氰化钠	氢氰酸钠盐；山奈；山奈钠	Sodium cyanide；Hydrocyanic acid；Sodium salt	143-33-9	GB 5085.3 附录 G
22	氰化锌	二氰化锌	Zinc cyanide；Zinc dicyanide	557-21-1	GB 5085.3 附录 G
23	氰化亚铜	氰化铜（I）	Cuprous cyanide；Copper(I) cyanide	544-92-3	GB 5085.3 附录 G
24	氰化亚铜钠	氰化铜钠；紫铜盐	Sodium cuprocyanide；Copper sodium cyanide	14264-31-4	GB 5085.3 附录 G
25	氰化银	氰化银（1+）	Silver cyanide；Silver(1+) cyanide	506-64-9	GB 5085.3 附录 G
26	三碘化砷	碘化亚砷	Arsenic triiodide；Arsenous iodide	7784-45-4	GB 5085.3 附录 C、E
27	三氯化砷	氯化亚砷	Arsenic trichloride；Arsenous chloride	7784-34-1	GB 5085.3 附录 C、E
28	砷酸钠（以元素砷为分析目标，以该化合物计）	原砷酸钠；砷酸三钠盐	Sodium arsenate；Arsenic acid, trisodium salt	7631-89-2	GB 5085.3 附录 C、E
29	四乙基铅	—	Lead tetraethyl；Plumbane, tetraethyl	78-00-2	GB 5085.3 附录 A、B、C、D
30	铊	金属铊	Thallium；Thallium metal	7440-28-0	GB 5085.3 附录 A、B、C、D

续表

序号	中文名称		英文名称	CAS 号	分析方法
	化学名	别名			
31	碳氯灵	八氯六氢亚甲基异苯并呋喃;碳氯特灵	Isobenzan Octachloro-hexahydro-methanoiso-benzofuran	297-78-9	GB 5085.3 附录 K
32	羰基镍	四羰基镍	Nickel carbonyl;Nickel tetracarbonyl	13463-39-3	GB 5085.3 附录 A、B、C、D
33	涕灭威	2-甲基-2-(甲硫基)-O-[甲氨基(甲酰基)];丙醛肟;丁醛肟威;涕灭克	Propanal,Aldicarb;2-methyl-2-(methylthio)-,O-[(methylamino)carbonyl]oxime	116-06-C	本标准附录 H
34	硒化镉	—	Cadmium selenide	1306-24-7	GB 5085.3 附录 A、B、C、D
35	硝酸亚汞	硝酸亚汞(一水合物)	Mercurous nitrate;Mercurous nitrate (monohydrate)	7782-86-7	GB 5085.3 附录 B
36	溴化亚铊		Thallous bromide	7789-40-4	GB 5085.3 附录 A、B、C、D
37	亚碲酸钠(以元素碲为分析目标,以该化合物计)	三氧碲酸二钠	Sodium tellurite;Disodium trioxotellurate	10102-20-2	GB 5085.3 附录 B
38	亚砷酸钠(以元素砷为分析目标,以该化合物计)	亚砷酸钠盐;偏亚砷酸钠	Sodium arsenite;Arsenenous acid, sodium salt;Sodium metaarsenite	7784-46-5	GB 5085.3 附录 C、E
39	烟碱	尼古丁;1-甲基-2-(3-吡啶基)吡咯烷	Pyridine;Nicotine;1-Methyl-2-(3-pyridyl)pyrrolidine	54-11-5	GB 5085.3 附录 K

(2)附录 B　有毒物质名录(表 1-5)

表 1-5　有毒物质名录

序号	中文名称		英文名称	CAS 号	分析方法
	化学名	别名			
1	氨基三唑	杀草强	Aminotriazole;Amitrole	61-82-5	本标准附录 I
2	钯	海绵(状)钯	Palladium;Palladium sponge	7440-05-3	GB 5085.3 附录 B
3	百草枯	1,1-二甲基-4,4-联吡啶二氯化物;对草快	Paraquat;4,4'-Bipyridinium,1,1'-dimethyl-,dichloride	1910-42-5	本标准附录 A0
4	百菌清	2,4,5,6-四氯-1,3-苯二腈	Chlorothalonil;1,3-Benzenedicarbonitrile,2,4,5,6-tetrachloro	1897-45-6	GB 5085.3 附录 H、K

序号	中文名称		英文名称	CAS 号	分析方法
	化学名	别名			
5	倍硫磷	O,O-二甲基-O-4-甲基硫代间甲苯基硫代磷酸酯;百治屠;蕃硫磷	Fenthion; O,O-Dimethyl O-4-methylthio-m-tolyl phosphorothioate	55-38-9	GB 5085.3 附录 I,K
6	苯胺	氨基苯	Aniline; Aminobenzene; Benzeneamine	62-53-3	本标准附录 K
7	1,4-苯二胺	对苯二胺;1,4-二氨基苯	1,4-Phenylenediamine; p-Phenylenediamine; 1,4-Diaminobenzene	106-50-3	GB 5085.3 附录 K
8	1,3-苯二酚	间苯二酚;雷琐辛	1,3-Benzenediol;m-Benzenediol; Resorcin	108-46-3	GB 5085.3 附录 K
9	1,4-苯二酚	对苯二酚;氢醌	1,4-Benzenediol;p-Benzenediol; Hydroquinone	123-31-9	GB 5085.3 附录 K
10	苯肼	肼基苯	Phenylhydrazine; Hydrazobenzene	100-63-0	GB 5085.3 附录 K
11	苯菌灵	苯来特	Benomyl;Benlate	17804-35-2	GB 5085.3 附录 L
12	苯醌	对苯醌;1,4-环己二烯二酮	Quinone; p-Quinone; 1,4-Cyclohexadienedione	106-51-4	GB 5085.3 附录 K
13	苯乙烯	乙烯基苯	Styrene; Vinyl benzene	100-42-5	GB 5085.3 附录 O,P
14	表氯醇	1-氯-2,3-环氧丙烷;环氧氯丙烷	Epichlorohydrin; 1-Chloro-2,3-epoxypropane	106-89-8	GB 5085.3 附录 O,P
15	丙酮	2-丙酮	Acetone;2-Propanone	67-64-1	GB 5085.3 附录 O
16	铂	海绵(状)铂;白金	Platinum; Platinum sponge	7440-06-4	GB 5085.3 附录 B
17	草甘膦	N-(磷酰甲基)甘氨酸;镇草宁	Glyphosate; N-(Phosphono methyl) glycine	1071-83-6	本标准附录 L
18	除虫脲	1-(4-氯苯基)-3-(2,6-二氟苯甲酰)脲;伏脲杀、杀虫脲、二氟脲	Diflubenzuron; 1-(4-Chlorophenyl)-3-(2,6-difluoro-benzoyl)urea	35367-38-5	本标准附录 M
19	2,4-滴（含量＞75%）	2,4-二氯苯氧乙酸	2,4-D(content＞75%); 2,4-Dichlorophenoxyacetic acid	94-75-7	GB 5085.3 附录 L、本标准附录 N

序号	中文名称		英文名称	CAS 号	分析方法
	化学名	别名			
20	敌百虫	二甲基(2,2,2-三氯-1-羟基乙基)膦酸酯	Trichlorfon; Dimethyl (2, 2, 2-tri-chloro-1-hydroxyethyl) phosponate	52-68-6	GB 5085.3 附录 I、L
21	敌草快	杀草快;1,1'-亚乙基-2,2'-联吡啶二溴盐	Diquat; Diquat dibromide; 1, 1'-Eth-ylene 2, 2'-bipyridylium dibromide	85-00-7	本标准附录 J
22	敌草隆	N-(3,4-二氯苯基)-N',N'-二甲基脲	Diuron; N-(3, 4-Dichlorophenyl)-N', N'-dimethylurea	330-54-1	GB 5085.3 附录 L、本标准附录 M
23	敌敌畏	O,O-二甲基-O-(2,2-二氯乙烯基)磷酸酯	Dichlorvos; O,O-Dimethyl-O-(2,2-dichlorovinyl) phosphate	62-73-7	GB 5085.3 附录 I、K、L
24	1-丁醇	正丁醇	1-Butanol; n-Butanol	71-36-3	GB 5085.3 附录 O
25	2-丁醇	仲丁醇	2-Butanol; sec-Butanol	78-92-2	GB 5085.3 附录 O
26	异丁醇	2-甲基丙醇	Isobutanol; 2-Methyl propanol	78-83-1	GB 5085.3 附录 O
	叔丁醇	1,1-二甲基乙醇	tert-Butyl alcohol; 1, 1-Dimethyle-thanol	75-65-0	GB 5085.3 附录 O
27	毒草胺	2-氯-N-异丙基乙酰苯胺	Propachlor; 2-Chloro-N-isopropylacetanilide	1918-16-7	GB 5085.3 附录 L
28	多菌灵	棉萎灵	Carbendazim; Carbendazol	4697-36-3	GB 5085.3 附录 L
29	多硫化钡	硫化钡;硫钡合剂	Barium polysulfide; Barium sulfide	50864-67-0	GB 5085.3 附录 A、B、C、D
30	1,1-二苯肼	N,N-二苯基联胺	1, 1-Diphenylhydrazine; N, N-Diphenylhydrazine	530-50-7	GB 5085.3 附录 K
31	N,N-二甲基苯胺	(二甲基氨基)苯	N,N-Dimethylaniline; (Dimethylamino) benzene	121-69-7	GB 5085.3 附录 K
32	二甲基苯酚	二甲酚	Dimethyl Phenol; Xylenol	1300-71-6	GB 5085.3 附录 K
33	二甲基甲酰胺	N,N-二甲基甲酰胺	Dimethylformamide; N,N-Dimethylformamide	68-12-2	GB 5085.3 附录 K

序号	中文名称		英文名称	CAS 号	分析方法
	化学名	别名			
34	1,2-二氯苯	邻二氯苯	1,2-Dichlorobenzene; o-Dichlorobenzene	95-50-1	GB 5085.3 附录 K、O、P、R
35	1,3-二氯苯	间二氯苯	1,3-Dichlorobenzene; m-Dichlorobenzene	541-73-1	GB 5085.3 附录 K、O、P、R
36	1,4-二氯苯	对二氯苯	1,4-Dichlorobenzene; P-Dichlorobenzene	106-46-7	GB 5085.3 附录 K、O、P、R
37	2,4-二氯苯胺	2,4-DCA	2,4-Dichloroaniline; 2,4-Dichlorobenzenamine	554-00-7	本标准附录 K
38	2,5-二氯苯胺	对二氯苯胺	2,5-Dichloroaniline; p-Dichloroaniline	95-82-9	本标准附录 K
39	2,6-二氯苯胺	—	2,6-Dichloroaniline; Benzenamine,2,6-dichloro	608-31-1	本标准附录 K
40	3,4-二氯苯胺	1-氨基-3,4-二氯苯	3,4-Dichloroaniline; 1-Amino-3,4-dichlorobenzene	95-76-1	本标准附录 K
41	3,5-二氯苯胺	3,5-DCA	3,5-Dichloroaniline; Benzenamine,3,5-dichloro-	626-43-7	本标准附录 K
42	1,3-二氯丙烯,1,2二氯丙烷及其混合物	滴滴混剂;氯丙混剂	1,3-Dichloropropene, 1,2-dichloropropane and mixtures	542-75-6 78-87-5	GB 5085.3 附录 O、P
43	2,4-二氯甲苯	2,4-二氯-1-甲苯	2,4-Dichlorotoluene; Benzene,2,4-dichloro-1-methyl-	95-73-8	GB 5085.3 附录 K、O、P、R
44	2,5-二氯甲苯	1,4-二氯-2-甲基苯	2,5-Dichlorotoluene; Benzene,1,4-dichloro-2-methyl-	19398-61-9	GB 5085.3 附录 K、O、P、R
45	3,4-二氯甲苯	1,2-二氯-4-甲苯	3,4-Dichlorotoluene; Benzene,1,2-dichloro-4-methyl	95-75-0	GB 5085.3 附录 K、O、P、R
46	二氯甲烷	亚甲基氯	Dichloromethane; Methylene chloride	75-09-2	GB 5085.3 附录 O、P
47	二嗪农	地亚农;二嗪磷	Diazinon;Diazide	333-41-5	GB 5085.3 附录 I
48	1,2-二硝基苯	邻二硝基苯	1,2-Dinitrobenzene; o-Dinitrobenzene	528-29-0	GB 5085.3 附录 K
49	1,3-二硝基苯	间二硝基苯	1,3-Dinitrobenzene; m-Dinitrobenzene	99-65-0	GB 5085.3 附录 J、K
50	1,4-二硝基苯	对二硝基苯	1,4-Dinitrobenzene; p-Dinitrobenzene	100-25-4	GB 5085.3 附录 K

序号	中文名称		英文名称	CAS 号	分析方法
	化学名	别名			
51	2,4-二硝基苯胺	间二硝基苯胺	2,4-Dinitroaniline;m-Dinitroaniline	97-02-9	GB 5085.3 附录 K、本标准附录 K
52	2,6-二硝基苯胺	二硝基苯胺	2,6-Dinitroaniline;Dinitrobenzenamine	606-22-4	GB 5085.3 附录 K、本标准附录 K
53	1,2-二溴乙烷	二溴化乙烯	1,2-Dibromoethane;Ethylene dibromide	106-93-4	GB 5085.3 附录 O、P
54	钒	钒粉尘	Vanadium;Vanadium dust	7440-62-2	GB 5085.3 附录 A、B、C、D
55	氟化铝	三氟化铝	Aluminium fluoride;Aluminium trifluoride	7784-18-1	GB 5085.3 附录 F
56	氟化钠	一氟化钠	Sodium fluoride;Sodium monofluoride	7681-49-4	GB 5085.3 附录 F
57	氟化铅	二氟化铅	Lead fluoride;Lead difluoride	7783-46-2	GB 5085.3 附录 F
58	氟化锌	二氟化锌	Zinc fluoride;Zinc difluoride	7783-49-5	GB 5085.3 附录 F
59	氟硼酸锌	双(四氟硼酸)锌	Zinc fluoborate;Zinc bis(tetrafluoroborate)	13826-88-5	GB 5085.3 附录 F
60	甲苯二胺	二氨基甲苯	Toluenediamine;Diaminotoluenes	25376-45-8	GB 5085.3 附录 K
61	甲苯二异氰酸酯	2,4-甲苯二异氰酸酯; 2,6-甲苯二异氰酸酯	Toluenediisocyanates;2,4-Toluene diisocyanate;2,6-Toluene diisocyanate	584-84-9 91-08-7	GB 5085.3 附录 K
62	4-甲苯酚	对甲酚	4-Cresol;p-Cresol	106-44-5	GB 5085.3 附录 K
63	甲醇	木醇;木酒精	Methanol;Methyl alcohol	67-56-1	GB 5085.3 附录 O
64	甲酚(混合异构体)	混合甲酚	Cresol(mixed isomers); Methylphenol, mixed	1319-77-3	GB 5085.3 附录 K
65	3-甲基苯胺	间甲苯胺;间氨基甲苯; 3-氨基甲苯	3-Toluidine;m-Toluidine;m-Aminotoluene;3-Aminotoluene;	108-44-1	GB 5085.3 附录 K
66	4-甲基苯胺	对甲苯胺;对氨基甲苯; 4-氨基甲苯	4-Toluidine;p-Toluidine; p-Aminotoluene;4-Aminotoluene;	106-49-0	GB 5085.3 附录 K
67	2-甲基苯酚	邻甲苯酚	2-Cresol;o-Cresol	95-48-7	GB 5085.3 附录 K

序号	中文名称		英文名称	CAS号	分析方法
	化学名	别名			
68	3-甲基苯酚	间甲酚	3-Cresol；m-Cresol	108-39-4	GB 5085.3 附录 K
69	甲基叔丁基醚	2-甲氧基-2-甲基丙烷	Methyl tertiary-butyl ether；Propane,2-methoxy-2-methyl-	1634-04-4	GB 5085.3 附录 O
70	甲基溴	一溴甲烷	Methyl bromide；Bromomethane	74-83-9	GB 5085.3 附录 O,P
71	甲基乙基酮	2-丁酮	Methyl ethyl ketone；2-Butanone	78-93-3	GB 5085.3 附录 O
72	甲基异丁酮	4-甲基-2-戊酮；2-甲基丙基甲酮；MIBK	Methyl isobutyl ketone；4-Methyl-2-pentanone；2-Methylpropyl methyl ketone	108-10-1	GB 5085.3 附录 O
73	3-甲氧基苯胺	间甲氧基苯胺；间氨基苯甲醚；间茴香胺	3-Methoxyaniline；m-Methoxyaniline；m-Aminoanisole；m-Anisidine	536-90-3	GB 5085.3 附录 K
74	4-甲氧基苯胺	对甲氧基苯胺；对氨基苯甲醚；对茴香胺	4-Methoxyaniline；p-Methoxyaniline；p-Aminoanisole；p-Anisidine	104-94-9	GB 5085.3 附录 K
75	2-甲氧基乙醇,2-乙氧基乙醇及其醋酸酯	—	2-Methoxyethanol,2-ethoxyethanol,and their acetates	109-86-4	GB 5085.3 附录 O
76	开蓬	十氯酮	Chlordecone；Decachloroketone	143-50-0	GB 5085.3 附录 K
77	克来范	—	Kelevan	4234-79-1	GB 5085.3 附录 H
78	邻苯二甲酸二乙基己酯	邻苯二甲酸二（2-乙基己基)酯	Diethylhexyl phthalate；Phthalic acid, bis(2-ethylhexyl) ester	117-81-7	GB 5085.3 附录 K
79	林丹	γ-六六六	Lindane；γ-Hexachlorocyclohexane	58-89-9	GB 5085.3 附录 H 、K、R
80	磷酸三苯酯	三苯基磷酸酯	Phosphoric acid, triphenyl ester；Triphenyl phosphate	115-86-6	GB 5085.3 附录 K
81	磷酸三丁酯	磷酸三正丁酯	Tributyl phosphate；Phosphoric acid, tri-n-butyl ester；	126-73-8	GB 5085.3 附录 K
82	磷酸三甲苯酯	磷酸三甲酚酯；增塑剂 TCP	Phosphoric acid, tritolyl ester；Tricresyl phosphate	1330-78-5	GB 5085.3 附录 K

序号	中文名称		英文名称	CAS 号	分析方法
	化学名	别名			
83	硫丹	1,2,3,4,7,7-六氯双环(2,2,1)庚烯-5,6-双羟甲基亚硫酸酯	Endosulfan；1，2，3，4，7，7-Hexachlorobicyclo(2,2,1)hepten-5,6-bioxymethylene-sulfite	115-29-7	GB 5085.3 附录 H
84	六氯丁二烯	六氯-1,3-丁二烯	Hexachlorobutadiene；Hexachloro-1,3-butadiene	87-68-3	GB 5085.3 附录 K、O、P、R
85	六氯环戊二烯	全氯环戊二烯	Hexachlorocyclopentadiene；Perchlorocyclopentadiene	77-47-4	GB 5085.3 附录 H、K、R
86	六氯乙烷	全氯乙烷	Hexachloroethane；Perchloroethane	67-72-1	GB 5085.3 附录 K、O、R
87	2-氯-4-硝基苯胺	邻氯对硝基苯胺	2-Chloro-4-nitroaniline；o-Chloro-p-nitroaniline	121-87-9	本标准附录 K
88	2-氯苯胺	邻氯苯胺；邻氨基氯苯	2-Chloroaniline；o-Chloroaniline；o-Aminochlorobenzene	95-51-2	本标准附录 K
89	3-氯苯胺	间氯苯胺；间氨基氯苯	3-Chloroaniline；m-Chloroaniline；m-Aminochlorobenzene	108-42-9	本标准附录 K
90	4-氯苯胺	对氯苯胺；对氨基氯苯	4-Chloroaniline；p-Chloroaniline；p-Aminochlorobenzene	106-47-8	GB 5085.3 附录 K、本标准附录 K
91	2-氯苯酚	邻氯苯酚；2-氯-1-羟基苯；2-羟基氯苯	2-Chlorophenol；o-Chloropheno；2-Chloro-1-hydroxybenzene；2-Hydroxychlorobenzene	95-57-8	GB 5085.3 附录 K
92	3-氯苯酚	间氯苯酚；3-氯-1-羟基苯；间羟基氯苯	3-Chlorophenol；m-Chlorophenol；3-Chloro-1-hydoxybenzene；m-Hydroxychlorobenzene	108-43-0	GB 5085.3 附录 K
93	氯酚	一氯苯酚	Chlorophenols；Phenol, chloro	25167-80-0	GB 5085.3 附录 K
94	氯化钡	二氯化钡	Barium chloride；Barium dichloride	10361-37-2	GB 5085.3 附录 A、B、C、D
95	2-氯乙醇	乙撑氯醇；氯乙醇	2-Chloroethanol；Ethylene chlorohydrin；Chloroethanol	107-07-3	GB 5085.3 附录 O
96	锰	元素锰	Manganese；Manganese, elemental	7439-96-5	GB 5085.3 附录 A、B、C、D
97	1-萘胺	α-萘胺；1-氨基萘	1-Naphthylamine；α-Naphthylamine；1-Aminonaphthalene	134-32-7	GB 5085.3 附录 K

序号	中文名称		英文名称	CAS 号	分析方法
	化学名	别名			
98	三（2,3-二溴丙基）磷酸酯和二（2,3-二溴丙基）磷酸酯	—	Tris-and bis(2,3-dibromopropyl) phosphate	126-72-7	GB 5085.3 附录 K、L
99	三丁基锡化合物	—	Tributyltin compounds	—	GB 5085.3 附录 D
100	1,2,3-三氯苯	连三氯苯	1,2,3-Trichlorobenzene；vic-Trichlorobenzene	87-61-6	GB 5085.3 附录 R
101	1,2,4-三氯苯	不对称三氯苯	1,2,4-Trichlorobenzene；unsym-Trichlorobenzene	120-82-1	GB 5085.3 附录 K、M、O、Q、P、R
102	1,3,5-三氯苯	对称三氯苯	1,3,5-Trichloroaniline；sym-Trichlorobenzene	108-70-3	GB 5085.3 附录 R
103	2,4,5-三氯苯胺	1-氨基-2,4,5-三氯苯	2,4,5-Trichloroaniline；1-Amino-2,4,5-trichlorobenzene	636-30-6	本标准附录 K
104	2,4,6-三氯苯胺	1-氨基-2,4,6-三氯苯	2,4,6-Trichloroaniline；1-Amino-2,4,6-trichlorobenzene	634-93-5	本标准附录 K
105	1,2,3-三氯丙烷	三氯丙烷；烯丙基三氯	1,2,3-Trichloropropane；Trichlorohydrin；Allyl trichloride	96-18-4	GB 5085.3 附录 O、P
106	1,1,1-三氯乙烷	甲基氯仿；α-三氯乙烷	1,1,1-Trichloroethane Methylchloroform；α-Trichloroethane	71-55-6	GB 5085.3 附录 O、P
107	1,1,2-三氯乙烷	β-三氯乙烷	1,1,2-Trichloroethane；beta-Trichloroethane	79-00-5	GB 5085.3 附录 O、P
108	杀螟硫磷	O,O-二甲基-O-4-硝基间甲苯基硫代磷酸酯；杀螟松；速灭虫	Fenitrothion；O,O-Dimethyl O-4-nitro-m-tolyl phosphorothioat	122-14-5	GB 5085.3 附录 I
109	石油溶剂	石油溶剂油	White spirit	63394-00-3	本标准附录 O
110	1,2,3,4-四氯苯	1,2,3,4-四氯代苯	1,2,3,4-Tetrachlorobenzene；Benzene,1,2,3,4-tetrachloro-	634-66-2	GB 5085.3 附录 R

序号	中文名称		英文名称	CAS 号	分析方法
	化学名	别名			
111	1,2,3,5-四氯苯	1,2,3,5-四氯代苯	1,2,3,5-Tetrachlorobenzene; Benzene,1,2,3,5-tetrachloro-	634-90-2	GB 5085.3 附录 R
112	1,2,4,5-四氯苯	四氯苯	1,2,4,5-Tetrachlorobenzene; Benzene tetrachloride	95-94-3	GB 5085.3 附录 K
113	2,3,4,6-四氯苯酚	1-羟基-2,3,4,6-四氯苯	2,3,4,6-Tetrachlorophenol; 1-Hydroxy-2,3,4,6-tetrachloro-benzene	58-90-2	GB 5085.3 附录 K
114	四氯硝基苯	2,3,5,6-四氯硝基苯	Tecnazene; 2,3,5,6-Tetrachloronitrobenzene	117-18-0	GB 5085.3 附录 K
115	四氧化三铅	红丹;铅丹	Lead tetroxide;Orange lead; CI Pigment Red 105	1314-41-6	GB 5085.3 附录 A、B、C、D
116	钛	钛粉	Titanium;Titanium powder	7440-32-6	GB 5085.3 附录 A、B
117	碳酸钡	碳酸钡盐	Barium carbonate; Carbonic acid,barium salt	513-77-9	GB 5085.3 附录 A、B、C、D
118	锑粉	金属锑	Antimony powder;Antimony,metallic	7440-36-0	GB 5085.3 附录 A、B、C、D、E
119	五氯硝基苯	硝基五氯苯;PCNB	Quintozene;Nitropentachlorobenzene; Pentachloronitrobenzene	82-68-8	GB 5085.3 附录 K
120	五氯乙烷	—	Pentachloroethane; Ethane,pentachloro	76-01-7	GB 5085.3 附录 K
121	五氧化二锑	五氧化锑	Diantimony pentoxide; Antimony pentoxide	1314-60-9	GB 5085.3 附录 A、B、C、D、E
122	西维因	1-萘基甲基氨基甲酸酯;胺甲萘	Carbaryl;1-Naphthyl methylcarbam-ate	63-25-2	GB 5085.3 附录 K、本标准附录 H
123	锡及有机锡化合物	—	Tin and organotin compounds	—	GB 5085.3 附录 B、D
124	2-硝基苯胺	邻硝基苯胺; 1-氨基-2-硝基苯	2-Nitroaniline;o-Nitroaniline; 1-Amino-2-nitrobenzene	88-74-4	GB 5085.3 附录 K、本标准附录 K

序号	中文名称		英文名称	CAS 号	分析方法
	化学名	别名			
125	3-硝基苯胺	间硝基苯胺； 1-氨基-3-硝基苯	3-Nitroaniline；m-Niroaniline； 1-Amino-3-nitrobenzene	99-09-2	GB 5085.3 附录 K、本标准附录 K
126	4-硝基苯胺	对硝基苯胺； 1-氨基-4-硝基苯	4-Nitroaniline；p-Nitroaniline； 1-Amino-4-nitrobenzene	100-01-6	GB 5085.3 附录 K、本标准附录 K
127	2-硝基苯酚	邻硝基苯酚	2-Nitrophenol；o-Nitrophenol	88-75-5	GB 5085.3 附录 K
128	3-硝基苯酚	间硝基苯酚	3-Nitrophenol；m-Nitrophenol	554-84-7	GB 5085.3 附录 K
129	4-硝基苯酚	对硝基苯酚	4-nitrophenol；p-Nitrophenol	100-02-7	GB 5085.3 附录 K
130	2-硝基丙烷	二甲基硝基甲烷；2-NP	2-Nitropropane；Dimethylnitromethane	79-46-9	GB 5085.3 附录 O
131	2-硝基甲苯	邻硝基甲苯	2-Nitrotoluene；o-Nitrotoluene	88-72-2	GB 5085.3 附录 J
132	3-硝基甲苯	间硝基甲苯	3-Nitrotoluene；m-Nitrotoluene	99-08-1	GB 5085.3 附录 J
133	4-硝基甲苯	对硝基甲苯	4-Nitrotoluene；p-Nitrotoluene	99-99-0	GB 5085.3 附录 J
134	4-溴苯胺	对溴苯胺	4-Bromoaniline；p-Bromoaniline	106-40-1	本标准附录 K
135	溴丙酮	1-溴-2-丙酮	Bromoacetone；1-Bromo-2-propanone	598-31-2	GB 5085.3 附录 O、P
136	溴化亚汞	一溴化汞	Mercurous bromide；Mercury monobromide	10031-18-2	GB 5085.3 附录 B
137	亚苄基二氯	（二氯甲基）苯；苄基二氯；α,α-二氯甲苯	Benzal chloride；（Dichloromethyl）benzene；Benzyl dichloride；α,α-Dichlorotoluene	98-87-3	GB 5085.3 附录 R
138	N-亚硝基二苯胺	N-亚硝基-N-苯基苯胺	N-Nitrosodiphenylamine；N-Nitroso-N-phenylbenzenamine	86-30-6	GB 5085.3 附录 K
139	亚乙烯基氯	1,1-二氯乙烯	Vinylidene chloride 1,1-Dichloroethylene	75-35-4	GB 5085.3 附录 O、P
140	一氧化铅	氧化铅；黄丹；密陀僧	Lead monoxide；Lead oxide；Lead Oxide Yellow	1317-36-8	GB 5085.3 附录 A、B、C、D
141	乙腈	氰化甲烷；甲基氰	Acetonitrile；Cyanomethane；Methyl cyanide	75-05-8	GB 5085.3 附录 O

序号	中文名称		英文名称	CAS 号	分析方法
	化学名	别名			
142	乙醛	醋醛	Acetaldehyde;Acetyl aldehyde	75-07-0	本标准附录 P
143	异佛尔酮	3,5,5-三甲基-2-环己烯-1-酮	Isophorone; 3,5,5-Trimethyl-2-cyclohexen-1one	78-59-1	GB 5085.3 附录 K

(3)附录 C 致癌性物质名录(表1-6)

表1-6 致癌性物质名录

序号	中文名称		英文名称	CAS 号	分析方法
	化学名	别名			
1	4-氨基-3-氟苯酚	2-氟-4-羟基苯胺	4-Amino-3-fluorophenol; 2-Fluoro-4-hydroxyaniline	399-95-1	GB 5085.3 附录 K
2	4-氨基联苯	联苯基-4-胺;联苯基胺	4-Aminobiphenyl; Biphenyl-4-ylamin; Xenylamine	92-67-1	GB 5085.3 附录 K
3	4-氨基偶氮苯	对氨基偶氮苯	4-Aminoazobenzene; p-Aminoazobenzene	60-09-3	GB 5085.3 附录 K
4	苯	环己三烯	Benzene;Cyclohexatriene	71-43-2	GB 5085.3 附录 O、P
5	苯并[a]蒽	1,2-苯并蒽	Benzo[a]anthracene; 1,2-Benzanthracene	56-55-3	GB 5085.3 附录 K、M,本标准附录 Q
6	苯并[b]荧蒽	3,4-苯并荧蒽;2,3-苯并荧蒽	Benzo[b]fluoranthene; 3,4-Benzofluoranthene; 2,3-Benzofluoranthene	205-99-2	GB 5085.3 附录 K、M,本标准附录 Q
7	苯并[j]荧蒽	7,8-苯并荧蒽;10,11-苯并荧蒽	Benzo [j] fluoranthene; 7,8-Benzofluoranthene; 10,11-Benzofluoranthene	205-82-3	本标准附录 Q
8	苯并[k]荧蒽	8,9-苯并荧蒽;11,12-苯并荧蒽	Benzo [k] fluoranthene; 8,9-Benzofluoranthene; 11,12-Benzofluoranthene	207-08-9	GB 5085.3 附录 K、M,本标准附录 Q
9	丙烯腈	2-丙烯腈	Acrylonitrile;2-Propenenitrile	107-13-1	GB 5085.3 附录 O
10	除草醚	2,4-二氯苯基-4-硝基苯基醚	Nitrofen; 2,4-Dichlorophenyl-4-Nitrophenyl-ether	1836-75-5	GB 5085.3 附录 K

序号	中文名称		英文名称	CAS号	分析方法
	化学名	别名			
11	次硫化镍	二硫化三镍	Nickel subsulphide; Trinickel disulfide	12035-72-2	GB 5085.3 附录 A、B、C、D
12	二苯并[a, h]蒽	1,2;5,6-二苯并蒽	Dibenz[a,h]anthracene; 1,2;5,6-Dibenzanthracene	53-70-3	GB 5085.3 附录 M
13	1,2;3,4-二环氧丁烷	2,2'-双环氧乙烷	1,2;3,4-Diepoxybutane; 2,2'-Bioxirane	1464-53-5	GB 5085.3 附录 O
14	二甲基硫酸酯	硫酸二甲酯	Dimethyl sulphate; Sulfuric acid, dimethyl ester	77-78-1	GB 5085.3 附录 K
15	1,3-二氯-2-丙醇	1,3-二氯-2-羟基丙烷	1,3-Dichloro-2-propanol; 1,3-Dichloro-2-hydroxypropane	96-23-1	GB 5085.3 附录 P
16	二氯化钴	氯化钴	Cobalt dichloride; Cobaltous chloride	7646-79-9	GB 5085.3 附录 A、B、C、D
17	3,3'-二氯联苯胺	3,3'-二氯联苯-4,4'-二胺	3,3'-Dichlorobenzidine; 3,3'-Dichlorobiphenyl-4,4'-diamine	91-94-1	GB 5085.3 附录 K
18	3,3'-二氯联苯胺盐	3,3'-二氯联苯胺盐;3,3-二氯联苯-4,4'-二胺盐	Salts of 3,3'-dichlorobenzidine;Salts of 3,3,-dichlorobiphenyl-4,4'-diamine	—	GB 5085.3 附录 K
19	1,2-二氯乙烷	二氯化乙烯	1,2-Dichloroethane; Ethylene dichloride	107-06-2	GB 5085.3 附录 O、P
20	2,4-二硝基甲苯	1-甲基-2,4-二硝基苯	2, 4-Dinitrotoluene; 1-Methyl-2, 4-dinitro benzene	121-14-2	GB 5085.3 附录 J、K
21	2,5-二硝基甲苯	2-甲基-1,4-二硝基苯	2,5-Dinitrotoluene; 2-Methyl-1,4-dinitrobenzene	619-15-8	GB 5085.3 附录 J、K
22	2,6-二硝基甲苯	2-甲基-1,3-二硝基苯	2,6-Dinitrotoluene; 2-Methyl-1,3-dinirobenzene	606-20-2	GB 5085.3 附录 J、K
23	二氧化镍	氧化镍	Nickel dioxide; Nickel oxide	12035-36-8	GB 5085.3 附录 A、B、C、D
24	铬酸镉	—	Cadmium chromate	14312-00-6	GB 5085.3 附录 A、B、C、D
25	铬酸铬(Ⅲ)	铬酸铬	Chromium(Ⅲ)chromate;Chromic chromate	24613-89-6	GB 5085.3 附录 A、B、C、D
26	铬酸锶	锶黄;C. I. 颜料黄 32	Strontium chromate; Strontium Yellow; C. I. Pigment Yellow 32	7789-06-2	GB 5085.3 附录 A、B、C、D

续表

序号	中文名称		英文名称	CAS号	分析方法
	化学名	别名			
27	环氧丙烷	1,2-环氧丙烷；甲基环氧乙烷	Propylene oxide；1,2-Epoxypro-pane；Methyloxirane	75-56-9	GB 5085.3 附录 O
28	4-甲基间苯二胺	2,4-二氨基甲苯；1,3-二氨基-4-甲苯	4-Methyl-m-phenylenediamine；2,4-Diaminotoluene；1,3-Diamino-4-methylbenzene	95-80-7	GB 5085.3 附录 K
29	甲醛	蚁醛；福尔马林	Formaldehyde；Methanal；Formalin	50-00-0	本标准附录 P
30	2-甲氧基苯胺	邻茴香胺	2-Methoxyaniline；o-Anisidine	90-04-0	GB 5085.3 附录 K
31	联苯胺	4,4'-二氨基联苯；对二氨基联苯	Benzidine；4,4'-Diaminobiphenyl；p-Diaminobiphenyl	92-87-5	GB 5085.3 附录 K
32	联苯胺盐	对二氨基联苯盐	Salts of benzidine；Salts of p-diaminobiphenyl	—	GB 5085.3 附录 K
33	邻甲苯胺	2-甲苯胺	o-Toluidine；2-Toluidine	95-53-4	GB 5085.3 附录 K、O
34	邻联茴香胺	3,3'-二甲氧基联苯胺	o-Dianisidine；3,3'-Dimethoxybenzidine	119-90-4	GB 5085.3 附录 K
35	邻联甲苯胺	3,3'-二甲基联苯胺	o-Tolidine；3,3'-Dimethylbenzidine	119-93-7	GB 5085.3 附录 K
36	邻联甲苯胺盐	3,3'-二甲基联苯胺盐	Salts of o-tolidine；Salts of 3,3'-dimethylbenzidine	—	GB 5085.3 附录 K
37	硫化镍	一硫化镍	Nickel sulphide；Nickel monosulfide	16812-54-7	GB 5085.3 附录 A、B、C、D
38	硫酸镉	硫酸镉盐(1：1)	Cadmium sulphate；Sulfuric acid, cadmium salt（1：1）	10124-36-4	GB 5085.3 附录 A、B、C、D
39	硫酸钴	硫酸钴（Ⅱ）	Cobalt sulphate；Cobalt(Ⅱ) sulfate	10124-43-3	GB 5085.3 附录 A、B、C、D
40	六甲基磷三酰胺	六甲基磷酰胺	Hexamethylphosphoric triamide；Hexamethylphosphoramide	680-31-9	GB 5085.3 附录 I、K
41	氯化镉	二氯化镉	Cadmium chloride；Cadmium dichloride	10108-64-2	GB 5085.3 附录 A、B、C、D
42	α-氯甲苯	苄基氯	α-Chlorotoluene；Benzyl chloride	100-44-7	GB 5085.3 附录 O、P、R
43	氯甲基甲醚	氯二甲基醚	Chloromethyl methyl ether；Chlorodimethyl ether	107-30-2	GB 5085.3 附录 P

序号	中文名称		英文名称	CAS号	分析方法
	化学名	别名			
44	氯甲基醚	二(氯甲基)醚;氯(氯甲氧基)甲烷	Chloromethyl ether; Bis（chloromethyl）ether; Chloro（chloromethoxy）methane	542-88-1	GB 5085.3 附录 P
45	氯乙烯	一氯乙烯	Vinyl chloride; Chloroethylene; Monochloroethene	75-01-4	GB 5085.3 附录 O、P
46	2-萘胺	ß-萘胺	2-Naphthylamine; ß-Naphthylamine	91-5999-8	GB 5085.3 附录 K
47	2-萘胺盐	ß-萘胺盐	Salts of 2-naphthylamine; Salts of ß-naphthylamine	—	GB 5085.3 附录 K
48	铍	金属铍	Beryllium; Beryllium metal	7440-41-7	GB 5085.3 附录 A、B、C、D
49	铍化合物（硅酸铝铍除外）	—	Beryllium compounds with the exception of aluminium beryllium silicates	—	GB 5085.3 附录 A、B、C、D
50	α,α,α-三氯甲苯	三氯甲苯	α,α,α-Trichlorotoluene; Benzotrichloride	98-07-7	GB 5085.3 附录 R
51	三氯乙烯	1,1,2-三氯乙烯;1-氯-2,2-二氯乙烯	Trichloroethylene; 1,1,2-Trichloroethylene; 1-Chloro-2,2-dichloroethylene	79-01-6	GB 5085.3 附录 O、P
52	三氧化二镍	氧化高镍	Dinickel trioxide; Nickelic oxide	1314-06-3	GB 5085.3 附录 A、B、C、D
53	三氧化二砷	三氧化砷;砒霜	Diarsenic trioxide; Arsenic trioxide	1327-53-3	GB 5085.3 附录 C、E
54	三氧化铬	铬酸酐	Chromium trioxide; Chromic anhydride	1333-82-0	GB 5085.3 附录 A、B、C、D
55	砷酸及其盐（以元素砷为分析目标,以该化合物计）	—	Arsenic acid and its salts	—	GB 5085.3 附录 C、E
56	五氧化二砷	砷酸酐	Arsenic pentoxide; Arsenic acid anhydride	1303-28-2	GB 5085.3 附录 C、E
57	2-硝基丙烷	二甲基硝基甲烷;异硝基丙烷	2-Nitropropane; Dimethylnitromethane; Isonitropropane	79-46-9	GB 5085.3 附录 O

序号	中文名称		英文名称	CAS号	分析方法
	化学名	别名			
58	硝基联苯	对硝基联苯；1-硝基-4-苯基苯	4-Nitrobiphenyl；p-Nitrobiphenyl 1-Nitro-4-phenylbenzene	92-93-3	GB 5085.3 附录 K
59	1,2-亚肼基苯	1,2-二苯肼	Hydrazobenzene；1,2-Diphenylhydrazine	122-66-7	GB 5085.3 附录 K
60	N-亚硝基二甲胺	二甲基亚硝胺	N-Nitrosodimethylamine；Dimethylnitrosamine	62-75-9	GB 5085.3 附录 K
61	氧化镉	一氧化镉	Cadmium oxide；Cadmium monoxide	1306-19-0	GB 5085.3 附录 A、B、C、D
62	氧化铍	一氧化铍	Beryllium oxide；Beryllium monoxide	1304-56-9	GB 5085.3 附录 A、B、C、D
63	一氧化镍	氧化镍	Nickel monoxide；Nickel oxide	1313-99-1	GB 5085.3 附录 A、B、C、D

（4）附录 D　致突变性物质名录（表 1-7）

表 1-7　致突变性物质名录

序号	中文名称		英文名称	CAS号	分析方法
	化学名	别名			
1	苯并[a]芘	苯并[d,e,f]䓛	Benzo［a］pyrene；Benzo［d,e,f］chrysene	50-32-8	GB 5085.3 附录 K、M
2	丙烯酰胺	2-丙烯酰胺	Acrylamide；2-Propenamide	79-06-1	本标准附录 R
3	1,2-二溴-3-氯丙烷	二溴氯丙烷	1,2-Dibromo-3-chloropropane；Dibromochloropropan	96-12-8	GB 5085.3 附录 H、K、O、P
4	二乙基硫酸酯	硫酸二乙酯	Diethyl sulphate；Sulfuric acid, di-ethylester	64-67-5	GB 5085.3 附录 K
5	氟化镉	二氟化镉	Cadmium fluoride；Cadmium difluoride	7790-79-6	GB 5085.3 附录 A、B、C、D
6	铬酸钠（以元素铬为分析目标，以该化合物计）	铬酸二钠盐	Sodium chromate；Chromi cacid, disodium salt	7775-11-3	GB 5085.3 附录 A、B、C、D
7	环氧乙烷	氧化乙烯	Ethylene oxide；Oxirane	75-21-8	GB 5085.3 附录 O

（5）附录 E　生殖毒性物质名录（表 1-8）

表 1-8　生殖毒性物质名录

序号	中文名称		英文名称	CAS 号	分析方法
	化学名	别名			
1	醋酸铅	二乙酸铅	Lead acetate；Lead diacetate	301-04-2 1335-32-6	GB 5085.3 附录 A、B、C、D
2	叠氮化铅	二叠氮化铅	Lead azide；Lead diazide	13424-46-9	GB 5085.3 附录 A、B、C、D
3	二醋酸铅	乙酸铅盐（2：1）	Lead diacetate；Acetic acid, lead salt (2：1)	301-04-2	GB 5085.3 附录 A、B、C、D
4	铬酸铅	铬酸铅（2＋）盐（1：1）	Lead chromate；Chromic acid, lead (2＋)salt (1：1)	7758-97-6	GB 5085.3 附录 A、B、C、D
5	甲基磺酸铅（Ⅱ）	甲磺酸铅（2＋）盐	Lead(Ⅱ) methanesulphonate；Methanesulfonic acid, lead(2＋) salt	17570-76-2	GB 5085.3 附录 A、B、C、D
6	邻苯二甲酸二丁酯	1,2-苯二甲酸二丁酯	Dibutyl Phthalate 1,2-Benzenedicarboxylic acid, dibutyl ester	84-74-2	GB 5085.3 附录 K
7	磷酸铅	二正磷酸三铅	Lead phosphate；Trilead bis(orthophosphate)	7446-27-7	GB 5085.3 附录 A、B、C、D
8	六氟硅酸铅	氟硅酸铅（Ⅱ）	Lead hexafluorosilicate Lead(Ⅱ) fluorosilicate	25808-74-6	GB 5085.3 附录 A、B、C、D
9	收敛酸铅	2,4,6-三硝基间苯二酚氧化铅	Lead styphnate；Lead 2,4,6-trinitroresorcinoxide	15245-44-0	GB 5085.3 附录 A、B、C、D
10	烷基铅	—	Lead alkyls	—	GB 5085.3 附录 A、B、C、D
11	2-乙氧基乙醇	乙二醇单乙醚	2-Ethoxyethanol；Ethylene glycol monoethyl ether	110-80-5	GB 5085.3 附录 O

(6)附录 F 持久性有机污染物名录(表 1-9)

表 1-9 持久性有机污染物名录

序号	中文名称		英文名称	CAS 号	分析方法
	化学名	别名			
1	多氯联苯	氯化联苯;PCBs	Polychlorinated biphenyls; Polychlorodiphenyls	1336-36-3	GB 5085.3 附录 N
2	氯丹	八氯	Chlordane	12789-03-6	GB 5085.3 附录 H
3	滴滴涕	二氯二苯三氯乙烷	2,2-bis(4-Chlorophenyl)-1,1,1-trichloroethane,DDT	50-29-3	GB 5085.3 附录 H
4	六氯苯	灭黑穗药	Hexachlorobenzene,HCB	118-74-1	GB 5085.3 附录 H
5	灭蚁灵	十二氯代八氢-亚甲基-环丁并[cd]戊搭烯	Mirex	2385-85-5	GB 5085.3 附录 H
6	毒杀芬	氯化莰烯	Toxaphene	8001-35-2	GB 5085.3 附录 H
7	艾氏剂	六氯-六氢-二甲撑萘	Aldrin	309-00-2	GB 5085.3 附录 H
8	狄氏剂	六氯-环氧八氢-二甲撑萘	Dieldrin	60-57-1	GB 5085.3 附录 H
9	异狄氏剂	1,2,3,4,10,-10-六氯-6,7-环氧-1,4,4a,5,6,7,8,8a-八氢-1,4-挂-5,8-挂-二甲撑萘	Endrin,Hexadrin	72-20-8	GB 5085.3 附录 H
10	七氯	七氯-四氢-甲撑茚;七氯化茚	Heptachlor;Velsicol	76-44-8	GB 5085.3 附录 H
11	多氯二苯并对二噁英和多氯二苯并呋喃	—	PCDDs/PCDFs	*	本标准附录 S

注:*表示此物质为多种物质的混合物,没有统一的 CAS 号。

八、危险废物鉴别标准 通则

1 适用范围

本标准规定了危险废物的鉴别程序和鉴别规则。

本标准适用于生产、生活和其他活动中产生的固体废物的危险特性鉴别。

本标准适用于液态废物的鉴别,但不适用于排入水体的废水的鉴别。

本标准不适用于放射性废物鉴别。

2　规范性引用文件

本标准内容引用了下列文件中的条款。凡是不注明日期的引用文件,其有效版本适用于本标准。

GB 5085.1　危险废物鉴别标准　腐蚀性鉴别

GB 5085.2　危险废物鉴别标准　急性毒性初筛

GB 5085.3　危险废物鉴别标准　浸出毒性鉴别

GB 5085.4　危险废物鉴别标准　易燃性鉴别

GB 5085.5　危险废物鉴别标准　反应性鉴别

GB 5085.6　危险废物鉴别标准　毒性物质含量鉴别

GB 34330　固体废物鉴别标准　通则

HJ 298　危险废物鉴别技术规范

《国家危险废物名录》(环境保护部令第 39 号)

3　术语和定义

下列术语和定义适用于本标准。

3.1　固体废物　solid waste

指在生产、生活和其他活动中产生的丧失原有利用价值或者虽未丧失利用价值但被抛弃或者放弃的固态、半固态和置于容器中的气态的物品、物质以及法律、行政法规规定纳入固体废物管理的物品、物质。

3.2　危险废物　hazardous waste

指列入国家危险废物名录或者根据国家规定的危险废物鉴别标准和鉴别方法认定的具有危险特性的固体废物。

3.3　利用　recycle

指从固体废物中提取物质作为原材料或者燃料的活动。

3.4　处置　dispose

指将固体废物焚烧和用其他改变固体废物物理、化学、生物特性的方法,减少已产生的固体废物数量、缩小固体废物的体积、减少或者消除其危险成分的活动,或者将固体废物最终置于符合环境保护规定要求的填埋场的活动。

4　鉴别程序

危险废物的鉴别应按照以下程序进行。

4.1　依据法律法规和 GB 34330,判断待鉴别的物品、物质是否属于固体废物,不属于固体废物的则不属于危险废物。

4.2　经判断属于固体废物的,则首先依据《国家危险废物名录》鉴别。凡列入《国家危险废物名录》的固体废物,属于危险废物,不需要进行危险废物特性鉴别。

4.3　未列入《国家危险废物名录》,但不排除具有腐蚀性、毒性、易燃性、反应性的固体废物。依据 GB 5085.1、GB 5085.2、GB 5085.3、GB 5085.4、GB 5085.5 和 GB 5085.6,以及 HJ 298进行鉴别。凡具有腐蚀性、毒性、易燃性、反应性中一种或一种以上危险特性的固体废物,属于危险废物。

4.4　对未列入《国家危险废物名录》且根据危险废物鉴别标准无法鉴别,但可能对人体健康或生态环境造成有害影响的固体废物,由国务院环境保护行政主管部门组织专家认定。

5 危险废物混合后判定规则

5.1 具有毒性、感染性中一种或两种危险特性的危险废物与其他物质混合,导致危险特性扩散到其他物质中,混合后的废物属于危险废物。

5.2 仅具有腐蚀性、易燃性或反应性中一种或一种以上危险特性的危险废物与其他固体废物混合,混合后的固体废物经鉴别不再具有危险特性的,不属于危险废物。

5.3 危险废物与放射性废物混合,混合后的废物应按照放射性废物管理。

6 危险废物利用处置后判定规则

6.1 仅具有毒性、易燃性、反应性中一种或一种以上危险特性的危险废物利用过程和处理后产生的废物仍属于危险废物,经鉴别不再具有危险性特性的,不属于危险废物。

6.2 具有毒性危险特性的危险废物利用过程产生的固体废物,经鉴别不再具有危险特性的,不属于危险废物。除国家有关法规、标准另有规定的外,具有毒性危险特性的危险废物处置后产生的固体废物,仍属于危险废物。

6.3 除国家有关法规、标准另有规定的外,具有感染性危险特性的危险废物利用处置后,仍属于危险废物。

第二章 危险废物样品采集、制样及前处理

危险废物的鉴别和检测,其样品的采集是非常重要的环节,所采集的样品必须具有真实性和代表性。

危险废物样品的采集和制备,应按照《工业固体废物采样制样技术规范》(HJ/T 20—1998)和《危险废物鉴别技术规范》(HJ/T 298—2019)等标准的要求进行。

第一节 采 样

一、采样方案设计

在工业废物采样前,应首先进行采样方案设计(采样计划)。方案内容包括:采样目的和要求、背景调查和现场踏勘、采样程序、安全措施、质量控制、采样记录和报告等。

1. 采样目的

采样的基本目的是:从一批工业废物中采集具有代表性的样品,通过试验和分析,获得在允许误差范围内的数据。在设计采样方案时,应首先明确以下具体目的和要求:

①特性鉴别和分类。

②环境污染监测。

③综合利用或处置。

④污染环境事故调查分析和应急监测。

⑤科学研究。

⑥环境影响评价。

⑦法律调查、法律责任、仲裁等。

2. 背景调查和现场踏勘

采样目的明确后,要调查以下影响采样方案制订的因素,并进行现场踏勘:

①工业废物的产生(处置)单位、产生时间、产生形式(间断还是连续)、贮存(处置)方式。

②工业废物的种类、形态、数量、特性(含物性和化性)。

③工业废物试验及分析的允许误差和要求。

④工业废物污染环境、监测分析的历史资料。

⑤工业废物产生或堆存或处置或综合利用现场踏勘,了解现场及周围环境。

3. 采样程序

采样按以下步骤进行:

①确定被采的废物。

②选派采样人员。

③明确采样目的和要求。

④进行背景调查和现场踏勘。

⑤确定采样方法。

⑥确定份样量。

⑦确定份样数。

⑧确定采样点。

⑨选择采样工具。

⑩制定安全措施。

⑪采样。

⑫组成小样或大样。

4. 采样记录和报告

采样时,应记录工业废物的名称、来源、数量、性状、包装、贮存、处置、环境、编号、份样量、份样数、采样点、采样方法、采样日期、采样人员等。必要时,根据记录填写采样报告。

二、采样技术

1. 采样方法

①简单随机采样法

一批废物,当对其了解很少,且采取的份样比较分散也不影响分析结果时,对这批废物不做任何处理,不进行分类也不进行排队,而是按照本来的状况从该批废物中随机采取份样。

a)抽签法

先对所有采份样的部位进行编号,同时把号码写在纸上(纸片上号码代表采份样的部位)。纸片掺和均匀后,从中随机抽取份样数的纸片,抽中号码的部位,就是采份样的部位。此法只宜在采份样的点不多时使用。

b)随机数字表法

先对所有采份样的部位进行编号,有多少部位就编多少号,最大编号是几位数,就使用随机数表的几栏(或几行),并把几栏(或几行)合在一起使用,从随机数字表的任意一栏、任意一行数字开始数,碰到小于或等于最大编号的数码就记下来(碰上已抽过的数就不要它),直到抽够份数为止。抽到的号码,就是采份样的部位。

②系统采样法

一批按一定顺序排列的废物,按照规定的采样间隔,每隔一个间隔采取一个份样,组成小样或大样。

在一批废物以运送带、管道等形式连续排出的移动过程中,按一定的质量间隔或时间间隔采份样,份样间的间隔可根据如表 2-1 所示中规定的份样数和实际批量按公式(1)计算:

$$T \leqslant \frac{Q}{n} \text{ 或 } T' \leqslant \frac{60Q}{G \cdot n} \tag{1}$$

式中:T——采样质量间隔,t;

Q——批量,t;

n——计算出的份样数或如表 2-1 所示中规定的份样;

G——每小时排出量,t/h;

T'——采样时间间隔,min。

表 2 - 1　批量大小与最小份样数

固体废物量(以 q 表示) (t)	最少份样数	固体废物量(以 q 表示) (t)	最少份样数
$q \leqslant 5$	5	$90 < q \leqslant 150$	32
$5 < q \leqslant 25$	8	$150 < q \leqslant 500$	50
$25 < q \leqslant 50$	13	$500 < q \leqslant 1000$	80
$50 < q \leqslant 90$	20	$q > 1000$	100

采第一个份样,不可在第一间隔的起点开始,可在第一间隔内随机确定。

在运送带上或落口处采份样,须截取废物流的截面。

所采份样的粒度比例应符合采样间隔或采样部位的粒度比例,所得大样的粒度比例应与整批废物流的粒度分布大致相符。

③分层采样法

根据对一批废物已有的认识,将其按照有关标志分若干层,然后在每层中随机采取份样。

一批废物分次排出或某生产工艺过程的废物间歇排出过程中,可分几层采样,根据每层的质量,按比例采取份样。同时,必须注意粒度比例,使每层所采份样的粒度比例与该层废物粒度分布大致相符。

第 i 层采样份数 n,按公式(2)计算:

$$n_i = \frac{n \cdot Q_i}{Q} \tag{2}$$

式中:n_i——第 i 层应采份样数;

n——计算出的份样数或如表 2 - 1 所示中规定的份样数;

Q_i——第 i 层废物质量,t;

Q——批量,t。

④两段采样法

简单随机采样、系统采样、分层采样都是一次直接从批废物中采取份样,称为单阶段采样。当一批废物由许多车、桶、箱、袋等容器盛装时,由于各容器件比较分散,所以要分阶段采样。首先从批废物总容器件数 N_0 中随机抽取 n_1 件容器,然后再从 n_1 件的每个容器中采 n_2 个份样。

推荐当 $N_0 \leqslant 6$ 时,取 $n_1 = N_0$;当 $N_0 > 6$ 时,n_1 按公式(3)计算:

$$n_i \geqslant 3 \times \sqrt[3]{N_0} (\text{小数进整数}) \tag{3}$$

推荐第二阶段的采样数 $n_2 \geqslant 3$,即 n_1 件容器中的每个容器均随机采上、中、下最少 3 个份样。

⑤权威采样法

由对被采批工业废物非常熟悉的个人来采取样品而置随机性予不顾。这种采样法,其有效性完全取决于采样者的知识。尽管权威采样有时也能获得有效的数据,但对大多数采样情况,建议不采取这种采样方法。

2. 份样量

①一般来说,样品量多一些才有代表性,因此,份样量不能少于某一限度。但份样量达到一定限度之后,再增加质量也不能显著提高采样的准确度。份样量取决于废物的粒度上限,废物的粒度越大,均匀性越差,份样量就应越多。它大致与废物的最大粒度直径某次方成正比,与废物不均匀程度成正比。

份样量可按公式(4)计算:

$$Q \geqslant K \cdot d^a \tag{4}$$

式中:Q——份样量应采的最低质量,kg;

d——废物中最大粒度的直径,mm;

K——缩分系数,代表废物的不均匀程度,废物越不均匀,K 值越大,可用统计误差法由实验测定,有时也可由主管部门根据经验指定;

a——经验常数,随废物的均匀程度和易破碎程度而定。

对于一般情况,推荐 $K=0.06$,$a=1$。

②对于液态批废物的份样以不小于 100 mL 的采样瓶(或采样器)所盛量为准。

3. 份样数

①公式法

当已知份样间的标准偏差和允许误差时,可按公式(5)计算份样数。

$$n \geqslant \left(\frac{t \cdot S}{\Delta} \right)^2 \tag{5}$$

式中:n——必要份样数;

t——选定置信水平下的概率度;

S——份样间的标准偏差;

Δ——采样允许误差。

取 $n \rightarrow \infty$ 时的 t 值作为最初 t 值,以此算出 n 的初值。用对应于 n 初值的 t 值代入,不断迭代,直至算得的 n 值不变,此 n 值即为必要的份样数。

②查表法

当份样间标准偏差或允许偏差未知时,可按如表 2-1 所示经验确定份样数。

4. 采样点

①对于堆存、运输中的固态工业废物和大池(坑、塘)中的液态工业废物,可按对角线型、梅花型、棋盘型、蛇型等点分布确定采样点(采样位置)。

②对于粉末状、小颗粒的工业固体废物,可按垂直方向、一定深度的部位确定采样点(采样位置)。

③对于容器内的工业固体废物,可按上部(表面下相当于总体积的 1/6 深处)、中部(表面下相当于总体积的 1/2 深处)、下部(表面下相当于总体积的 5/6 深处)确定采样点(采样位置)。

④根据采样方式(简单随机采样、分层采样、系统采样、两段采样等)确定采样点(采样位置)。

三、采样类型

1. 固态废物采样

①采样工具

a)尖头钢锹;

b)钢锤;

c)采样探子;

d)采样钻;

e)气动和真空探针;

f)取样铲;

g)带盖盛样桶或内衬塑料薄膜的盛样袋。

②袋装采样

a)按"两段采样法"确定份样数;

b)按"份样量"中①确定份样量;

c)按"简单随机采样法"确定采样法;

d)按"分层采样法"确定采样点;

e)选择合适的采样工具,按其操作要求采取份样;

f)组成小样(即副样)或大样。

③散装采样

a)静止废物采样

——按"份样数"确定份样数;

——按"份样量"中①确定份样量;

——按"简单随机采样法"确定采样法;

——按"采样方法"确定采样法和"采样点"确定采样点;

——选择合适的采样工具,按其操作要求采取份样;

——组成小样(即副样)或大样。

b)移动废物采样

——按"份样数"确定份样数;

——按"份样量"中①确定份样量;

——按"系统采样法"或"分层采样法"确定采样法;

——按"系统采样法"或"分层采样法"确定的采样法确定采样点;

——选择合适的采样工具,按其操作要求采取份样;

——组成小样(即副样)或大样。

2. 液态废物采样

①采样工具

a)采样勺;

b)采样管;

c)采样瓶、罐;

d)搅拌机。

②件装采样

a)按"两段采样法"确定份样数和采样法;

b)按"份样量"中②确定份样量;

c)按"采样点"中③确定采样点;

d)混匀:对于小容器(瓶、罐)用手摇晃混匀,对于中等容器(桶、听)用滚动、倒置或手工搅拌器混匀,对于大容器(贮罐、槽车、船舱)用机械搅拌器、喷射循环泵混匀;

e)选择合适的采样工具,按其操作要求采取份样;

f)对于多相液体不易混匀时,按"分层采样法"采样;

g)组成小样(即副样)或大样。

③大池(坑、塘)采样

a)按"份样数"确定份样数;

b)按"份样量"中②确定份样量；

c)按"采样方法"确定采样法；

d)按"采样方法"确定采样法和"采样点"确定采样点(取不同深度)；

e)选择合适的采样工具,按其操作要求采取份样；

f)组成小样(即副样)或大样。

④移动废物采样

a)按"份样数"确定份样数；

b)按"份样量"中②确定份样量；

c)按"采样方法"中②确定采样法及采样点；

d)选择合适的采样工具,按其操作要求采取份样；

e)组成小样(即副样)或大样。

3. 半固态废物采样

①半固态废物采样,原则上按"固态废物采样"或"液态废物采样"规定进行。

②对在常温下为固体,当受热时易变成流动的液体而不改变其化学性质的废物,最好在产生现场或加热使全部溶化后按"液态废物采样"采取液态样品；也可拆开包装按"固态废物采样"采取固态样品。

③对黏稠的液态废物,有流动而又不易流动,所以最好在产生现场按"系统采样法"采样；当必须从最终容器中采样时,要选择合适的采样器按"液态废物采样"中②采样。由于此种废物难以混匀,所以份样数建议取"份样数"中确定的份样数的 4/3 倍。

四、安全措施

工业废物采样安全措施参照《工业用化学产品采样安全通则》(GB/T 3723—1999)。

五、质量控制

(1)为保证在允许误差范围内获得工业废物的具有代表性的样品,应在采样的过程中进行质量控制。

(2)在工业废物采样前,应设计详细的采样方案(采样计划)；在采样过程中,应认真按采样方案进行操作。

(3)对采样人员应进行培训。工业废物采样是一项技术性很强的工作,应由受过专门培训、有经验的人员承担。采样人员应熟悉工业废物的性状、掌握采样技术、懂得安全操作的有关知识和处理方法。采样时,应有两人以上在场进行操作。

(4)采样工具、设备所用材质不能和待采工业废物有任何反应,不能使待采工业废物污染、分层和损失。采样工具应干燥、清洁,便于使用、清洗、保养、维修。任何采样装置(特别是自动采样器)在正式使用前应做可行性试验。

(5)采样过程中要防止待采工业废物受到污染和发生质变。与水、酸、碱有反应的工业废物,应在隔绝水、酸、碱的条件下采样(如反应十分缓慢,则在采样精度允许条件下,可以通过快速采样消除这一影响)；组成随温度变化的工业废物,应在其正常组成所需求的温度下采样。

(6)盛样容器应满足以下要求:

①盛样容器材质与样品物质不起作用,没有渗透性；

②具有符合要求的盖、塞和阀门,使用前应洗净、干燥；

③对光敏性工业废物样品，盛样容器应是不透光的(使用深色材质容器外套深色外罩)。

(7)样品盛入容器后，在容器壁上应随即贴上标签。标签内容包括：

①样品名称及编号；

②工业废物批次及批量；

③产生单位；

④采样部位；

⑤采样日期；

⑥采样人员。

(8)样品运输过程中，应防止不同工业废物样品之间的交叉污染；盛样容器不可倒置、倒放，应防止破损、浸湿和污染。

(9)填写好、保存好采样记录和采样报告。

(10)采样全过程应由专人负责。

第二节　制样和样品保存

一、制样方案设计

在工业废物制样前，应首先进行制样方案设计(制样计划)。方案内容包括制样目的和要求、制样程序、安全措施、质量控制、制样记录和报告等。

1. 制样目的

制样目的是从采取的小样或大样中获取最佳量、具有代表性、能满足试验或分析要求的样品。在设计制样方案时，应首先明确以下具体目的和要求。

①特性鉴别试验；

②废物成分分析；

③样品量和粒度要求；

④其他目的和要求。

2. 制样程序

制样按以下步骤进行：

①选派制样人员；

②确定小样或大样的量和最大粒度直径；

③明确制样目的和要求；

④按 $Q \geqslant K \cdot d^a$ 确定制样操作和选择制样工具；

⑤制定安全措施；

⑥制定质量控制措施；

⑦制样；

⑧送检和保存。

3. 制样记录和报告

制样时应记录工业废物的名称、数量、性状、包装、处置、贮存、环境、编号、送样日期、送样人、制样日期、制样法、制样人等。必要时，根据记录填写制样报告。

二、制样技术

1. 制样工具

①颚式破碎机;

②圆盘粉碎机;

③玛瑙研磨机;

④药碾;

⑤玛瑙研钵或玻璃研钵;

⑥标准套筛;

⑦十字分样板;

⑧分样铲及挡板;

⑨分样器;

⑩干燥箱;

⑪盛样容器。

2. 固态废物制样

固态废物样品制备包括以下四个不同操作:

(a)粉碎:经破碎和研磨以减小样品的粒度;

(b)筛分:使样品保证95%以上处于某一粒度范围;

(c)混合:使样品达到均匀;

(d)缩分:将样品缩分成两份或多份,以减少样品的质量。

以上操作进行一次,即组成制样的一个阶段。

①样品的粉碎

用机械方法或人工方法破碎和研磨,使样品分阶段达到相应排料的最大粒度。

②样品的筛分

根据粉碎阶段排料的最大粒度,选择相应的筛号,分阶段筛出一定粒度范围的样品。

③样品的混合

用机械设备或人工标准法,使过筛的一定粒度范围的样品充分混合,以达到均匀分布。

样品混合设备如图2-1、图2-2所示。

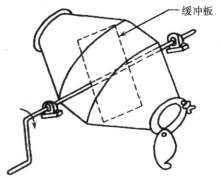

图2-1 双锥混合器示意

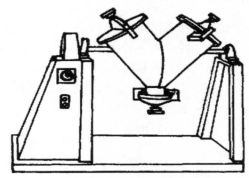

图2-2 V型混合器示意

④样品的缩分

可以采取下列一种方法或几种方法并用。

a)份样缩分法

将样品置于平整、洁净的台面（地板革）上，充分混合后，铺成长方形平堆，划成等分的网格，缩分大样不少于 20 格，缩分小样不少于 12 格，缩分份样不少于 4 格。将挡板垂直插至平堆底部，然后将分样铲垂直插至底部，水平移动直至分样铲开口端部接触挡板，将分样铲和挡板同时提起，以防止样品从分样铲开口处流掉。从各格随机取等量一满铲，合并为缩分样品。

b)圆锥四分法

将样品置于洁净、平整的台面（地板革）上，堆成圆锥形，每铲自圆锥的顶尖落下，使其均匀地沿锥尖散落，注意勿使圆锥中心错位，反复转锥至少三次，使充分混匀。然后将圆锥顶端压平成圆饼，用十字分样板自上压下，分成四等份，任取对角的两等份，重复操作数次，直至该粒度对应的最小样品量。

c)二分器缩分法

有条件的实验室，可采用此法缩分。

样品缩分设备如图 2-3 至图 2-6 所示。

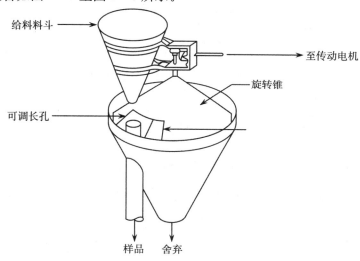

图 2-3 旋转圆锥形缩分器

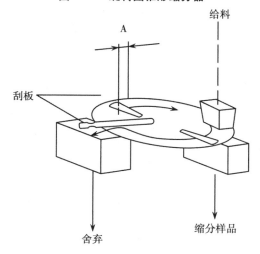

图 2-4 旋转板缩分器

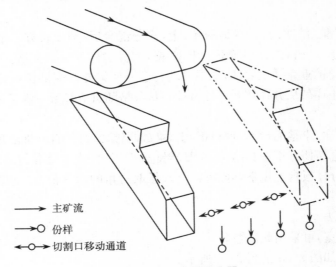

图 2-5　旋转容器缩分器

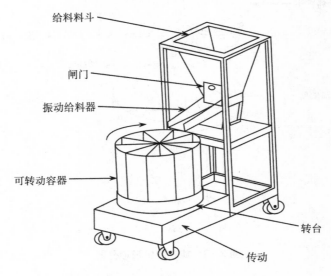

图 2-6　切割溜槽缩分机

3. 液态废物制样

液态废物制样主要为混匀、缩分。

①样品的均匀

对于盛小样或大样的小容器(瓶、罐)用手摇晃混匀;对于盛小样或大样的中等容器(桶、听)用滚动、倒置或手工搅拌器混匀;对于盛小样或大样的大容器(贮罐)用机械搅拌器、喷射循环泵混匀。

②样品的缩分

样品混匀后,采用二分法,每次减量一半,直至实验分析用量的 10 倍为止。

4. 半固态废物制样

①半固态废物制样原则上按"固态废物制样"和"液态废物制样"规定进行。

②黏稠的不能缩分的污泥,要进行预干燥,至可制备状态时,进行粉碎、过筛、混合、缩分。

③对于有固体悬浮物的样品,要充分搅拌,摇动均匀后,再按需要制成试样。

④对于含油等难以混匀的液体,可用分液漏斗等分离,分别测定体积,分层制样分析。

三、安全措施

工业废物制样安全措施参照《工业用化学产品采样安全通则》(GB/T 3723—1999)。

四、质量控制

(1)为保证在允许误差范围内获得工业废物的具有代表性的样品,应在制样的全过程进行质量控制。

(2)在工业废物制样前,应设计详细的制样方案(制样计划);在制样过程中,应认真按制样方案进行操作。

(3)对制样人员应进行培训,制样人员应熟悉工业废物的性状、掌握制样技术、懂得安全操作的有关知识和处理方法。制样时,应有两人以上在场进行操作。

(4)制样工具、设备所用材质不能和待制工业废物有任何反应且不破坏样品代表性、不改变样品组成;制样工具应干燥、清洁,便于使用、清洗、保养、检查和维修。

(5)制样过程中要防止待制工业废物受到交叉污染、发生变质和样品损失。组成随温度变化的工业废物,应在其正常组成所要求的温度下制样。

(6)盛样容器要求同第一节采样"五、质量控制"中(6)。

(7)样品盛入容器后,应随即在容器壁上贴上标签。标签内容包括:

a)样品名称及编号;

b)工业废物批次批量;

c)产生单位;

d)送样日期;

e)送样人;

f)制样日期;

g)制样人;

h)样品保存期。

(8)样品的保存量至少应为试验和分析需用量的3倍。

(9)填写好、保存好制样记录和制样报告。

(10)制样全过程应设专人负责。

五、样品保存

(1)每份样品保存量至少应为试验和分析所需用量的3倍。

(2)样品装入容器后应立即贴上样品标签。

(3)对易挥发废物,应采取无顶空存样,并以冷冻方式保存。

(4)对光敏废物,样品应装入深色容器中,并置于避光处。

(5)对温度敏感的废物,样品应保存在规定的温度之下。

(6)对与水、酸、碱等易反应的废物,应在隔绝水、酸、碱等条件下贮存。

(7)样品保存应防止受潮或受灰尘等污染。

(8)样品保存期为1个月,易变质的不受其限制。

(9)样品应在特定场所由专人保管。

(10)撤销的样品不许随意丢弃,应送回原采样处或处置场所。

第三节　样品前处理

根据 GB 5085.3 及 HJ/T 298 的要求,固体废物需进行前处理后方可进行检测。固体废物前处理的方法有:元素样品(除六价铬、无机氟化物、氰化物外)的前处理法(附录 S),六价铬及其化合物样品前处理方法,有机物样品的前处理方法以及半挥发性有机物样品的前处理方法等。

一、金属元素分析的样品前处理

微波辅助酸消解法(GB 5085.3　附录 S)

1　范围

本方法为微波辅助酸消解方法,适用于两类样品基体:一类是沉积物、污泥、土壤和油;一类是废水和固体废物的浸出液。消解后的产物可用于对以下元素的分析:铝、镉、铁、钼、钠、锑、钙、铅、镍、锶、砷、铬、镁、钾、铊、硼、钴、锰、硒、钒、钡、铜、汞、银、锌、铍。

本方法消解后的产物适合用火焰原子吸收光谱(FLAA)、石墨炉原子吸收光谱(GFAA)、电感耦合等离子体发射光谱(ICP-ES)或者电感耦合等离子体质谱(ICP-MS)分析。

2　引用标准

下列文件中的条款通过在本方法中被引用而成为本方法的条款,与本方法同效。凡是不注明日期的引用文件,其最新版本适用于本方法。

GB/T 6682 分析实验室用水规格和试验方法

3　原理

将样品和浓硝酸定量地加入密封消解罐中,在设定的时间和温度下微波加热。利用微波对极性物质的"内加热作用"和"电磁效应",对样品迅速加热,提高样品的消化速度和效果。消解后经过滤或离心后按一定的体积稀释,可选择适当的分析方法进行测试。

4　试剂和材料

4.1　除另有说明外,水为 GB/T 6682 规定的一级水。

4.2　硝酸(HNO_3):$\rho = 1.42$ g/mL,优级纯。

5　仪器

5.1　微波消解仪:输出功率为 1 000~1 600 W。具有可编程控制功能,可对温度、压力和时间(升温时间和保持时间)进行全程监控;具有安全防护机制。

5.2　消解罐:由碳氟化合物(可熔性聚四氟乙烯 PFA 或改性聚四氟乙烯 TFM)制成的封闭罐体,可抗压(170~200 psi)、耐酸和耐腐蚀,具有泄压功能。用于水样消解的消解罐最好带有刻度。

5.3　量筒:体积 50 mL 或 100 mL。

5.4　定量滤纸。

5.5　玻璃漏斗。

5.6　分析天平:量程 300 g,精确度 ±0.01 g。

5.7　离心管:30 mL,玻璃或塑料材质。

6 **样品采集、保存和处理**

6.1 样品容器必须提前用洗涤剂、酸和水清洗干净。选用塑料和玻璃容器均可。

6.2 收集到的样品必须冷藏存放,并尽早分析。

7 **操作步骤**

7.1 消解前的准备:所使用的消解罐和玻璃容器先用稀酸(约10％体积分数)浸泡,然后用自来水和试剂水依次冲洗干净,放在干净的环境中晾干。对于新使用的或怀疑受污染的容器,应用热盐酸(1:1)浸泡(温度高于80℃,但低于沸腾温度)至少2 h,再用热硝酸浸泡至少2 h,然后用试剂水洗干净,放在干净的环境中晾干。

7.2 样品的消解

7.2.1 使用前,称量消解罐、阀门和盖子的质量,精确到0.01 g。

7.2.2 取样

7.2.2.1 沉积物、污泥、土壤和油类样品:称量(精确到0.001 g)一份混合均匀的样品,加入到消解罐中。土壤、沉积物和污泥的称样量少于0.500 g,油则少于0.250 g。

7.2.2.2 废水和固体废物的浸出液样品:用量筒量取45 mL样品倒入带刻度的消解罐中。

7.2.3 加酸

7.2.3.1 沉积物、污泥、土壤和油类样品:在通风橱中,向样品中加入10±0.1 mL浓硝酸。如果反应剧烈,在反应停止前不要给容器盖盖。按产品说明书的要求盖紧消解罐。称量带盖的消解罐,精确到0.001 g。将消解罐放到微波炉转盘上。

7.2.3.2 废水和固体废物的浸出液样品:向样品中加入5 mL浓硝酸。按产品说明书的要求盖紧消解罐。称量带盖的消解罐,精确到0.01 g。将消解罐放到微波炉转盘上。

注意:①某些样品可能产生有毒的氮氧化物气体,因此所有的操作必须在通风条件下进行。分析人员也必须注意该剧烈实验的危险性。如果有剧烈反应,要等其冷却后才能盖上消解罐。

②当消解的固体样品含有挥发性或容易氧化的有机化合物,最初称重不能少于0.10 g。如果反应剧烈,在加盖前必须终止反应;如果反应不剧烈,样品量称取0.25 g。

③固体样品中如果已知或疑似含有多于5％～10％的有机物质,必须预消解至少15 min。

7.2.4 按说明书装好旋转盘,设定微波消解仪的工作程序。启动微波消解仪。

7.2.4.1 对于沉积物、污泥、土壤和油类样品:每一组样品微波辐射10 min。每个样品的温度在5 min内升到175℃,在10 min的辐射时间内平衡到170～180℃。如果一批消解的样品量大,可以采用更大的功率,只要能按上述要求在相同的时间达到相同的温度。

7.2.4.2 对于废水和固体废物的浸出液样品:选定的程序应可将样品在10 min内升高到160±4℃,同时也允许在第二个10 min略微升高到165～170℃。

7.2.5 消解程序结束后,在消解罐取出之前应在微波炉内冷却至少5 min。消解罐冷却到室温后,称重,记录下每个罐的重量。如果样品加酸的质量减少超过10％,舍弃该样品。查找原因,重新消解该样品。

7.2.6 在通风橱中小心打开消解罐的盖子,释放其中的气体。将样品进行离心或过滤。

7.2.6.1 离心:转速2 000～3 000 r/min,离心10 min。

7.2.6.2 过滤:过滤装置用10％(体积分数)的硝酸润洗。

7.2.7 将消解产物稀释到已知体积,并使样品和标准物质基体匹配,选择适当的分析方法进行检测。

8 计算

在原始样品的实际质量(或体积)基础上确定其浓度。

9 质量控制

9.1 所有质量控制的数据都要保留。

9.2 每批或每20个样品做一个平行双样,对每种新的基体都必须做平行双样。

9.3 每批或每20个样品做一个加标样品,对每种新的基体都必须加标样品。

二、六价铬分析的样品前处理

碱消解法(GB 5085.3—2007　附录 T)

1 范围

本方法适用于提取土壤、污泥、沉积物或类似的废物中各种可溶的、可被吸附的或沉淀的各种含铬化合物中的六价铬的碱消解实验方法。

对于被消解的样品基体,可以通过样品的各种理化参数 pH、亚铁离子、硫化物、氧化还原电势(ORP)、总有机碳(TOC)、化学需氧量(COD)、生物需氧量(BOD)等来分析其中 $Cr(Ⅵ)$ 的还原趋势。对 $Cr(Ⅵ)$ 的分析有干扰的物质见相关的分析方法。

2 原理

在规定的温度和时间内,将样品在 $Na_2CO_3/NaOH$ 溶液中进行消解。在碱性提取环境中,$Cr(Ⅵ)$ 的还原和 $Cr(Ⅲ)$ 的氧化的可能性都被降到最小。含 Mg^{2+} 的磷酸缓冲溶液的加入也可以抑制氧化作用。

3 试剂和材料

3.1 硝酸(HNO_3):浓度为 5.0 mol/L,于 20～25 ℃暗处存放。不能用带有淡黄色的浓硝酸来稀释,因为其中有由 NO_3^- 通过光致还原形成的 NO_2,对 $Cr(Ⅵ)$ 具有还原性。

3.2 无水碳酸钠(Na_2CO_3):分析纯。储存在 20～25 ℃的密封容器中。

3.3 氢氧化钠($NaOH$):分析纯。储存在 20～25 ℃的密封容器中。

3.4 无水氯化镁($MgCl_2$):分析纯。400 mg $MgCl_2$ 约含 100 mg Mg^{2+}。储存在 20～25 ℃的密封容器中。

3.5 磷酸盐缓冲溶液。

3.5.1 K_2HPO_4:分析纯。

3.5.2 KH_2PO_4:分析纯。

3.5.3 0.5 mol/L K_2HPO_4、0.5 mol/L KH_2PO_4 缓冲溶液,pH＝7,将 87.09 g K_2HPO_4 和 68.04 g KH_2PO_4 溶于 700 mL 试剂水中,转移至 1 L 的容量瓶中定容。

3.6 铬酸铅($PbCrO_4$):分析纯。将 10～20 mg $PbCrO_4$ 加入一份试样中作为不可溶的加标物。在 20～25 ℃的干燥环境下,储存在密封容器中。

3.7 消解溶液:将(20.0±0.05)g $NaOH$ 与(30.0±0.05)g Na_2CO_3 溶于试剂水中,并定容于 1 L 的容量瓶中。于 20～25 ℃储存在密封聚乙烯瓶中,并保持每月新制。使用前必须测量其 pH,若小于 11.5 须重新配制。

3.8 重铬酸钾标准溶液($K_2Cr_2O_7$):1 000 mg/L $Cr(Ⅵ)$,将 2.829 g 于 105 ℃干燥过的 $K_2Cr_2O_7$ 溶于试剂水中,于 1 L 容量瓶中定容。也可使用 1 000 mg/L 的标定过的商品 $Cr(Ⅵ)$ 标准溶液。于 20～25 ℃储存在密封容器中,最多可使用 6 个月。

3.9　基体加标液:100 mg/L Cr(Ⅵ),将 10 mL 的 $K_2Cr_2O_7$ 标准溶液(3.8)加入 100 mL 容量瓶中,用试剂水定容,混匀。

3.10　试剂水:本方法中所使用的试剂水应满足相关的 Cr(Ⅵ)分析方法的要求。

4　仪器、装置

4.1　消解容器:250 mL,硅酸盐玻璃或石英材质。

4.2　量筒:100 mL。

4.3　容量瓶:1 000 mL 和 100 mL,具塞,玻璃。

4.4　真空过滤器。

4.5　滤膜(0.45 μm):纤维质或聚碳酸酯滤膜。

4.6　加热装置:可以将消解液保持在 90~95 ℃,并可持续自动搅拌。

4.7　玻璃移液管:多种规格。

4.8　pH 计:已校准。

4.9　天平:已校准。

4.10　测温装置:可测至 100 ℃,如温度计、热敏电阻、红外传感器等。

5　样品采集、保存与处理

5.1　样品应使用塑料或玻璃的装置和容器采集并保存,不得使用不锈钢制品。样品在检测前须在(4±2)℃下保存,并保持野外潮湿状态。

5.2　在野外潮湿土壤样品中,收集 30 d 后六价铬仍可以保持含量的稳定。在碱性消解液中 Cr(Ⅵ)在 168 h 内是稳定的。

5.3　试验中产生的 Cr(Ⅵ)溶液或废料应当用适当方法处理,如用维生素 C 或其他还原性试剂处理,将其中的 Cr(Ⅵ)还原为 Cr(Ⅲ)。

6　分析步骤

6.1　通过对试剂空白(一个装有 50 mL 消解液的 250 mL 容器)的温度监测,调节所有碱消解加热装置的温度设定。使消解液可以保持在 90~95 ℃下加热。

6.2　将(2.5±0.10)g 混合均匀的野外潮湿样品加入 250 mL 消解容器中。需要加标时,将加标物须直接加入该样品中。

6.3　用量筒向每一份样品中加入(50±1)mL 消解液,然后加入大约 400 mg $MgCl_2$ 和 0.5 mL 1.0 mol/L 磷酸缓冲溶液。将所有样品用表面皿盖上。

6.4　用搅拌装置将样品持续搅拌至少 5 min(不加热)。

6.5　样品加热至 90~95 ℃,然后在持续搅拌下保持至少 60 min。

6.6　在持续搅拌下将每份样品逐渐冷却至室温。将反应物全部转移至过滤装置,用试剂水将消解容器冲洗 3 次,洗涤液也转移至过滤装置,用 0.45 μm 的滤膜过滤。将滤液和洗涤液转移至 250 mL 的烧杯中。

6.7　在搅拌器的搅拌下,向装有消解液的烧杯中逐滴缓慢加入 5.0 mol/L 的硝酸,调节溶液的 pH 至 7.5±0.5。如果消解液的 pH 超出了需要的范围,必须将其弃去并重新消解。如果有絮状沉淀产生,样品要用 0.45 μm 滤膜过滤。

注意:CO_2 会干扰此过程,此操作应在通风橱内完成。

6.8　取出搅拌器并清洗,洗涤液收入烧杯中。将样品完全转入 100 mL 容量瓶中,用试剂水定容。混合均匀待分析。

7 计算

7.1 样品质量分数

$$质量分数 = \frac{A \times D \times E}{B \times C}$$

式中：A——消解液中测得的质量浓度，$\mu g/mL$；

B——最初湿样品的质量，g；

C——干固体质量分数，$\%$；

D——稀释倍数；

E——最终消解液体积，mL。

7.2 相对偏差

$$RPD = \frac{S - D}{[(S + D)/2]}$$

式中：RPD——平行样品的相对偏差；

S——第一份样品检测结果；

D——平行样品检测结果。

7.3 加标回收率

$$回收率 = \frac{SSR - SR}{SA} \times 100\%$$

式中：SSR——加标样品检测结果；

SR——未加标样品检测结果；

SA——加标量。

8 质量控制

8.1 必须对每一批消解样品进行质控分析，在每批样品消解中必须制备一个空白样品。测得的 $Cr(VI)$ 浓度必须低于方法的检测限或 $Cr(VI)$ 标准限值的 1/10，否则整批样品都必须重新进行消解。

8.2 实验室控制样品(LCS)

作为方法性能的附加检测，将基体加标液或固体基体加标物加入 50 mL 消解液中。LCS 的回收率应在 $80\% \sim 120\%$ 的范围内，否则整批样品必须重新检测。

8.3 对每一批样品都必须有平行样品的检测，且要求相对偏差 $RPD \leqslant 20\%$。

8.4 对每一批≤20 个样品来说，都要做可溶性和非可溶性的基体加标测定。可溶性基体加标是加入 1.0 mL 加标溶液[相当于 $40\ mgCr(VI)/kg$]。非可溶性基体加标是向样品中加入 $10 \sim 20\ mg$ 的 $PbCrO_4$。消解后基体加标的回收率应该达到85%。否则，应对样品重新进行混匀、消解和检测。

三、有机物分析的样品前处理

(1)分液漏斗液－液萃取法(GB 5085.3—2007 附录 U)

1 范围

本方法规定了从水溶液样中分离有机化合物的分液漏斗液－液萃取法。后续使用色谱分析方法时，本方法可应用于水不溶和水微溶的有机物的分离和浓缩。

2 引用标准

下列文件中的条款通过在本方法中被引用而成为本方法的条款，与本方法同效。凡是不注明日期的引用文件,其最新版本适用于本方法。

GB/T 6682　分析实验室用水规格和试验方法

3　原理

取量好一定体积的样品,通常为 1 L,在规定的 pH 下,在分液漏斗中用二氯甲烷进行逐次提取,提取物干燥、浓缩后,必要时,更换为与用于净化或测定步骤相一致的溶剂。

4　试剂和材料

除另有说明外,本方法中所用的水为 GB/T 6682 规定的一级水。

4.1　硫酸钠(无水,粒状):需要置于浅碟 400 ℃烧灼 4 h 或使用二氯甲烷预洗以净化。

4.2　提取前调节 pH 的溶液。

4.2.1　硫酸溶液(1∶1,体积分数):缓慢添加 50 mL 浓硫酸到 50 mL 无有机物的试剂级水中。

4.2.2　氢氧化钠溶液(10 mol/L):溶解 40 g 氢氧化钠于无有机物的试剂级水中并定容到 100 mL。

4.3　二氯甲烷:色谱纯。

4.4　正己烷:色谱纯。

4.5　乙腈:色谱纯。

4.6　异丙醇:色谱纯。

4.7　环己烷:色谱纯。

5　仪器

5.1　分液漏斗:2 L,具聚四氟乙烯活塞。

5.2　干燥柱:20 mm 内径,硬质玻璃色谱柱在底部带有硬质玻璃棉和聚四氟乙烯活塞(注意:烧结玻璃筛板在高度污染的提取物通过之后很难去除。可购买无烧结筛板的柱子)。用一个小的硬质玻璃棉垫保持吸附剂。在用吸附剂装柱之前,用 50 mL 丙酮预先洗玻璃小垫,继用 50 mL 的洗提溶液洗净。

5.3　Kuderna-Danish(K-D)装置

5.3.1　浓缩管:10 mL,带刻度。具玻璃塞以防止在短时间放置时样品挥发。

5.3.2　蒸发瓶:500 mL。使用弹簧或者夹子与蒸发器连接。

5.4　溶剂蒸发回收装置。

5.5　沸石:10/40 目(碳化硅,或同等装置)。

5.6　水浴:加热精度±5 ℃,具有同心环状盖板,使用时必须盖住盖板。

5.7　氮吹仪:12 位或 24 位(可选)。

5.8　玻璃样品瓶:2 mL 或 10 mL,具有聚四氟乙烯旋盖或压盖以存放样品。

5.9　pH 试纸:广泛试纸。

5.10　真空系统:可达到 8.8 MPa 真空度。

5.11　量筒。

6　操作步骤

6.1　用 1 L 量筒,量取 1 L 样品并移入分液漏斗中。

6.2　用广泛 pH 试纸检查样品的 pH,初始提取 pH>11,必要时,用不超过 1 mL 的酸或碱调至提取方法所需的 pH。

6.3　将样品转移到分液漏斗,用量筒取 60 mL 二氯甲烷洗涤,将其并入分液漏斗。

6.4　密闭分液漏斗,用力振摇 1~2 min,并间歇地排气以释放压力。

注意:二氯甲烷很快地产生过大的压力,因此初次排气应在分液漏斗密闭并摇动一次后立即进行。排气应在通风橱中进行以防交叉污染。

6.5　有机层与水相分离至少需 10 min,若两层间的乳浊液界面大于溶剂层的 1/3,须采取机械技术来完成相分离。最佳技术依样品而定,包括搅拌、通过玻璃棉过滤乳浊液、离心或其他物理方法。收集溶剂提取物至锥形烧瓶中。

6.6　用一份新的溶剂再重复萃取两次(见步骤 6.3 至 6.5),合并 3 次的提取液。

6.7　进一步调节 pH 并提取,将水相的 pH 调节至低于 2。如 6.3 至 6.5 所述,用二氯甲烷连续提取 3 次,收集并合并提取液,并标明合并的提取液。

6.8　若进行 GC-MS(气相色谱/质谱法)分析,酸性及碱性或中性提取物可在浓缩之前合并。但在某些情况下,分别浓缩和分析酸性及碱性或中性提取物更为可取。

6.9　K-D 浓缩技术

6.9.1　组装一个包括 10 mL 浓缩管和 500 mL 蒸发瓶的 K-D 浓缩装置。

6.9.2　合并各步的洗脱液,流过一个含有 10 g 无水硫酸钠的干燥管。将干燥后的洗脱液收集到 K-D 浓缩装置。如果被分析物是酸性物质须使用酸化的硫酸钠(见 GB 5085.6 附录 K)。

6.9.3　使用 20 mL 溶剂洗涤收集管和干燥管,将其合并到 K-D 浓缩装置蒸发瓶中。

6.9.4　在蒸发瓶中加入 1~2 片沸石,安装一个 3 球的常量斯奈德管。装上玻璃制的回收装置。用 1 mL 二氯甲烷润湿斯奈德管的顶端。将 K-D 装置放置在热水浴(温度设置在溶剂沸点以上 15~20 ℃)上,使浓缩管下端部分地浸入热水中,整个管的下表面被蒸汽加热。调整装置的垂直位置和水浴温度,使浓缩过程在 10~20 min 完成。在正常的加热速率下,只在管的球状部分可以观察到液体沸腾。当剩余的溶剂小于 1 mL 时,将 K-D 装置从水浴上取下,至少放置 10 min 以冷却。移去斯奈德管,用 1~2 mL 溶剂洗涤浓缩管的下端。用二氯甲烷调节最终的萃取物体积到 1 mL,或者使用上述流程进一步浓缩。

6.10　如需进一步的浓缩,可使用微量斯奈德管或者氮吹浓缩。

6.10.1　微量斯奈德管浓缩技术

6.10.1.1　在浓缩管重新加入干净的沸石,安装一个 2 球的微量斯奈德管。装上玻璃制的微量回收装置。用 0.5 mL 二氯甲烷润湿斯奈德管的顶端。将 K-D 装置放置在热水浴上,使浓缩管下端部分地浸入热水中,整个管的下表面被蒸汽加热。调整装置的垂直位置和水浴温度,使浓缩过程在 5~10 min 完成。在正常的加热速率下,只在管的球状部分可以观察到液体沸腾。

6.10.1.2　当剩余的溶剂约 0.5 mL 时,将 K-D 装置从水浴上取下,至少放置 10 min 以冷却。移去斯奈德管,用 0.2 mL 溶剂洗涤浓缩管的下端,调节最终的萃取物体积到 1 mL。

6.10.2　氮吹技术

6.10.2.1　将浓缩管放在温水浴(大约 30 ℃)中,使用经过活性炭柱净化的干燥、洁净的适当流量的氮气流,吹干至约 1 mL。

注意:不要在活性炭柱后使用新的塑料管,否则有可能给样品带来污染。

6.10.2.2　在氮吹过程中用溶剂润洗几次浓缩管内壁,注意不要将水溅到管中,一般来说不要把样品吹干。

注意:当溶剂体积剩余不足 1 mL 时,半挥发性被分析物会损失。

6.11　萃取物可以用于下一步的净化流程,或是用适当方法对目标物质进行分析。如果不是立即进行下一步操作,可以塞住浓缩管冷藏保存。当储藏时间超过 2 d 时,须使用聚四氟乙烯旋盖的样品瓶并做好标记。

（2）索氏提取法（GB 5085.3—2007　附录 V）

1　范围

本方法适用于对固体废物、沉积物、淤泥以及土壤的索氏提取法。索氏提取保证了样品和提取溶剂之间快速而密切的接触。在制备各种色谱方法中测定的样品时,本法可用于分离和浓缩水不溶性和水微溶性有机物。

2　引用标准

下列文件中的条款通过在本方法中被引用而成为本方法的条款,与本方法同效。凡是不注明日期的引用文件,其最新版本适用于本方法。

GB/T 6682　分析实验室用水规格和试验方法

3　原理

固体样品与无水硫酸钠混合,置于提取套筒或 2 个玻璃棉塞之间,在索氏提取器中用适当的溶剂提取,提取液干燥后浓缩,必要时,置换溶剂使之与净化或测定步骤所用的相一致。

4　试剂和材料

4.1　除另有说明外,本方法中所用的水为 GB/T 6682 规定的一级水。

4.2　硫酸钠（无水,粒状）：需要置于浅碟 400 ℃烧灼 4 h 或使用二氯甲烷预洗以净化。如果使用二氯甲烷预洗净化,必须测试试剂空白以证明没有由无水硫酸钠带来的干扰。

4.3　提取溶剂

4.3.1　土壤或沉积物和水性污泥样品：丙酮/正己烷（1∶1,体积分数）或丙酮/二氯甲烷（1∶1,体积分数）。

4.3.2　其他样品：二氯甲烷或甲苯/甲醇,（10∶1,体积分数）。

4.4　更换溶剂：己烷、2-丙酮、环己烷、乙腈,色谱纯。

5　仪器

5.1　索氏提取器：40 mm 内径,带 500 mL 圆底烧瓶。

5.2　Kuderna-Danish（K-D）装置。

5.2.1　浓缩管：10 mL,带刻度。具玻璃塞以防止在短时间放置时样品挥发。

5.2.2　蒸发瓶：500 mL。使用弹簧或者夹子与蒸发器连接。

5.2.3　斯奈德管：三球,大量。

5.2.4　斯奈德管：二球,微量（可选）。

5.3　溶剂蒸发回收装置。

5.4　沸石：10/40 目（碳化硅）。

5.5　水浴：加热精度±5 ℃,具有同心环状盖板,使用时必须盖住盖板。

5.6　氮吹仪：12 位或 24 位（可选）。

5.7　玻璃样品瓶：2 mL 或 10 mL,具有聚四氟乙烯旋盖或压盖。

5.8　玻璃或纸套筒或玻璃棉,无污染物质。

5.9　加热套,变阻器控制。

5.10　分析天平,感量 0.000 1 g。

6 操作步骤

6.1 样品处理

6.1.1 废物样品

样品若包含多相,应在萃取前按相分离方法进行制备。本操作步骤只用于固体。

6.1.2 沉积土壤/土壤样品

倾倒弃去样品上面的水层。充分混合样品,特别是复合样品。弃去外来异物,如树枝和石块等。

6.1.3 黏稠、纤维或脂类废物

可采用切、撕等方式降低其粒径,使其在提取时有尽可能大的比表面。无水硫酸钠与样品1:1混合后可能适合于研磨。

6.1.4 适合于研磨的干燥废物样品

研磨或再细分废物,使其能通过1mm筛。将足够样品倒入研磨器中,使经研磨后至少能得到10g样品。

6.2 样品干重质量分数的测定

在某些情况下,希望样品以干重计。在这时应测定样品干重在总重量中的比例,并在实际分析中按比例折算被测样品的干重值。

称完提取用的样品,立即称取5～10g样品于配衡坩埚中,105℃放置过夜干燥,于干燥器内冷却后称重。

$$\omega(干重,\%)=样品干重/样品总重×100\%$$

6.3 将10g固体样品和10g无水硫酸钠混合,放于提取套筒中。在提取过程中套筒须自由地沥干。在索氏提取器中,可在样品的上下两端放上玻璃棉塞以代替提取套筒。添加1.0mL甲醇及测定方法中指定的替代物到各个样品和空白中。

6.4 在有1～2粒干净沸石的500mL圆底烧瓶中加入300mL提取溶剂,将烧瓶连接在提取器上,提取样品16～24h。

6.5 在提取完成后,让提取液冷却。

6.6 组装一个包括10mL浓缩管和500mL蒸发瓶的K-D浓缩装置。

6.7 装上玻璃制的回收装置(冷凝与收集装置)。

6.8 将洗脱液流过一个含有10cm无水硫酸钠的干燥管。将干燥后的洗脱液收集到K-D浓缩装置。利用100～125mL提取溶剂洗涤容器和干燥管,保证完全转移。

6.9 在蒸发瓶中加入1～2粒沸石,安装一个3球的常量斯奈德管。用1mL二氯甲烷润湿斯奈德管的顶端。将K-D装置放置在热水浴(温度设置在溶剂沸点以上15～20℃)上,使浓缩管下端部分地浸入热水中,整个管的下表面被蒸汽加热。调整装置的垂直位置和水浴温度,使浓缩过程在10～20min之内完成。在正常的加热速率下,只在管的球状部分可以观察到液体沸腾。当剩余溶剂1～2mL时,将K-D装置从水浴上取下,至少放置10min以冷却。

6.10 如需要置换溶剂(见表2-2),则取下斯奈德管,加入50mL置换溶剂和1粒新的沸石。按6.9浓缩提取液,如必要则使用水浴加热,当剩余溶剂1～2mL时,将K-D装置从水浴上取下,至少放置10min以冷却。

6.11 移去斯奈德管,用1～2mL二氯甲烷或置换溶剂洗涤浓缩管的下端。用最后使用的溶剂调节最终的萃取物体积到10mL,或者使用6.12的流程进一步浓缩。

6.12 如需进一步的浓缩,可使用微量斯奈德管或者氮吹。

6.12.1　微量斯奈德管浓缩技术

6.12.1.1　在浓缩管重新加入干净的沸石,安装一个2球的微量斯奈德管。装上玻璃制的微量回收装置。用0.5 mL二氯甲烷润湿斯奈德管的顶端。将K-D装置放置在热水浴上,使浓缩管下端部分地浸入热水中,整个管的下表面被蒸汽加热。调整装置的垂直位置和水浴温度,使浓缩过程在5~10 min之内完成。在正常的加热速率下,只在管的球状部分可以观察到液体沸腾。

6.12.1.2　当剩余的溶剂约0.5 mL时,将K-D装置从水浴上取下,至少放置10 min以冷却。移去斯奈德管,用0.2 mL溶剂洗涤浓缩管的下端,调节最终的萃取物体积到1~2 mL。

6.12.2　氮吹技术

6.12.2.1　将浓缩管放在温水浴(大约30℃)中,使用经过活性炭柱净化的干燥、洁净的适当流量的氮气流,吹干至约0.5 mL。

注意:不要在活性炭柱后使用新的塑料管,否则有可能给样品带来邻苯二甲酸酯污染。

6.12.2.2　在氮吹过程中用溶剂润洗几次浓缩管内壁,注意不要将水溅到管中,不要把样品吹到干燥。

注意:当溶剂体积剩余不足1 mL时,半挥发性分析物会有损失。

6.13　萃取物可以用于下一步的净化流程,或是用适当方法对目标物质进行分析。如果不是立即进行下一步操作,可以塞住浓缩管冷藏保存。当储藏时间超过2 d时,须使用聚四氟乙烯旋盖的样品瓶并做好标记。在任何情况下都不推荐保存时间超过2 d。

表2-2　各个测定方法的溶剂置换

分析方法	提取pH	分析时置换溶剂	净化时置换溶剂	用于净化的溶液体积(mL)	用于分析的最终体积[a](mL)
5085.6附录H	不调节	正己烷	正己烷	10.0	10.0
5085.6附录N	不调节	正己烷	正己烷	10.0	10.0
5085.6附录Q	不调节	正己烷	环己烷	2.0	1.0
5085.6附录J	不调节	正己烷	正己烷	10.0	10.0
5085.6附录K[b]	不调节	不置换	—	—	1.0
5085.6附录L	不调节	甲醇	—	—	1.0

注:[a] 对建议定容体积10.0 mL的方法,可以将提取物浓缩到1.0 mL以获得更低的检测限。

　　[b] GB/MS无须样品净化。

（3）Florisil（硅酸镁载体）柱净化法（GB 5085.3—2007　附录W）

1　范围

本方法适用于气相色谱样品在进行分析之前,使用Florisil（硅酸镁载体）进行柱色谱净化。本方法可以使用柱色谱或者装填Florisil的固相萃取柱。

本方法述及了含有下列物质的提取物的净化:邻苯二甲酸酯类、氯代烃、亚硝胺、有机氯农药、硝基芳香化合物、有机磷酸酯、卤代醚、有机磷农药、苯胺及其衍生物和多氯联苯等。

2　原理

本方法中净化柱装填Florisil后,上面附加一层干燥剂。上样后用适当溶剂洗脱,将干扰物留在Florisil柱上。将洗脱液浓缩,备作后续的分析。也可使用装填40 μm（孔径6 nm）Florisil的固相萃取柱,上样前用溶剂活化。上样后用适当溶剂洗脱,将干扰物留在Florisil柱上。为了保证结果,应在固相萃取装置(真空缸)上完成。将洗脱液浓缩,备作后续的分析。

3 试剂和材料

3.1 除有说明外,本方法中所用的水为无有机物的试剂水。

3.2 Florisil

本方法中涉及两种类型的 Florisil,Florisi PR 经过 675 ℃ 活化,一般用于净化杀虫剂样品;而 Florisi A 经过 650 ℃ 活化,一般用于净化其他样品。待用的 Florisil 必须贮存于带磨口玻璃塞或螺盖有内衬的玻璃容器中。

3.3 月桂酸:用于标定 Florisil 的活性,将 10.00 g 月桂酸用正己烷定容到 500 mL 待用。

3.4 酚酞指示剂:1% 乙醇溶液。

3.5 氢氧化钠:称量 20 g 氢氧化钠定容到 500 mL,得到 1 mol/L 的溶液,稀释 20 倍得到 0.05 mol/L 的溶液后用月桂酸溶液标定;准确称取 100～200 mg 月桂酸于锥形瓶中,加入 50 mL 乙醇,溶解月桂酸,加 3 滴酚酞指示剂,用 0.05 mol/L 的氢氧化钠溶液滴定,将每毫升氢氧化钠溶液能中和的月桂酸克数作为"溶液强度"标记在 0.05 mol/L 的氢氧化钠溶液瓶上。

3.6 Florisil 的活化和去活化

3.6.1 去活化,用于邻苯二甲酸酯净化。

使用之前,盛放在一个大口烧杯中,140 ℃ 加热至少 16 h。在加热后,转入 500 mL 试剂瓶中,密封并冷却至室温。加 3.3%(体积质量比)试剂水,充分混合,放置至少 2 h。密封保存。

3.6.2 活化,用于邻苯二甲酸酯净化以外的所有过程。

无论是 Florisi PR 或者 Florisi A,使用之前,盛放在一个浅玻璃盘中,用金属箔松松地覆盖,130 ℃ 加热过夜,密封保存。

3.6.3 不同的批料或不同来源的 Florisil,其吸附能力可能不同。建议使用月桂酸值标定 Florisil 的吸附容量。

3.6.3.1 称取 2.000 g Florisil 盛放在一个 25 mL 锥形瓶中,用金属箔松松地覆盖,130 ℃ 加热过夜。冷却至室温。

3.6.3.2 加 20.0 mL 月桂酸正己烷溶液,塞上,振荡 15 min。

3.6.3.3 静置沉淀,吸取 10.0 mL 的液体到 125 mL 锥形瓶,不要引入固体。

3.6.3.4 加 60 mL 乙醇,3 滴酚酞指示剂。

3.6.3.5 用标定过的 0.05 mol/L 的氢氧化钠溶液滴定。

3.6.3.6 计算月桂酸值:月桂酸值＝200－滴定体积(mL)×溶液强度(mg/mL)

3.6.3.7 装填柱色谱需要的 Florisil 的克数:月桂酸值＝20g÷110。

3.7 硫酸钠(无水,粒状),需要置于浅碟 400 ℃ 烧灼 4 h 或使用二氯甲烷预洗以净化。使用二氯甲烷洗涤处理的无水硫酸钠必须测定试剂空白。

3.8 装填 40 μm(孔径 6 nm)Florisil 的固相萃取柱。Florisil 固相萃取柱:装填 40 μm(孔径 6 nm)Florisil,用于净化邻苯二甲酸酯。1 g 氧化铝装填在 6 mL 血清学级的聚丙烯注射器针筒内,加有 20 μm 孔径筛板。0.5 g 和 2 g 规格的也可以使用,但其净化效果需要确认。

3.9 提取溶剂:所有试剂均为色谱纯级或同等质量。

3.9.1 二氯甲烷、正己烷、异丙醇、甲苯、石油醚(沸程 30～60 ℃)、正戊烷、丙酮。

3.9.2 乙醚($C_4H_{10}O$):必须不含过氧化物,请用相应的试纸测试。除去过氧化物的乙醚应当加入 20 mL/L 的乙醇以保存。

3.10 有机酚性能评价标准:0.1 mg/L 2,4,5-三氯苯酚的丙酮溶液。

3.11 农药测试标液:正己烷为溶剂,标准物质量浓度分别为 α-六氯环己烷、γ-六氯环己烷、七氯、硫丹Ⅰ,各 5 mg/L;狄氏剂、艾氏剂、4,4'-DDT,各 10 mg/L,四氯间二甲苯、十氯联苯各 20 mg/L,甲氧氯 50 mg/L。

3.12 氯代酚酸除草剂标液:含 2,4,5-T 甲酯 100 mg/L、五氯苯酚甲酯 50 mg/L、毒莠定 200 mg/L。

4 仪器、装置

4.1 色谱柱:300 mm,10 mm 内径,具聚四氟乙烯阀门。

4.2 烧杯。

4.3 试剂瓶。

4.4 马弗炉:至少可达 400 ℃。

4.5 玻璃样品瓶:2 mL、5 mL、25 mL,具有聚四氟乙烯旋盖或压盖以存放样品。

4.6 固相萃取装置:Empore TM 装置(真空多支管)带有 3～90 mm 或 6～47 mm 标准过滤装置,或者其同类装置。若具有良好的提取性能并可满足所有质量控制条件,可以使用为固相萃取设计的自动装置。

4.7 天平:精度 0.01 g。

5 样品的采集、保存和预处理

5.1 固体基质:250 mL 宽口玻璃瓶,有螺纹的 Teflon 盖子,冷却至 4 ℃保存。

液体基质:4 个 1L 的琥珀色玻璃瓶,有螺纹的 Teflon 的盖子,在样品中加入 0.75 mL 10% 的 NaHSO₄,冷却至 4 ℃保存。

5.2 保存样品提取物在 −10 ℃,避光,且存放于密闭的容器中(如带螺帽的小瓶或卷盖小瓶)。

6 干扰的消除

6.1 实验试剂需要进一步的纯化。

6.2 必须测定溶剂空白,证实纯化方法带来的干扰低于后续分析方法的检测限时,纯化方法方可应用于实际样品。但是实验证明经过固相萃取小柱进行净化后,每个小柱会给空白样品中带来约 400 ng 的邻苯二甲酸酯干扰。这一部分由固相萃取小柱带来的干扰是无法去除的。

7 操作步骤

7.1 固相萃取柱的准备和活化

7.1.1 将萃取柱装在真空萃取装置上。

7.1.2 抽真空到 250 mmHg。从萃取柱流出的流量可以通过阀门调节。

7.1.3 加 4 mL 正己烷到柱上,打开阀门,使溶剂流出几滴后关闭,浸润萃取柱柱床 5 min。在这期间真空不要关闭。

7.1.4 打开阀门,使溶剂流出到柱床上的液面只剩下 1 mm 时关闭,不可抽干。若柱床上的液面被抽干,必须重复活化。

7.2 样品处理

在大多数净化过程之前,必须将萃取液浓缩。上样体积会影响净化过程的性能,对固相萃取柱尤为如此,过大的上样体积会导致结果变差。

7.2.1 将下列样品浓缩到 2 mL:邻苯二甲酸酯类、氯代烃、亚硝胺、氯代酚酸除草剂(以上溶剂均为正己烷)、硝基芳香化合物和异佛尔酮(溶剂为二氯甲烷)、苯胺及其衍生物(溶剂为二氯甲烷)。

7.2.2 将下列样品浓缩到 10 mL：有机氯农药、有机磷酸酯、卤代醚、有机磷农药和多氯联苯，溶剂均为正己烷。在净化流程中只需要用其中 1 mL。

7.2.3 冷藏样品放置到室温。检查样品是否沉淀、分层或者溶剂蒸发损失。

7.3 柱色谱净化邻苯二甲酸酯

7.3.1 将 10 g 去活化的 Florisil 放入 10 mm 内径色谱柱中装实，在顶部加 1 cm 的无水硫酸钠。

7.3.2 用 40 mL 己烷预先冲洗柱。所有的洗脱速度应约为 2 mL/min，弃去洗脱液，并在硫酸钠层刚要暴露于空气之前，定量地转移 2 mL 样品提取液至柱上。使用另外的 2 mL 己烷使样品全部转移。

7.3.3 在硫酸钠层刚好暴露于空气之前，加 40 mL 的己烷继续洗脱。弃去此洗脱液。

7.3.4 用 100 mL 20：80（体积分数）的乙醚/正己烷溶液洗脱，收集洗脱液。此流程的流出物包括：邻苯二甲酸二（2-乙基己基）酯，邻苯二甲酸二甲酯，邻苯二甲酸二乙酯，邻苯二甲酸苯基丁基酯，邻苯二甲酸二正丁酯，邻苯二甲酸二正辛酯。

7.4 固相萃取柱净化邻苯二甲酸酯

7.4.1 按照 7.1 预处理含有 1 g Florisil 填料的萃取柱。

7.4.2 上样 1 mL，打开阀门，使液体以 2 mL/min 速度流出。

7.4.3 在样品流出到填料上层将抽干时，用 0.5 mL 溶剂洗涤样品瓶，上样。

7.4.4 在填料上层将抽干之前，关上阀门。

7.4.5 将 5 mL 的样品瓶或锥形瓶放在出液口准备接收液体。

7.4.6 如果样品中可能存在有机氯农药，加入 10 mL 20：80（体积分数）的二氯甲烷/正己烷溶液，抽真空到 250 mmHg。洗脱液刚从萃取柱流出时关闭阀门，浸润 1 min。缓慢打开阀门使洗脱液流出到接收瓶，弃去。

7.4.7 加入 10 mL 10：90（体积分数）的丙酮/正己烷溶液，缓慢打开阀门使洗脱液流出到接收瓶，此馏分包含邻苯二甲酸二酯，可用于后续分析。

7.5 柱色谱净化亚硝胺

7.5.1 将 22 g 标定过的活化的 Florisil 放入 20 mm 内径色谱柱中装实，在顶部加 5 mm 的无水硫酸钠。

7.5.2 用 40 mL 15：85（体积分数）的乙醚/正戊烷预先冲洗柱。所有的洗脱速度应约为 2 mL/min，弃去洗脱液，并在硫酸钠层刚要暴露于空气之前，定量地转移 2 mL 样品提取液至柱上。使用另外的 2 mL 正戊烷使样品全部转移。

7.5.3 在硫酸钠层刚好暴露于空气之前，加 90 mL 15：85（体积分数）的乙醚/正戊烷继续洗脱。弃去此洗脱液。

7.5.4 用 100 mL 95：5（体积分数）的乙醚/丙酮洗脱，收集洗脱液。此流程的流出物包括列表中所有亚硝胺。

7.6 柱色谱净化有机氯农药、卤代醚类和有机磷农药（洗脱顺序见表 2-3 至表 2-10）

7.6.1 将 20 g 标定过的活化的 Florisil 放入 20 mm 内径色谱柱中装实，在顶部加 1～2 cm 的无水硫酸钠。

7.6.2 用 60 mL 己烷预先冲洗柱。所有的洗脱速度应约为 5 mL/min，弃去洗脱液，并在硫酸钠层刚要暴露于空气之前，定量地转移 10 mL 样品提取液至柱上。使用另外的 2 mL 己烷使样品全部转移。

7.6.3　在硫酸钠层刚好暴露于空气之前,加 200 mL 6∶94(体积分数)的乙醚/正己烷继续洗脱,得到馏分 1,其中包含卤代醚。

7.6.4　加 200 mL 15∶85(体积分数)的乙醚/正己烷继续洗脱,得到馏分 2。

7.6.5　加 200 mL 50∶50(体积分数)的乙醚/正己烷继续洗脱,得到馏分 3。

7.6.6　加 200 mL 乙醚继续洗脱,得到馏分 4。

7.7　固相萃取柱净化有机氯农药和 PCBs

7.7.1　按照 7.1 预处理含有 1 g Florisil 填料的萃取柱。

7.7.2　上样 1 mL,打开阀门,使液体以 2 mL/min 速度流出。

7.7.3　在样品流出到填料上层将抽干时,用 0.5 mL 溶剂洗涤样品瓶,上样。

7.7.4　在填料上层将抽干之前,关上阀门。

7.7.5　将 10 mL 的样品瓶或锥形瓶放在出液口准备接收液体。

7.7.6　如果不需要分开有机氯农药和 PCBs,加入 9 mL 10∶90(体积分数)的丙酮/正己烷溶液,抽真空到 250 mmHg。洗脱液刚从萃取柱流出时关闭阀门,浸润 1 min。缓慢打开阀门使洗脱液流出到接收瓶,馏分包含有机氯农药和 PCBs,浓缩到适当体积并需置换溶剂。

7.7.7　加入 3 mL 正己烷,抽真空到 250 mmHg。洗脱液刚从萃取柱流出时关闭阀门,浸润 1 min。得到馏分 1,其中包含 PCBs 和少数几种有机氯农药。

7.7.8　加 5 mL 26∶74(体积分数)的二氯甲烷/正己烷继续洗脱,得到馏分 2,含大多数有机氯农药。

7.7.9　加 5 mL 10∶90(体积分数)的丙酮/正己烷溶液继续洗脱,得到馏分 3,含剩余的有机氯农药。

7.8　柱色谱净化硝基芳香化合物和异佛尔酮

7.8.1　将 10 g 标定过的活化的 Florisil 放入 10 mm 内径色谱柱中装实,在顶部加 1 cm 的无水硫酸钠。

7.8.2　用 10∶90(体积分数)的二氯甲烷/正己烷溶液预先冲洗柱。所有的洗脱速度应约为 2 mL/min,弃去洗脱液,并在硫酸钠层刚要暴露于空气之前,定量地转移 2 mL 样品提取液至柱上。使用另外的 2 mL 正己烷使样品全部转移。

7.8.3　在硫酸钠层刚好暴露于空气之前,加 30 mL 10∶90(体积分数)的二氯甲烷/正己烷溶液继续洗脱。弃去此洗脱液。

7.8.4　用 90 mL 15∶85(体积分数)的乙醚/正戊烷洗脱,弃去此洗脱液(洗脱二苯胺)。

7.8.5　加 100 mL 5∶95(体积分数)的丙酮/乙醚继续洗脱,得到馏分 1,含有硝基芳香化合物。

7.8.6　加入 15 mL 甲醇后,浓缩到适当体积。

7.8.7　加 30 mL 10∶90(体积分数)的丙酮/二氯甲烷继续洗脱,得到馏分 2,含所有的硝基芳香化合物。

7.8.8　将洗脱液浓缩到适当体积后,将溶剂置换为己烷。馏分包含:2,4—二硝基甲苯,2,6—二硝基甲苯,异佛尔酮,硝基苯。

7.9　柱色谱净化氯代烃

7.9.1　将 12 g 去活化的 Florisil 放入 10 mm 内径色谱柱中装实,在顶部加 1~2 cm 的无水硫酸钠。

7.9.2　用 100 mL 石油醚预先冲洗柱。弃去洗脱液,并在硫酸钠层刚要暴露于空气之前,定量地转移样品提取液至柱上。

    7.9.3 用 200 mL 石油醚洗脱，收集洗脱液。此流程的流出物包括：2—氯萘、1,2—二氯苯、1,3—二氯苯、1,4—二氯苯、1,2,4—三氯苯、六氯联苯、六氯丁二烯、六氯环戊二烯、六氯乙烷。

    7.10 固相萃取柱净化氯代烃

    7.10.1 按照 7.1 预处理含有 1 g Florisil 填料的萃取柱。

    7.10.2 上样，打开阀门，使液体以 2 mL/min 速度流出。

    7.10.3 在样品流出到填料上层将抽干时，用 0.5 mL 10∶90（体积分数）的丙酮/正己烷洗涤样品瓶，上样。

    7.10.4 在填料上层将抽干之前，关上阀门。

    7.10.5 将 5 mL 的样品瓶或锥形瓶放在出液口准备接收液体。

    7.10.6 加入 10 mL 10∶90（体积分数）的丙酮/正己烷溶液，抽真空到 250 mmHg。洗脱液刚从萃取柱流出时关闭阀门，浸润 1 min。缓慢打开阀门使洗脱液流出到接收瓶。

    7.11 柱色谱净化苯胺及其衍生物

    7.11.1 将适量标定过的活化的 Florisil 放入 20 mm 内径色谱柱中装实。

    7.11.2 用 100 mL 5∶95（体积分数）的异丙醇/二氯甲烷，100 mL 50∶50（体积分数）的正己烷/二氯甲烷溶液，100 mL 正己烷依次冲洗柱。弃去洗脱液，并在剩余 5 cm 高度的正己烷时，关闭阀门。

    7.11.3 定量地转移 2 mL 样品提取液到盛有 2 g 活化的 Florisil 的烧杯，氮气吹干。

    7.11.4 将这部分 Florisil 上样，并用 75 mL 正己烷洗净烧杯，淋洗色谱柱。在硫酸钠层刚好暴露于空气之前，关闭阀门，弃去正己烷洗脱液。

    7.11.5 用 50 mL 50∶50（体积分数）的正己烷/二氯甲烷以 5 mL/min 速度洗脱，收集馏分 1。

    7.11.6 用 50 mL 5∶95（体积分数）的异丙醇/二氯甲烷洗脱，收集馏分 2。

    7.11.7 用 50 mL 5∶95（体积分数）的甲醇/二氯甲烷洗脱，收集馏分 3。一般而言三个馏分被混合测定。但也可单独测定。

    7.12 柱色谱净化有机磷酸酯化合物

    7.12.1 将适量标定过的活化的 Florisil 放入 20 mm 内径色谱柱中装实，在顶部加 1～2 cm 的无水硫酸钠。

    7.12.2 用 50～60 mL 正己烷预先冲洗柱。所有的洗脱速度应约为 2 mL/min，弃去洗脱液，并在硫酸钠层刚要暴露于空气之前，定量地转移 10 mL 样品提取液至柱上。使用另外的少量正己烷使样品全部转移。

    7.12.3 在硫酸钠层刚好暴露于空气之前，加 100 mL 10∶90（体积分数）的二氯甲烷/正己烷继续洗脱。弃去此洗脱液。

    7.12.4 用 200 mL 30∶70（体积分数）的乙醚/正己烷洗脱，收集洗脱液。其中包括除了三(2,3-二溴丙基)磷酸酯之外的有机磷化合物。

    7.12.5 用 200 mL 40∶60（体积分数）的乙醚/正己烷洗脱三(2,3-二溴丙基)磷酸酯。

    7.13 柱色谱净化氯代苯酚除草剂

    7.13.1 将 4 g 标定过的活化的 Florisil 放入 20 mm 内径色谱柱中装实，在顶部加 5 mm 的无水硫酸钠。

    7.13.2 用 15 mL 正己烷预先冲洗柱。所有的洗脱速度应约为 2 mL/min，弃去洗脱液，并在硫酸钠层刚要暴露于空气之前,定量地转移 2 mL 样品提取液至柱上。使用另外的 2 mL 正己烷使样品全部转移。

7.13.3　在硫酸钠层刚好暴露于空气之前,加 35 mL 20:80(体积分数)的二氯甲烷/正己烷继续洗脱。收集馏分 1,其中含有五氯苯酚甲酯。

7.13.4　用 60 mL 50:0.035:49.65(体积分数)的二氯甲烷/乙腈/正己烷洗脱,收集馏分 2。

7.13.5　需要测定毒莠定时,用二氯甲烷洗脱,得到馏分 3。三个馏分被混合测定。但也可单独测定。

8　质量控制

8.1　固相萃取柱的性能必须测试,每一个批次的固相萃取柱以及同样填料的每 300 根萃取柱必须测试一次。

8.2　对有机氯农药,可以如下测试净化回收率。将前述的 0.5 mL 2,4,5-三氯苯酚标液与 1.0 mL 有机氯农药标准溶液及 0.5 mL 正己烷混合,使用对应的净化方法洗脱。如果各个有机氯农药的回收率在 80%～110%,且 2,4,5-三氯苯酚回收率低于 5%,并且不存在基线干扰,则证明该批号 Florisil 可用。

8.3　对氯代苯酚除草剂,可以如下测试净化回收率。将前述的氯代苯酚除草剂标液,使用对应的净化方法处理。如果各个氯代苯酚除草剂被定量回收,且三氯苯酚回收率低于 5%,并且不存在基线干扰,则证明该批号 Florisil 可用。

8.4　对于应用此法进行净化的样品提取液,有关的质量控制样品也必须通过此净化方法进行处理。

表 2-3　使用 Florisil 对邻苯二甲酸酯的柱色谱净化回收率

化合物		平均回收率
邻苯二甲酸二甲酯	Dimethyl phthalate	40%
邻苯二甲酸二乙酯	Diethyl phthalate	57%
邻苯二甲酸二异丁酯	Diisobutyl phthalate	80%
邻苯二甲酸二正丁酯	Di-n-butyl phthalate	85%
邻苯二甲酸双 4-甲基-2-戊基酯	Bis(4-methyl-2-pentyl) phthalate	84%
邻苯二甲酸双 2-甲基氧乙基酯	Bis(2-methoxyethyl) phthalate	0%
邻苯二甲酸二戊酯	Diamyl phthalate	82%
邻苯二甲酸双 2-乙基氧乙基酯	Bis(2-ethoxyethyl) phthalate	0%
邻苯二甲酸己基 2-乙基己基酯	Hexyl 2-ethylhexyl phthalate	105%
邻苯二甲酸二己酯	Dihexyl phthalate	74%
邻苯二甲酸苯基丁基酯	Benzyl butyl phthalate	90%
邻苯二甲酸双 2-正丁基氧乙基酯	Bis(2-n-butoxyethyl) phthalate	0%
邻苯二甲酸双 2-乙基己基酯	Bis(2-ethylhexyl) phthalate	82%
邻苯二甲酸二环己基酯	Dicyclohexyl phthalate	84%
邻苯二甲酸二正辛酯	Di-n-octyl phthalate	115%
邻苯二甲酸二正癸酯	Dinonyl phthalate	72%

注:两次测定平均值。

表 2-4 使用 Florisil 固相萃取柱对邻苯二甲酸酯净化回收率

化合物		平均回收率
邻苯二甲酸二甲酯	Dimethyl phthalate	89%
邻苯二甲酸二乙酯	Diethyl phthalate	97%
邻苯二甲酸二异丁酯	Diisobutyl phthalate	92%
邻苯二甲酸二正丁酯	Di-n-butyl phthalate	102%
邻苯二甲酸双 4-甲基-2-戊基酯	Bis(4-methyl-2-pentyl) phthalate	105%
邻苯二甲酸双 2-甲基氧乙酯	Bis(2-methoxyethyl) phthalate	78%
邻苯二甲酸二戊酯	Diamyl phthalate	94%
邻苯二甲酸双 2-乙基氧乙酯	Bis(2-ethoxyethyl) phthalate	94%
邻苯二甲酸己基 2-乙基己酯	Hexyl 2-ethylhexyl phthalate	96%
邻苯二甲酸二己酯	Dihexyl phthalate	97%
邻苯二甲酸苯基丁基酯	Benzyl butyl phthalate	99%
邻苯二甲酸双 2-正丁基氧乙基酯	Bis(2-n-butoxyethyl) phthalate	92%
邻苯二甲酸双 2-乙基己基酯	Bis(2-ethylhexyl) phthalate	98%
邻苯二甲酸二环己基酯	Dicyclohexyl phthalate	90%
邻苯二甲酸二正辛酯	Di-n-octyl phthalate	97%
邻苯二甲酸二正癸酯	Dinonyl phthalate	105%

注:两次测定平均值。

表 2-5 使用 Florisil 对有机氯农药和 PCBs 的柱色谱净化各馏分回收率

化合物		回收率		
		馏分 1	馏分 2	馏分 3
艾氏剂	Aldrin	100%		
α-六氯环己烷	α-BHC	100%		
β-六氯环己烷	β-BHC			
γ-六氯环己烷	γ-BHC	98%		
δ-六氯环己烷	δ-BHC	100%		
氯丹	Chlordane	100%		
	4,4'-DDD	99%		
	4,4'-DDE	98%		
	4,4'-DDT	100%		
狄氏剂	Dieldrin	0%	100%	
硫丹 I	Endosulfan I	37%	6%4	
硫丹 II	Endosulfan II	0%	7%	91%
硫丹硫酸盐	Endosulfan sulfate	0%	0%	106%
异狄氏剂	Endrin	4%	96%	

化合物		回收率		
		馏分 1	馏分 2	馏分 3
异狄氏醛	Endrin aldehyde	0%	68%	26%
七氯	Heptachlor	100%		
环氧七氯	Heptachlor epoxide	100%		
毒杀芬	Toxaphene	96%		
	Aroclor 1016	97%		
	Aroclor 1221	97%		
	Aroclor 1232	95%	4%	
	Aroclor 1242	97%		
	Aroclor 1248	103%		
	Aroclor 1254	90%		
	Aroclor 1260	95%		

注:各馏分的洗脱剂参看相应部分。

表 2-6 使用 Florisil 固相萃取柱对 PCBs 的净化回收率

化合物	平均回收率
Aroclor 1016	105%
Aroclor 1221	76%
Aroclor 1232	90%
Aroclor 1242	94%
Aroclor 1248	97%
Aroclor 1254	95%
Aroclor 1260	90%

表 2-7 使用 Florisil 对有机氯农药和 PCBs 的柱色谱净化各馏分回收率

化合物		馏分 1		馏分 2		馏分 3	
		平均回收率	RSD	平均回收率	RSD	平均回收率	RSD
α-六氯环己烷	α-BHC	—	—	111%	8.3%	—	—
β-六氯环己烷	β-BHC	—	—	109%	7.8%	—	—
γ-六氯环己烷	γ-BHC	—	—	110%	8.5%	—	—
δ-六氯环己烷	δ-BHC	—	—	106%	9.3%	—	—
氯丹	Heptachlor	98%	11%	—	—	—	—
	Aldrin	97%	10%	—	—	—	—
	Heptachlor epoxide	—	—	109%	7.9%	—	—
	Chlordane	—	—	105%	3.5%	—	—

化合物		馏分1		馏分2		馏分3	
		平均回收率	RSD	平均回收率	RSD	平均回收率	RSD
狄氏剂	Endosulfan Ⅰ	—	—	111%	6.2%	—	—
硫丹Ⅰ	4,4'-DDE	104%	5.7%	—	—	—	—
硫丹Ⅱ	Dieldrin	—	—	110%	7.8%	—	—
硫丹硫酸盐	4,4'-DDD	—	—	111%	6.2%	—	—
异狄氏剂	Endosulfan Ⅱ	—	—	—	—	111%	2.3%
异狄氏醛	Endrin aldehyde	—	—	49%	14%	48%	12%
七氯	Heptachlor	40%	2.6%	17%	24%	63%	3.2%
环氧七氯	Endosulfan sulfate	—	—	—	—	—	—
毒杀芬	Methoxychlor	—	—	85%	2.2%	37%	29%

注:使用0.5μg的标品进行标准添加,各馏分洗脱液参见相关部分。

表2-8　使用 Florisil 对有机磷农药的柱色谱净化各馏分回收率

化合物		各馏分中的回收率			
		馏分1	馏分2	馏分3	馏分4
甲基谷硫磷	Azinphos methyl			20%	80%
硫丙磷	Bolstar (Sulprofos)	ND	ND	ND	ND
毒死蜱	Chlorpyrifos	>80%			
蝇毒磷	Coumaphos	NR	NR	NR	
内吸磷	Demeton	100%			
二嗪农	Diazinon		100%		
敌敌畏	Dichlorvos	NR	NR	NR	
乐果	Dimethoate	ND	ND	ND	ND
乙拌磷	Disulfoton	25%～40%			
苯硫磷	EPN		>80%		
灭克磷	Ethoprop	V	V	V	
杀螟硫磷	Fensulfothion	ND	ND	ND	ND
倍硫磷	Fenthion	R	R		
马拉硫磷	Malathion		5%	95%	
脱叶亚磷	Merphos	V	V	V	
速灭磷	Mevinphos	ND	ND	ND	ND
久效磷	Monochrotophos	ND	ND	ND	ND
二溴磷	Naled	NR	NR	NR	
对硫磷	Parathion		100%		

化合物		各馏分中的回收率			
		馏分 1	馏分 2	馏分 3	馏分 4
甲基对硫磷	Parathion methyl		100%		
甲拌磷	Phorate	0%~62%			
皮蝇磷	Ronnel	>80%			
乐本松	Stirophos(Tetrachlorvinphos)	ND	ND	ND	ND
硫特普	Sulfotepp	V	V		
特普	TEPP	ND	ND	ND	ND
丙硫磷	Tokuthion (Prothiofos)	>80%			
三氯磷酸酯	Trichloronate	>80%			

注:各馏分洗脱液参见相关部分;NR——没有回收,V——回收率不确定,ND——未测定。

表 2-9　使用 Florisil 固相萃取柱对氯代烃净化回收率

化合物		馏分 2	
		平均回收率	RSD
六氯乙烷	Hexachloroethane	95%	2.0%
1,3-二氯苯	1,3-Dichlorobenzene	101%	2.3%
1,4-二氯苯	1,4-Dichlorobenzene	100%	2.3%
1,2-二氯苯	1,2-Dichlorobenzene	102%	1.6%
氯苯	Benzyl chloride	101%	1.5%
1,3,5-三氯苯	1,3,5-Trichlorobenzene	98%	2.2%
六氯丁二烯	Hexachlorobutadiene	95%	2.0%
苄叉二氯	Benzal chloride	99%	0.8%
1,2,4-三氯苯	1,2,4-Trichlorobenzene	99%	0.8%
苄川三氯	Benzotrichloride	90%	6.5%
1,2,3-三氯苯	1,2,3-Trichlorobenzene	97%	2.0%
六氯环戊二烯	Hexachlorocyclopentadiene	103%	3.3%
1,2,4,5-四氯苯	1,2,4,5-Tetrachlorobenzene	98%	2.3%
1,2,3,5-四氯苯	1,2,3,5-Tetrachlorobenzene	98%	2.3%
1,2,3,4-四氯苯	1,2,3,4-Tetrachlorobenzene	99%	1.3%
2-氯萘	2-Chloronaphthalene	95%	1.4%
五氯苯	Pentachlorobenzene	104%	1.5%
六氯联苯	Hexachlorobenzene	78%	1.1%
α-六氯环己烷	alpha-BHC	100%	0.4%
β-六氯环己烷	gamma-BHC	99%	0.7%
γ-六氯环己烷	beta-BHC	95%	1.8%
δ-六氯环己烷	delta-BHC	97%	2.7%

表 2-10 使用 Florisil 对苯胺类化合物的柱色谱净化各馏分回收率

化合物		各馏分的回收率		
		馏分 1	馏分 2	馏分 3
苯胺	Aniline		41%	52%
2-氯代苯胺	2-Chloroaniline		71%	10%
3-氯代苯胺	3-Chloroaniline		78%	4%
4-氯代苯胺	4-Chloroaniline	7%	56%	13%
4-溴代苯胺	4-Bromoaniline		71%	10%
3,4-二氯苯胺	3,4-Dichloroaniline		83%	1%
2,4,6-三氯苯胺	2,4,6-Trichloroaniline	70%	14%	
2,4,5-三氯苯胺	2,4,5-Trichloroaniline	35%	53%	
2-硝基苯胺	2-Nitroaniline		91%	9%
3-硝基苯胺	3-Nitroaniline		89%	11%
4-硝基苯胺	4-Nitroaniline		67%	30%
2,4-二硝基苯胺	2,4-Dinitroaniline			75%
4-氯-2-硝基苯胺	4-Chloro-2-nitroaniline		84%	
2-氯-4-硝基苯胺	2-Chloro-4-nitroaniline		71%	10%
2,6-二氯-4-硝基苯胺	2,6-Dichloro-4-nitroaniline		89%	9%
2,6-二溴-4-硝基苯胺	2,6-Dibromo-4-nitroaniline		89%	9%
2-溴-6-氯-4-硝基苯胺	2-Bromo-6-chloro-4-nitroaniline		88%	16%
2-氯-4,6-二硝基苯胺	2-Chloro-4,6-dinitroaniline			76%
2-溴-4,6-二硝基苯胺	2-Bromo-4,6-dinitroaniline			100%

注:各馏分洗脱液参见相关部分。

四、固体废物浸出毒性的浸出方法

硫酸硝酸法(HJ/T 299-2007)

1 适用范围

本标准规定了固体废物浸出毒性的浸出程序及其质量保证措施。

本标准适用于固体废物及其再利用产物以及土壤样品中有机物和无机物的浸出毒性鉴别。含有非水溶性液体的样品,不适用于本标准。

2 术语和定义

下列术语和定义适用于本标准。

2.1 浸出 leaching

可溶性的组分溶解后,从固相进入液相的过程。

2.2 浸出毒性 leaching toxicity

固体废物遇水浸沥,浸出的有害物质迁移转化,污染环境,这种危害特性称为浸出毒性。

2.3 初始液相 initial liquid phase

明显存在液固两相的样品,在浸出步骤之前进行过滤所得到的液体。

3　原理

本方法以硝酸/硫酸混合溶液为浸提剂,模拟废物在不规范填埋处置、堆存,或经无害化处理后废物的土地利用时,其中的有害组分在酸性降水的影响下,从废物中浸出而进入环境的过程。

4　试剂

4.1　试剂水:使用符合待测物分析方法标准中所要求的纯水。

4.2　浓硫酸:优级纯。

4.3　浓硝酸:优级纯。

4.4　1%硝酸溶液。

4.5　浸提剂。

4.5.1　浸提剂 $1^{\#}$:将质量比为 2:1 的浓硫酸和浓硝酸混合液加入试剂水(1 L 水约 2 滴混合液)中,使 pH 为 3.20 ± 0.05。该浸提剂用于测定样品中重金属和半挥发性有机物的浸出毒性。

4.5.2　浸提剂 $2^{\#}$:试剂水,用于测定氰化物和挥发性有机物的浸出毒性。

5　仪器设备

5.1　振荡设备:转速为 30 ± 2 r/min 的翻转式振荡装置。

5.2　提取容器。

5.2.1　零顶空提取器(Zero-Headspace Extraction Vessel,简称 ZHE):500~600 mL,用于样品中挥发性物质浸出的专用装置。

5.2.2　提取瓶:2 L 具旋盖和内盖的广口瓶,用于浸出样品中非挥发性和半挥发性物质。提取瓶应由不能浸出或吸收样品所含成分的惰性材料制成。分析无机物时,可使用玻璃瓶或聚乙烯(PE)瓶;分析有机物时,可使用玻璃瓶或聚四氟乙烯(PTFE)瓶。

5.3　过滤装置。

5.3.1　零顶空提取器(ZHE):分析样品中的挥发性物质,采用 ZHE 进行过滤。

5.3.2　真空过滤器或正压过滤器:容积≥1 L。

5.3.3　滤膜:玻纤滤膜或微孔滤膜,孔径 0.6~0.8 μm。

5.4　pH 计:在 25 ℃时,精度为 ±0.05 pH。

5.5　ZHE 浸出液采集装置:使用 ZHE 装置时,采用玻璃、不锈钢或 PTFE 制作的 500 mL 注射器采集初始液相或最终的浸出液。

5.6　ZHE 浸提剂转移装置:可以使用任何不改变浸提剂性质的导入设备,包括蠕动泵、注射器、正压过滤器或其他 ZHE 装置。

5.7　实验天平:精度为 ±0.01 g。

5.8　烧杯或锥形瓶:玻璃,500 mL。

5.9　表面皿:直径可盖住烧杯或锥形瓶。

5.10　筛:涂 Teflon 的筛网,孔径 9.5 mm。

6　样品的保存和处理

6.1　除非冷藏会使样品性质发生不可逆改变,样品应于 4 ℃冷藏保存。

6.2　测定样品的挥发性成分时,在样品的采集和贮存过程中应以适当的方式防止挥发性物质的损失。用于金属分析的浸出液在贮存之前应用硝酸酸化至 pH<2;用于有机成分分析

的浸出液在贮存过程中不能接触空气,即零顶空保存。

7 浸出步骤

7.1 含水率测定

称取 50~100 g 样品置于具盖容器中,开启盖于 105 ℃下烘干,恒重至两次称量值的误差小于±1%,计算样品含水率。

样品中含有初始液相时,应将样品进行压力过滤,再测定滤渣的含水率,并根据总样品量(初始液相与滤渣重量之和)计算样品中的干固体百分率。

进行含水率测定后的样品,不得用于浸出毒性试验。

7.2 样品破碎

样品颗粒应可以通过 9.5 mm 孔径的筛,对于粒径大的颗粒可通过破碎、切割或碾磨降低粒径。

测定样品中挥发性有机物时,为避免过筛时待测成分有损失,应使用刻度尺测量粒径;样品和降低粒径所用工具应进行冷却,并尽量避免将样品暴露在空气中。

7.3 挥发性有机物的浸出步骤

7.3.1 将样品冷却至 4 ℃,称取干基质量为 40~50 g 的样品,快速转入 ZHE(5.3.1)。安装好 ZHE,缓慢加压以排除顶空。

7.3.2 样品含有初始液相时,将浸出液采集装置(5.5)与 ZHE 连接,缓慢升压至不再有滤液流出,收集初始液相,冷藏保存。

7.3.3 如果样品中干固体百分率小于或等于 9%,所得到的初始液相即为浸出液,直接进行分析;干固体百分率大于总样品量 9% 的,继续进行以下浸出步骤,并将所得到的浸出液与初始液相混合后进行分析。

7.3.4 根据样品的含水率,按液固比为 10∶1(L/kg)计算出所需浸提剂的体积,用浸提剂转移装置(5.6)加入浸提剂 2#,安装好 ZHE,缓慢加压以排除顶空。关闭所有阀门。

7.3.5 将 ZHE 固定在翻转式振荡装置(5.1)上,调节转速为 30±2 r/min,于 23±2 ℃下振荡 18±2 h。振荡停止后取下 ZHE,检查装置是否漏气(如果 ZHE 装置漏气,应重新取样进行浸出),用收集有初始液相的同一个浸出液采集装置(5.5)收集浸出液,冷藏保存待分析。

7.4 除挥发性有机物外的其他物质的浸出步骤

7.4.1 如果样品中含有初始液相,应用压力过滤器(5.3.2)和滤膜(5.3.3)对样品过滤。干固体百分率小于或等于 9% 的,所得到的初始液相即为浸出液,直接进行分析;干固体百分率大于 95% 的,将滤渣按 7.4.2 浸出,初始液相与浸出液混合后进行分析。

7.4.2 称取 150~200 g 样品,置于 2 L 提取瓶(5.2.2)中,根据样品的含水率,按液固比为 10∶1(L/kg)计算出所需浸提剂的体积,加入浸提剂 1#,盖紧瓶盖后固定在翻转式振荡装置(5.1)上,调节转速为 30±2 r/min,于 23±2 ℃下振荡 18±2 h。在振荡过程中有气体产生时,应定时在通风橱中打开提取瓶,释放过度的压力。

7.4.3 在压力过滤器(5.3.2)上装好滤膜(5.3.3),用稀硝酸淋洗过滤器和滤膜,弃掉淋洗液,过滤并收集浸出液,于 4 ℃下保存。

7.4.4 除非消解会造成待测金属的损失,用于金属分析的浸出液应按分析方法的要求进行消解。

8 质量保证

8.1 分析仪器应经过国家计量认证,并在有效期内使用。

8.2　每做 20 个样品或每批样品(样品量少于 20 个时)至少做一个浸出空白。将浸提剂按照 7.3.4～7.3.5 或 7.4.2～7.4.3 步骤进行浸提分析。

8.3　每批样品至少做一个加标回收样品。取过筛后的待测样品,分成相同的两份。向其中一份中加入已知量的待测物质,按照 7.3 或 7.4 规定步骤进行浸提分析,计算待测物的百分回收。

8.4　样品浸出实验应在如表 2-11 所示中规定的时间内完成。

表 2-11　样品的最大保留时间　　　　　　　　单位:日

物质类别	从野外采集到浸出	从浸出到预处理	从预处理到定量分析	总实验周期
挥发性物质	14	—	14	28
半挥发性物质	14	7	40	61
汞	28		28	56
汞以外的金属	180	—	180	360

附录 A(参考性附录)零顶空提取器(ZHE)示意图(图 2-7)。

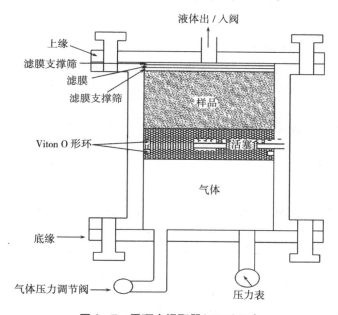

图 2-7　零顶空提取器(ZHE)示意

五、半挥发性有机物分析的样品前处理

加速溶剂萃取法(GB 5085.6　附录 G)

1　范围

本方法适用于从固体废物中用加速溶剂萃取法萃取不溶于水或微溶于水的半挥发性有机化合物的过程。包括半挥发有机化合物、有机磷农药、有机氯农药、含氯除草剂、PCBs。

本方法仅适用于固体样品,尤其适用于小颗粒的干燥物质。只有固体物质适用这个萃取过程,因此多相的废物样品必须经过分离。土壤/沉积物样品在萃取前要晾干和粉碎。需往土壤/沉积物样品中添加无水硫酸钠或硅藻土,以减少样品干燥过程中被分析物的流失。样品量的多少要依检测方法说明和分析灵敏度而定,通常需要10～30 g的物质。

2 原理

晾干后的样品,或样品直接与无水硫酸钠或硅藻土混合后,将其粉碎至100～200目的粉末(150～75 μm)放入萃取池中。加热到萃取温度,同时加入适当的溶剂,增加压力,然后萃取5 min(或根据厂家的建议)。采用的溶剂要根据分析物而定。热的萃取液自动从萃取池进入收集瓶并冷却。如必要,萃取物可进行浓缩。可根据需要加入与净化和检测条件兼容的溶剂。

3 试剂和材料

3.1 本方法中对水的要求均指不含有机物的试剂级水。

3.2 干燥剂。

3.2.1 硫酸钠(无水,颗粒状),Na_2SO_4。

注意:对于含水高的样品且萃取温度高于110 ℃时,若预先在样品中加入无水硫酸钠,会发生熔融和重结晶堵塞管路,所以建议无水硫酸钠在完成萃取后的萃取液中加入以脱水。

3.2.2 粒状硅藻土:用于分散样品颗粒,使样品与溶剂接触表面积最大,同时可以吸附样品中的水分。

3.2.3 干燥剂的净化:在浅盘中以400 ℃的温度加热4 h或用二氯甲烷萃取。如果用二氯甲烷萃取,则需要做试剂空白实验来证明萃取后的干燥剂不会给样品的分析带来影响。

3.3 磷酸溶液:用3.1中所指水制备磷酸(H_3PO_4)溶液(体积比为1∶1)。

3.4 萃取溶剂:萃取溶剂依被萃取的分析物而定。所有试剂均为试剂级或同等质量,使用前都应进行脱气。

3.4.1 萃取有机氯农药:丙酮/己烷(1∶1,体积分数),或丙酮/二氯甲烷(1∶1,体积分数)。

3.4.2 萃取半挥发性有机化合物:丙酮/二氯甲烷(1∶1,体积分数)或丙酮/己烷(1∶1,体积分数)。

3.4.3 萃取PCBs:丙酮/己烷(1∶1,体积分数)或丙酮/二氯甲烷(1∶1,体积分数)或己烷。

3.4.4 萃取有机磷农药:二氯甲烷(CH_2Cl_2),或丙酮/二氯甲烷(CH_3COCH_3/CH_2Cl_2)(1∶1,体积分数)。

3.4.5 萃取含氯除草剂:丙酮/二氯甲烷/磷酸(250∶125∶15,体积分数),或丙酮/二氯甲烷/三氟乙酸(250∶125∶1,体积分数)。若采取后者,三氟乙酸溶液应是将1%的三氟乙酸加入乙腈制取。在每次萃取前,应制备新鲜的溶液。

3.4.6 如果分析人员能对样品基质中的相关分析物进行合理分析,那么也可以采用其他的溶剂体系。

注意:对于含水量大的样品(湿度≥30%),应减少亲水性溶剂的用量。

3.5 高纯度气体:如氮气、二氧化碳或氦气可用于吹扫或给萃取池加压。按仪器生产商家的说明书选择气体。

4 仪器、装置

4.1 加速溶剂萃取装置,配有10 mL、34 mL、66 mL、100 mL不锈钢萃取池,转盘式自动连续萃取。

4.2 测定干重百分数的装置。

4.2.1　马弗炉。

4.2.2　干燥器。

4.2.3　坩埚:瓷的或铝制品,一次性的。

4.3　粉碎或研磨装置:使样品颗粒大小<1 mm。

4.4　分析天平:精确度0.01 g。

4.5　萃取液收集瓶:250 mL,洁净的,具有聚四氟乙烯旋盖。

4.6　过滤膜:直径与萃取池相应,D28型。

4.7　萃取池密封盖。

5　分析步骤

5.1　样品准备。

5.1.1　沉积物/土壤样品。

倒掉沉积物样品中的水层,彻底混合样品,尤其是混合样品。除掉其中的树枝、树叶或石子。在室温条件下将样品放在玻璃盘或己烷清洗的铝箔中晾干48 h。样品和等体积的无水硫酸钠或硅藻土混合,直到样品充分干燥。

注意:3.2.1中的注意事项同样适用本项。

5.1.2　多相废物样品。

多相废物样品在萃取前应先进行相相分离。本萃取方法仅适用于固体样品或样品的固体部分的萃取。

5.1.3　干燥的沉积物/土壤样品和干燥的固体废物样品。

这类样品不需做任何处理可直接加到萃取池中,除非有些样品需要与硅藻土混合。如果样品粒径过大,需要粉碎达到可以过10目的筛子。

5.2　干重质量分数的计算。

5.2.1　如果样品是基于干重计算的,在分析检测的同时,另一部分样品称重。

5.2.2　在称量萃取样品以后,应立即称取5～10 g样品放入配衡坩埚。在105 ℃条件下干燥这份样品过夜。称量前在干燥器中冷却。按以下公式计算干重质量分数(%):

$$干重质量分数(\%)=样品干重/样品总质量×100\%$$

5.3　粉碎足够质量的干燥样品过10目筛(通常10～30 g),如必要与硅藻土混合(1∶1体积分数)。

5.4　将粉碎的样品装填到已经放有过滤膜的合适尺寸的萃取池中。样品池能容纳的物质的重量由样品的密度以及干燥剂的量决定。一般来说,10 mL的萃取池能容纳10 g物质,34 mL的萃取池可容纳30 g物质。分析人员可根据必须达到的检测灵敏度的样品质量来选择萃取池的大小。若样品的量不足,可用20～30目的干净石英砂来填补萃取池中空的体积以节省萃取溶剂的使用。

5.5　将检测方法使用的替代物添加到每一样品里。加标和平行加标化合物应分别加到另外的两份样品中。

5.6　将萃取池放置在萃取转盘上。

5.7　将清洁的收集瓶放置到收集瓶转盘上。收集的萃取液的总体积取决于具体的萃取池体积并与萃取条件的设定有关,其变化范围是0.5～1.4倍的萃取池的体积。

5.8　推荐的萃取条件。

萃取温度:100 ℃;

压力:10.34～13.79 MPa(1 500～2 000 Psi);

静态萃取时间:5 min(在5 min 的预热后);

冲洗体积:60%的萃取池的体积;

氮气吹扫:60 s,压力1.03 MPa(150 Psi)(对于大体积萃取池可延长吹扫时间);

静态萃取循环次数:1。

5.8.1 条件优化。

可以通过调整温度来改变萃取效率,可以通过增加静态萃取循环次数来增加萃取的效率,也可以根据"相似者相溶"的原理选择适当的溶剂来提高萃取的效率。压力不是提高萃取效率的决定性参数,因为加压的目的是为了阻止溶剂在萃取温度下沸腾,确保溶剂与样品有良好的接触。压力通常采用 10.34～13.79 MPa(1 500～2 000 Psi)。

5.8.2 萃取同一样品必须采用同样的压力设定。

5.9 启动仪器开始全自动萃取。

5.10 干净的收集瓶自动收集每次的萃取液。

5.11 浓缩、净化、分析萃取物。萃取物中过量的水分可用无水硫酸钠除去。在净化时和样品分析前可按需要改变溶剂。

5.12 如果用磷酸溶液萃取含氯除草剂,则需要丙酮来清洗萃取仪管线。该清洗步骤中不使用其他的溶剂。

6　质量控制

6.1 在进行样品操作前,需进行固体基质(如干净的沙子)的空白实验。每次萃取时,当试剂变化时,都应进行相关的空白实验。在样品制备和测量过程中都应有空白实验。

6.2 本方法需采用标准质量保证措施,必须留有平行现场样品来检验采样过程的精确性。如果该检测方法没有提供其他的用法说明,必须分析每一批样品种的加标/平行加标样品和实验室控制样品。

6.3 在合适的检测方法中需往所有样品中添加替代标样。

第三章 危险废物腐蚀性的检测

一、腐蚀性检测内容

根据危险废物鉴别标准 GB 5085.1—2007 的要求,危险废物腐蚀性的检测内容有 pH 和腐蚀速率。

二、腐蚀性检测方法

1. pH 的检测方法

危险废物浸出液的 pH 检测,采用玻璃电极法进行测定。

玻璃电极法(GB/T 15555.12—1995)

1 主要内容与适用范围

1.1 本标准规定了固体废物的腐蚀性,用 pH 玻璃电极的试验方法。

1.2 本标准试验方法适用于固体、半固体的浸出液和高浓度液体的 pH 的测定。

1.3 固体废物腐蚀性 pH 的测定,采用玻璃电极法,pH 的测定范围 0~14。

2 定义

本标准所称的固体废物腐蚀性是指单位、个人在生产、经营、生活和其他活动中所产生的固体、半固体和高浓度液体,具有下述性质者:

采用指定的标准鉴别方法,或者根据规定程序批准的等效方法,测定其溶液或固体、半固体浸出液的 pH≤2,或者 pH≥12.5,则这种废物即具有腐蚀性。

3 浸出液的制备

3.1 仪器和材料

3.1.1 混合容器:容积为 2 L 的带密封塞的高压聚乙烯瓶。

3.1.2 振荡器:往复式水平振荡器。

3.1.3 过滤装置:市售成套过滤器,纤维过滤膜孔径为 $\phi 0.45\,\mu m$。

3.1.4 蒸馏水或去离子水。

3.2 浸出步骤

3.2.1 称取 100 g 试样(以干基计),置于浸取用的混合容器中,加水 1 L(包括试样的含水量)。

3.2.2 将浸取用的混合容器垂直固定在振荡器上,振荡频率调节为 110±10 次/分钟,振幅为 40 mm,在室温下振荡 8 h,静置 16 h。

3.2.3 通过过滤装置分离固液相,滤后立即测定滤液的 pH。如果固体废物中干固体的含量小于 0.5%(m/m)时,则不经过浸出步骤,直接测定溶液的 pH。

注:固体试样风干、磨碎后应能通过 $\phi 5\,mm$ 的筛孔。

4 测定方法

4.1 原理

用玻璃电极为指示电极,饱和甘汞电极为参比电极组成电池。在25℃条件下,氢离子活度变化10倍,使电动势偏移59.16mV。仪器上直接以pH的读数表示。许多pH计上有温度补偿装置,可以校正温度的差异。为了提高测定的准确度,校准仪器选用的标准缓冲溶液的pH应与试样的pH接近。

4.2 干扰

4.2.1 当废物浸出液的pH大于10,钠差效应对测定有干扰,宜用低(消除)钠差电极,或者用与浸出液的pH相近的标准缓冲溶液对仪器进行校正。

4.2.2 当电极表面被油质或者粒状物沾污会影响电极的测定,应用洗涤剂清洗。或用1+1的盐酸溶液除尽残留物,然后用蒸馏水冲洗干净。

4.2.3 温度影响pH的准确测定。因为在不同的温度下电极的电势输出不同,温度变化也会影响到样品的pH,所以必须进行温度的补偿。温度计与电极应同时插入待测溶液中,在报告测定的pH时报告测定时的温度。

5 仪器和材料

5.1 pH计:各种型号的pH计或离子活度计,精度±0.02pH。

5.2 玻璃电极:消除钠差电极。

5.3 参比电极:甘汞电极、银/氯化银电极或者其他具有固定电势的参比电极。

5.4 磁力搅拌棒以及用聚四氟乙烯或者聚乙烯等塑料包裹的搅拌棒。

5.5 温度计或有自动补偿功能的温度敏感元件。

6 试剂

6.1 一级标准缓冲剂的盐,它在很高准确度的场合下使用。由这些盐制备的缓冲溶液需用低电导的、不含二氧化碳的水,而且这些溶液至少每月更换一次。

6.2 二级标准缓冲溶液的盐,可用国家认可的标准pH缓冲盐,用低电导率(低于$2\mu s/cm$)并除去二氧化碳的水配制。

6.3 亦可按如表3-1所示的配方,用电导率低于$2\mu s/cm$、除去二氧化碳的水配制。

表3-1 pH标准液的配制

标准物质	pH(25℃)	1000 mL 水溶液中所含试剂的质量(25℃,g)
基本标准		
酒石酸氢钾(25℃饱和)	3.557	6.4 $KHC_3H_4O_6$ [①]
柠檬酸二氢钾	3.776	11.41 $KH_2C_6H_5O_7$
邻苯二甲酸氢钾	4.008	10.12 $KHC_8H_4O_4$
磷酸二氢钾	6.865	3.388 KH_2PO_3 [②]
磷酸氢二钠		3.533 Na_2HPO_4 [②③]
磷酸二氢钾	7.413	1.179 KH_2PO_4 [②]
磷酸氢二钠	9.180	4.302 Na_2HPO_4 [②③]
四硼酸钠		3.80 $Na_2B_4O_7 \cdot 10H_2O$ [③]
碳酸氢钠+碳酸钠	10.012	2.092 $NaHCO_3$+2.640 Na_2CO_3

标准物质	pH(25℃)	1000 mL 水溶液中所含试剂的质量(25℃,g)
辅助标准		
二草酸三氢钾	1.679	12.61 KH₃C₄O₈·2H₂O④
氢氧化钙(25℃饱和)	12.454	1.5 Ca(OH)₂①

注：①大约浓度。
②在 110～130℃烘干 2 h。
③用新煮沸过并冷却的二次蒸馏水。
④烘干温度不可超过 60℃。

7 步骤

7.1 按仪器的使用说明书准备。

7.2 如果样品和标准缓冲液的温差大于 2℃,测量的 pH 必须校正。可通过仪器带有的自动或手动补偿装置进行,也可预先将样品和标准缓冲液在室温下平衡达到同一温度。记录测定的温度。

7.3 宜选用与样品的 pH 相差不超过 2 个 pH 单位的两个标准溶液(两者相差 3 个 pH 单位)校准仪器。用第一个标准溶液定位后,取出电极,彻底冲洗干净,并用滤纸吸去水分。再浸入第二个标准溶液进行校核,其值应在标准的允许差范围内。否则就该检查仪器、电极或标准溶液是否有问题。当校核无问题时方可测定样品。

7.4 如果在现场测定流体或半固体的流体(如稀泥、薄浆等)的 pH,电极可直接插入样品,其深度适当并可移动,保证有足够的样品通过电极的敏感元件。

7.5 对块状或颗粒状的物料,则取其浸出液(制备方法参见 3)进行测定。

将样品或标准溶液倾倒入清洁烧杯中,其液面应高于电极的敏感元件,放入搅拌子,将清洁干净的电极插入烧杯中,以缓和、固定的速率搅拌或摇动使其均匀,待读数稳定后记录其pH。应重复测定 2～3 次直到其 pH 变化小于 0.1 pH 单位。

8 数据处理与报告

8.1 每个样品至少做三个平行试验,其标准差不得超过±0.15 pH 单位,取算术平均值报告试验结果。

8.2 当标准差超过规定范围时,必须分析并报告原因。

2.腐蚀速率的检测方法

金属材料实验室均匀腐蚀全浸试验方法(JB/T 7901—1999)

危险废物浸出液腐蚀速率的检测,采用金属材料实验室均匀腐蚀全浸试验方法进行测定。

1 范围

本标准规定了金属材料实验室均匀腐蚀全浸试验方法的使用范围、引用标准、试样、试验装置、试验溶液、试验时间、试验条件和步骤、试验结果和试验报告。

2 引用标准

下列标准所包含的条文,通过在本标准中引用而构成为本标准的条文。本标准出版时,所示版本均为有效。所有标准都会被修订,使用本标准的各方应探讨使用下列标准最新版本的可能性。

GB/T 2481—1998 固结磨具用磨料 粒度组成的检测和标记

GB/T 4334.6—1984 不锈钢5%硫酸腐蚀试验方法

GB/T 4334.8—1984 不锈钢42%氯化镁应力腐蚀试验方法

GB/T 8170—1987 数值修约规则

3 试样

3.1 试样的形状和尺寸。

3.1.1 试样的形状和尺寸应随被试材料的原始条件及所使用的试验容器而定,应尽量采用单位质量表面积大的,侧面积与总面积之比值小的试样。一般情况下,与轧制或锻造方向垂直的面积不得大于试验总面积的一半。每个试样表面积不应小于 $10\ cm^2$。

3.1.2 推荐两种形状的试样,它们的规格如下:

板状试样:外形尺寸 $L×b×h$,mm:50×25×(2~5)。

圆形试样:外形尺寸 $\phi×h$,mm:30×(2~5)。

根据试验目的的不同,也可选用其他形状和尺寸的试样。

3.1.3 同批试验的试样形状和规格应相同。

3.2 试样的制备。

3.2.1 在板材或带材上取样时,应沿轧制方向切取,如轧制方向不清或不沿轧制方向切取时,须在报告中注明。要尽量避开板带边缘部分。

3.2.2 在圆棒上取样时,应从棒材截面中部沿纵向切取。如沿径向切取,需在报告中注明。铸件、焊接件、敷熔金属材料等的取样和制备方法,由试验双方协商决定。

3.2.3 试样可以用各种机械方法加工到预定的尺寸,但必须避免由此可能引起的试样性能的任何变化。采用剪切法时,需对剪切的断面进行再加工,以去除受剪切影响的部位。

3.2.4 为了提高试验结果的均一性,可用砂纸研磨或其他机械方法去掉原始金属表面层。试样最终的表面使用符合GB/T 2481规定的120号粒度的水砂纸进行研磨,在同一张砂纸(布)上只能磨同一种材料的试样。但检验原始金属表面对腐蚀速率影响的试验的试样不在此列。

3.2.5 特殊情况下采用干磨时,必须在报告中注明。

3.2.6 试样的棱角应予以保持,不允许倒角。

3.3 对试样的其他要求。

3.3.1 试样如需悬挂,允许在试样上钻孔,但孔径不应大于4 mm。

3.3.2 需要时可用适当的方法在试样上做出鉴别标记。

3.3.3 经过最终研磨处理的试样应及时用水、氧化镁粉糊等充分去油并洗涤,然后用丙酮、酒精等不含氯离子的试剂脱脂洗净,迅速干燥后贮于干燥器内,放置到室温后再测量面积和称重。

3.3.4 试样表面积的计算应精确到1%。

3.3.5 在进行测量尺寸、称重等操作时,必须使用干净无油污的测量工具,并需带干净的工作手套。

3.3.6　称重时应使用精度不小于±0.5mg 的分析天平。

4　试验装置

4.1　容器。

4.1.1　容器材质应使用对腐蚀介质呈惰性的材料,常用的有玻璃、塑料、陶瓷等。

4.1.2　沸腾和高温条件下试验时,可使用带锥形磨口并配有冷却效果良好的回流冷凝器的烧瓶。推荐使用 GB/T 4334.6 和 GB/T 4334.8 中所示的容器。

4.1.3　室温下试验时可用适当密闭的容器。

4.2　温度保持系统。

根据不同的温度要求,选择能使试验溶液保持在规定温度范围的温度保持系统。

4.3　试样支持系统。

4.3.1　试样支持系统应能把试样支持于试液中间,支持系统的材质应对试液和试样呈惰性,它与试样的接触面积应尽可能小。

4.3.2　一般情况下采用玻璃支架或挂钩,也可用塑料、陶瓷及化学纤维等材质的支持系统。

4.4　其他装置。

试验期间,试液如需搅动或持续流动与补充,则需根据实际情况设计和添置相应的装置,以达到试验要求。

5　试验溶液

5.1　试验溶液的来源和成分视试验目的而定,一般有天然的和人工的两种。海水、工业废水及生产过程中的介质一般归入自然介质。在使用这一类溶液时需要测定其主要成分。

5.2　配制溶液时,使用蒸馏水或去离子水和符合国家标准或行业标准中的分析纯级别的试剂。如用其他级别的试剂时需在报告中说明。

5.3　溶液的浓度用重量百分比表示,如用其他方式表示,则需注明。

5.4　其他参数如 pH、溶解气体量等由试验双方商定。

5.5　试验溶液的用量为每 cm^2 试样表面积不少于 20 mL。

5.6　试验溶液的温度控制精度应在±1℃以内。室温试验时,应在报告上写明试验期间实际温度的上下限和平均温度值。

5.7　溶液如要充气时,应避免气流直接喷洒在试样上。这一操作须在试样放入前适当时间开始并在整个试验期间持续进行。如需排出溶解氧,可用惰性气体(如氮气)充气。

6　试验时间

6.1　试验时间指试样进入溶液并达到规定的温度时开始,直到试样取出时为止的整个时间。

6.2　试验时间的确定要依据腐蚀速率的大小以及试验材料在试验溶液中能否形成钝化膜。一般情况下,长时间试验的结果较准确,但发生严重腐蚀的材料则不需要很长的试验时间,对能形成钝化膜的材料,在边缘条件下,需要延长试验时间,从而得到较为实际的结果。

6.3　最常用试验周期是 48～168h。具体选择时可如表 3-2 所示。

表 3 - 2　试验时间的选择

估算或预测*的腐蚀速率 （mm/a）	试验时间 （h）	更换溶液与否
>1.0	24～72	不更换
1.0～0.1	72～168	不更换
0.1～0.01	168～336	约7天更换1次
<0.01	336～720	约7天更换1次

注：* 预测试验时间为 24 h，溶液量为 20 mL/cm²。

6.4　试验期间需要更换溶液时，操作要迅速，试样不需处理。从再次达到规定温度开始累积计算试验时间。

6.5　如需了解试验时间对金属腐蚀以及介质腐蚀性的影响程度，并确定最佳试验周期，可使用计划化的间歇腐蚀试验方法，见附录A。

7　试验条件和步骤

7.1　按5.5取适量溶液置于已充分洗涤过的试验容器中。

7.2　将试样全部浸入溶液中，也可以先将试样置于容器中再倒入溶液。溶液需出气或充气时，试样必须在通气至少 0.5 h 后（视溶液量而定）再放置到溶液中去。

7.3　每组试验至少取三个平行试样。

7.4　试样应尽量放置在溶液中间位置，不允许与容器壁接触。一般情况下每一容器内只能放置一个试样，如需放两个以上试样时，试样间距要在 1 cm 以上。

7.5　使用温度保持系统使溶液尽快达到规定温度。此时即开始计时。

7.6　沸腾试验时应使溶液保持微沸腾状态。为防止暴沸，可以加入适量的助沸物，如小玻璃球、陶瓷碎屑或聚四氟乙烯屑等。

7.7　试验期间应经常观察试样和溶液的变化情况，并做记录。

7.8　到达预定时间后取出试样，先用水冲洗，然后用毛刷、橡皮器具等擦去腐蚀产物，可用超声波等方法进行清除，参阅附录B。

7.9　用上述方法清洗后的试样，按3.3.3和3.3.6处理。

8　试验结果

8.1　本标准采用腐蚀速率作为试验结果的表达形式。如材料产生局部腐蚀，则按有关试验方法进行处理。

8.2　腐蚀速率的计算如公式（1）：

$$R = \frac{8.76 \times 10^7 \times (M - M_1)}{STD} \tag{1}$$

式中：R——腐蚀速率，mm/a；

　　　M——试验前的试样质量，g；

　　　M_1——试验后的试样质量，g；

　　　S——试样的总面积，cm²；

　　　T——试验时间，h；

　　　D——材料的密度，kg/m³。

8.3　某些金属（如钛、锆等），它们的腐蚀产物是一层坚固致密的氧化物，难以用化学的或一般的机械方法去除,此时可用增重腐蚀速率来表达试验结果。

8.4　有时为了某些特殊需要,试验结果也可用其他腐蚀速率单位表示,但须在报告中说明。

8.5　腐蚀速率用所试验的全部平行试样的平均值做报道;当某个平行试样的腐蚀速率与平均值之相对偏差超过 10% 时,应取新的试样做重复试验,用第二次试验结果进行报道。当再达不到要求时,则应同时报道两次试验全部试样的平均值和每个试样的腐蚀速率。但腐蚀速率小于 $0.1\,mm/a$ 时不在此列,此时应报道全部试样的腐蚀速率。

8.6　本试验所获得的腐蚀速率只能用来评价被测材料在某种试验介质中的耐腐性,不能用来泛指这种材料在其他介质中的耐腐性。

8.7　测量、计算的数值需要修约时,按 GB/T 8170 有关规定处理。

9　实验报告

实验报告应包括以下内容:

a) 试样材料的牌号(代号)、化学成分及状态;

b) 试验溶液成分、温度及试验时间;

c) 试验中发生的现象及腐蚀速率;

d) 试样上腐蚀产物的清洗方法;

e) 腐蚀速率或增重腐蚀速率;

f) 需要注明情况的备注;

g) 操作和审核人员的署名;

h) 报告日期。

附录 A
计划化的间歇腐蚀试验方法

A1　试验目的

检验试验时间对溶液腐蚀性及金属腐蚀率的影响,并以此选择最佳试验周期。

A2　试验方法

A2.1　取四组试样,每组至少两片。四组试样都置于同一容器的介质中进行试验。如容器不够大时,可每组取一个试样置于一个容器中试验,也可用两个容器进行条件相同的平行试验。

A2.2　四组试样的试验时间按图 3-1 所示安排:

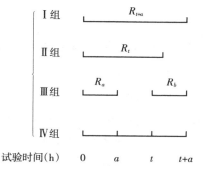

图 3-1　四组试样的试验时间

即 I、II、III 组同时开始试验,I 组为全程试验(试验时间为 $t+a$),II 组为长程试验(试验时间为 t),III 组为短程试验(试验时间为 a)。当试验进行到 t 时,将第 IV 组试样置入上述溶液中开始试验,试验时间为$b(b=a)$。

A2.3　全部试验都按本标准进行,将获得的四组试样的腐蚀损失(单位面积的失重)作为评价依据。

A2.4　评价

A2.4.1　设R_{t+a}、R_t、R_a、R_b分别为Ⅰ、Ⅱ、Ⅲ、Ⅳ组试样的腐蚀损失,$R_c=R_{t+a}-R_t$。

A2.4.2　试验期间发生的情况根据表3-3、表3-4进行判断。

表3-3　腐蚀试验期间发生的情况

类型	结论	判据
溶液的腐蚀性	没有变化	$R_a=R_b$
	下降	$R_b<R_a$
	增加	$R_c<R_b$
金属腐蚀率	没有变化	$R_c=R_b$
	下降	$R_c<R_b$
	增加	$R_b<R_c$

表3-4　综合情况评价

序号	溶液腐蚀性	金属腐蚀率	判据
1	没有变化	没有变化	$R_a=R_b=R_c$
2	没有变化	下降	$R_c<R_a=R_b$
3	没有变化	增加	$R_a=R_b<R_c$
4	下降	没有变化	$R_c<R_b<R_a$
5	下降	下降	$R_c<R_b<R_a$
6	下降	增加	$R_a>R_b<R_c$
7	增加	没有变化	$R_a<R_c=R_b$
8	增加	下降	$R_a<R_b>R_c$
9	增加	增加	$R_a<R_b<R_c$

附录B
腐蚀产物的电解及化学清洗参考方法

B1　试验后试样上腐蚀产物的电解清洗方法

B1.1　当用机械法不能满意地清除腐蚀产物时,可以使用本方法进一步清洗。

B1.2　本方法所列的技术参数只是适用于一般的金属材料。各种合金所适合的技术参数可能有所不同,所以在使用此方法前,应先做试验以确定适当的技术参数。

B1.3　使用本方法前,应先擦去疏松的腐蚀产物,然后将试样进行电解处理。

B1.4　电解处理时的参考技术数据如下:

H_2SO_4(相对密度1.84)　　　　28 mL

有机缓蚀剂　　　　　　　　　2 mL[①]

水加到	1 L
温度	75 ℃
时间	3 min
阳极	**石墨或铅**[②]
阴极	**试样**
电流速度	20 A/dm²

注:①可以用大约 0.5 g/L 下述缓蚀剂来代替 0.2 容积百分比的任何专用缓蚀剂,这种缓蚀剂如二邻苯甲基硫尿(diorthotolyl throurea)、氮苯乙基氧化物(quinoline ethiodide),或 β-苯酚氮(杂)苯(betabaphthol quinoline)。

②如以铅做阳极,铅可能沉积到试样上而引起失重误差。如果试样耐硝酸腐蚀,则可将试样短暂浸入1∶1的硝酸溶液中以除去铅。除了可能引起这一误差外,用铅做阳极能更有效地清除腐蚀产物,所以可优先采用。

B2 化学清洗法

B2.1 这一方法是将试验后的试样浸入下述溶液中,利用化学作用清除腐蚀产物。

B2.2 使用这一方法时必须小心地进行操作,以免过多地除去未受腐蚀的金属,并且必须进行空白试验,以校正由此造成的失重误差。空白试验的方法及程序见 B3。

注:由于空白试样表面不存在像被测试样表面那样的腐蚀产物,其受浸蚀的程度与被测试样可能有所不同,所以空白试验仅能部分地校正失重误差。

B2.3 各种金属材料的化学清洗法

B2.3.1 铜和镍合金

浸泡在:

HCl(相对密度 1.19)	500 mL
水加到	1 000 mL
温度	室温
时间	1～3 min

B2.3.2 铝合金

浸泡在:

CrO_3	20 g
H_3PO_4	50 mL
水加到	1 000 mL
温度	80 ℃
时间	5～10 min

如果经 B2.3.1 处理后,膜层尚未清除干净,则再浸泡在:

HNO_3(相对密度 1.42)	适量
温度	室温

时间	1 min

B2.3.3 铁与钢

浸泡在：

NaOH	20%
锌粉	200 g/L
温度	沸腾
时间	5～30 min

或用：

HCl_3（相对密度 1.19）	1 000 mL
Sb_2O_3	20 g
SnCl	50 g
温度	室温
时间	到 25 min

注：用此法清洗时，溶液需充分地搅动，或用木头、橡皮等非磨料器具将试样擦洗。

也可浸泡在如下溶液中：

H_2SO_4（相对密度 1.84）	100 mL
有机缓蚀剂	1.5 mL
水加到	1 000 mL
温度	50 ℃
时间	至清除为止

B2.3.4 不锈钢

浸泡在以下两种溶液之一中：

1)

HNO_3（相对密度 1.42）	100 mL
水加到	1 000 mL
温度	60 ℃
时间	20 min

2)

柠檬酸铵	150 g
水加到	1 000 mL
温度	70 ℃
时间	10～60 min

B3 空白试验

B3.1 取两片材质、状态、尺寸等均与被测试样（即腐蚀试验的试样）相同的试样，按与被测试样完全相同的程序（表面处理、清洗、称重等）处理后在未受腐蚀的状态下，用同一方法进行电解或化学清洗。

B3.2　将清洗后的试样洗净、干燥、称重。计算出两片试样的平均失重。

B3.3　在计算被测试样的腐蚀速率时,将 B3.2 中得到的失重列入公式进行计算,如公式(B1):

$$R = \frac{8.76 \times 10^7 \times (M - M_l - M_k)}{STD} \tag{B1}$$

式中:M_k——空白试样的失重

其他符号的意义均同正文 8.2。

三、腐蚀性鉴别标准

符合下列条件之一的固体废物,属于危险废物:

(1)按照 GB/T　15555—1995 制备的浸出液,pH≥12.5 或 pH≤2。

(2)在 55 ℃条件下,对 GB/T　699—1999 规定的 20 号钢材腐蚀速率≥6.35 mm/a。

第四章 危险废物急性毒性初筛与浸出毒性的检测

第一节 急性毒性初筛

一、急性毒性初筛内容

根据危险废物鉴别标准 GB 5085.2—2007 的要求,危险废物的急性毒性初筛的检测内容有:口服毒性半数致死量 LD_{50}、皮肤接触毒性半数致死量 LD_{50} 及吸入毒性半数致死浓度 LC_{50}。

经口 LD_{50}:是可使青年白鼠口服后,在 14 天内死亡一半的物质剂量。

经皮 LD_{50}:是使白鼠的裸露皮肤持续接触 24 小时,最可能引起这些试验动物在 14 天内死亡一半的物质剂量。

吸入 LC_{50}:是使雌雄青年白鼠连续吸入 1 小时,最可能引起这些试验动物在 14 天内死亡一半的蒸气、烟雾或粉尘的浓度。

二、急性毒性初筛的检测方法

危险废物经口 LD_{50}、经皮 LD_{50} 和吸入 LC_{50} 的检测,采用化学品测试导则进行测定。

化学品测试导则(HJ/T 153—2004)

1 范围

本标准规定了化学品的理化特性、生物系统效应、降解与蓄积、健康效应的测试要求。

本标准的理化特性测试仅适用于纯化学物质;生物系统效应、降解与蓄积、健康效应的测试适用于纯化学物质和以产品出现的混合物、制剂。

本标准适用于新化学物质的申报、现有化学物质的风险评价和环境监测。

2 规范性引用文件

下列文件中的条款通过本标准的引用而成为本标准的条款。凡是注明日期的引用文件,其随后所有的修改单(不包括勘误的内容)或修订版均不适用于本部分。然而,鼓励根据本标准达成协议的各方使用这些文件的最新版本。凡是未注明日期的引用文件,其最新版本适用于本部分。

HJ/T 155—2004 化学品测试合格实验室导则

化学品测试方法 国家环境保护总局《化学品测试方法》编委会编.北京:中国环境科学出版社,2004

实验动物管理条例 国家科学技术委员会,1998 年 11 月 14 日

实验动物质量管理办法　国家科学技术委员会、国家技术监督局,1997 年 12 月 11 日

实验动物许可证管理办法(试行)　科学技术部、卫生部、教育部、农业部、国家质量监督检验检疫总局、国家中医药管理局、中国人民解放军总后勤部卫生部,2002 年 1 月 1 日

3　术语和定义

《化学品测试合格实验室导则》(HJ/T 155—2004)界定的,以及下列术语和定义适用于本标准。

3.1　化学品　chemicals

新化学物质申报、现有化学物质风险评价所涉及的纯化学物质及其产品。

3.2　测试　test

获得受试物理化特性、生物系统效应、降解与蓄积、健康效应的一个或一组实验。

3.3　测试系统　test system

测试中使用的任何物理的或化学的、动物的、植物的、微生物的、多种细胞或亚细胞的系统及其组合。

3.4　受试生物　test organisms

测试系统中的动物、植物和微生物。

3.5　受试物

待测物　test chemicals

待测样　test materials

被测试的单一化学品或混合物。

3.6　参比物

参考物质　reference substances

对照物　reference materials

在测试中为证实或否定受试物的某种特性或判断测试系统有效性而使用的化学物质或混合物。

3.7　理化特性　physical-chemical properties

定量化表征的受试物物理的和化学的特征。

3.8　生物系统效益　effects on biotic systems

受试物对生物个体、种群、群落或生态系统的影响。

3.9　生物降解　biodegradation

与微生物接触后,受试物逐步分解。

3.10　快速生物降解性　ready biodegradability

在限定的时间内,受试物与接种的微生物接触,表现出的生物降解能力。

3.11　固有生物降解性　inherent biodegradability

在最佳试验条件下,受试物长时间与接种的微生物接触,表现出的生物降解潜力。

3.12　生物蓄积　bioaccumulation

化学物质在生物体各器官组织内的聚积。

3.13　健康效益　health effects

受试物对动物有机体影响,包括急性毒性、短期重复染毒毒性和亚慢性毒性、皮肤和眼局部毒性、致敏性、生殖/发育毒性、致癌性、慢性毒性、联合毒性、遗传毒性、免疫毒性,以及毒物动力学等。

3.14　标准操作规程　standard operation procedures(SOPs)

记述完成例行的、已程序化的活动或试验的实验室内部书面文件。

4　测试要求

4.1　一般说明

从事化学品测试的机构应符合《化学品测试合格实验室导则》(HJ/T 155—2004)的规定。测试中应注意加强安全与卫生防护。

使用试验生物进行测试的,应保障动物福利,在确保测试质量的前提下,尽量减少使用动物的数量。

4.2　测试方法

对化学品的理化特性、生物系统效应、降解与蓄积、健康效应的测试应采用《化学品测试方法》中的方法(见附录 A)。在测试报告中应标明采用的测试方法名称及测试方法发布日期。

当几种等效方法同时存在时,测试机构应根据自身条件、受试物等实际情况,选择其中一种方法进行测试。

4.3　必备资料

必备资料是进行测试之前须知晓的受试物相关特征及数据,对于提高测试的正确性、准确性、可比性等具有重要参考价值。开展测试前,应根据《化学品测试方法》的具体要求,获取并认真研究必备资料的信息。应对必备资料的来源及可靠性进行分析,必要时需首先测试必备资料中要求的数据。

4.4　参比物

测试中所需的参比物,应符合《化学品测试合格实验室导则》(HJ/T 155—2004)的具体规定。其规格与质量应经国家有关部门认可或符合国际惯例。有专门的接收、存放以及加入测试体系的设施,保存其名称、来源、批号、纯度、购进或制备日期、使用情况、保存条件、处理处置等记录。

4.5　仪器设备

测试中所需仪器设备的数量和性能应满足测试方法的要求,并符合《化学品测试合格实验室导则》(HJ/T 155—2004)的具体规定。应保持良好的运行状态并有必要的文件和记录证明其运行状态。

4.6　受试物

生物系统效应和蓄积测试应采用来自稳定可靠来源的受试生物,并能提供相应的培养繁育等历史记录、质量证书、生物供应机构的资质证明等文件。

降解测试,应尽量采用来源同一且性能稳定的活性污泥,并有必要且详细的文件和记录用以证明其来源和性能。

健康效应测试应采用符合《实验动物管理条例》《实验动物质量管理办法》《实验动物许可证管理办法(试行)》以及相关标准规定的合格实验动物,并有必要且详细的文件和记录用以证明其来源及品质。

4.7　质量保证与质量控制

测试机构应按照《化学品测试合格实验室导则》(HJ/T 155—2004)的规定,建立质量保证与控制部门,负责监督测试质量。

应按照测试方法编制详尽明确有效的标准操作规程,确定质量保证与质量控制关键环节,绘制质量保证与质量控制图表,并在测试中进行有效监督。

4.8　测试报告

测试报告应包括：

(1)试验基本信息：包括试验名称、试验计划号、研究号、报告号等。

(2)测试机构名称及一般信息。

(3)试验的准确起止日期。

(4)受试物：化学名称、其他名称(商品名等)、化学结构式、成分、制造厂商、批号、纯度、等级和必备资料数据等。

(5)测试系统基本情况：如受试生物的学名、品系、大小、来源、驯化情况、试验开始时动物的年龄、规格等。

(6)受试物预处理。

(7)测试方法：包括试验条件、剂量或浓度设计、分组和重复情况、步骤、数据处理。

(8)测试结果，必要时增加讨论内容。

(9)签章：试验人员、试验负责人、质量负责人、测试机构负责人的签名及日期，测试机构加盖印章。

附录 A

化学品测试方法名录

理化特性

101　紫外-可见吸收光谱分光光度法

102　熔点/熔点范围

103　沸点

104　蒸气压

105　水溶解度

106　吸附/解吸

107　分配系数（正辛醇/水）摇瓶法

108　在水中形成配位化合物的能力——极谱法

109　液体和固体的密度

110　颗粒物粒度分布/纤维长度和直径分布

111　与 pH 有关的水解作用

112　在水中的离解常数滴定法、分光光度法、电解法

113　热稳定性和空气稳定性的筛选试验
　　　国际杀虫剂分析协作委员会加速贮存试验、热分析法（差热分析和热重分析）

114　液体的黏度毛细管法、旋转度计法、受力球黏度计法

115　水溶液的表面张力

116　固态和液态物质的脂溶性

117　分配系数（正辛醇/水)高效液相色谱法（HPLC）

118　凝胶渗透色谱法（GPC)测定聚合物的数均分子量及分子量分布

119　凝胶渗透色谱法（GPC)测定聚合物低分子量部分的含量

120　聚合物在水中的溶液萃取行为

生物系统效应

201　藻类生长抑制试验

202　溞类 24 h EC_{50} 急性活动抑制试验

203　鱼类急性毒性试验

204　鱼类 14 天延长毒性试验

205　鸟类限定日食量毒性试验

206　鸟类繁殖试验

207　蚯蚓急性毒性试验

208　陆生植物生长试验

209　活性污泥呼吸抑制试验

210　鱼类早期生活阶段毒性试验

211　大型溞繁殖试验

212　鱼类胚胎—卵黄囊吸收阶段短期毒性试验

213　蜜蜂急性经口毒性试验

214　蜜蜂急性接触毒性试验

215　鱼类幼体生长试验

216　土壤微生物:氮转化测试

217　土壤微生物:碳转化测试

299　种子发芽和根伸长毒性试验

降解与蓄积

301　快速生物降解性

301A　DOC 消减试验

301B　CO_2 产生试验

301C　改进的 MITI 试验（Ⅰ）

301D　密闭瓶试验

301E　改进的 OECD 筛选试验

301F　呼吸计量法试验

302A　改进的半连续活性污泥（SCAS）试验

302B　赞恩-惠伦斯试验

302C　改进的 MITI 试验（Ⅱ）

303A　模拟试验——好氧污水处理:偶联单元试验

304A　土壤固有生物降解能力

305　流水式鱼类试验

305A　连续静态鱼类试验

305B　半静态鱼类试验

305C　鱼类生物富集试验

305D　静态鱼类试验

399　吸收和富集试验

健康效应

401　急性经口毒性试验

402　急性经皮毒性试验

403　急性吸入毒性试验

404　急性皮肤刺激性/腐蚀性试验

405　急性眼刺激性/腐蚀性试验

406　皮肤致敏试验

407　啮齿类动物 28 天经口毒性试验

408　亚慢性（90 天)啮齿类动物经口毒性试验

409　亚慢性（90 天)非啮齿类动物经口毒性试验

410　反复经皮毒性:21/28 天试验

411　亚慢性经皮毒性:90 天试验

412　反复吸入毒性:28 天或 14 天试验

413　亚慢性吸入毒性:90 天试验

414　致畸试验

415　一代繁殖毒性试验

416　两代繁殖毒性试验

417　毒物动力学试验

418　有机磷化合物急性染毒的迟发性神经毒性试验

419　有机磷化合物亚慢性（28 天)染毒的迟发性神经毒性试验

420　急性经口毒性:固定剂量法

421　生殖和发育毒性筛选试验

422　结合反复染毒毒性研究的生殖发育毒性筛选试验

423　急性经口毒性:急性毒性的阶层法

424　啮齿类动物的神经毒性试验

425　急性经口毒性:上下增减剂量法

451　致癌试验

452　慢性毒性试验

453　慢性毒性与致癌性联合试验

471　细菌回复突变试验

473　体外哺乳动物细胞染色体畸变试验

474　哺乳动物红细胞微核试验

475　哺乳动物骨髓染色体畸变试验

476　体外哺乳动物细胞基因突变试验

477　黑腹果蝇伴性隐性致死试验

478　啮齿类动物显性致死试验

479　哺乳类动物细胞姐妹染色单体互换体外试验

480　酿酒酵母基因突变试验

481　酿酒酵母有丝分列重组试验

482　哺乳类动物细胞 DNA 损害与修复/程序外 DNA 合成体外试验

483 哺乳动物精原细胞染色体畸变试验

484 小鼠斑点试验

485 小鼠可遗传易位试验

486 体内哺乳动物肝细胞程序外 DNA 合成（UDS)试验

490 空斑形成细胞试验（PFC)

491 迟发型超敏反应试验

492 自然杀伤细胞活性试验

三、急性毒性初筛鉴别标准

符合下列条件之一的固体废物，属于危险废物。

(1)经口摄取：固体 $LD_{50} \leqslant 200$ mg/kg，液体 $LD_{50} \leqslant 500$ mg/kg。

(2)经皮肤接触：$LD_{50} \leqslant 1\,000$ mg/kg。

(3)蒸气、烟雾或粉尘吸入：$LC_{50} \leqslant 10$ mg/L。

第二节　危险废物浸出毒性的检测

一、浸出毒性检测内容

根据危险废物鉴别标准 GB 5085.3—2007 的要求，危险废物浸出毒性的检测内容为以浸出毒性为特征的危险废物。包括无机元素及化合物、有机农药类、非挥发性有机化合物及挥发性有机化合物，共 50 种之多。

二、浸出毒性鉴别标准

浸出液中危害成分浓度限值参见表 1－3。

三、浸出毒性检测方法

危险废物浸出液中危害成分分析方法为 GB 5085.3—2007 附录 A 至附录 Q 及 GB/T 15555.4—1995 和 GB/T 14204—1993，参见表 1－3。

1. 无机元素及其化合物的检测方法

采用 GB 5085.3—2007 的附录 A、B、C、D、E、F、G 及 GB/T 15555.4—1995 和 GB/T 14204—1993 等方法，测定无机元素及化合物。

(1)元素的测定

电感耦合等离子体原子发射光谱法(GB 5085.3—2007 附录 A)

1　范围

本方法适用于固体废物和固体废物浸出液中银（Ag)、铝（Al)、砷（As)、钡（Ba)、铍（Be)、钙（Ca)、镉（Cd)、钴（Co)、铬（Cr)、铜（Cu)、铁（Fe)、钾（K)、镁（Mg)、锰（Mn)、钠（Na)、镍（Ni)、铅（Pb)、锑（Sb)、锶（Sr)、钍（Th)、钛（Ti)、铊（Tl)、钒（V)、锌（Zn)等元素的电感耦合等离子体原子发射光谱法测定。

本方法对各种元素的检出限和测定波长如表 4－1 所示。

表4-1 测定元素推荐波长及检出限

测定元素	波长(nm)	检出限(mg/L)	测定元素	波长(nm)	检出限(mg/L)
Al	308.21	0.1	Cu	327.39	0.01
	396.15	0.09	Fe	238.20	0.03
As	193.69	0.1		259.94	0.03
Ba	233.53	0.004	K	766.49	0.5
	455.40	0.003	Mg	279.55	0.002
Be	234.86	0.005		285.21	0.02
	313.04	0.0003	Mn	257.61	0.001
Ca	317.93	0.01		293.31	0.02
	393.37	0.002	Na	589.59	0.2
Cd	214.44	0.003	Ni	231.60	0.01
	226.50	0.003	Pb	220.35	0.05
Co	228.62	0.005	Sr	407.77	0.001
	238.89	0.005	Ti	334.94	0.005
Cr	205.55	0.01		336.12	0.01
	267.72	0.01	V	311.07	0.01
Cu	324.75	0.01	Zn	213.86	0.006

本方法使用时可能存在的主要干扰如表4-2所示。

表4-2 元素间干扰

测定元素	测定波长(nm)	干扰元素	测定元素	测定波长(nm)	干扰元素
Al	308.21	Mn、V、Na		202.55	Fe、Mo
	396.15	Ca、Mo	Cr	267.72	Mn、V、Mg
As	193.69	Al、P		283.56	Fe、Mo
Be	234.86	Fe	Cu	324.7	Fe、Al、Ti
	313.04	Ti、Se	Mn	257.61	Fe、Al、Mg
Ba	233.53	Fe、V	Ni	231.60	Co
Ca	315.89	Co	Pb	220.35	Al
	317.93	Fe		290.88	Fe、Mo
Cd	214.44	Fe	V	292.40	Fe、Mo
	226.50	Fe		311.07	Ti、Fe、Mn
	228.80	As	Zn	213.86	Ni、Cu
Co	228.62	Ti	Ti	334.94	Cr、Ca

2 原理

等离子体发射光谱法可以同时测定样品中多元素的含量。当氩气通过等离子体火炬时，经射频发生器所产生的交变电磁场使其电离、加速并与其他氩原子碰撞。这种连锁反应使更多的氩原子电离,形成原子、离子、电子的粒子混合气体,即等离子体。过滤或消解处理过的样品经进样器中的物化器被物化并由氩载气带入等离子体火炬中,气化的样品分子在等离子体火炬的高温下被气化、电离、激发。不同元素的原子在激发或电离时可发射出特征光谱,所以等离子体发射光谱可用来定性测定样品中存在的元素。特征光谱的强弱与样品中原子浓度有关,与标准溶液进行比较,即可定量测定样品中各元素的含量。

3 试剂和材料

3.1 试剂水:为 GB/T 6682 规定的一级水。

3.2 硝酸(HNO_3):$\rho=1.42$ g/mL,优级纯。

3.3 盐酸(HCl):$\rho=1.19$ g/mL,优级纯。

3.4 硝酸溶液(1+1):用硝酸(3.2)配制。

3.5 氩气:钢瓶气,纯度不低于 99.9%。

3.6 标准溶液

3.6.1 单元标准贮备液的配制:可以从权威商业机构购买或用超高纯化学试剂及金属(>99.99%)配制成 1.00 mg/mL 的标准贮备液。市售的金属有板状、线状、粒状、海绵状或粉末状等。为了称量方便,需将其切屑(粉末状除外),切屑时应防止由于剪切或车床带来的沾污。一般先用稀 HCl 或稀 HNO_3 迅速洗涤金属以除去表面的氧化物及附着的污物,然后用水洗净。为干燥迅速,可用丙酮等挥发性强的溶剂进一步洗涤,以除去水分,最后用纯氩气或氮气吹干。贮备溶液配制酸度保持在 0.1 mol/L 以上(表 4-3)。

表 4-3 单元素标准贮备液配制方法

元素	质量浓度 (mg/mL)	配制方法
Al	1.00	称取 1 g 金属铝,用 150 mL HCl(1+1)加热溶解,煮沸,冷却后用水定容至 1 L
Zn	1.00	称取 1 g 金属锌,用 40 mL HCl 溶解,煮沸,冷却后用水定容至 1 L
Ba	1.00	称取 1.5163 g 无水 $BaCl_2$(250℃烘 2 h),用 20 mL(1+1)HNO_3 溶解,用水定容至 1 L
Be	0.10	称取 0.1 g 金属铍,用 150 mL HCl(1+1)加热溶解,冷却后用水定容至 1 L
Ca	1.00	称取 2.4972 g $CaCO_3$(110℃干燥 1 h),溶解于 20 mL 水中,滴加 HCl 至完全溶解,再加 10 mLHCl,煮沸除去 CO_2,冷却后用水定容至 1 L
Co	1.00	称取 1 g 金属钴,用 50 mL(1+1)HNO_3 加热溶解,冷却后用水定容至 1 L
Cr	1.00	称取 1 g 金属铬,加热溶解于 30 mL HCl(1+1)中,冷却后用水定容至 1 L
Cu	1.00	称取 1 g 金属铜,加热溶解于 30 mL HNO_3(1+1)中,冷却后用水定容至 1 L
Fe	1.00	称取 1 g 金属铁,用 150 mL HCl(1+1)溶解,冷却后用水定容至 1 L
K	1.00	称取 1.9067 g KCl(在 400~450℃灼烧到无爆裂声)溶于水,用水定容至 1 L
Mg	1.00	称取 1 g 金属镁,加入 30 mL 水,缓慢加入 30 mL HCl,待完全溶解后,煮沸,冷却后用水定容至 1 L
Na	1.00	称取 2.5421 g NaCl(在 400~450℃灼烧到无爆裂声)溶于水,用水定容至 1 L
Ni	1.00	称取 1 g 金属镍,用 30 mL HNO_3(1+1)加热溶解,冷却后用水定容至 1 L

元素	质量浓度 （mg/mL）	配制方法
Pb	1.00	称取 1g 金属铅，用 30 mL HNO$_3$(1+1)加热溶解，冷却后用水定容至 1L
Sr	1.00	称取 1.684 8 g SrCO$_3$，用 60 mL HCl(1+1)加热溶解，冷却后用水定容至 1L
Ti	1.00	称取 1g 金属钛，用 100 mL HCl(1+1)加热溶解，冷却后用水定容至 1L
V	1.00	称取 1g 金属钒，用 30 mL 水加热溶解，浓缩至近干，加入 20 mL HCl 冷却后用水定容至 1L
Cd	1.00	称取 1g 金属镉，用 30 mL HNO$_3$ 溶解，用水定容至 1L
Mn	1.00	称取 1g 金属锰，用 30 mL HCl(1+1)加热溶解，冷却后用水定容至 1L
As	1.00	称取 1.320 3 g As$_2$O$_3$，用 20 mL 10％的 NaOH 溶解（稍加热），用水稀释以 HCl 中和至溶液呈弱酸性，加入 5 mL HCl(1+1)，再用水定容至 1L

3.6.2　单元素中间标准溶液的配制：分取上述单元素标准贮备液，将 Cu、Cd、V、Cr、Co、Ba、Mn、Ti 及 Ni 等元素稀释成 0.10 mg/mL；将 Pb、As 及 Fe 稀释成 0.5 mg/mL；将 Be 稀释成 0.01 mg/mL 的单元素中间标准溶液。稀释时，补加一定量相应的酸，使溶液酸度保持在 0.1 mL/L 以上。

3.6.3　多元素混合标准溶液的配制：为进行多元素同时测定，简化操作手续，必须根据元素间相互干扰的情况与标准溶液的性质，用单元素中间标准溶液，分组配制成多元素混合标准溶液。由于所用标准溶液的性质及仪器性能以及对样品待测项目的要求不同，元素分组情况也不尽相同。如表 4-4 所示列出了本方法条件下的元素分组表供参考。混合标准溶液的酸度应尽量保持与待测样品溶液的酸度一致。

表 4-4　多元素混合标准溶液分组情况

I		II		III	
元素	浓度（mg/L）	元素	浓度（mg/L）	元素	浓度（mg/L）
Ca	50	K	50	Zn	1.0
Mg	50	Na	50	Co	1.0
Fe	10	Al	50	Cd	1.0
		Ti	10	Cr	1.0
				V	1.0
				Sr	1.0
				Ba	1.0
				Be	0.1
				Ni	1.0
				Pb	5.0
				Mn	1.0
				As	5.0

4 仪器、装置及工作条件

4.1 仪器

电感耦合等离子发射光谱仪和一般实验室仪器以及相应的辅助设备。常用的电感耦合等离子发射光谱仪通常分为多道式及顺序扫描式两种。

4.2 工作条件

一般仪器采用通用的气体雾化器时,同时测定多种元素的工作参数见表4-5。

表4-5 工作参数折中值范围

高频功率 (kW)	反射功率 (W)	观测高度 (mm)	载气流量 (L/min)	等离子气流量 (L/min)	进样量 (mL/min)	测定时间 (s)
1.0～1.4	<5	6～16	1.0～1.5	1.0～1.5	1.5～3.0	1～20

5 样品的采集、保存和预处理

5.1 所有的采样容器都应预先用洗涤剂、酸和试剂水洗涤,塑料和玻璃容器均可使用。如果要分析极易挥发的硒、锑和砷化合物,要使用特殊容器(如用于挥发性有机物分析的容器)。

5.2 水样必须用硝酸酸化至 pH 小于2。

5.3 非水样品应冷藏保存,并尽快分析。

5.4 当分析样品中有可溶性砷时,不要求冷藏,但应避光保存,温度不能超过室温。

5.5 银的标准和样品都应贮于棕色瓶中,并放置在暗处。

6 干扰的消除

ICP-AES 法通常存在的干扰大致可分为两类:一类是光谱干扰,主要包括了连续背景和谱线重叠干扰;另一类是非光谱干扰,主要包括了化学干扰、电离干扰、物理干扰以及去溶剂干扰等,在实际分析过程中各类干扰很难截然分开。在一般情况下,必须予以补偿和校正。

此外,物理干扰一般由样品的黏滞程度及表面张力变化而致;尤其是当样品中含有大量可溶盐或样品酸度过高,都会对测定产生干扰。消除此类干扰的最简单方法是将样品稀释。

6.1 基体元素的干扰

优化试验条件选择出最佳工作参数,无疑可减少 ICP-AES 法的干扰效应,但由于废水成分复杂,大量元素与微量元素间含量差别很大,因此来自大量元素的干扰不容忽视。

6.2 干扰的校正

校正元素间干扰的方法很多,化学富集分离的方法效果明显并可提高元素的检出能力,但操作手续繁冗且易引入试剂空白;基体匹配法(配制与待测样品基体成分相似的标准溶液)效果十分令人满意。此种方法对于测定基体成分固定的样品,是理想的消除干扰的办法,但存在高纯度试剂难于解决的问题,而且废水的基体成分变化莫测,在实际分析中,标准溶液的配制工作将是十分麻烦的;比较简便而且目前常用的方法是背景扣除法(凭试验,确定扣除背景的位置及方式)及干扰系数法,当存在单元素干扰时,可按下列公式求得干扰系数。

$$K_i = \frac{Q_t - Q}{Q_i}$$

式中:K_i——干扰系数;

Q_t——干扰元素加分析元素的含量;

Q——分析元素的含量;

Q_i——干扰元素的含量。

通过配制一系列已知干扰元素含量的溶液,在分析元素波长的位置测定其 Q_t,根据上述公式求出 K_i,然后进行人工扣除或计算机自动扣除。

7　分析步骤

将预处理好的样品及空白溶液(溶液保持 5% 的硝酸酸度),在仪器最佳工作参数条件下,按照仪器使用说明书的有关规定,两点标准化后,做样品及空白测定。扣除背景或以干扰系数法修正干扰。

8　结果计算

8.1　扣除空白值后的元素测定值即为样品中该元素的质量浓度。

8.2　如果试样在测定之前进行了富集或稀释,应将测定结果除以或乘以一个相应的倍数。

8.3　测定结果最多保留三位有效数字,单位以 mg/L 计。

9　注意事项

9.1　仪器要预热 1 h,以防波长漂移。

9.2　测定所使用的所有容器需清洗干净后,用 10% 的热硝酸荡涤后,再用自来水冲洗、去离子水反复冲洗,以尽量降低空白背景。

9.3　若所测定样品中某些元素含量过高,应立即停止分析,并用 2% 硝酸＋0.05% Triton X - 100 溶液来冲洗进样系统。将样品稀释后,继续分析。

9.4　谱线波长小于 190 mm 的元素,宜采用真空紫外通道测定,可获得较高的灵敏度。

9.5　含量太低的元素,可浓缩后测定。

9.6　成批量测定样品时,每 10 个样品为一组,加测一个待测元素的质控样品,用以检查仪器的漂移程度。当质控样品测定值超出允许范围时,须用标准溶液对仪器重新调整,然后再继续测定。

9.7　铍和砷为剧毒致癌元素,配制标准溶液及测定时,防止与皮肤直接接触并保持室内有良好的排风系统。

电感耦合等离子体质谱法(GB 5085.3—2007　附录 B)

1　范围

本方法适用于固体废物和固体废物浸出液中银(Ag)、铝(Al)、砷(As)、钡(Ba)、铍(Be)、镉(Cd)、钴(Co)、铬(Cr)、铜(Cu)、汞(Hg)、锰(Mn)、钼(Mo)、镍(Ni)、铅(Pb)、锑(Sb)、硒(Se)、钍(Th)、铊(Tl)、铀(U)、钒(V)、锌(Zn)等元素的电感耦合等离子体质谱法测定。

本方法也可用于其他元素的分析,但应给出方法的精确度和精密度。

本方法中常见的分子离子干扰见表 4 - 6。

表 4-6 ICP-MS 常见的分子离子干扰

		分子离子	相对分子质量	被干扰元素[a]
背景形成的分子离子		NH^+	15	
		OH^+	17	
		OH_2^+	18	
		C_2^+	24	
		CN^+	26	
		CO^+	28	
		N_2^+	28	
		N_2H^+	29	
		NO^+	30	
		NOH^+	31	
		O_2^+	32	
		O_2H^+	33	
		$^{36}ArH^+$	37	
		$^{38}ArH^+$	39	
		$^{40}ArH^+$	41	
		CO_2^+	44	
		CO_2H^+	45	Sc
		ArC^+, ArO^+	52	Cr
		ArN^+	54	Cr
		$ArNH^+$	55	Mn
		ArO^+	56	
		$ArOH^+$	57	
		$^{40}Ar^{36}Ar^+$	76	Se
		$^{40}Ar^{38}Ar^+$	78	Se
		$^{40}Ar^+$	80	Se
基体形成的分子离子	溴化物	$^{81}BrH^+$	82	Se
		$^{79}BrO^+$	95	Mo
		$^{81}BrO^+$	97	Mo
		$^{81}BrOH^+$	98	Mo
		$^{40}Ar^{81}Br^+$	121	Sb

续表

		分子离子	相对分子质量	被干扰元素[a]
基体形成的分子离子	氯化物	ClO	51	V
		ClOH	52	Cr
		ClO	53	Cr
		ClOH	54	Cr
		$Ar^{35}Cl^+$	75	As
		$Ar^{37}Cl^+$	77	Se
	硫酸盐	$^{32}SO^+$	48	
		$^{32}SOH^+$	49	
		$^{34}SO^+$	50	V,Cr
		$^{34}SOH^+$	51	V
		SO_2^+,S_2^+	64	Zn
		$Ar^{32}S^+$	72	
		$Ar^{34}S^+$	74	
	磷酸盐	PO^+	47	
		POH^+	48	
		PO_2^+	63	Cu
		ArP^+	71	
	碱、碱土金属复合离子	$ArNa^+$	63	Cu
		ArK^+	79	
		$ArCa^+$	80	
	基体氧化物*	TiO	62~66	Ni,Cu,Zn
		ZrO	106~112	Ag,Cd
		MoO	108~116	Cd

注:[a]本方法中被分子离子干扰的测定元素或内标元素。

　＊氧化物干扰通常都非常低,当浓度比较高时才会对分析元素造成干扰。所给出的是一些须注意的基体氧化物的例子。

本方法对各种元素的检出限见表4-7。

表 4-7　各元素的检出限

相对分子质量 元素	扫描模式		选择性离子监控模式	
	总可回收测定		总可回收测定直接分析	
	水样(μg/L)	固体(mg/kg)	水样(μg/L)	水样(μg/L)
27 Al	1.0	0.4	1.7	0.04
123 Sb	0.4	0.2	0.04	0.02
75 As	1.4	0.6	0.4	0.1
137 Ba	0.8	0.4	0.04	0.04
9 Be	0.3	0.1	0.02	0.03
111 Cd	0.5	0.2	0.03	0.03
52 Cr	0.9	0.4	0.08	0.08
59 Co	0.09	0.04	0.004	0.003
63 Cu	0.5	0.2	0.02	0.01
206,207,208 Pb	0.6	0.3	0.05	0.02
55 Mn	0.1	0.05	0.02	0.04
202 Hg	n.a	n.a	n.a	0.2
98 Mo	0.3	0.1	0.01	0.01
60 Ni	0.5	0.2	0.06	0.03
82 Se	7.9	3.2	2.1	0.5
107 Ag	0.1	0.05	0.005	0.005
205 Tl	0.3	0.1	0.02	0.01
232 Th	0.1	0.05	0.02	0.01
238 U	0.1	0.05	0.01	0.01
51 V	2.5	1.0	0.9	0.05
66 Zn	1.8	0.7	0.1	0.2

注:n.a 表示不适用,总可回收性消解方法不适于有机汞化合物的测定。

本方法对各种元素估算的仪器检出限见表 4-8。

表 4-8　估算仪器检出限

元素	建议分析质量	扫描方式	选择离子监控方式
Ag	107	0.05	0.004
Al	27	0.05	0.02
As	75	0.9	0.02
Ba	137	0.5	0.03
Be	9	0.1	0.02
Cd	111	0.1	0.02

续表

元素	建议分析质量	扫描方式	选择离子监控方式
Co	59	0.03	0.002
Cr	52	0.07	0.04
Cu	63	0.03	0.004
Hg	202	n.a	0.2
Mn	55	0.1	0.007
Mo	98	0.1	0.005
Ni	60	0.2	0.07
Pb	206,207,208	0.08	0.015
Sb	123	0.08	0.008
Se	82	5	1.3
Th	232	0.03	0.005
Tl	205	0.09	0.014
U	238	0.02	0.005
V	51	0.02	0.006
Zn	66	0.2	0.07

注:n.a 表示不适用,总可回收性消解方法不适于有机汞化合物的测定。

2　原理

将样品溶液以气动雾化方式引入射频等离子体,等离子体中的能量传输过程导致去溶、原子化和电离。等离子体产生的离子通过一个差级真空接口系统提取进入四极杆质谱分析器,然后根据其质荷比进行分离,其最小分辨率为 5% 峰高处峰宽 1amu。四极杆传输的离子流用电子倍增器或法拉第检测器检测,数据处理系统处理离子信息。要充分认识本技术涉及的干扰并加以校正。校正应包括同量异位素干扰以及等离子气、试剂或样品基体产生的多原子离子干扰。样品基体引起的仪器响应抑制或增强效应以及仪器漂移必须使用内标补偿。

3　试剂和材料

3.1　试剂水:为 GB/T 6682 规定的一级水。

3.2　硝酸(HNO_3):$\rho = 1.42\,g/mL$,优级纯。

3.3　硝酸(1+1):取 500 mL 浓硝酸加入 400 mL 试剂级水中,然后稀释至 1L。

3.4　硝酸(1+9):取 100 mL 浓硝酸加入 400 mL 试剂级水中,然后稀释至 1L。

3.5　盐酸(HCl):$\rho = 1.19\,g/mL$,优级纯。

3.6　盐酸(1+1):取 500 mL 浓盐酸加入 400 mL 试剂级水中,然后稀释至 1L。

3.7　盐酸(1+4):取 200 mL 浓盐酸加入 400 mL 试剂级水中,然后稀释至 1L。

3.8　浓氨水(NH_4OH):$\rho = 0.90\,g/mL$,优级纯。

3.9　酒石酸:优级纯。

3.10　标准贮备液:可以从权威商业机构购买或用超高纯化学试剂及金属(99.99%～99.999%的纯度)配制。除非另做说明,所用的盐类必须在 105℃ 环境下干燥 2h。标准贮备液建议保存在 FEP 瓶中,如果经逐级稀释制备的多元素贮备标准(浓度)经验证有问题的话,需更换贮备标准。

注意:许多金属盐类如吸入或吞下,毒性极大。取用之后要认真洗手。

标准贮备液的制备过程如下:

有些金属(尤其是那些易形成表面氧化物的)称量前需要先清洗。将金属表面在酸中浸泡可以达到清洗目的。取部分金属(重量超过预计称取量)反复浸泡,再用水清洗,干燥后称量,直到达到所需要的重量为止。

3.10.1 铝标准溶液:1 mL=1 000 μg Al。将金属铝在热盐酸(1+1)中浸泡至准确的0.100 μg,溶于10 mL浓盐酸和2 mL浓硝酸混合溶液中,加热至充分反应。持续加热至体积为4 mL。冷却,加4 mL试剂水,加热至体积减为2 mL。冷却,用试剂水稀释至100 mL。

3.10.2 锑标准溶液:1 mL=1 000 μg Sb。准确称取0.100 g锑粉末,溶于2 mL硝酸(1+1)和0.5 mL浓盐酸混合溶液中,加热至充分反应,冷却,加20 mL试剂水和0.15 g酒石酸;加热至白色沉淀溶解,冷却,用试剂水稀释至100 mL。

3.10.3 砷标准溶液:1 mL=1 000 μg As。准确称取0.1320 g As_2O_3,溶于50 mL试剂水和1 mL浓氨水混合溶液中。缓慢加热至溶解,冷却,用2 mL硝酸酸化,试剂水稀释至100 mL。

3.10.4 钡标准溶液:1 mL=1 000 μg Ba。准确称取0.1437 g $BaCO_3$,溶于10 mL试剂水和2 mL浓硝酸混合溶液中。加热,搅拌至反应完全,去气。试剂水稀释至100 mL。

3.10.5 铍标准溶液:1 mL=1 000 μg Be。准确称取1.965 g $BeSO_4 \cdot 4H_2O$(不要烘干),溶于50 mL试剂水中,加入1 mL浓硝酸,试剂水稀释至100 mL。

3.10.6 镉标准溶液:1 mL=1 000 μg Cd。将金属镉在硝酸(1+9)中浸泡至准确的0.100 g,溶于5 mL硝酸(1+1)中,加热至反应完全。冷却,试剂水稀释至100 mL。

3.10.7 铬标准溶液:1 mL=1 000 μg Cr。准确称取0.1923 g CrO_3,溶于10 mL试剂水和1 mL浓硝酸混合溶液中。试剂水稀释至100 mL。

3.10.8 钴标准溶液:1 mL=1 000 μg Co。将金属钴在硝酸(1+9)中浸泡至准确的0.100 g,溶于5 mL硝酸(1+1)中,加热至反应完全。冷却,试剂水稀释至100 mL。

3.10.9 铜标准溶液:1 mL=1 000 μg Cu。将金属铜在硝酸(1+9)中浸泡至准确的0.100 g,溶于5 mL硝酸(1+1)中,加热至反应完全。冷却,试剂水稀释至100 mL。

3.10.10 铅标准溶液:1 mL=1 000 μg Pb。将0.1599 g $PbNO_3$溶于5 mL硝酸(1+1)中,试剂水稀释至100 mL。

3.10.11 锰标准溶液:1 mL=1 000 μg Mn。将锰薄片在硝酸(1+9)中浸泡至准确的0.100 g,溶于5 mL硝酸(1+1)中,加热至反应完全。冷却,试剂水稀释至100 mL。

3.10.12 汞标准溶液:1 mL=1 000 μg Hg。不要烘干(警告:剧毒元素)。将0.1354 g $HgCl_2$溶于试剂水中,加入5.0 mL浓硝酸,试剂水稀释至100 mL。

3.10.13 钼标准溶液:1 mL=1 000 μg Mo。准确称取0.1500 g MoO_3,溶于10 mL试剂水和1 mL浓氨水的混合溶液中,加热至反应完全。冷却,试剂水稀释至100 mL。

3.10.14 镍标准溶液:1 mL=1 000 μg Ni。准确称取0.1000 g镍粉,溶于5 mL浓硝酸中,加热至反应完全。冷却,试剂水稀释至100 mL。

3.10.15 硒标准溶液:1 mL=1 000 μg Se。准确称取0.1405 g SeO_2,溶于20 mL试剂水中,稀释至100 mL。

3.10.16 银标准溶液:1 mL=1 000 μg Ag。准确称取0.1000 g Ag,溶于5 mL硝酸(1+

1)中,加热至反应完全。冷却,试剂水稀释至 100 mL。保存在黑色不透光容器中。

3.10.17 铊标准溶液:1 mL＝1 000 μg Tl。准确称取 0.130 3 g TlNO$_3$,溶于 10 mL 试剂水和 1 mL 浓硝酸的混合溶液中,试剂水稀释至 100 mL。

3.10.18 钍标准溶液:1 mL＝1 000 μg Th。准确称取 0.238 0 g Th(NO$_3$)$_4$·4H$_2$O(不要烘干),溶于 20 mL 试剂水中,试剂级水稀释至 100 mL。

3.10.19 铀标准溶液:1 mL 含 1 000 μg U。准确称取 0.211 0 g UO$_2$(NO$_3$)$_2$·6H$_2$O(不要烘干),溶于 20 mL 试剂水中,稀释至 100 mL。

3.10.20 钒标准溶液:1 mL＝1 000 μg V。将钒金属在硝酸(1＋9)中浸泡至准确的 0.100 g,溶于 5 mL 硝酸(1＋1)中,加热至反应完全。冷却,试剂水稀释至 100 mL。

3.10.21 锌标准溶液:1 mL＝1 000 μg Zn。将锌金属在硝酸(1＋9)中浸泡至准确的 0.100 g,溶于 5 mL 硝酸(1＋1)中,加热至反应完全。冷却,试剂水稀释至 100 mL。

3.10.22 金标准溶液:1 mL＝1 000 μg Au。将 0.100 g 高纯金粒(99.9999％)溶于 10 mL 热硝酸中,逐滴加入 5 mL 浓 HCl,然后回流加热,排除氮和氯的氧化物。冷却,试剂水稀释至 100 mL。

3.10.23 铋标准溶液:1 mL＝1 000 μg Bi。准确称取 0.111 5 g Bi$_2$O$_3$,溶于 5 mL 浓硝酸中。加热至反应完全。冷却,试剂水稀释至 100 mL。

3.10.24 钇标准溶液:1 mL＝1 000 μg Y。准确称取 0.127 0 g Y$_2$O$_3$,溶于 5 mL 硝酸(1＋1)中,加热至反应完全。冷却,试剂水稀释至 100 mL。

3.10.25 铟标准溶液:1 mL＝1 000 μg In。将金属铟在硝酸(1＋9)中浸泡至准确的 0.100 g,溶于 10 mL 硝酸(1＋1)中,加热至反应完全。冷却,试剂水稀释至 100 mL。

3.10.26 钪标准溶液:1 mL 含 1 000 μg Sc。准确称取 0.153 4 g Sc$_2$O$_3$,溶于 5 mL 硝酸(1＋1)中,加热至反应完全。冷却,试剂水稀释至 100 mL。

3.10.27 镁标准溶液:1 mL 含 1 000 μg Mg。准确称取 0.165 8 g MgO,溶于 10 mL 硝酸(1＋1)中,加热至反应完全。冷却,试剂水稀释至 100 mL。

3.10.28 铽标准溶液:1 mL＝1 000 μg Tb。准确称取 0.117 6 g Tb$_4$O$_7$,溶于 5 mL 浓硝酸中,加热至反应完全。冷却,试剂水稀释至 100 mL。

3.11 多元素贮备标准溶液:制备多元素贮备标准溶液时一定要注意元素间的相容性和稳定性。元素的原始标准贮备溶液必须进行检查以避免杂质影响标准的准确度。新配好的标准溶液应转移至经过酸洗的、未用过的 FEP 瓶中保存,并定期检查其稳定性。元素可采用如表 4-9 所示中的分组:

表 4-9　元素贮备标准溶液分类

标准溶液 A	标准溶液 B
Al、Sb、As、Be、Cd、Cr、Co、Cu、Pb、Mn、Hg、Mo、Ni、Se、Th、Tl、U、V、Zn	Ba、Ag

除了 Se 和 Hg,多元素标准贮备液 A 和 B(1 mL＝10 μg)可以通过直接分取 1 mL 列表中的单元素标准贮备溶液,用含 1％(体积分数)硝酸的试剂水稀释至 100 mL 配制而成。对于 A 溶液中的 Hg 和 Se 元素,分别取各自的标准溶液 0.05 mL 和 5.0 mL,用试剂水稀释至 100 mL(1 mL 含 0.5 μg Hg 和 50 μg Se)。如果用质量监控样来核对经逐级稀释制备的多元素贮备标

准得不到验证的话,则需要更换。

3.12 校准工作溶液制备:多元素标准液应每隔两周或根据需要重新配制。根据仪器操作范围,用1%(体积分数)硝酸介质的试剂水将溶液 A 和 B 稀释至合适的浓度。标准溶液中的元素浓度要足够高,以保证好的测定精密度和准确的响应曲线斜率。根据仪器灵敏度,建议质量浓度范围为 $10\sim200\,\mu g/L$,但汞的质量浓度要限制在 $5\,\mu g/L$ 以内。需要指出,硒的浓度一般要比其他元素的浓度高 5 倍。如果采用直接加入方法,在校准标准中加入内标并贮存在FEP 瓶中,校准标准要先用质量控制样来核对。

3.13 内标贮备溶液:$1\,mL=100\,\mu g$。取 $10\,mL$ Sc、Y、In、Tb 和 Bi 标准贮备溶液,试剂水稀释至 $100\,mL$,贮存在 FEP 瓶中。直接将该浓度的内标溶液加入空白、校准标准和样品中。如果用蠕动泵加入,可用 1%(体积分数)硝酸稀释至适当浓度。

注:如果采用"直接分析"步骤测定汞,在内标溶液中加入适量金标准贮备液,使最终的空白溶液、校正标准和样品中金质量浓度达 $100\,\mu g/L$。

3.14 空白:本方法需要三种类型的空白溶液。

(1)校准空白溶液,用来建立分析校准曲线;

(2)实验室试剂空白溶液,用来评价样品制备过程中可能的污染和背景谱干扰;

(3)清洗空白溶液,在测定样品过程中用来清洗仪器,以降低记忆效应干扰。

3.14.1 校准空白:1%(体积分数)硝酸介质的试剂水。采用直接加入法时,加内标。

3.14.2 实验室试剂空白(LRB):必须与样品处理过程一样加入相同体积的所有试剂。LRB 制备过程必须和样品处理步骤(需要的话,也要进行消解)完全相同。如果采用直接加入法,则样品处理完后加入内标。

3.14.3 清洗空白,含 2%(体积分数)硝酸的试剂水。

注:如果采用"直接分析"步骤测定汞,在内标溶液中加入金标准贮备液,使清洗空白中金质量浓度为 $100\,\mu g/L$。

3.15 调谐溶液:本溶液用于分析前的仪器调谐和质量校准。通过将 Be、Mn、Co、In 和 Pb 的贮备液混合后,用 1%(体积分数)硝酸稀释而成,调谐溶液中每种元素浓度均为 $100\,\mu g/L$。不需加入内标。(根据仪器灵敏度,可将此溶液稀释 10 倍)

3.16 质量控制样(QCS):质量控制样制备所需的源溶液应来自本实验室之外,其浓度视仪器灵敏度而定。将合适的溶液用 1%(体积分数)硝酸稀释至浓度≤$100\,\mu g/L$ 配制而成。由于 Se 的灵敏度较低,稀释至浓度≤$500\,\mu g/L$,但任何情况下,汞的浓度都要≤$5\,\mu g/L$。如果采用直接加入法,稀释后加入内标,并贮存在 FEP 瓶中。QCS 应视需要进行分析以满足数据质量要求,该溶液应每季或根据需要经常重新配制。

3.17 实验室强化空白(LFB):在等分实验室试剂空白中加入适量多元素标准贮备液 A 和 B 配制而成。根据仪器的灵敏度需要,强化空白溶液中每种元素(除 Se 和 Hg 外)的质量浓度一般都在 $40\sim100\,\mu g/L$。Se 的质量浓度范围为 $200\sim500\,\mu g/L$,而汞的质量浓度要限制在 $2\sim5\,\mu g/L$。LFB 制备过程必须和样品处理步骤(需要的话,也要进行消解)完全相同,如果采用直接加入法,样品处理完后加入内标。

4 仪器、装置及工作条件

4.1 电感耦合等离子体质谱仪

4.1.1 仪器能对 $5\sim250$ amu 质量范围内进行扫描,最小分辨率为 5%,峰高处峰宽1 amu。仪器配有常规的或能扩展动态范围的检测系统。

4.1.2　射频发生器：符合 FCC 规范。

4.1.3　氩气源：高纯级（99.99％）。如果使用比较频繁，液氩比传统气瓶压缩氩气更经济，且不需经常更换。

4.1.4　变速蠕动泵：将溶液传输到雾化器。

4.1.5　雾化器气流需要一个质量流控制计。水冷雾室对于降低某些干扰非常有效（如多原子氧化物粒子）。

4.1.6　如果使用电子倍增器，应注意不要暴露在强离子流下，否则会引起仪器响应变化或损坏检测器。对于样品中元素浓度太高，超出仪器的线性范围以及在扫描窗口内下降的同位素，稀释后再进行分析。

4.2　分析天平：精确至 0.1 mg，用来称量固体样品，制备标准以及消解液或提取液中可溶性固体的测定。

4.3　温控式电热板：温度能够保持在 95 ℃。

4.4　（可选）可控温电热套（能保持 95 ℃）：配有 250 mL 的收缩型消解试管。

4.5　（可选）离心机：有保护套、电子计时和制动闸。

4.6　重力对流干燥烘箱：带有温控系统，能够维持在 180±5 ℃。

4.7　（可选）排气式移液器：能转移 0.1～2500 μL 体积范围的溶液，且配有高质量的一次性移液头。

4.8　研钵和杵：陶瓷或其他非金属材料。

4.9　聚丙烯筛：5 目（4mm）。

4.10　实验室器皿：对于痕量元素的测定来讲，污染和损失是首要考虑的问题。潜在的污染源包括实验室所用器皿的不正确清洗以及来自实验室环境的灰尘污染等。微量元素的样品处理必须保证干净的实验室操作环境。在痕量元素测定中，样品容器会通过以下途径给样品测定结果带来正负误差：①通过表面解吸附作用或浸析造成污染；②通过吸附过程降低元素浓度。所有可重复使用的实验室器皿（玻璃、石英、聚乙烯、PTFE、FEP 等材料）都应该充分清洗直到满足分析要求。采用以下的几个步骤能提供干净的实验室器皿：浸泡过夜，然后用实验室级的清洁剂和水彻底清洗，自来水洗，在 20％（体积分数）硝酸或稀的硝酸和盐酸混合酸（1＋2＋9）中浸泡 4 h 或更长，最后用试剂水清洗，然后保存在干净的地方。

注：铬酸绝对不能用来清洗玻璃器皿。

4.10.1　玻璃器皿：容量瓶、量筒、漏斗和离心管（玻璃或塑料）。

4.10.2　多种校准过的移液管。

4.10.3　锥形 Phillips 烧杯：250 mL，带 50 mm 表面皿。

4.10.4　吉芬烧杯：250 mL，带 75 mm 的表面皿。

4.10.5　（可选）PTFE 和（或）石英烧杯：250 mL，带 PTFE 盖子。

4.10.6　蒸发皿或高型坩埚：陶瓷材料，容积 100 mL。

4.10.7　窄口贮存瓶：FEP（氟化乙丙烯）材料，ETFE（四氟乙烯）螺旋封口，容积 125～250 mL。

4.10.8　FEP 洗瓶：螺旋封口，容积 125 mL。

4.11　仪器工作条件，建议按照仪器生产商提供的仪器工作条件操作。

5　样品的采集、保存和预处理

5.1　测定银之前应进行样品消解。本方法提供的总可回收样品消解步骤适用于水溶液样品中质量浓度低于 0.1 mg/L 的银测定。对于银的质量浓度高的水样分析,应取小体积进行稀释混匀,直至分析溶液中银的质量浓度小于 0.1 mg/L。银的质量比大于 50 mg/kg 的固体样品也要采用类似方法处理。

5.2　在有游离硫酸盐存在的情况下,本方法提供的总可回收样品消解步骤可能使钡产生硫酸钡沉淀。因此,对于样品中含有未知浓度的硫酸盐,样品处理后要尽可能快地分析。

5.3　固体样品分析前不需要处理,只需在 4℃ 保存。没有确定的存放期限。

6　干扰的消除

ICP-MS 测定微量元素时,以下几种干扰将导致测定结果的不准确性:

6.1　同量异位素干扰(Isobaric elemental interferences)

不同元素的同位素所形成的具有相同标称质荷比的单电荷或双电荷离子,因其质量不能被所用的质谱仪分辨,引起同量异位素干扰。本方法测定的所有元素至少有一个同位素不受同量异位素干扰。本方法推荐使用的分析同位素中(表 4-10),只有 $^{98}Mo(Ru)$ 和 $^{82}Se(Kr)$ 受同量异位素干扰。如果选择其他天然丰度较高的同位素进行分析以获得更高的灵敏度时,就可能产生同量异位素干扰。此种情况下测得的数据要进行干扰校正,通过测定干扰元素的另外一个同位素的信号强度并按一定的比例减去其对待测同位素的干扰。数据报告中应包括这种干扰校正记录。需要指出,这种干扰校正的准确程度取决于用于数据计算的元素方程中同位素比值的准确性。因此,在进行任何校正前应先确定相关的同位素比值。

表 4-10　推荐的分析同位素和需要同时监测的同位素

同位素	被分析元素	同位素	被分析元素
<u>107</u>,<u>109</u>	Ag	<u>60</u>,62	Ni
<u>27</u>	Al	206,<u>207</u>,208	Pb
<u>75</u>	As	105	Pd
135,<u>137</u>	Ba	99	Ru
<u>9</u>	Be	121,<u>123</u>	Sb
106,108,<u>111</u>,114	Cd	77,<u>82</u>	Se
<u>59</u>	Co	118	Sn
<u>52</u>,53	Cr	<u>232</u>	Th
<u>63</u>,65	Cu	203,<u>205</u>	Tl
83	Kr	<u>238</u>	U
<u>55</u>	Mn	<u>51</u>	V
95,97,<u>98</u>	Mo	<u>66</u>,67,68	Zn
注:推荐选用的分析同位素用下划线标出。			

6.2　丰度灵敏度(Abundance sensitivity)

表征一个质量峰的翼与相邻峰的重叠程度。丰度灵敏度受离子能和四极杆操作压力影响,当待测的小离子峰相邻处有一个较大的峰时,就可能产生重叠干扰。要认识到这种潜在的干扰并通过调整质谱分辨率将干扰降至最低。

6.3　同量多原子离子干扰(Isobaric polyatomic ion interferences)

由两个或多个原子结合成的复合离子,与待分析同位素具有相同的标称质荷比,所用的质谱仪不能将其分辨。这些多原子离子通常来自所用的工作气体或样品组分,形成于等离子体或接口系统。常见的绝大多数干扰都能被识别,干扰及被干扰元素见表4-6。当选择的分析同位素无法避免此类干扰时,要充分考虑并采用适当的方法对所测定的数据进行校正。干扰校正公式应该在分析运行程序时确定,因为多原子离子干扰与样品基体和所选定的仪器条件有很大的关系。尤其是,在测定 As 和 Se 时会遇到 ^{82}Kr 的干扰,通过使用高纯不含 Kr 的氩气就能大大降低它的干扰。

6.4　物理干扰(Physical interferences)

与样品传输到等离子体、在等离子体中进行转换、通过等离子体质谱接口传输等物理过程有关的干扰。此类干扰将导致样品和校准标准的仪器响应不同,可能产生于溶液进入雾化器的传输过程(黏性效应)、气溶胶的形成及进入等离子体过程(表面张力)、在等离子体内的激发和离子化过程。样品中可溶固体含量高将导致物质在采样和截取锥的堆积,从而因减小锥孔的有效直径而降低了离子的传输效率。为了减少此类干扰,建议可溶固体总量低于 0.2%(质量比)。采用内标法来补偿这些物理干扰效应也是很有效的,理想的内标元素要与被测元素具有相似的分析行为。

6.5　记忆干扰(Memory interferences)

由于先测定样品中的元素同位素信号对后面测定样品的影响。记忆效应来自样品在采样锥和截取锥的沉积以及等离子体炬管和雾室中样品的附着。此类记忆效应产生的位置与测定元素有关,可通过进样前用清洗液清洗系统来降低。对每个样品的分析都应该考虑记忆效应干扰并采取适当的清洗次数来降低干扰。在分析前就应该确定特定元素所必需的清洗时间,可采用如下方法:按常规样品的分析时间,连续喷入含待测元素浓度为线性动态范围上限的 10 倍的标准溶液,随后在设定时间间隔测定清洗空白。记下将待测物信号降至 10 倍方法检出限以内的时间长度。记忆干扰也可通过在一个分析运行程序进行至少 3 次重复积分的数据采集来评估。如果测得的积分信号连续下降,就表明可能存在着记忆效应对待测物的干扰。这时就应该检查前一个样品中分析物的浓度是否偏高。如果怀疑有记忆效应干扰,就应该在长时间清洗后重新分析样品。在测定汞时会遇到严重的记忆效应,通过加入 100 μg/L 金在大约 2 min 内就能有效地清除 5 μg/L 汞的记忆效应。浓度越高需要的清洗时间越长。

7　分析步骤

7.1　校准和标准化

7.1.1　操作条件

由于仪器硬件各不相同,在此不提供具体的仪器操作条件。建议按照仪器生产商提供的操作条件去做。应检验仪器配置和操作条件是否满足分析要求,并保存检验仪器性能和分析结果的质量控制数据。

7.1.2　预校准程序

仪器校准前要完成如下的预校准程序,直到具有证明仪器不需每日调谐就能满足如下要求的定期操作性能数据。

7.1.3　仪器和数据系统的最佳操作配置初始化。仪器点燃后至少预热 0.5 h,其间用调谐溶液进行质量校正和分辨率检查。低质量数的分辨率检查选用 Mg 同位素 24、25、26,高质量数选择 Pb 同位素 206、207、208。好的工作状态下分辨率要调至 5%,峰高处能产生大约 0.75 μ 的峰宽。如果漂移超过 0.1 μ 就要进行质量校正。

7.1.4　运行调谐溶液至少 5 次,直到所有被分析元素绝对信号的相对标准偏差低于 5%

才能证明仪器处于稳定状态。

7.1.5 内标标化

所有分析都必须用内标标化来校正仪器漂移和物理干扰。能用来作内标的元素见表 4-11,至少选择 3 种内标才能满足所有质量范围的元素测定。本方法具体介绍了实际应用中常用的 5 种内标:Sc、Y、In、Tb 和 Bi。用它们作内标来满足本方法要求的精密度和回收率。内标在样品、标准溶液和空白中的浓度必须完全相同。可以通过直接在校准标准、空白和样品溶液中加入内标或者在雾化前通过蠕动泵三通和混合线圈在线加入。内标质量浓度必须足够高,以保证用来校准数据的测定同位素获得好的精密度。如果内标在样品中自然存在,还可使可能的校准偏差降至最低。根据仪器的灵敏度,建议使用 $20 \sim 200 \, \mu g/L$ 质量浓度范围的内标。内标要以相同的方式加入空白、样品和标准中,这样就可以忽略加入时的稀释影响。

表 4-11 内标及其应用限制

内标	质量数	可能的限制
Li	6	ⓐ
Sc	45	多原子离子干扰
Y	89	ⓐ、ⓑ
Rh	103	
In	115	Sn 的同量异位素干扰
Tb	159	
Ho	165	
Lu	175	
Bi	209	ⓐ

注:ⓐ表示环境样品中可能存在。
ⓑ表示有些仪器中 Y 可能形成 YO^+(质量数 105)和 YOH^+(质量数 106)。这种情况下,在 Cd 的干扰校正方程中要予以考虑。

7.1.6 校准

开始校准前要建立合适的仪器软件程序用于定量分析。仪器必须要选用 7.1.5 列举的一种内标进行校准。仪器要用校准空白和一种或多种质量浓度水平的进行校准。数据采集至少需要三个重复积分数据。取 3 次积分数据的平均值作为仪器校准和数据报告。

7.1.7 空白、标准和样品溶液之间转换时要用清洗空白清洗系统,要有充足的清洗时间去除上一样品的记忆效应。数据采集前要有 30 s 的溶液提升时间以保证建立平衡。

7.2 固体样品处理——总可回收分析物

7.2.1 固体样品中总可回收分析物的测定:充分混匀样品,取部分(>20 g)至称过皮重的盘中,称重并记录湿重(WW)。如果样品含水率低于 35%,20 g 称样量即可,含水率高于 35% 时,需要 $50 \sim 100$ g 称样量。于 60 ℃ 烘干样品至恒重,记录干重(DW),计算出固体所占百分比(样品在 60 ℃ 烘干是为了避免汞和其他易挥发金属化合物的挥发损失,便于过筛和研磨)。

7.2.2 为了保证样品均质,将干燥后的样品用 5 目聚丙烯筛过筛,然后用研钵研磨(样品更换时要清洗筛子和研钵)。准确称取经干燥研磨好的样品(1.0 ± 0.01)g,转移到 250 mL

Phillips 烧杯中进行酸提取处理。

7.2.3　在烧杯中加入 4 mL HNO$_3$(1+1)和 10 mL HCl(1+4)。用表面皿盖住,置于电热板上加热,回流提取分析物。电热板放在通风橱里,回流温度控制在 95 ℃ 左右。

注:装有 50 mL 水样的敞开的 Griffin 烧杯放在电热板中间,调节电热板的温度使溶液温度保持在 85 ℃ 左右,但不超过此温度(如果烧杯用表面皿盖住,水温会上升至大约 95 ℃)。也可以用能保持 95 ℃ 的电热套(配有 250 mL 收缩型容量消解管)来代替电热板和烧杯。

7.2.4　缓慢加热回流样品 30 min。可能会产生微沸现象,但一定要避免剧烈沸腾,以防HCl-H$_2$O 恒沸物损失。会有部分溶液蒸发(3~4 mL)。

7.2.5　待样品冷却后,定量转移至 100 mL 容量瓶中。用试剂水稀释至刻度,加盖,摇匀。

7.2.6　将样品提取液放置过夜以便不溶物下沉或取部分溶液离心至澄清。如果放置过夜或离心后样品溶液中仍有悬浮物,要在分析前过滤以免堵塞雾化器。但过滤时要小心,避免污染样品。

7.2.7　分析前调整氯化物的质量浓度,吸取 20 mL 处理好的溶液至 50 mL 容量瓶中,稀释至刻度,混匀。如果溶液中可溶性固体含量大于 0.2%,要进一步稀释以免采样锥或截取锥堵塞。如果选择直接加入步骤,加入内标,混匀。此样品可供上机分析。因为不同样品基体对稀释后样品稳定性的影响难以表征,所以样品处理完成后要尽快分析。

注:测出样品中的固体质量分数,用于在干质量基础上计算和报出数据。

7.3　样品分析

7.3.1　对于每个新的或特殊基体,最好先用半定量分析法扫描样品,确定其中的高质量浓度元素。由此获取的信息可以避免样品分析期间对检测器的潜在损害,同时鉴别质量浓度超过线性范围的元素。基体扫描可以用智能软件完成,或者将样品稀释 500 倍在半定量模式下分析。同时要扫描样品中被选作内标元素的背景值,防止数据计算时产生偏差。

7.3.2　初始化仪器操作条件。针对待测分析物调谐并校准仪器。

7.3.3　建立定量分析的仪器软件运行程序。所有分析样品的数据采集都需要至少 3 次重复积分。取 3 次积分的平均值作为报出数据。

7.3.4　分析过程中对所有可能影响到数据质量的质量数都要监控。至少表 4-11 列举的质量数必须和数据采集所用质量数同时监控,这些数据可用来进行干扰校正。

7.3.5　样品分析时,实验室必须遵守质量控制措施。只有在分析混浊度小于 1NTU 的饮用水中的可溶性分析物或"直接分析法"才不需要对 LRB、LFB 和 LFM 采取样品消解步骤。

7.3.6　样品之间应穿插清洗空白来清洗系统。要有充足的清洗时间去除上一样品的记忆效应或至少 1 min。数据采集前应有 30 s 的样品提升时间。

7.3.7　样品质量浓度高于设定的线性动态范围时,应将样品稀释至浓度范围内重新分析。最好先测定样品中的痕量元素,如果需要,通过选择合适的扫描窗口来避免高质量浓度元素损坏检测器。然后再将样品稀释后测定其他元素。另外,可以通过选择天然丰度低的同位素来调整动态范围,但要保证所选的同位素已建立了质量监控。不能随便改变仪器条件来调节动态范围。

8　结果计算

8.1　数据计算时建议采用的元素方程列于表 4-12。水溶液样品的数据单位是 μg/L,固体样品干重的单位是 mg/kg。元素浓度低于方法检出限(MDL)的不予报出。

表 4-12 推荐的元素数据计算公式

元素	元素数据计算方程	备注
Ag	$(1.000)(^{107}C)$	
Al	$(1.000)(^{27}C)$	
As	$(1.000)(^{75}C)-(3.127)[(^{77}C)-(0.815)(^{82}C)]$	①
Ba	$(1.000)(^{137}C)$	
Be	$(1.000)(^{9}C)$	
Cd	$(1.000)(^{111}C)-(1.073)[(^{108}C)-(0.712)(^{106}C)]$	②
Co	$(1.000)(^{59}C)$	
Cr	$(1.000)(^{52}C)$	③
Cu	$(1.000)(^{63}C)$	
Mn	$(1.000)(^{55}C)$	
Mo	$(1.000)(^{98}C)-(0.146)(^{99}C)$	⑤
Ni	$(1.000)(^{60}C)$	
Pb	$(1.000)(^{206}C)+(1.000)(^{207}C)+(1.000)(^{208}C)$	④
Sb	$(1.000)(^{123}C)$	
Se	$(1.000)(^{82}C)$	⑥
Th	$(1.000)(^{232}C)$	
Tl	$(1.000)(^{205}C)$	
U	$(1.000)(^{238}C)$	
V	$(1.000)(^{51}C)-(3.127)(^{53}C)-(0.113)(^{52}C)$	⑦
Zn	$(1.000)(^{66}C)$	
Bi	$(1.000)(^{209}C)$	
In	$(1.000)(^{115}C)-(0.016)(^{118}C)$	⑧
Sc	$(1.000)(^{45}C)$	
Tb	$(1.000)(^{159}C)$	
Y	$(1.000)(^{89}C)$	

注:C——特定质量上减去校准空白后的计数:

①用 ^{77}Se 进行氯化物干扰校正。ArCl 75/77 的比值可通过试剂空白测得。同量异位素质量 82 只能是来自 ^{82}Se,而不可能是 BrH^+。

②MoO 的干扰校正。同量异位素质量 106 只能是 Cd 而不可能是 ZrO^+。如样品中含有 Pd,还需要增加对 Pd 的干扰校正。

③0.4%(体积分数)HCl 介质中,ClOH 的背景干扰一般很小。但试剂空白的贡献需要考虑。同量异位素质量只能是来自 ^{52}Cr,而不可能是 ArC^+。

④考虑到铅同位素的可变性。

⑤Ru 的同量异位素干扰校正。

⑥有的氩气中含有 Kr 杂质,通过扣除 ^{82}Kr 的干扰来校正 Se。

⑦通过 ^{53}Cr 校正氯化物干扰。ClO 51/53 的比值可通过试剂空白测得。同量异位素 52 只能是来自 ^{52}Cr 而不可能是 ArC^+。

⑧锡的同量异位素干扰校正。

8.2　报出的元素质量浓度数据值低于 10,要保留两位有效数字。数据值等于或大于 10,保留三位有效数字。

8.3　采用总可回收分析物测定步骤的水溶液样品的溶液质量浓度要乘以稀释倍数 1.25。样品如果另外稀释或采用酸溶方法处理,计算样品浓度时要乘以相应的稀释倍数。

8.4　关于固体样品中总可回收分析物的测定,按照 8.2 的规定对溶液中的分析物质量浓度进行修约。分析溶液的质量浓度乘以 0.005 计算 100 mL 提取液中的 mg/L 分析物质量浓度(如果样品另外稀释,计算提取液中样品浓度时要乘以相应的稀释倍数)。报出换算为干样品质量比(ω),保留 3 位有效数字,除非另有规定。换算公式如下:

$$\omega = \frac{\rho \times V}{m}$$

式中:ω——干样品质量比,mg/kg;

　　　ρ——提取液密度,mg/L;

　　　V——提取液体积,L;

　　　m——被提取样品的质量,kg。

低于估算的固体方法检出限(MDL)或根据(为完成分析而进行的)稀释而调整的 MDL 的分析结果不予报出。

8.5　固体样品中的固体质量分数用以下公式计算,固体百分含量:

$$\omega_s = \frac{m_{干}}{m_{湿}} \times 100\%$$

式中:ω_s——固体质量分数,%;

　　　$m_{干}$——60 ℃烘干的样品质量,g;

　　　$m_{湿}$——烘干前的样品质量,g。

注:如果数据使用者、项目或实验室要求 105 ℃烘干后测定固体质量分数,另取一份样品($>$20 g)按 7.2 的步骤重新操作,在 103～105 ℃烘干至恒重。

8.6　采用内标法校正由于仪器漂移或样品基体引起的干扰。特征质谱干扰也要进行校正。不管有没有加入盐酸,所有样品都要进行氯化物干扰校正,因为环境样品中氯化物是常见组分。

8.7　如果一种待测元素选择了不止一个同位素,不同同位素计算的浓度或同位素比值可以为分析者检查可能的质谱干扰提供有用信息。衡量元素质量浓度时,主同位素和次同位素都要考虑。有些情况下,次同位素的灵敏度可能比推荐的主同位素低或更容易受到干扰。因此,两种结果的差异并不能说明主同位素的数据计算有问题。

8.8　分析期间的质量监控样(QC)的结果可以为样品数据质量提供参考,应和样品结果一起提供。

9　质量保证和控制

9.1　基本要求

使用本方法的所有实验室都应执行正式的质量监控程序。程序至少应包括实验室初始能力证明、实验室试剂空白、强化空白和校准溶液的定期分析。要求实验室保存控制数据质量的操作记录。

9.2　能力初始证明

9.2.1　能力初始证明用来描述用本方法进行分析前的仪器性能(线性校准范围测定和质量监控样分析)和实验室性能(方法检出限测定)。

9.2.2 线性校准范围

线性校准范围主要受检测器限制。通过测定三种不同浓度的标准溶液的信号响应建立适合每个元素的线性校准范围上限,其中一份标准的浓度要接近线性范围的上限。此过程应注意避免对检测器造成可能的损坏。用于样品分析的线性校准范围由分析者根据分析结果进行判断。线性范围的上限应该是该质量浓度下的观测信号不低于通过较低标准外推信号水平的90%。待测物质量浓度超过上限的90%时要稀释后重新分析。当仪器硬件或操作条件发生变化时,分析者要判断是否应验证线性校准范围,并决定是否需重新分析。

9.2.3 质量监控样(QCS)

使用本方法进行分析时,每个季度或对数据质量有要求时都要通过分析QCS来检验校准标准和仪器性能。用来检验校准标准的QCS的3次测定平均值必须在其标准值的±10%范围内。如果用来确定可接受的仪器运行状态,质量浓度为100 $\mu g/L$ 的QCS的测定误差要小于±10%或在表4-13列举的可接受限(以两值中之高者为判据)之内(如果不在可接受限内,马上对该监控样重新分析,以确认仪器状态)。如果校准标准或仪器性能超出可接受范围,必须查找问题根源并在测定方法检出限或在连续分析之前进行校正。

表4-13 QC监控样的允许限①

元素	QC监控样浓度($\mu g/L$)	平均回收率(%)	标准偏差②(S_r)	允许限③($\mu g/L$)
Ag	100	101.1	3.29	91~111④
Al	100	100.4	5.49	84~117
As	100	101.6	3.66	91~113
Ba	100	99.7	2.64	92~108
Be	100	105.9	4.13	88~112⑤
Cd	100	100.8	2.32	94~108
Co	100	97.7	2.66	90~106
Cr	100	102.3	3.91	91~114
Cu	100	100.3	2.11	94~107
Mn	100	98.3	2.71	90~106
Mo	100	101.0	2.21	94~108
Ni	100	100.1	2.10	94~106
Pb	100	104.0	3.42	94~114
Sb	100	99.9	2.40	93~107
Se	100	103.5	5.67	86~121
Th	100	101.4	2.60	94~109
Tl	100	98.5	2.79	90~107
U	100	102.6	2.82	94~111
V	100	100.3	3.26	90~110
Zn	100	105.1	4.57	91~119

注:①方法性能表征数据由协作研究所得的回归方程计算而得。

②单个分析者的标准偏差,Sr。

③允许限按照平均回收值±3 Sr计算。

④48 $\mu g/L$ 和64 $\mu g/L$ 综合统计的估算值。

⑤允许限中值为100%回收率。

9.2.4　方法检出限(MDL)

采用强化试剂空白[质量浓度为估计检出限(estimated detection limit)的2～5倍]来确定所有分析元素的方法检出限。具体步骤为:取7等份强化试剂空白溶液进行分析全流程处理,全部按方法规定的公式进行计算,然后报出合适单位的质量浓度值。计算公式如下:

$$MDL = t \times S$$

式中:t——99%置信水平时 Students 值;标准偏差按 $n-1$ 自由度计算($n=7$ 时,$t=3.14$);

S——重份分析的标准偏差。

注:如果需要进一步验证,可在不连续的两天重新分析这7份溶液并分别计算检出限,以三次检出限的平均值作为检出限更合理。如果7份溶液测定结果的相对标准偏差<10%,说明用来测定方法检出限的溶液浓度偏高,这将导致所计算出的检出限不切实际地偏低。同样,用试剂水测定的 MDL 也代表一种最理想的状态,不能反映实际样品中可能存在的基体干扰。然而,用实验室强化基体(LFMs)的成功分析能使试剂级水中测得的检出限更具置信度。

9.3　实验室性能评价

9.3.1　实验室试剂空白(LRB)

分析相同基体的一组样品时,每20个或更少样品至少要插入一个实验室试剂空白。LRB用来评价来自实验室环境的污染和样品处理过程所用试剂带来的背景干扰。试剂空白值高于方法检出限时应怀疑实验室或试剂污染。当空白值大于等于样品待测物浓度的10%或大于等于方法检出限的2.2倍(两值中之高者)时,必须重新制备样品,在修正了污染源并获得可接受的 LRB 值后,重新测定被污染元素。

9.3.2　实验室强化空白(LFB)

每批样品都要分析至少一个实验室强化空白。以百分回收率表示的准确度计算公式如下:

$$R = \frac{LFB-LRB}{B} \times 100\%$$

式中:R——百分回收率,%;

LFB——实验室强化空白的质量浓度;

LRB——实验室试剂空白的质量浓度;

B——强化实验室试剂空白所加入的分析元素相当浓度。

如果某元素的回收率落在要求控制限85%～115%之外,说明该元素超出控制范围,就要查明原因,解决后方可继续分析。

9.3.3　实验室必须用实验室强化空白(LFB)分析数据是否超出要求监控限85%～115%来评价实验室操作性能。如果有充足的内部分析性能数据(通常分析20～30个),可以利用平均回收率(X)和平均回收率的标准偏差(S)建立自选监控限。这些数据可用来确定监控上下限:

监控上限$=X+3S$

监控下限$=X-3S$

自选监控限必须等同或优于85%～115%的要求控制限。测定5～10个回收率后即可根据最近的20～30个测定数据重新计算监控限。同时,标准偏差(S)应该用来表征 LFB 质量浓度水平的样品在测定时的精密度。这些数据要记录在案以便将来查看。

9.3.4 仪器性能

样品测定前必须检查仪器性能并确保仪器经常校准。为了确认校准的可靠性，每次校准后，每分析 10 个样品及结束一次分析运行程序时，都要回测校准空白和标准。校准标准的回测值可用来判断校准是否有效。标准溶液中的所有待测元素浓度应在±10%偏差范围内。如果回测结果不在规定范围内就要重新校准仪器（校准检查时回测的仪器响应信号可用于重新校准，但必须在继续样品分析前确认）。如果连续校正检验超出±15%偏差范围，其前分析的10 个样品就要在校正后重测。如果由于样品基体引起校准漂移，建议将前面测定过的 10 个样品按校准检查之间 5 个样品 1 组重新测定，以避免类似的漂移情况出现。

9.4 样品回收率和数据质量评价

9.4.1 样品均匀性和基体的化学性质将影响待测物的回收率和数据质量。从同一个样品中分取几份进行重份分析或强化分析可以评价此类影响。除非数据使用者、实验室或有关项目有其他的具体规定，否则必须进行以下（9.4.2 部分）实验室强化基体（LFM）步骤。

9.4.2 实验室必须在常规样品分析时对至少 10%的样品加入已知浓度的分析物。在每种情况下，实验室强化基体（LFM）必须是分析样品的重份，对于总可回收测定应在样品制备之前插入。对于水样，加入的分析物质量浓度必须等同于实验室强化空白加入的质量浓度。对固体样品，加入浓度相当于固体中 100 mg/kg（分析溶液中为 200 μg/L），但银要控制在50 mg/kg 之内。如果放置时间长，所有样品都应强化。

9.4.3 计算每个被分析元素的百分回收率，用未强化样品的测定质量浓度作为背景进行校正，然后将这些数据同规定的实验室强化基体回收率范围 70%～130%进行比较。如果强化时加入的元素质量浓度低于样品背景浓度的 30%则不需计算回收率。百分回收率可采用如下的公式计算：

$$R = \frac{\rho_s - \rho}{B} \times 100\%$$

式中：R——百分回收率，%；

ρ_s——强化样品质量浓度；

ρ——样品背景浓度；

B——样品强化时加入的分析元素相当浓度。

9.4.4 如果元素的回收率落在指定范围之外而实验室工作性能又正常（9.3），强化样品所遇到的回收问题应该是由强化样品的基体造成而非系统问题。同时，告知数据使用者未强化样品的元素分析结果可能是由于样品不均匀或未校正基体效应有问题。

9.4.5 内标响应

应监控整个样品分析过程中的内标响应以及内标与各分析元素信号响应的比值。这些信息可用来检查以下原因引起的问题：质量漂移、加入内标引起的错误或由于样品中的背景引起个别内标质量浓度增加。任何一种内标的绝对响应值的偏差都不能超过校准空白中最初响应的 60%～125%。如果超过此偏差，要用清洗空白溶液清洗系统，并监测校准空白的响应值。如果清洗后内标响应值达到正常值，重新取一份试样，再稀释 1 倍，加入内标重新分析。如果响应值又超出监控限，中止样品分析并查明漂移原因。漂移可能是由于进样锥局部堵塞或仪器调谐条件发生改变造成的。

10 注意事项

10.1 分析中所用的玻璃器皿均需用 HNO_3（1＋1）溶液浸泡24 h，或热 HNO_3 荡洗后，再用去离子水洗净后方可使用。对于新器皿,应做相应的空白检查后才能使用。

10.2　对所用的每一瓶试剂都应做相应的空白实验,特别是盐酸要仔细检查。配制标准溶液与样品应尽可能使用同一瓶试剂。

10.3　所用的标准系列必须每次配制,与样品在相同条件下测定。

(2)金属元素的测定

石墨炉原子吸收光谱法(GB 5085.3—2007　附录 C)

1　范围

本方法适用于固体废物和固体废物浸出液中银(Ag)、砷(As)、钡(Ba)、铍(Be)、镉(Cd)、钴(Co)、铬(Cr)、铜(Cu)、铁(Fe)、锰(Mn)、钼(Mo)、镍(Ni)、铅(Pb)、锑(Sb)、硒(Se)、铊(Tl)、钒(V)、锌(Zn)的石墨炉原子吸收光谱测定。

本方法对各种元素的检出限和定量测定范围见表4-14,灵敏度值可参考仪器操作手册。

表4-14　各元素的检出限和定量测定范围

元素	检出限(μg/L)	最佳质量浓度范围	
		波长(nm)	浓度范围(μg/L)
Ag	0.2	328.1	1～25
As	1(水样)	193.7	5～100(水样)
Ba		553.6	
Be	0.2	234.9	1～30
Cd	0.2	228.8	0.5～10
Co	1	240.7	5～100
Cr	1	357.9	5～100
Cu	1	324.7	5～100
Fe	1	248.3	5～100
Mn	0.2	279.5	1～30
Mo(p)	1	313.3	3～60
Ni	1	232.0	5～50
Pb	1	283.3	5～100
Sb	3	217.6	20～300
Se	2	196.0	
Tl	1	276.8	5～100
V(p)	4	318.4	10～200
Zn	0.05	213.9	0.2～4

注:(1)符号(p)指使用热解石墨管的石墨炉法;

　　(2)所列出的值是在 20 μL 进样量和使用通常的气体流量,As 和 Se 则是在原子化阶段停气。

2　原理

样品溶液雾化后在石墨炉中经过蒸发被干燥、灰化并原子化,成为基态原子蒸气,对元素空心阴极灯或无极放电灯发射的特征辐射进行选择性吸收。在一定浓度范围内,其吸收强度与试液中待测物的含量成正比。

3 试剂和材料

3.1 试剂水：为 GB/T 6682 规定的一级水。

3.2 硝酸(HNO_3)：$\rho=1.42\,g/mL$，优级纯。

3.3 盐酸(HCl)：$\rho=1.19\,g/mL$，优级纯。

3.4 空气：可由空气压缩机或者压缩空气钢瓶提供。

3.5 氩气：高纯。

3.6 金属标准贮备液，1000 mg/L：使用市售的标准溶液；或用水和硝酸溶解高纯金属、氧化物或不吸湿的盐类制备。

各种元素的金属标准贮备液配制具体要求见表 4-15。

表 4-15　各元素的金属标准贮备液配制具体要求

元素	金属标准贮备液配制具体要求
Ag	称取 0.7874 g 无水硝酸银溶解于含 5 mL 浓 HNO_3 的试剂水中，定容至 1 L
As	称取 1.320 g 三氧化二砷溶解于 100 mL 含有 4 g NaOH 的试剂水中，用 20 mL 浓 HNO_3 酸化后，定容至 1 L
Ba	称取 1.7787 g 氯化钡($BaCl_2 \cdot 2H_2O$)溶解于试剂水中，定容至 1 L
Be	称取 11.6586 g 硫酸铍溶解于含 2 mL 浓 HNO_3 的试剂水中，定容至 1 L
Ca	称取 2.500 g 碳酸钙(于 180 ℃干燥 1 h 后使用)溶解于含 2 mL 稀盐酸的试剂水中，定容至 1 L
Cd	称取 1.000 g 金属镉溶解于 20 mL 1∶1 的 HNO_3 溶液中，用试剂水定容至 1 L
Co	称取 1.000 g 金属钴溶解于 20 mL 1∶1 的 HNO_3 溶液中，用试剂水定容至 1 L。也可用钴(Ⅱ)的氯化物或硝酸盐(不含结晶水)配制
Cr	称取 1.923 g 三氧化铬(CrO_3)溶解于用重蒸馏的 HNO_3 酸化的试剂水中，定容至 1 L
Cu	称取 1.000 g 电解铜溶解于 5 mL 重蒸馏的 HNO_3 中，用试剂水定容至 1 L
Fe	称取 1.000 g 金属铁溶解于 10 mL 重蒸馏的 HNO_3(为防止钝化应加少量水)中，用试剂水定容至 1 L
Mn	称取 1.000 g 金属锰溶解于 10 mL 重蒸馏的 HNO_3 中，用试剂水定容至 1 L
Mo	称取 1.840 g 钼酸铵($(NH_4)_6Mo_7O_{24} \cdot 4H_2O$)溶解于试剂水中，定容至 1 L
Ni	称取 4.953 g 硝酸镍 $Ni(NO_3)_2 \cdot 6H_2O$ 溶解于试剂水中，定容至 1 L
Pb	称取 1.599 g 硝酸铅溶解于试剂水中，加入 10 mL 重蒸馏的 HNO_3 酸化，用试剂水定容至 1 L
Sb	称取 2.7426 g 酒石酸锑钾 $K(SbO)C_4H_4O_6 \cdot 1/2H_2O$ 溶解于试剂水中，定容至 1 L
Se	称取 0.3453 g 亚硒酸(H_2SeO_3 实际含量 94.6%)溶解于试剂水中，定容至 200 mL
Tl	称取 1.303 g 硝酸铊溶解于试剂水中，加入 10 mL 浓 HNO_3 酸化，用试剂水定容至 1 L
V	称取 1.7854 g 五氧化二钒溶解于 10 mL 浓 HNO_3 中，用试剂水定容至 1 L
Zn	称取 1.000 g 金属锌溶解于 10 mL 浓 HNO_3 中，用试剂水定容至 1 L

3.7 标准使用液：逐级稀释金属贮备液制备标准使用液，配制一个空白和至少 3 个浓度的标准使用液，其浓度由低至高按等比排列，且应落在标准曲线的线性部分。标准使用液中酸的种类和质量浓度应与处理后试样中的相同[0.5%(体积分数)HNO_3]。

有些元素的标准溶液和试样中需加入特定的基体改进剂以消除各种干扰，具体要求见表 4-16。

表 4 - 16　各元素的标准溶液和试样中要求的基体改进剂

元素	基体改进剂
As	校准溶液中应含 1 mL 浓 HNO_3、2 mL30％H_2O_2 和 2 mL5％的 $Ni(NO_3)_2$/100 mL 溶液①
Cd	校准溶液中应含 2 mL40％$(NH_4)_3PO_4$/100 mL 溶液②
Cr	校准溶液中应含 0.5％（体积分数）HNO_3、1 mL30％H_2O_2 和 1 mL$Ca(NO_3)_2$/100 mL 溶液③
Mo	试样和校准溶液中均应含 2 mL$Al(NO_3)_3$/100 mL 溶液④
Sb	校准溶液中应含 0.2％（体积分数）HNO_3 和 1％～2％（体积分数）HCl
Se	校准溶液中应含 1 mL 浓 HNO_3、2 mL30％H_2O_2 和 2 mL5％的 $Ni(NO_3)_2$/100 mL 溶液①

注：①$Ni(NO_3)_2$ 溶液（5％）：称取 24.780 g $Ni(NO_3)_2 \cdot 6H_2O$ 溶解于试剂水中，定容至 100 mL；

②$(NH_4)_3PO_4$（40％）：称取 40 g $(NH_4)_2HPO_4$ 溶解于试剂水中，定容至 100 mL；

③$Ca(NO_3)_2$：称取 11.8 g $Ca(NO_3)_2 \cdot 4H_2O$ 溶解于试剂水中，定容至 100 mL；

④$Al(NO_3)_3$ 溶液：称取 139 g $Al(NO_3)_3 \cdot 9H_2O$ 溶解于 150 mL 水中（加热溶解），冷却并定容至 200 mL。

4　仪器、装置及工作条件

4.1　仪器及装置

4.1.1　石墨炉原子吸收分光光度计：单道或双道，单光束或双光束仪器具有光栅单色器、光电倍增检测器，可调狭缝，190～800 nm 的波长范围，有背景校正装置和数据处理。

4.1.2　单元素空心阴极灯。

4.1.3　各种量程微量移液器。

4.1.4　玻璃仪器：容量瓶、样品瓶、烧杯等。

4.2　工作条件

不同型号的仪器最佳测试条件不同，可根据厂家的使用说明书自行选择。采用的测量条件如下：

4.2.1　进样量为 20 μL。

4.2.2　各元素测定时使用的工作波长见表 4 - 14。

4.2.3　各元素测定时的干燥时间为 30 s，温度为 125 ℃。

4.2.4　各元素测定时的灰化时间和温度见表 4 - 17。

4.2.5　各元素测定时的原子化时间和温度见表 4 - 17。

表 4 - 17　各元素测定的灰化时间和温度

元素	灰化阶段		原子化阶段	
	时间（s）	温度（℃）	时间（s）	温度（℃）
Ag	30	400	10	2 700
Ba	30	1 200	10	2 800
Be	30	1 000	10	2 800
Cd	30	500	10	1 900
Co	30	900	10	2 700
Cr	30	1 000	10	2 700
Cu	30	900	10	2 700
Fe	30	1 000	10	2 700
Mn	30	1 000	10	2 700

元素	灰化阶段		原子化阶段	
	时间(s)	温度(℃)	时间(s)	温度(℃)
Mo	30	1 400	10	2 800
Ni	30	800	10	2 700
Pb	30	500	10	2 700
Sb	30	800	10	2 700
Tl	30	400	10	2 400
V	30	1 400	10	2 800
Zn	30	400		2 500

4.2.6 测定时使用的净化气为氩气。

5 样品的采集、保存和预处理

5.1 所有的采样容器都应预先用洗涤剂、酸和试剂水洗涤,塑料和玻璃容器均可使用。如果要分析极易挥发的硒、锑和砷化合物,要使用特殊容器(如用于挥发性有机物分析的容器)。

5.2 水样必须用硝酸酸化至 pH<2。

5.3 非水样品应冷藏保存,并尽快分析。

5.4 当分析样品中有可溶性砷时,不要求冷藏,但应避光保存,温度不能超过室温。

5.5 为了抑制六价铬的化学活性,样品和提取液分析前均应在 4℃下贮存,最长的保存时间为 24 h。

5.6 银的标准和样品都应贮于棕色瓶中,并放置在暗处。

6 干扰的消除

6.1 由于石墨炉法是在惰性气氛中发生原子化,使形成氧化物的问题大大减少,但该技术仍会遇到化学干扰。在分析中,试样的基体成分也会有很大影响。对于每种不同基体试样的分析,必须确定并考虑到这些干扰影响。为了帮助验证没有基体化学干扰存在,可使用逐次稀释技术。如果表明这些试样中有干扰存在,应该用下述的一种或多种方法进行处理。

6.1.1 逐次稀释并重复分析试样,以便消除干扰。

6.1.2 改良试样基体,以消除干扰成分,或稳定被分析物。例如,加入硝酸铵除去碱金属氯化物,加入磷酸铵稳定镉。将氢气和惰性气体混合,也可用于抑制化学干扰,氢能起到还原剂和帮助分子解离的作用。

6.1.3 用标准加入法分析试样时要谨慎,注意使用标准加入法的局限性(见9.8)。

6.2 在原子化过程中,产生的气体可能会有分子吸收带而覆盖分析波长。当发生这种情况时,可用背景校正或选择次灵敏波长加以解决。背景校正也能补偿非特征宽带吸收干扰。

6.3 连续背景校正不能校正所有的背景干扰。当背景校正不能补偿背景干扰时,可将被分析物进行化学分离,或者使用其他背景校正方法,如塞曼背景校正。

6.4 来自样品基体的烟雾干扰,往往在更高温下延长灰化时间,或者利用在空气中循环灰化加以消除,必须充分注意防止被分析物的损失。

6.5 对于含有大量有机质的试样,在进样之前应进行消解氧化,这样会使宽带吸收减至最小。

6.6 对石墨炉的阴离子干扰研究表明,在非恒温条件下,采用硝酸更为适宜。因此在消解或溶解过程中,常使用硝酸。如果除硝酸外还需使用其他酸,应该加入最小量,尤其是使用盐酸时更是如此,使用硫酸和磷酸时也不能多加。

6.7 石墨炉的化学环境会导致碳化物的生成,钼可是一个例证。当碳化物形成时,金属从形成的金属碳化物中释放很慢,且难以继续原子化。在信号回到基线以前,钼需要 30 s 或更长的原子化时间。用热解涂层石墨管能大大减少碳化物的形成,并提高灵敏度。在表 4-14 中,用符号(p)标示出了易形成碳化物的元素。

6.8 由于石墨炉法可以达到极高的灵敏度,所以交叉污染和试样污染是误差的主要来源。制备试样的工作区域应该保持彻底的清洁。所有玻璃仪器应该用 1:5 的硝酸浸泡,并用自来水和试剂水洗净。应该特别注意在分析过程中和分析结果校正中遇到的试剂空白的影响。热解石墨管的生产和处理过程也会受到污染,在使用前,需要用高温空烧 5~10 次,以净化石墨管。

部分元素测定过程中消除干扰的特殊要求见表 4-18。

表 4-18 测定过程中消除干扰的特殊要求

元素	消除干扰的特殊要求
Ag	①标准溶液应贮于棕色瓶中; ②应避免使用盐酸; ③应用高于原子化温度的温度清洁石墨管,以消除记忆效应
As	①在样品处理过程中,应通过加标样或相应标准参考物质确定所选择的消解方法是否适宜; ②应注意在干燥和灰化过程中温度和时间的选择,在分析前,将硝酸镍加入消解液中,可减少干燥和灰化时 As 的挥发损失; ③用氘灯进行背景校正时,Al 有严重的正干扰,应使用塞曼背景校正或其他有效的背景校正技术; ④在原子化阶段,如果空烧发现有记忆效应,应在分析过程中定时用满负荷空烧石墨炉以清洁石墨管
Ba	①钡在石墨炉中可以形成不易挥发的碳化钡,造成灵敏度降低和记忆效应; ②被测物在石墨炉光路中长时间的滞留和高的浓度,会导致严重的物理和化学干扰,应对石墨炉参数进行最优化以减小这种影响; ③不得使用卤酸
Be	应对石墨炉参数进行最优化,以减小被测物在石墨炉光路中长时间的滞留和高的浓度导致严重的物理和化学干扰
Cd	①过量的氯会使 Cd 提前挥发,应用磷酸铵作基体改进剂以减少这种损失; ②应使用"无镉型"移液头
Co	应使用标准加入法消除过量氯化物干扰
Cr	低浓度的钙和(或)磷酸盐可能引起干扰。当质量浓度高于 200 mg/L 时,钙的影响是不变的,磷酸盐的影响消失,因此,可以加入硝酸钙以保持已知的恒定影响
Mo	①钼易形成碳化物,应使用热解涂层石墨管; ②钼易产生记忆效应,在分析高质量浓度的样品或标准后,应消除石墨管的记忆效应

元素	消除干扰的特殊要求
Ni	为避免记忆效应,用于 As 和 Se 分析的石墨管和连接环不可再用于 Ni 的分析
Pb	若回收率低,应加入基体改良剂:在石墨炉自动进样杯中,加入 10 μL 磷酸于 1 mL 样品中,混合均匀
Se	①在样品处理过程中,应通过加标样或相应标准参考物质确定所选择的消解方法是否适宜; ②应注意在干燥和灰化过程中温度和时间的选择,在分析前,将硝酸镍加入消解液中,可减少干燥和灰化时 Se 的挥发损失; ③用氘灯进行背景校正时,Fe 有严重的正干扰,应使用塞曼背景校正; ④在原子化阶段,应在分析过程中定时用满负荷空烧炉子以清洁石墨管,消除记忆效应; ⑤氯化物(>800 mg/L)和硫酸盐(>200 mg/L)将干扰 Se 的分析,应加入硝酸镍(Ni 的质量分数 1%)以减少干扰
Sb	当高质量浓度 Pb 存在时,在 217.6 nm 共振线处产生光谱干扰,应使用 231.1 nm 锑线测定;或用塞曼背景校正
Tl	①对于每一种基体的样品,必须用加标样或标准加入法检验铊是否损失; ②可使用钯作为基体改良剂
V	在分析前后,应清洗石墨管,以消除记忆效应

7 分析步骤

7.1 配制试液:包括金属标准贮备液和标准使用液。

7.2 进行干扰的消除和背景校正。

7.3 参照仪器说明书设定仪器最佳工作条件。

7.4 测定标准使用液的吸光度,用质量浓度及对应的吸光度值绘制标准曲线。

7.5 测定实验样品和质控样品的吸光度或质量浓度值。

8 结果计算

8.1 用本法进行金属质量浓度测定,可从校准曲线或者仪器的直读系统得到金属质量浓度(μg/L)值。

8.2 如果试样进行稀释,则试样中金属的质量浓度 ρ 需要用下式计算:

$$\rho(\mu g/L) = A \times (\frac{C+B}{C})$$

式中:A——从校准曲线查出的稀释样份中的金属质量浓度,μg/L;

B——稀释用的酸空白基体,mL;

C——样份,mL。

8.3 对于固体试样,根据湿样质量并用 μg/kg 报告含量:

$$\omega_{湿}(\mu g/kg) = \frac{A \times V}{m}$$

式中:A——从校准曲线得到的处理后试样中的金属浓度(μg/L);

V——处理后试样的最终体积,mL;

m——试样质量,g。

9 质量保证和控制

9.1 所有的质控数据应该保留,以便参考或检查。

9.2 每天必须至少用1个试剂空白和3个标准制作一条标准曲线,用至少1个试剂空白和1个质量浓度位于或接近中间范围的验证标准(由参考物质或另一份标准物质配制)进行检验,验证标准的检验结果必须在真值的10%以内,该标准曲线才可使用。

9.3 每测试10个试样后,应做1个校核标准。校核标准可以帮助检查石墨管的寿命和性能。若标准的再现性不好,或者标准信号有重大变化,表明应该更换石墨管。

9.4 如果每天分析的样品数多于10个,则每做完10个试样,要用质量浓度位于中间范围的标准或验证标准对工作曲线进行验证,检验结果必须在真值的±20%以内,否则要将前10个试样重新测定。

9.5 在每批测试试样中,至少应该有一个加标样和一个加标双样。

9.6 当试样基体十分复杂,以致其黏度、表面张力和成分不能用标准准确地匹配时,应使用9.7的方法判断是否需要使用标准加入法,标准加入法的相关内容见9.8。

9.7 干扰试验

9.7.1 稀释试验

在试样中选一个有代表性的试样做逐次稀释以确定是否有干扰存在,试样中分析元素的质量浓度至少为其检出限的25倍。测定未稀释试样的质量浓度,将试样稀释至少5倍(1+4)后再进行分析。如果所有试样的质量浓度均低于检出限的10倍,要做下面所述的加标回收分析。若未稀释试样和稀释了5倍的试样的测定结果一致(相差在10%以内),则表明不存在干扰,不必采用标准加入法分析。

9.7.2 回收率试验

如果稀释试验的结果不一致,则可能存在基体干扰,需要做加标样品分析以确认稀释试验的结论。另取一份试样,加入已知量的被测物使其质量浓度为原有质量浓度的2~5倍。如果所有样品所含的分析物质量浓度均低于检出限,按检出限的20倍加标。分析加标样品并计算回收率,如果回收率低于85%或高于115%,则所有样品均要用标准加入法测定。

9.8 标准加入法

标准加入法是向一份或多份备好的样品溶液中加入已知量的标准。通过增加待测组分,提高或降低分析信号,使其斜率与校准曲线产生偏差。不应加入干扰组分,这样会造成基线漂移。

9.8.1 标准加入技术的最简单形式是单点加入法。取两份相同的样份,每份体积为V_x。在第1份中(称为A)加入已知体积为V_s、质量浓度为ρ_s的标准溶液,在第2份(称为B)中加入相同体积V_s的基体溶剂。测量A和B的吸收信号,并校正非被测元素的信号,则未知的试样浓度ρ_x计算如下:

$$\rho_x = \frac{S_B \times V_S \times \rho_s}{(S_A - S_B) \times V_X}$$

式中S_A和S_B分别是溶液A和B在校正空白后的吸收信号。应该选择V_S和ρ_s,使S_A大约是S_B平均信号的2倍,以避免试样基体的过度稀释。如果使用了分离或浓缩手段,最好一开始就进行加标,使其能够经过制样的整个过程。

9.8.2 通过使用系列标准加入可使结果得到改善。加入一系列含有不同已知质量浓度的标准后,为了使试样的体积相同,所有试样都要稀释到相同的体积,例如,1号加标样的质量浓度应该是样品中待测物所产生的吸收的约50%,2号和3号加标样的质量浓度应该是样品

147

中待测物所产生的吸收的约100％和150％。测定每份试样的吸收值,以吸收值为纵坐标,以标准的已知质量浓度为横坐标作图,将曲线外推至零吸收处,其与横坐标的交点即为试样中待测组分的原有质量浓度。纵坐标左右两侧的横坐标的刻度值相同,大小相反。

9.8.3 标准加入法是十分有效的,但是必须注意以下的制约条件:(1)标准加入的质量浓度应该在标准曲线的线性范围内,为了得到最好的结果,标准加入法标准曲线的斜率应该与水标准曲线的斜率大体相同。如果斜率明显不同(大于20％),使用时应该慎重。(2)干扰影响不应该随分析物质量浓度和试样基体比的改变而变化,并且加入标准应该与被分析物有同样的响应。(3)在测定中必须没有光谱干扰,并能校正非特征背景干扰。

火焰原子吸收光谱法(GB 5085.3—2007 附录 D)

1 范围

本方法适用于固体废物和固体废物浸出液中银(Ag)、铝(Al)、钡(Ba)、铍(Be)、钙(Ca)、镉(Cd)、钴(Co)、铬(Cr)、铜(Cu)、铁(Fe)、钾(K)、锂(Li)、镁(Mg)、锰(Mn)、钼(Mo)、钠(Na)、镍(Ni)、锇(Os)、铅(Pb)、锑(Sb)、锡(Sn)、锶(Sr)、铊(Tl)、钒(V)、锌(Zn)的火焰原子吸收光谱测定。

本方法对各种元素的检出限、灵敏度及定量测定范围见表4-19。

表4-19 各元素的检出限、灵敏度及定量测定范围

元素	检出限(mg/L)	灵敏度(mg/L)	最佳浓度范围	
			波长(nm)	质量浓度范围(mg/L)
Ag	0.01	0.06	328.1	
Al	0.1	1	309.3	5～50
Ba	0.1	0.4	553.6	1～20
Be	0.005;低于0.02时建议用石墨炉法	0.025	234.9	0.05～2
Ca	0.01	0.08	422.7	0.2～7
Cd	0.005;低于0.02时建议用石墨炉法	0.025	228.8	0.5～2
Co	0.05;低于0.1时建议用石墨炉法	0.2	240.7	0.5～5
Cr	0.05;低于0.2时建议用石墨炉法	0.25	357.9	0.5～10
Cu	0.02	0.1	324.7	0.2～5
Fe	0.03	0.12	248.3	0.2～5
K	0.01	0.04	766.5	0.1～2
Li	0.002	0.04	670.8	0.1～2
Mg	0.001	0.007	285.2	0.02～0.05
Mn	0.01	0.05	279.5	0.1～3
Mo	0.1;低于0.2时建议用石墨炉法	0.4	313.3	1～40
Na	0.002	0.015	589.6	0.03～1
Ni	0.04	0.15	232.0	0.3～5
Os	0.3	1	290.0	

续表

元素	检出限（mg/L）	灵敏度（mg/L）	最佳浓度范围	
			波长（nm）	质量浓度范围（mg/L）
Pb	0.1；低于 0.2 时建议用石墨炉法	0.5	283.3	1～20
Sb	0.2；低于 0.35 时建议用石墨炉法	0.5	217.6	1～40
Sn	0.8	4	286.3	10～300
Sr	0.03	0.15	460.7	0.3～5
Tl	0.1；低于 0.2 时建议用石墨炉法	0.5	276.8	1～20
V	0.2；低于 0.5 时建议用石墨炉法	0.8	318.4	2～100
Zn	0.005；低于 0.01 时建议用石墨炉法	0.02	213.9	0.05～1

2　原理

样品溶液雾化后在火焰原子化器中被原子化，成为基态原子蒸气，对元素空心阴极灯或无极放电灯发射的特征辐射进行选择性吸收。在一定质量浓度范围内，其吸收强度与试液中待测物的含量成正比。

3　试剂和材料

3.1　试剂水：为 GB/T 6682 规定的一级水。

3.2　硝酸（HNO_3）：$\rho = 1.42\,g/mL$，优级纯。

3.3　盐酸（HCl）：$\rho = 1.19\,g/mL$，优级纯。

3.4　乙炔：高纯。

3.5　空气：可由空气压缩机或压缩空气钢瓶提供。

3.6　氧化亚氮：高纯。

3.7　金属标准贮备液，$1\,000\,mg/L$：使用市售的标准溶液；或用水和硝酸或盐酸，溶解高纯金属、氧化物或不吸湿的盐类制备。

各种元素标准贮备液配制的具体要求见表 4-20。

表 4-20　各元素的金属标准贮备液配制具体要求

元素	金属标准贮备液配制具体要求
Ag	称取 0.787 4 g 无水硝酸银溶解于含 5 mL 浓 HNO_3 的试剂水中，定容至 1 L
Al	称取 1.000 g 金属 Al 溶解于温热的稀盐酸中，用试剂水定容至 1 L
Ba	称取 1.778 7 g 氯化钡（$BaCl_2 \cdot 2H_2O$）溶解于试剂水中，定容至 1 L
Be	称取 11.658 6 g 硫酸铍溶解于含 2 mL 浓 HNO_3 的试剂水中，定容至 1 L
Ca	称取 2.500 g 碳酸钙（于 180 ℃ 干燥 1 h 后使用）溶解于含 2 mL 稀盐酸的试剂水中，定容至 1 L
Cd	称取 1.000 g 金属镉溶解于 20 mL 1:1 的 HNO_3 中，用试剂水定容至 1 L
Co	称取 1.000 g 金属钴溶解于 20 mL 1:1 HNO_3 溶液中，用试剂水定容至 1 L。也可用钴（Ⅱ）的氯化物或硝酸盐（不含结晶水）配制
Cr	称取 1.923 g 三氧化铬（CrO_3）溶解于用重蒸馏的 HNO_3 酸化的试剂水中，定容至 1 L
Cu	称取 1.000 g 电解铜溶解于 5 mL 重蒸馏的 HNO_3 中，用试剂水定容至 1 L
Fe	称取 1.000 g 金属铁溶解于 10 mL 重蒸馏的 HNO_3（为防止钝化应加少量水）中，用试剂水定容至 1 L

元素	金属标准贮备液配制具体要求
K	称取 1.907 g 氯化钾(于 110℃干燥 1 h 后使用)溶解于试剂水中,定容至 1 L
Li	称取 5.324 g 碳酸锂溶于少量的 1:1 盐酸中,用试剂水定容至 1 L
Mg	称取 1.000 g 金属镁溶解于 20 mL 1:1 HNO$_3$ 中,用试剂水定容至 1 L
Mn	称取 1.000 g 金属锰溶解于 10 mL 重蒸馏的 HNO$_3$ 中,用试剂水定容至 1 L
Mo	称取 1.840 g 钼酸铵 $(NH_4)_6Mo_7O_{24} \cdot 4H_2O$ 溶解于试剂水中,定容至 1 L
Na	称取 2.542 g 氯化钠溶解于试剂水中,加入 10 mL 重蒸馏的 HNO$_3$ 酸化,用试剂水定容至 1 L
Ni	称取 1.000 g 金属镍或 4.953 g 硝酸镍 $Ni(NO_3)_2 \cdot 6H_2O$ 溶解于 10 mL HNO$_3$ 中,用试剂水定容至 1 L
Os	因 Os 及其化合物具有极高毒性,因此建议购买标准溶液
Pb	称取 1.599 g 硝酸铅溶解于试剂水中,加入 10 mL 重蒸馏的 HNO$_3$ 酸化,用试剂水定容至 1 L
Sb	称取 2.7426 g 酒石酸锑钾 $K(SbO)C_4H_4O_6 \cdot 1/2H_2O$ 溶解于试剂水中,定容至 1 L
Sn	称取 1.000 g 金属锡溶解于 100 mL 浓盐酸中,用试剂水定容至 1 L
Sr	称取 2.415 g 硝酸锶溶解于 10 mL 浓盐酸和 700 mL 水中,用试剂水定容至 1 L
Tl	称取 1.303 g 硝酸铊溶解于试剂水中,加入 10 mL 浓 HNO$_3$ 酸化,用试剂水定容至 1 L
V	称取 1.7854 g 五氧化二钒溶解于 10 mL 浓 HNO$_3$ 中,用试剂水定容至 1 L
Zn	称取 1.000 g 金属锌溶解于 10 mL 浓 HNO$_3$ 中,用试剂水定容至 1 L

3.8 标准使用液:逐级稀释金属贮备液制备标准使用液,配制一个空白和至少 3 个质量浓度的标准使用液。其浓度由低至高按等比排列,且应落在标准曲线的线性部分。标准使用液中酸的种类和质量浓度应与处理后试样中的相同[0.5%(体积分数)HNO$_3$]。

有些元素的标准溶液和试样中需加入特定的基体改进剂以消除各种干扰,具体要求见表 4-21。

表 4-21 各元素的标准溶液和试样中要求的基体改进剂

元素	基体改进剂
Al	试样和校准溶液中均应含 2 mL KCl/100 mL 溶液①
Ba	试样和校准溶液中均应加入电离抑制剂
Ca	试样和校准溶液中均应含 20 mL LaCl$_3$/100 mL 溶液②
Mg	校准溶液中应含 10 mL LaCl$_3$/100 mL 溶液③
Mo	试样和校准溶液中均应含 2 mL Al(NO$_3$)$_3$/100 mL 溶液③
Os	校准溶液中应含 1%(体积分数)HNO$_3$ 和 1%(体积分数)H$_2$SO$_4$
Sb	校准溶液中应含 0.2%(体积分数)HNO$_3$ 和 1%~2%(体积分数)HCl
Sr	校准溶液中应含 10 mL LaCl$_3$/KCl/100 mL 溶液④
V	试样和校准溶液中均应含 2 mL Al(NO$_3$)$_3$/100 mL 溶液③

注:①KCl 溶液:称取 95 g 氯化钾(KCl)溶解于水中并定容至 1 L;

②LaCl$_3$ 溶液:称取 29 g 氧化镧(La$_2$O$_3$)溶解于 250 mL 浓 HCl(注意:反应激烈),并用试剂水定容至 500 mL;

③Al(NO$_3$)$_3$ 溶液:称取 139 g 硝酸铝 Al(NO$_3$)$_3 \cdot 9H_2O$ 溶解于 150 mL 水中(加热溶解),冷却并定容至 200 mL;

④LaCl$_3$/KCl 溶液:称取 11.73 g 氧化镧(La$_2$O$_3$)溶解少量的(大约 50 mL)浓 HCl 中(注意:反应激烈),加入 1.91 g 氯化钾(KCl),将溶液冷却至室温,用试剂水定容至 100 mL。

4　仪器、装置及工作条件

4.1　仪器及装置

4.1.1　原子吸收分光光度计：单道或双道，单光束或双光束仪器具有光栅单色器、光电倍增检测器，可调狭缝，$190\sim800\,nm$ 的波长范围，有背景校正装置和数据处理。

4.1.2　燃烧器：以氧化亚氮为助燃气的元素测定需使用高温燃烧器。

4.1.3　单元素空心阴极灯。

4.1.4　各种量程的微量移液器。

4.1.5　玻璃仪器：容量瓶、样品瓶、烧杯等。

4.2　工作条件

不同型号的仪器最佳测试条件不同，可根据厂家的使用说明书自行选择。本方法采用的测量条件如下：

4.2.1　各元素测定时使用的空心阴极灯工作波长见表 4-19。

4.2.2　燃气：乙炔。

4.2.3　各元素测定时使用的助燃气类型见表 4-22。

表 4-22　各元素测定时使用的助燃气类型

助燃气类型	元素
空气	Ag、Cd、Co、Cu、Fe、K、Li、Mg、Mn、Na、Ni、Pb、Sb、Sr、Tl、Zn
氧化亚氮	Al、Ba、Be、Ca、Cr、Mo、Os、Sn、V

4.2.4　各元素测定时使用的火焰类型见表 4-23。

表 4-23　各元素测定时使用的火焰类型

火焰类型	元素
富燃	Al、Ba、Be、Cr、Mo、Sn、V
贫燃	Ag、Cd、Co、Cu、Fe、K、Li、Mg、Na、Ni、Pb、Os、Sb、Sr、Tl、Zn
略贫燃	Ca、Mn
注：测定 Ca 时，乙炔量按 Ca 的化学计量调整。	

4.2.5　测定时要求背景校正的元素包括：Ag、Be、Cd、Co、Cu、Fe、Mg、Mn、Mo、Ni、Os、Pb、Sb、Sn、Tl、V、Zn。

5　样品的采集、保存和预处理

5.1　所有的采样容器都应预先用洗涤剂、酸和试剂水洗涤，塑料和玻璃容器均可使用。如果要分析极易挥发的硒、锑和砷化合物，要使用特殊容器（如用于挥发性有机物分析的容器）。

5.2　水样必须用硝酸酸化至 pH 小于 2。

5.3　非水样品应冷藏保存，并尽快分析。

5.4　当分析样品中有可溶性砷时，不要求冷藏，但应避光保存，温度不能超过室温。

5.5　为了抑制六价铬的化学活性，样品和提取液分析前均应在 4℃下贮存，最长的保存时间为 24 h。

5.6　银的标准和样品都应贮于棕色瓶中，并放置在暗处。

6　干扰的消除

6.1　当火焰温度不足以使分子解离时，会由于在火焰中原子受到分子的束缚而使吸收减少,如磷酸盐对 Mg 的干扰。或者当解离出的原子立刻被氧化成化合物时,在此火焰温度下将不能再解离。因此在 Mg、Ca 和 Ba 的测定中,加入 La 可以去除磷酸盐的干扰;在 Mn 的测定中加入 Ca 也能消除 Si 的干扰。这种干扰也可以通过从干扰物质中分离出待测金属来消除。此外,还可利用主要用于提高分析灵敏度的络合剂来消除或减少干扰。

6.2 试样中可溶解性固体的含量很高时,会产生类似光散射的非原子吸收干扰。当用背景校正仍无效时,应用非吸收波长校正,并应提取出试样所含有的大量固体物质。

6.3 当火焰温度高到足以导致中性原子失去电子而成为带正电荷的离子时,会发生电离干扰。在标准和试样中都加入超过量的易电离元素如 K、Na、Li 或 Cs,可控制这类干扰。

6.4 试样中共存的某种非测定元素的吸收波长位于待测元素吸收线的带宽时,会发生光谱干扰。由于干扰元素的影响,将使原子吸收信号的测定结果异常高,当多元素灯的其他金属或阴极灯中的金属杂质产生的共振辐射恰在选定的狭缝通带的情况下,也会产生光谱干扰。应采用小的狭缝通带以减少这类干扰。

6.5 试样和标准的黏度差异会改变吸入速率,应引起注意。

6.6 在消解试液中各种金属的稳定性不同,尤其是消解液中仅含 HNO_3(不是同时含 HNO_3 和 HCl)时,消解液应尽快分析,并且优先分析 Sn、Sb、Mo、Ba 和 Ag。

部分元素测定过程中消除干扰的特殊要求见表 4-24。

表 4-24 部分元素测定过程消除干扰的特殊要求

元素	消除干扰的特殊要求
Ag	1. 标准溶液应贮于棕色瓶中; 2. 不能使用盐酸; 3. 应检测试样和标准的黏度差异
Ba	必须设定高的灯电流和窄的光谱通带
Be	质量浓度超过 100 ppm 的 Al 会抑制 Be 的吸收,加入 0.1% 的氟化物能有效地消除这一干扰。高浓度的 Mg 和 Si 也产生类似的干扰,须用标准加入法加以克服
Ca	1. 由于所有的环境样品中 Ca 的含量很高,应稀释至方法的线性范围; 2. PO_4^{3-}、SO_4^{2-} 和 Al 会产生干扰,高质量浓度的 Mg、Na 和 K 也干扰 Ca 的测定
Co	过量的其他过渡金属会轻微抑制 Co 的信号,应使用基体匹配或标准加入法
Cr	如果样品中的碱金属含量比标准高很多,应当在样品和标准中加入电离抑制剂
Ni	1. 高质量浓度的 Fe、Co 和 Cr 会造成干扰,应配制相同的基体或使用氧化亚氮作为助燃气; 2. 对中至高质量浓度的 Ni,应该对样品进行稀释或使用 352.4 nm
Os	1. 标准必须当日配制,且样品制备方法对样品基体的适用性必须经过验证; 2. 应检测样品和标准的黏度差异
Sb	1. 当 1 000 mg/L Pb 存在时,在 217.6 nm 共振线处产生光谱干扰,应使用 231.1 nm 锑线测定; 2. 高质量浓度的 Cu、Ni 会造成干扰,应配制相同的基体或使用氧化亚氮作为助燃气
Tl	不能使用盐酸
V	加入 1 000 mg/L Al 可控制高质量浓度的 Al 或 Ti,以及 Bi、Cr、Co、Fe、醋酸、磷酸、表面活性剂、洗涤剂或碱金属的存在造成的干扰
Zn	加入锶(1 500 mg/L)可消除 Cu 和磷酸盐的干扰

7 分析步骤

7.1 配制试液,包括金属标准贮备液和标准使用液。

7.2　进行干扰的消除和背景校正。

7.3　参照仪器说明书设定仪器最佳工作条件。

7.4　测定标准使用液的吸光度,用质量浓度及对应的吸光度值绘制标准曲线。

7.5　测定实验样品和质控样品的吸光度或质量浓度值。

8　结果计算

8.1　火焰原子吸收光谱法进行金属质量浓度测定,可从校准曲线或者仪器的直读系统得到金属质量浓度(mg/L)值。

8.2　如果试样进行稀释,则试样中金属的质量浓度需要用下式计算:

$$\rho(\mathrm{mg/L}) = \rho_{校} \times \frac{V \times B}{V}$$

式中:ρ——试样中金属的质量浓度,mg/L;

$\rho_{校}$——从校准曲线查出的稀释样份中的金属质量浓度,mg/L;

B——稀释用的酸空白基体,mL;

V——样份体积,mL。

8.3　对于固体试样,根据试样质量并用 mg/kg 报告:

$$\omega(\mathrm{mg/kg}) = \frac{\rho \times V}{m}$$

式中:ρ——从校准曲线得到的处理后试样中的金属质量浓度,mg/L;

V——处理后试样的最终体积,mL;

m——试样质量,g。

9　质量保证和控制

9.1　所有的质控数据应该保留,以便参考或检查。

9.2　每天必须最少用一个试剂空白和 3 个标准制作一条标准曲线,用至少一个试剂空白和一个质量浓度位于或接近中间范围的验证标准(由参考物质或另一份标准物质配制)进行检验,验证标准的检验结果必须在真值的 10% 以内,该标准曲线才可使用。

9.3　如果每天分析的样品数多于 10 个,则每做完 10 个试样,要用质量浓度位于中间范围的标准或验证标准对工作曲线进行验证,检验结果必须在真值的 ±20% 以内,否则要将前 10 个试样重新测定。

9.4　在每批测试试样中,至少应该有一个加标样和一个加标双样。

9.5　当试样基体十分复杂,以致其黏度、表面张力和成分不能用标准准确地匹配时,应使用 9.6 的方法判断是否需要使用标准加入法,标准加入法的相关内容见 9.7。

9.6　干扰试验

9.6.1　稀释试验

在试样中选一个有代表性的试样做逐次稀释以确定是否有干扰存在,试样中分析元素的质量浓度至少为其检出限的 25 倍。测定未稀释试样的质量浓度,将试样稀释至少 5 倍(1+4)后再进行分析。如果所有试样的浓度均低于检出限的 10 倍,要做下面所述的加标回收分析。若未稀释试样和稀释了 5 倍的试样的测定结果一致(相差在 10% 以内),则表明不存在干扰,不必采用标准加入法分析。

9.6.2　回收率试验

如果稀释试验的结果不一致,则可能存在基体干扰,需要做加标样品分析以确认稀释试验的结论。另取一份试样,加入已知量的被测物,使其质量浓度为原有质量浓度的2～5倍。如果所有样品所含的分析物质量浓度均低于检出限,按检出限的20倍加标。分析加标样品并计算回收率,如果回收率低于85%或高于115%,则所有样品均要用标准加入法测定。

9.7 标准加入法

标准加入法是向一份或多份备好的样品溶液中加入已知量的标准。通过增加待测组分,提高或降低分析信号,使其斜率与校准曲线产生偏差。不应加入干扰组分,这样会造成基线漂移。

9.7.1 标准加入技术的最简单形式是单点加入法。取两份相同的样份,每份体积为V_X。在第1份(称为A)中加入已知体积为V_s、质量浓度为ρ_s的标准溶液,在第2份(称为B)中加入相同体积V_s的基体溶剂。测量A和B的吸收信号,并校正非被测元素的信号,则未知的试样质量浓度ρ_x计算如下:

$$\rho_x = \frac{S_B \times V_s \times \rho_s}{(S_A - S_B) \times V_X}$$

式中,S_A和S_B分别是溶液A和B在校正空白后的吸收信号。应该选择V_s和ρ_s,使S_A大约是S_B平均信号的2倍,以避免试样基体的过度稀释。如果使用了分离或浓缩手段,最好一开始就进行加标,使其能够经过制样的整个过程。

9.7.2 通过使用系列标准加入可使结果得到改善。加入一系列含有不同已知质量浓度的标准后,为了使试样的体积相同,所有试样都要稀释到相同的体积,例如,1号加标样的质量浓度应该大约是样品中待测物所产生的吸收的50%,2号和3号加标样的质量浓度应该大约是样品中待测物所产生的吸收的100%和150%。测定每份试样的吸收值,以吸收值为纵坐标,以标准的已知质量浓度为横坐标作图,将曲线外推至零吸收处,其与横坐标的交点即为试样中待测组分的原有质量浓度。纵坐标左右两侧的横坐标的刻度值相同,大小相反。

9.7.3 标准加入法是十分有效的,但是必须注意以下的制约条件:(1)标准加入的质量浓度应该在标准曲线的线性范围内,为了得到最好的结果,标准加入法标准曲线的斜率应该与水标准曲线的斜率大体相同。如果斜率明显不同(大于20%),使用时应该慎重。(2)干扰影响不应该随分析物质量浓度和试样基体比的改变而变化,并且加入标准应该与被分析物有同样的响应。(3)在测定中必须没有光谱干扰,并能校正非特征背景干扰。

(3)砷、锑、铋、硒的测定

原子荧光法(GB 5085.3—2007 附录E)

1 范围

本方法适用于固体废物中砷(As)、锑(Sb)、铋(Bi)和硒(Se)的原子荧光法测定。

本方法对As、Sb、Bi的检出限为0.0001～0.0002mg/L;Se为0.0002～0.0005mg/L。

本方法存在的主要干扰元素是高含量的Cu^{2+}、Co^{2+}、Ni^{2+}、Ag^+、Hg^{2+},以及形成氢化物元素之间的互相影响等。其他常见的阴阳离子无干扰。

2 原理

在消解处理后的水样加入硫脲,把As、Sb、Bi还原成三价,Se还原成四价。

在酸性介质中加入硼氢化钾溶液,三价As、Sb、Bi和四价硒Se分别形成砷化氢、锑化氢、铋化氢和硒化氢气体,由载气(氩气)直接导入石英管原子化器中,进而在氩氢火焰中原子化。基态原子受特种空心阴极灯光源的激发,产生原子荧光,通过检测原子荧光的相对强度,利用荧光强度与溶液中的 As、Sb、Bi 和 Se 含量呈正比的关系,计算样品溶液中相应成分的含量。

3　试剂和材料

3.1　硝酸:优级纯。

3.2　高氯酸:优级纯。

3.3　盐酸:优级纯。

3.4　氢氧化钾或氢氧化钠:优级纯。

3.5　0.7% 硼氢化钾溶液:称取 7 g 硼氢化钾于预先加有 2 g KOH 的 200 mL 去离子水中,用玻璃棒搅拌至溶解后,用脱脂棉过滤,稀释至 1 000 mL。此溶液现用现配。

3.6　10% 硫脲溶液:称取 10 g 硫脲微热溶解于 100 mL 去离子水中。

3.7　砷标准贮备溶液:称取 0.132 0 g 经过 105 ℃ 干燥 2 h 的优级纯 As_2O_3,溶于 5 mL 1 mol/L NaOH 溶液中,用 1 mol/L HCl 中和至酚酞红色褪去,稀释至 1 000 mL。此溶液 1.00 mL 含 0.1 mg As。

3.8　砷标准工作溶液:移取砷标准贮备溶液 5.00 mL 于 500 mL 容量瓶中,以 1 mol/L HCl 溶液定容,摇匀。此溶液 1.00 mL 含 100 μg As,再移取此溶液 10 mL 于 100 mL 容量瓶中,用 1 mol/L HCl 定容,摇匀。此溶液 1.00 mL 含 0.10 μgAs。

3.9　锑标准贮备溶液:称取 0.119 7 g 经过 105 ℃ 干燥 2 h 的 Sb_2O_3 溶解于 80 mL HCl 中,转入 1 000 mL 容量瓶中,补加 HCl 120 mL,用水稀释至刻度,摇匀。此溶液 1 mL 含 0.1 mg Sb。

3.10　锑标准工作溶液:移取锑标准贮备溶液 5.00 mL 于 500 mL 容量瓶中,以 1 mol/L HCl 溶液定容,摇匀。此溶液 1.00 mL 含 1.00 μg Sb。再移取此溶液 10 mL 于 100 mL 容量瓶中,用 1 mol/L HCl 溶液定容,摇匀。此溶液 1.00 mL 含 0.10 μg Sb。

3.11　铋标准贮备溶液:称取高纯金属铋 0.100 0 g 于 250 mL 烧杯中,加入 20 mL HCl(1+1),于电热板上低温加热溶解,加入 3 mL $HClO_4$ 继续加热至冒白烟,取下冷却后转移入 1 000 mL 容量瓶中,加入浓 HCl 50 mL 后,用去离子水定容。此溶液 1.00 mL 含 0.1 mg Bi。

3.12　铋标准工作溶液:移取铋标准贮备溶液 5.00 mL 于 500 mL 容量瓶中,以 1 mol/L HCl 溶液定容,摇匀。此溶液 1.00 mL 含 1.00 μg Bi。再移取 10 mL 于 100 mL 容量瓶中,用 1 mol/L HCl 定容,摇匀。此溶液 1.00 mL 含 0.10 μg Bi。

3.13　硒标准贮备溶液:称取 0.100 0 g 光谱纯硒粉于 100 mL 烧杯中,加 10 mL HNO_3,低温加热溶解后,加 3 mL $HClO_4$ 蒸至冒白烟时取下,冷却后用去离子水吹洗杯壁并蒸至刚冒白烟,加水溶解,移入 1 000 mL 容量瓶中,并稀释至刻度,摇匀。此溶液 1 mL 含 0.1 mg/L Se。

3.14　硒标准工作溶液:用硒的标准贮备溶液逐级稀释至 1 mL 含 10 μg,1 mL 含 1 μg,1 mL 含 0.10 μg Se 的标准工作溶液,并保持 4 mol/L HCl 浓度。

4　仪器、装置及工作条件

4.1　仪器及装置

4.1.1　砷、锑、铋、硒高强度空心阴极灯。

4.1.2　原子荧光光谱仪。

4.2　工作条件

原子荧光光谱仪的工作条件见表 4-25。

表 4-25 测定条件

元素	灯电流(mA)	负高压(V)	氩气(mL/min)	原子化温度(℃)
砷	40~60	240~260	1 000	200
锑	60~80	240~260	1 000	200
铋	40~60	250~270	1 000	300
硒	90~100	260~280	1 000	200

5 样品的采集、保存和预处理

5.1 所有的采样容器都应预先用洗涤剂、酸和试剂水洗涤,塑料和玻璃容器均可使用。如果要分析极易挥发的硒、锑和砷化合物,要使用特殊容器(如用于挥发性有机物分析的容器)。

5.2 水样必须用硝酸酸化至 pH 小于 2。

5.3 非水样品应冷藏保存,并尽快分析。

5.4 当分析样品中有可溶性砷时,不要求冷藏,但应避光保存,温度不能超过室温。

6 分析步骤

6.1 样品测定

移取 20 mL 清洁的水样或经过预处理的水样于 50 mL 烧杯中,加入 3 mL HCl,10% 硫脲溶液 2 mL,混匀。放置 20 min 后,用定量加液器注入 5.0 mL 于原子荧光仪的氢化物发生器中,加入 4 mL 硼氢化钾溶液,进行测定,或通过蠕动泵进样测定(调整进样和进硼氢化钾溶液流速为 0.5 mL/s),但须通过设定程序保证进样量的准确性和一致性,记录相应的相对荧光强度值。从校准曲线上查得测定溶液中 As 或 Sb、Bi、Se 的质量浓度。

6.2 校准曲线的绘制

用含 As、Sb、Bi 和 Se 0.1 μg/mL 的标准工作溶液制备标准系列,在标准系列中各种金属元素的质量浓度如见表 4-26 所示。

表 4-26 标准系列各元素的质量浓度　　　　　　　　　　　　　(μg/L)

元素	标准系列						
As	0.0	1.0	2.0	4.0	8.0	12.0	16.0
Sb	0.0	0.5	1.0	2.0	4.0	6.0	8.0
Bi	0.0	0.5	1.0	2.0	4.0	6.0	8.0
Se	0.0	1.0	2.0	4.0	8.0	12.0	16.0

准确移取相应量的标准工作溶液于 100 mL 容量瓶中,加入 12 mL HCl、8 mL 10% 硫脲溶液,用去离子水定容,摇匀后按样品测定步骤进行操作。记录相应的相对荧光强度,绘制校准曲线。

7 结果计算

由校准曲线查得测定溶液中各元素的质量浓度,再根据水样的预处理稀释体积进行计算。

$$\rho = \frac{V_1 \rho_1}{V_2}$$

式中:ρ——样品中元素的实际质量浓度,μg/L;

ρ_1——从校准曲线上查得相应测定元素的质量浓度,μg/L;

V_1——测量时水样的总体积,mL;

V_2——预处理时移取水样的体积,mL。

8　注意事项

8.1　分析中所用的玻璃器皿均需用 HNO_3(1+1)溶液浸泡24 h,或热 HNO_3 荡洗后,再用去离子水洗净后方可使用。对于新器皿,应做相应的空白检查后才能使用。

8.2　对所用的每一瓶试剂都应做相应的空白实验,特别是盐酸要仔细检查。配制标准溶液与样品应尽可能使用同一瓶试剂。

8.3　所用的标准系列必须每次配制,与样品在相同条件下测定。

(4)氟离子、溴酸根、氯离子、亚硝酸根(NO_2^-)、氰酸根、溴离子、硝酸根、磷酸根、硫酸根的测定

离子色谱法(GB 5058.3—2007　附录 F)

1　范围

本方法适用于固体废物中氟离子(F^-)、溴酸根(BrO_3^-)、氯离子(Cl^-)、亚硝酸根(NO_2^-)、氰酸根(CN^-)、溴离子(Br^-)、硝酸根(NO_3^-)、磷酸根(PO_4^{3-})、硫酸根(SO_4^{2-})的离子色谱法测定。

本方法对各种阴离子的检出限见表4-27。

表4-27　各种阴离子的检出限

阴离子	检出限($\mu g/L$)	阴离子	检出限($\mu g/L$)
F^-	14.8	BrO_3^-	5
Cl^-	10.8	NO_2^-	12.4
CN^-	20	Br^-	24.2
NO_3^-	21.4	PO_4^{3-}	62.2
SO_4^{2-}	28.8		

2　术语与定义

下列定义适用于本方法。

2.1　离子色谱:一种液相色谱,通过离子交换分离离子组分,然后用适当的检测方法检测。

2.2　分析柱:在保护柱后连接一支或多支分离柱组成一系列用以分离待测离子的分析系统。系列中所有柱子对分析柱的总容量均有贡献。

2.3　保护柱:置于分离柱之前的柱子,用于保护分离柱免受颗粒物或不可逆保留物等杂质的污染。

2.4　分离柱:根据待测离子保留特性,在检测前将被检测离子分离的交换柱。

2.5　抑制器:在分析柱和检测器之间,安装抑制器来降低淋洗液中离子组分的检测响应,增加被测离子的检测响应,进而提高信噪比。

2.6　淋洗液:离子流动相,样品通过交换柱的载体。

3　原理

固体废物中的离子用水提取。尔后,水溶液中的常见阴离子随碳酸盐淋洗液进入阴离子交换分析柱中(由保护柱和分离柱组成),根据分析柱对不同离子的亲和力不同进行分离。已

分离的阴离子流经电解膜抑制器转化成具有高电导率的强酸,而淋洗液则转化成低电导率的弱酸,由电导检测器测量各种离子组分的电导率,以相对保留时间定性被测离子的类型,以峰面积或峰高定量被测离子的含量。

4 试剂和材料

除另有说明外,本方法中所用的试剂均为符合国家标准的优级纯试剂;实验用水的电导率应接近 $0.057\,\mu S/cm(25\,^{\circ}C)$ 并经过 $0.22\,\mu m$ 微孔膜过滤的水。

4.1 淋洗液:根据所用分析柱,选择适合的淋洗液,如图 4-1 所示。

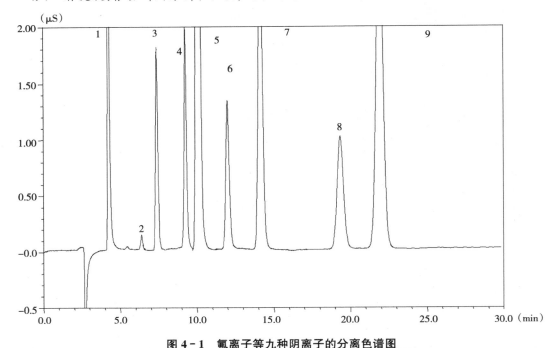

图 4-1　氟离子等九种阴离子的分离色谱图

1—氟离子;2—溴酸根;3—氯离子;4—亚硝酸根;5—氰酸根;6—溴离子;7—硝酸根;8—磷酸根;9—硫酸根

色谱工作条件:

分析柱:IonPac AS 23 型分离柱($4\,mm \times 250\,mm$)和 IonPac AG 23 型保护柱($4\,mm \times 50\,mm$)。

淋洗液:$4.5\,mmol/L\ Na_2CO_3$ 至 $0.8\,mmol/L\ NaHCO_3$ 淋洗液等度淋洗,流速为 $1.0\,mL/min$。

抑制器:Atlas 4mm 阴离子电解膜抑制器或选用性能相当的其他电解膜抑制器,抑制电流 45 mA。

柱箱温度:30 ℃。

进样体积:25 μL。

4.1.1 碳酸钠贮备液(碳酸根的浓度为 $1.0\,mol/L$):称取 $10.6000\,g$ 无水碳酸钠,溶于水,并定容到 100 mL 容量瓶中。置 4 ℃冰箱备用,可使用 6 个月。

4.1.2 碳酸氢钠贮备液(碳酸氢根的浓度为 $1.0\,mol/L$):称取 $8.4000\,g$ 碳酸氢钠,溶于水,并定容到 100 mL 容量瓶中。置 4 ℃冰箱备用,可使用 6 个月。

4.1.3 淋洗液使用液($4.5\,mmol/L\ Na_2CO_3$ 至 $0.8\,mmol/L\ NaHCO_3$):吸取 4.5 mL 碳酸钠贮备液和 0.8 mL 碳酸氢钠贮备液,用纯水稀释至 1000 mL,每日新配。

4.2　再生液

根据所用抑制器及其使用方式,选择去离子水为再生液。

4.3　标准贮备液

4.3.1　氟离子标准贮备液(1 000 mg/L):称取 2.210 0 g 氟化钠(优级纯,105 ℃烘干 2 h)溶于水中,用水稀释至 1 L,贮于聚丙烯或高密度聚乙烯瓶中,4 ℃冷藏存放。

4.3.2　氯离子标准贮备液(1 000 mg/L):称取 1.648 4 g 氯化钠(优级纯,105 ℃烘干 2 h)溶于水中,用水稀释至 1 L,贮于聚丙烯或高密度聚乙烯瓶中,4 ℃冷藏存放。

4.3.3　硫酸根离子标准贮备液(1 000 mg/L):称取 1.478 7 g 无水硫酸钠(优级纯,105 ℃烘干 2 h)溶于水中,用水稀释至 1 L,贮于聚丙烯或高密度聚乙烯瓶中,4 ℃冷藏存放。

4.3.4　磷酸根离子标准贮备液(1 000 mg/L):称取 1.432 4 g 磷酸二氢钾(优级纯,105 ℃烘干 2 h)溶于水中,用水稀释至 1 L,贮于聚丙烯或高密度聚乙烯瓶中,4 ℃冷藏存放。

4.3.5　硝酸根离子标准贮备液(1 000 mg/L):称取 1.370 8 g 硝酸钠(优级纯,105 ℃烘干 2 h)溶于水中,用水稀释至 1 L,贮于聚丙烯或高密度聚乙烯瓶中,4 ℃冷藏存放。

4.3.6　亚硝酸根离子贮备液(1 000 mg/L):称取 1.499 7 g 亚硝酸钠(优级纯,干燥器中干燥 24 h)溶于水中,用水稀释至 1 L,贮于聚丙烯或高密度聚乙烯瓶中,4 ℃冷藏存放。

4.3.7　溴离子贮备液(1 000 mg/L):称取 1.287 5 g 溴化钠(优级纯,干燥器中干燥 24 h)溶于水中,用水稀释至 1 L,贮于聚丙烯或高密度聚乙烯瓶中,4 ℃冷藏存放。

4.3.8　氰酸根离子贮备液(1 000 mg/L):称取 1.595 7 g 氰酸钠(优级纯,干燥器中干燥 24 h)溶于水中,用水稀释至 1 L,贮于聚丙烯或高密度聚乙烯瓶中,4 ℃冷藏存放。

4.3.9　溴酸根离子贮备液(1 000 mg/L):称取 1.305 7 g 溴酸钾(优级纯,105 ℃烘干 2 h)溶于水中,用水稀释至 1 L,贮于聚丙烯或高密度聚乙烯瓶中,4 ℃冷藏存放。

5　仪器

5.1　离子色谱仪:由下列部件组成。

5.1.1　淋洗液泵:泵接触水的部件应为非金属材料,这样不会对分析柱造成金属污染。

5.1.2　分析柱:能辨认待测阴离子。

5.1.3　抑制器:电解膜抑制器。

5.1.4　电导检测器:可以进行温度补偿和自动调整量程。

5.1.5　数据处理系统:色谱工作站,用于数据的记录、处理和存贮等。

5.2　特殊器皿

5.2.1　容量瓶:聚丙烯材质。

5.2.2　烧杯:聚丙烯材质。

5.2.3　样品瓶:聚丙烯或高密度聚乙烯材质。

5.2.4　尼龙滤膜:0.22 μm。

5.2.5　OnGuard RP 柱(或 C18 柱)和 OnGuard AgH 柱。

6　样品的采集、保存和预处理

6.1　用聚丙烯或高密度聚乙烯瓶取样,盖上盖子。不要使用玻璃瓶取样,否则易导致离子污染。

6.2　固体废物样品 4 ℃冷藏保存并于 1 个月内进行分析。

7　分析步骤

7.1　混合标准工作溶液

7.1.1 中间混合标准溶液的配制:根据待测阴离子种类和各种阴离子的检测灵敏度,准确量取适量所需阴离子标准贮备液,用水稀释定容,制备成低 mg/L 级(如 10.0 mg/L 氟离子、1.0 mg/L 溴酸根)混合标准溶液,贮于聚丙烯或高密度聚乙烯瓶中,置于 4℃冰箱中存放。

7.1.2 标准工作溶液的配制:准备一个空白,至少 3 个质量浓度水平含待测阴离子的标准工作溶液,标准工作溶液应当天配制,标准工作溶液的质量浓度范围包括被测样品中阴离子质量浓度。通常以配制标准溶液所用的水为空白,标准溶液中各阴离子质量浓度分别为 50 μg/L、100 μg/L、200 μg/L 或更高。

7.2 样品处理

称取 5 g(准确至 0.001 g)过 180 μm 筛且有代表性的固体废物于 250 mL 烧杯中,加入 80 mL 水,超声提取 30 min。然后将其全部转移到 100 mL 容量瓶中,用水定容。摇匀后,取部分溶液于 3 000 r/min 速度离心 15 min,取上清液。依次经过 0.22 μm 尼龙滤膜和 OnGuard RP 柱(或 C18 柱)将提取液中的固体颗粒和有机物除去,而后进样分析。如果用于进样的溶液中氯离子质量浓度超过 50 mg/L,则需要过 OnGuard Ⅱ AgH 柱将绝大部分氯离子去除。OnGuard Ⅱ RP 柱(2.5 cc)使用前依次用 10 mL 甲醇、15 mL 水通过,活化 30 min。OnGuard Ⅱ AgH 柱(2.5 cc)用 15 mL 水通过,活化 30 min。准确量取 50 mL 浸出液,依次经过 0.22 μm 尼龙滤膜和 OnGuard RP 柱(或 C18 柱)将提取液中的固体颗粒和有机物除去,而后进样分析。如果用于进样的溶液中氯离子含量超过 50 mg/L,则需要过 OnGuard Ⅱ AgH 柱将绝大部分氯离子去除。

7.3 仪器准备

7.3.1 按照仪器使用说明书调试准备仪器,平衡系统至基线平稳。选择合适的分析柱、抑制器及相应的工作条件(见图 4-1)。

7.3.2 根据分析柱的性能、待测水样中阴离子含量等因素,选择使用大样品环或浓缩柱进样,确定进样体积。

7.4 校正

7.4.1 分析阴离子标准工作溶液,记录谱图上的出峰时间,确定各阴离子的保留时间。

7.4.2 分析空白,标准工作溶液(已知进样体积),以峰高或峰面积为纵坐标,以离子浓度为横坐标,选择合适的回归方式,确定标准工作曲线。

7.4.3 如果空白溶液谱图中有与被测离子保留时间相同的可测峰,外推校正曲线至横坐标,在横坐标上的截距代表空白溶液中该阴离子的质量浓度。将空白溶液中所含阴离子质量浓度加入标准工作溶液的浓度中,例如:氯离子标准工作溶液质量浓度为 10.0 μg/L,空白离子质量浓度为 0.2 μg/L,则该标准工作溶液质量浓度修正为 10.2 μg/L。以修正后的标准溶液质量浓度对峰高或峰面积重新作标准工作曲线。

7.5 样品分析

在与分析标准工作溶液相同的测试条件下,对固体废物提取液以及浸出液进行分析测定,根据被测阴离子的峰高或峰面积由相应的标准工作曲线确定各阴离子质量浓度。

8 结果计算

固体废物中阴离子质量比按下式计算:

$$\omega = \frac{(\rho - \rho_0) \times V \times f}{m \times 1000}$$

式中:ω——试样中阴离子的质量比,mg/kg;

ρ——测定用试样液中的阴离子质量浓度(由回归方程计算出),mg/L;

ρ_0——试剂空白液中阴离子的质量浓度(由回归方程计算出),mg/L;

V——试样溶液体积,mL;

f——试样液稀释倍数;

m——试样的质量,g。

计算结果表示到小数点后两位。

(5)氰根离子和硫离子的测定

离子色谱法(GB 5085.3—2007 附录 G)

1 范围

本方法适用于固体废物中氰根离子和硫离子的离子色谱法测定。

本方法对氰根离子和硫离子的检出限为 0.1 μg/L。

2 术语与定义

下列定义适用于本方法。

2.1 离子色谱:一种液相色谱,通过离子交换分离离子组分,然后用适当的检测方法检测。

2.2 分析柱:在保护柱后连接一支或多支分离柱组成一系列用以分离待测离子的分析系统。系列中所有柱子对分析柱的总容量均有贡献。

2.3 保护柱:置于分离柱之前的柱子,用于保护分离柱免收颗粒物或不可逆保留物等杂质的污染。

2.4 分离柱:根据待测离子保留特性,在检测前将被检测离子分离的交换柱。

2.5 淋洗液:离子流动相,样品通过交换柱的载体。

3 原理

氰根离子和硫离子在实际样品中一般以络合态存在。加入浓硫酸后,络合的氰根和硫离子会被释放出来,与氢离子结合生成氰化氢和硫化氢。而后二者被强碱性溶液吸收,成为氰化钠和硫化钠。氰化钠和硫化钠进入色谱柱后,和其他阴离子随淋洗液进入阴离子交换分析柱中(由保护柱和分离柱组成),根据分析柱对不同离子的亲和力不同进行分离,具有电化学活性的氰根离子和硫离子被检测,以相对保留时间定性,以峰面积或峰高定量。

4 试剂和材料

除另有说明外,本方法中所用的试剂均为符合国家标准的优级纯试剂;实验用水的电导率应接近 0.057 μS/cm(25 ℃)并经过 0.22 μm 微孔膜过滤的水。

4.1 淋洗液:根据所用分析柱,选择适合的淋洗液。

4.1.1 50%(质量分数)NaOH 浓淋洗液:商品化溶液。

4.1.2 100 mmol/L NaOH/250 mmol/L NaOAc 淋洗液:溶解 20.5 g AAA-Direct Certified无水醋酸钠至 995 mL 水中,用 0.2 μm Nylon 过滤器过滤。而后加入 5.24 mL 50% NaOH 于 995 mL 醋酸钠溶液中,该溶液配制完毕立即放在 27.6~34.5 kPa(4~51 b/in²)氮气条件下保存以防止碳酸盐污染。

4.2 氰根离子标准贮备液(10 000 mg/L):

称取 0.188 5 g 氰化钠(优级纯,干燥器中干燥 24 h)溶于 10 g 250 mmol/L NaOH 溶液中,贮于高密度聚乙烯瓶中,4 ℃冷藏存放。

4.3 硫离子标准贮备液(10 000 mg/L)：

称取 0.300 1 g 硫化钠(优级纯,干燥器中干燥 24 h)溶于 10 g 250 mmol/L NaOH 溶液中,贮于高密度聚乙烯瓶中,4 ℃冷藏存放。

5 仪器

5.1 离子色谱仪:离子色谱仪由下列部件组成。

5.1.1 淋洗液泵:泵接触水的部件应为非金属材料,这样不会对分析柱造成金属污染。

5.1.2 分析柱:能辨认氰根离子和硫离子,并能将氰根离子与硫离子分离。

5.1.3 安培检测器:银工作电极、Ag/AgCl 参比电极、三电位脉冲安培检测。

5.1.4 数据处理系统:色谱工作站,用于数据的记录、处理和存贮等。

5.2 特殊器皿

5.2.1 容量瓶:聚丙烯材质。

5.2.2 烧杯:聚丙烯材质。

5.2.3 样品瓶:聚丙烯或高密度聚乙烯材质。

5.2.4 尼龙滤膜:$0.2 \mu m$。

5.2.5 $0.2 \mu m$ 尼龙滤器。

6 样品的采集、保存和预处理

6.1 用聚丙烯或高密度聚乙烯瓶取样,盖上盖子。不要使用玻璃瓶取样,否则易导致离子污染。

6.2 固体废物样品 4 ℃冷藏保存并于 1 个月内进行分析。

7 分析步骤

7.1 标准工作溶液

7.1.1 中间标准溶液的配制:根据氰根离子/硫离子的检测灵敏度,准确量取适量所需标准贮备液,用 250 mmol/L NaOH 溶液稀释定容,贮于聚丙烯或高密度聚乙烯瓶中,置于 4 ℃冰箱中存放。

7.1.2 标准工作溶液的配制:准备一个空白,至少 3 个浓度水平氰根离子/硫离子的标准工作溶液,标准工作溶液应当天用 250 mmol/L NaOH 溶液配制,标准工作溶液的质量浓度范围包括被测样品中离子质量浓度。通常以配制标准溶液所用的 250 mmol/L NaOH 溶液为空白,标准溶液中离子质量浓度分别为 $5 \mu g/L$、$10 \mu g/L$、$20 \mu g/L$ 或更高。

7.2 样品处理

称取 5 g(准确至 0.001 g)过 $180 \mu m$ 筛且有代表性的固体废物于 250 mL 烧杯中,加入 80 mL 水,超声提取 30 min。然后将其全部转移到 100 mL 容量瓶中,用水定容。摇匀后,取部分溶液于 3 000 r/min 速度离心 15 min,取上清液。上清液中加入浓硫酸,用蒸馏器进行蒸馏,而后用 1 mol/L NaOH 浓碱液吸收。测定溶于水部分的含量。

称取 5 g(准确至 0.001 g)过 $180 \mu m$ 筛且有代表性的固体废物试样于 250 mL 烧瓶中,加入浓硫酸,用蒸馏器进行蒸馏,而后用 1 mol/L NaOH 浓碱液吸收。测定固体废物中氰根离子/硫离子的总含量。

准确量取 10 mL 浸出液,加入浓硫酸,用蒸馏器进行蒸馏,而后用 1 mol/L NaOH 浓碱液吸收。

7.3 仪器准备

7.3.1 按照仪器使用说明书调试准备仪器,平衡系统至基线平稳。选择合适的分析柱、抑制器及相应的工作条件,如图4-2所示。

7.3.2　根据分析柱的性能、待测水样中氰酸根离子/硫离子含量等因素,确定进样体积。

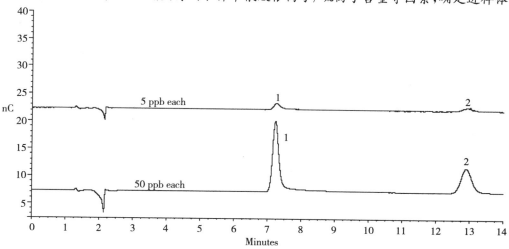

图4-2　氰根离子和硫离子分离色谱图
1—氰根离子;2—硫离子

7.4　校正

7.4.1　分析氰根离子/硫离子标准工作溶液、记录谱图上的出峰时间、确定保留时间。

7.4.2　分析空白、标准工作溶液(已知进样体积),以峰高或峰面积为纵坐标,以离子浓度为横坐标,选择合适的回归方式,确定标准工作曲线。

7.4.3　如果空白溶液谱图中有与氰根离子/硫离子保留时间相同的可测峰,外推校正曲线至横坐标,在横坐标上的截距代表空白溶液中该离子的质量浓度。将空白溶液中所含离子质量浓度加入标准工作溶液的质量浓度中,例如:氰根离子标准工作溶液质量浓度为 10.0 μg/L,空白离子质量浓度为 0.2 μg/L,则该标准工作溶液质量浓度修正为 10.2 μg/L。以修正后的标准质量溶液浓度对峰高或峰面积重新作标准工作曲线。

色谱工作条件:

分析柱:IonPac AS7 型分离柱(2 mm × 250 mm)和 IonPac AG7 型保护柱(2 mm × 50 mm)。

淋洗液:100 mmol/L NaOH/250 mmol/L NaOAc 淋洗液等度淋洗,流速为 0.25 mL/min。

检测器:安培检测器,银工作电极(氧化电位为 -0.1 V),Ag/AgCl 参比电极,三电位脉冲安培检测。

柱箱温度:30 ℃。

进样体积:25 μL。

7.5　样品分析

在与分析标准工作溶液相同的测试条件下,对固体废物提取液进行分析测定,根据氰根离子和硫离子的峰高或峰面积由相应的标准工作曲线确定氰酸根离子和硫离子浓度。

8　结果计算

固体废物中氰根离子/硫离子质量比按下式计算:

$$\omega = \frac{(\rho - \rho_0) \times V \times f}{m \times 1\,000}$$

式中：ω——试样中氰根离子/硫离子的质量比，mg/L；

ρ——测定用试样液中的氰根离子/硫离子质量浓度（由回归方程计算出），mg/L；

ρ_0——试剂空白液中氰根离子/硫离子的质量浓度（由回归方程计算出），mg/L；

V——试样溶液体积，mL；

f——试样液稀释倍数；

m——试样的质量，g；

计算结果表示到小数点后两位。

(6)六价铬的测定

二苯碳酰二肼分光光度法(GB/T 15555.4—1995)

1 主题内容与适用范围

1.1 本标准规定固体废物浸出液中六价铬的测定，用二苯碳酰二肼分光光度法。

1.2 本标准适用于固体废物浸出液中六价铬的测定。

1.2.1 测定范围

试料为 50 mL，使用 30 mm 光程比色皿，方法的检出限为 0.004 mg/L。使用 10 mm 光程比色皿，测定上限为 1.0 mg/L。

1.2.2 干扰

试液有颜色、混浊，或者有氧化性、还原性物质及有机物等均干扰测定。铁含量大于 1.0 mg/L 也干扰测定。钼、汞与显色剂生成络合物有干扰，但是在方法的显色酸度下，反应不灵敏。钒浓度大于 0.004 mg/L 干扰测定，但在显色 10 min 后，可自行褪色。

2 原理

在酸性溶液中，六价铬与二苯碳酰二肼反应生成紫红色络合物。于最大吸收波长 540 nm 进行分光光度法测定。

3 试剂

本标准所用试剂除另有说明外，均用符合国家或专业标准的分析纯试剂和蒸馏水或同等纯度的水：

3.1 丙酮(C_3H_6O)。

3.2 硫酸(H_2SO_4):$\rho=1.84$ g/mL。

3.3 磷酸(H_3PO_4):$\rho=1.69$ g/mL。

3.4 重铬酸钾($K_2Cr_2O_7$，优级纯)。

3.5 二苯碳酰二肼($C_{13}H_{14}N_4O$)。

3.6 硫酸溶液，1+1：

将硫酸(3.2)缓慢加到同体积的水中，边加边搅，待冷却后使用。

3.7 磷酸溶液，1+1：

将硫酸(3.3)与等体积的水混均。

3.8 高锰酸钾($KMnO_4$):4%。

3.9 尿素溶液，20%：

将尿素[$CO(NH_2)_2$]20 g，溶于水中，并稀释至 100 mL。

3.10 亚硝酸钠，2%：

将亚硝酸钠($NaNO_2$)2 g，溶于水中，并稀释至 100 mL。

3.11　铬标准贮备液,0.100 0 mg Cr⁶/mL:

称取 120 ℃下烘 2 h 的重铬酸钾(3.4)0.282 9 g,用少量水溶解后,移入 1 000 mL 容量瓶中,用水稀释至标线,摇匀。

3.12　铬标准溶液,1.00 μg/mL。

吸取 5 mL 铬的标准贮备溶液(3.11)于 500 mL 容量瓶中,在低温下保存。

3.13　铬标准溶液,5.00 μg/mL。

吸取 25 mL 铬的标准贮备溶液(3.11)于 500 mL 容量瓶中,在低温下保存。

3.14　显色剂 1。

称取二苯碳酰二肼(3.5)0.2 g,溶于 50 mL 丙酮(3.1)中,加水稀释 100 mL,摇匀,于棕色瓶中,在低温下保存。

3.15　显色剂 2。

称取二苯碳酰二肼(3.5)2.0 g,溶于 50 mL 丙酮(3.1)中,加水稀释 100 mL,摇匀,于棕色瓶中,在低温下保存。

注:显色剂颜色变深,则不能使用。

4　仪器

一般实验用仪器及分光光度计。

5　步骤

5.1　样品的保存

将浸出液用氢氧化钠调 pH 为 8。在 24 h 内测定。

5.2　样品的预处理

5.2.1　无还原性物质及有机物、色度等干扰时,可直接取试料测定。

5.2.2　有干扰物质存在时,可按下列步骤处理后再测定。

5.2.2.1　如试样色度影响测定时,可按下述方法校正:

另取一份试料,按(5.3)步骤(只是取 2.0 mL 代替显色剂),以水作参比测定试料的吸光度。扣除此色度,校正吸光度值。

5.2.2.2　还原性物质的消除

取适量试样于 50 mL 的比色管中作为试料,中和后用水稀释至标线,加显色剂(3.15)4.0 mL,摇匀,放 5 min 后,加硫酸(3.6)1.0 mL,摇匀,放 10 min 后,按(5.3.3)步骤测定,可消除 F^{2-}、SO$_3^{-2}$、S$_2$O$_3^{-2}$ 等还原性物质的干扰。也可分离三价铬后,用过硫酸铵将还原性物质氧化后再测定。

5.2.2.3　有机物的消除

先用氢氧化锌沉淀分离掉三价铬,再用酸性高锰酸钾氧化分解有机物。取 50.0 mL 试样(六价铬不超过 10 μg)于 150 mL 锥形瓶中,中和后,放几粒玻璃珠,加入硫酸(3.6)0.5 mL,磷酸(3.7)0.5 mL,摇匀,加高锰酸钾溶液(3.8)2 滴,如紫红色消退,再加高锰酸钾溶液保持红色不退,加热煮沸至溶液剩 20 mL 左右,冷却后用中速定量滤纸过滤,于 50 mL 比色管中,用水洗数次,洗液与滤液合并,向比色管中加尿素溶液(3.9)1.0 mL,摇匀,滴加亚硝酸钠溶液(3.10)一滴,摇匀,至溶液红色刚退,稍停片刻,待溶液中气泡全排后,移至 50 mL 法比色管中,用水稀释至标线,加显色剂(3.14)2.0 mL,摇匀,放 10 min 后按(5.3.3)标步骤测定。

5.2.2.4　次氯酸盐氧化性物质的消除

取适量试样于 50 mL 的比色管中作为试料,中和后用水稀释至标线,加硫酸(3.6)

0.5 mL、磷酸(3.7)0.5 mL、尿素溶液(3.9)1.0 mL摇匀,逐滴加入亚硝酸钠溶液(3.10),边加边摇,使溶液中气体完全排除后加显色剂(3.14)2.0 mL,以后按(5.3.5)步骤测定。

5.3　测定

5.3.1　吸取(5.2.1)或(5.2.2)的试样于 50 mL 的比色管中(六价铬不超过 10 μg),中和后用水稀释至标线。

5.3.2　加入硫酸(3.6)0.5 mL、磷酸(3.7)0.5 mL,加显色剂(3.14)2.0 mL摇匀,放置10 min。

5.3.3　用 10 mm 或 30 mm 光程比色皿,于 540 nm 处,以水作参比,测定吸光度,减去空白试验(5.4)的吸光度,从校准曲线(5.5)上查得六价铬的量。

5.4　空白试验

以 50 mL 水代替试料,按照测定步骤(5.3)做空白试验。

5.5　校准曲线的绘制

向 9 支 50 mL 具塞比色管中,分别加入铬的标准溶液(3.12)0.00 mL、0.20 mL、0.50 mL、1.00 mL、2.00 mL、4.00 mL、6.00 mL、8.00 mL、10.00 mL,加水至标线,按(5.3.2)和(5.3.3)步骤显色和吸光度测定,以减去空白的吸光度为纵坐标,六价铬的量(μg)为横坐标,绘制校准曲线。

6　结果的表示

浸出液中六价铬的浓度 c(mg/L)按下式计算:

$$c = \frac{m}{V}$$

式中:m——从校准曲线上查得试料中六价铬的量,μg;

　　　V——试料的体积,mL。

7　精密度和准确度

7.1　可参考 GB 7467—1987《水质　六价铬的测定　二苯碳酰二肼分光光度法》。

7.2　室内对六价铬浓度为 185.8 mg/L 的铬渣浸出液,6 次平均测定的相对标准偏差为0.14%。对六价铬的含量为 3.176 μg 的浸出液双样,各加入 4.00 μg 的标样,其加标回收率为99.4%和103.7%。

附　录 A

A1　试样中六价铬的浓度时,可用铬标准溶液(3.15),并用 10 mm 的光程比色皿。

A2　显示酸度在 0.05～0.03 mol/L(1/2H₂SO₄)为宜,以 0.2 mol/L 最好。

A3　试样需中和后测定。

A4　所用玻璃仪器均不可用重铬酸钾洗液洗涤。

A5　显色剂的用量一般控制为 1mol 的六价铬,加入 1.5～2.0 mol 的显色剂。

A6　配制显色剂时若加苯二甲酸酐,在暗处可保存 30～40 d。

A7　显色剂变为橙色,不可用。

注:浸出液的制备方法,参见 GB/T 15555.4—1995《固体废物　总汞的测定　冷原子吸收分光光度法》中的附录B。

(7)烷基汞的测定

气相色谱法(GB/T 14204—1993)

1　主题内容和适用范围

本标准规定了测定水中烷基汞(甲基汞、乙基汞)的气相色谱法。

本标准适用于地面水及污水中烷基汞的测定。

本方法用巯基棉富集水中的烷基汞,用盐酸氯化钠溶液解析,然后用甲苯萃取,用带电子捕获检测器的气相色谱仪测定,实际达到的最低检出浓度随仪器灵敏度和水样基体效应而变化,当水样取 1 L 时,甲基汞通常检测到 10 ng/L,乙基汞检测到 20 ng/L。

样品中含硫有机物(硫醇、硫醚、噻吩等)均可被富集萃取,在分析过程中积存在色谱柱内,使色谱柱分离效率下降,干扰烷基汞的测定。定期往色谱柱内注入二氯化汞苯饱和溶液,可以去除这些干扰,恢复色谱柱分离效率。

2　试剂和材料

2.1　载气

氮气:99.999%。经脱氧过滤器,氧含量<1 mg/m³。

2.2　配制标准样品和试样预处理时使用的试剂和材料

2.2.1　氯化甲基汞 CH_3HgCl(简称 MMC)。

2.2.2　氯化乙基汞 C_2H_5HgCl(简称 EMC)。

2.2.3　甲苯(或苯):经色谱测定(按照本方法色谱条件)无干扰峰。

2.2.4　盐酸溶液(HCl):2 mol/L,用甲苯(苯)萃取处理以排除干扰物。

2.2.5　硫酸(H_2SO_4):优级纯,$\rho=1.84$ g/mL。

2.2.6　乙酸酐:分析纯。

2.2.7　乙酸:分析纯。

2.2.8　硫代乙醇酸:化学纯。

2.2.9　脱脂棉。

2.2.10　氯化钠(NaCl):分析纯。

2.2.11　硫酸铜:分析纯。

2.2.12　硫酸铜溶液($CuSO_4$):25g/100 mL,$CuSO_4 \cdot 5H_2O$ 50 g 溶于 200 mL 无汞蒸馏水(2.2.14)。

2.2.13　无水硫酸钠(Na_2SO_4):分析纯,使用前在 300 ℃马福炉中处理 4 h。

2.2.14　无汞蒸馏水:二次蒸馏水或电渗析去离子水,也可将蒸馏水加盐酸(2.2.4)酸化至 pH=3,然后过巯基棉纤维管(3.3.8.2)去除汞。

2.2.15　二氯化汞柱处理液:称量 0.1 g 二氯化汞在 100 mL 容量瓶中用苯溶解,稀释至标线,此溶液为二氯化汞饱和苯溶液。

2.2.16　解析液(2 mol/L NaCl+1 mol/L HCl):称量 11.69 g NaCl,用 100 mL 1 mol/L HCl 溶解。

2.2.17　烷基汞标准溶液:见5.2.2的有关内容。

2.2.18　甲醇:分析纯。

2.2.19　无水乙醇:分析纯。

2.2.20　盐酸溶:5%。

2.2.21　盐酸溶液(HCl):0.1 mol/L。

2.2.22 氢氧化钠溶液（NaOH）：5 mol/L。

2.3 制备色谱柱时使用的试剂和材料

2.3.1 色谱柱和填充物参考 3.3 条的有关内容。

2.3.2 涂渍固定液用溶剂：二氯甲烷（CH_2Cl_2）分析纯或丙酮（C_3H_6O）分析纯。

3 仪器

3.1 色谱仪

带有电子捕获检测器的气相色谱仪。

3.2 色谱仪汽化室

全玻璃系统汽化室。

3.3 色谱柱

3.3.1 色谱柱类型

硬质玻璃填充柱：长度 1.0～1.8 m，内径：2～4 mm。

3.3.2 填充物

3.3.2.1 载体

Chromosorb W AW DMCS，80～100 目，或其他等效载体。涂渍固定液之前，在 90 ℃烘干。

3.3.2.2 固定液

a. DEGS（丁二酸二乙二醇酯）：最高使用温度 200 ℃；或 OV－17（苯基 50％甲基硅酮）：最高使用温度 350 ℃。

b. 液相载荷量：5％ DEGS；2％ OV－17。

c. 涂渍固定液的方法：静态法。

称取一定量的固定液，例如：称 0.5 g 的 DEGS（3.3.2.2），溶解在二氯甲烷（2.3.2）中，待完全溶解后，倒入刚烘过的载体（3.3.2.1）9.5 g，使溶有 DEGS 的二氯甲烷刚好浸没载体，待溶剂完全挥发后、烘干（100 ℃），即涂渍完毕。

3.3.3 色谱柱的填充方法

用硅烷化玻璃毛塞住色谱柱的一端，接缓冲瓶和减压系统，柱的另一端接软管连漏斗，将填充物缓缓倒入漏斗，同时开启减压系统，轻轻振动柱体（建议使用超声波水浴）以确保填充紧密，填充完成后，用硅烷化玻璃毛塞住色谱柱另一端。

注意：在柱的两端都要空出 2 cm，填充玻璃毛，以防固定液在进样器和检测器的高温下分解。填充好的色谱柱接检测器一端应与填充时减压吸气一端一致。

3.3.4 色谱柱的老化

将填好的色谱柱一端接在仪器进样口上，另一端不接入检测器。通载气 30 mL/min，柱温维持 200 ℃，老化 24 h，柱温降至 160 ℃，注入柱处理液每次 20 μL，共五次，间隔 5 min。继续老化 24 h，接检测器，柱温设在使用温度。使用前检查，以基线走直为准（10～20 min）。

色谱柱处理液的使用见附录 B。

3.3.5 检测器

电子捕获检测器，带镍-63 放射源（ECD－63Ni）或高温氚源（3－H 源）。

3.3.6 记录仪

满标量程 1 mV。

3.3.7 数据处理系统

积分仪。

3.3.8 巯基棉管的制备

3.3.8.1 巯基棉纤维(sulfhydryl cotton fiber 缩写 S. C. F)制备:Nishi 法,见附录 A。

3.3.8.2 巯基棉回收率的测定见附录 A。

3.3.8.3 巯基棉管:在内径 5～8 mm,长 100 mm,一端拉细的玻璃管中填充 0.1～0.2 g (S. C. F)(3.3.8.1),如图 4-3 所示。使用前用 20 mL 无汞蒸馏水(2.2.14)润湿膨胀,然后接在分液漏斗的放液管上。

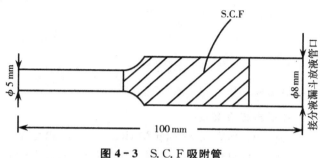

图 4-3 S. C. F 吸附管

3.3.9 使用的所有的玻璃仪器(分液漏斗、试管)要求用 5% 盐酸(2.2.20)浸泡 24 h 以上。

3.3.10 样品瓶:2.5 L 塑料瓶。

3.3.11 分液漏斗:500 mL、1 000 mL、2 000 mL。

3.3.12 具塞磨口离心管:10 mL。

4 样品

4.1 样品采集和保存

样品采集在塑料瓶(3.3.10)中,如在数小时内样品不能进行分析,应在样品瓶中预先加入硫酸铜(2.2.11),加入量为每升 1 g(水样处理时不再加硫酸铜溶液),水样在 2～5 ℃ 条件下贮存。

4.2 试样的预处理

4.2.1 取均匀水样 1 L,置于 2 L 分液漏斗(3.3.11)中,加入 1 mL 硫酸铜溶液(2.2.12),使用 2 mol/L 盐酸溶液(2.2.4),或 6 mol/L 氢氧化钠(2.2.22),调 pH 为 3～4,接巯基棉管,让水样流速保持在 20～25 mL/min,待吸附完毕,用洗耳球压出吸附管内残存的水滴,然后加入 3.0 mL 解析液(2.2.16),将巯基棉上吸附的烷基汞解析到 10 mL 具塞离心管(3.3.12)中(用吸耳球压出最后一滴解析液),向试管中加入 1.0 mL 甲苯(苯)(2.2.3),加塞,振荡提取 1 min,静置分层,用离心机 2 500 r/min 离心 3～5 min,离心分离有机相与盐酸解析液,取有机相进行色谱测定;或者分层后吸出有机相,加入少量无水硫酸钠(2.2.13)脱水,进行色谱测定。

4.2.2 污水试样的处理

取污水水样>100 mL 置于锥形瓶中,用 2 mol/L 盐酸溶液(2.2.4)酸化至 pH<1,加入 1 g 硫酸铜(2.2.11)充分搅拌后,调 pH=3,静置,用快速滤纸过滤,收集滤液 100 mL 转移到分液漏斗中,在漏斗下口塞一些玻璃毛过滤,接巯基棉管富集,解析步骤同上。

5 操作步骤

5.1 仪器调整

5.1.1 温度

5.1.1.1 汽化室温度:180℃,恒温。对于汽化室与检测器加温一致的仪器,设定220℃。

5.1.1.2 检测器温度:280℃,恒 M(H-源220℃)。

5.1.1.3 柱箱温度:140℃,恒温。

5.1.2 载气

流速:60 mL/min,根据色谱柱的阻力调节柱前压。

5.1.3 检测器

灵敏度:十挡。

5.1.4 记录仪

纸速:5 mm/min。

5.2 校准

5.2.1 外标法

5.2.2 标准溶液的制备

5.2.2.1 氯化甲基汞甲苯标准溶液

a. 标准贮备液:1000 μg/mL,称取0.1164 g MMC(2.2.1)(相当于0.1000 g甲基汞),用3~5 mL甲醇(2.2.18)溶解,然后用甲苯(苯)稀释,转移到100 mL容量瓶中,用甲苯稀释至标线摇匀。

b. 标准溶液:40 μg/mL。

c. 标准溶液:2 μg/mL。

5.2.2.2 氯化乙基汞甲苯标准溶液

a. 标准贮备液:1000 μg/mL。称取0.1154 g EMC(2.2.2)(相当于0.1000 g乙基汞),用3~5 mL无水乙醇(2.2.19)溶解,然后用甲苯稀释,转移至100 mL容量瓶中,再用甲苯稀释至标线摇匀。

b. 标准溶液:40 μg/mL。

c. 标准溶液:2 μg/mL。

5.2.2.3 甲基汞乙基汞基体加标标准溶液(0.002~0.2 μg/mL)

按照5.2.2.1和5.2.2.2的步骤,用少量甲醇(3~5 mL),少量无水乙醇(3~5 mL)分别溶解甲基汞、乙基汞,用0.1 mol/L盐酸(2.2.21)稀释,配制基体加标标准液(加标测回收率,色谱标准工作液)浓度低于1 mg/L的烷基汞溶液不稳定。1 mg/L以下的基体加标标准溶液需要一周重新配制一次。所有烷基汞标准溶液必须避光,低温保存(冰箱内保存)。

5.2.2.4 标准溶液的使用

a. 色谱测定使用的标准样品,进样后出单一峰,没有其他物质干扰。标准溶液(溶剂甲苯或苯配制)用于确定烷基汞的保留时间(RT),并考察仪器的线性范围。

b. 每次分析样品时,都要用标准进行校准,一般每测定十个样品校准一次。当使用0.02 mg/L标准溶液,连续进样两次。两峰峰高(或峰面积)相对偏差≤4%,可认为仪器稳定。

c. 在同一次分析中,标准样品进样体积要与被测样品进样体积相同,使用外标法定量时,标准样品的响应值应与被测样品的响应值接近。

d. 实际分析工作中使用的标准样品的制备:取基体加标标准溶液(5.2.2.3)1.0 mL,加解析液(2.2.16)3 mL,加1.0 mL,甲苯(苯),振荡萃取1 min,离心分离。制备过程与试样预处理(4.2.1)步骤中,用甲苯(苯)萃取解析液一致,以减小系统误差。

5.3 校准数据的表示

试样中组分按式(1)校准：

$$X_i = E_i \times \frac{A_i}{A_E} \tag{1}$$

式中：X_i——试样中组分 i 的含量；

E_i——标准试样中组分 i 的含量；

A_i——试样中组分 i 的峰面积，cm^2；

A_E——标准试样中组分 i 的峰面积，cm^2。

5.4　试验

5.4.1　进样方式：使用 $10\,\mu L$ 微量进样器进样。

5.4.2　进样量：$2\sim5\,\mu L$。

5.4.3　进样操作：溶剂冲洗进样技术(见附录 C)。

5.5　色谱图的考察

5.5.1　标准色谱图(图 4-4)。

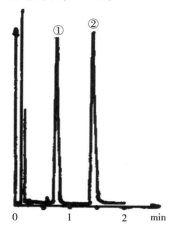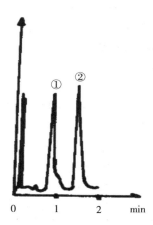

图 4-4　标准色谱图
①—甲基汞；②—乙基汞

填 充 剂：5% DEGS	填 充 剂：5% OV-17
柱长内径：$1.8\,m \times 2\,mm$	柱长内径：$1\,m \times 3\,mm$
柱　　温：140℃	柱　　温：180℃
检测气温：280℃(220℃)	检测气温：220℃
载气流速：60 mL/min	载气流速：60 mL/min

5.5.2　定性分析

5.5.2.1　烷基汞的出峰顺序：①甲基汞；②乙基汞。

5.5.2.2　烷基汞保留时间窗：在 72 h 内进三次标准样品，三次保留时间的平均值，及三倍的标准偏差，$t \pm 3\,s$。

5.5.2.3　检验可能存在的干扰：采用双柱定性法。即用两支不同极性的色谱柱分析，可确定色谱峰中有无干扰(OV-17 作为证实柱)。

5.5.3　定量分析

5.5.3.1　色谱峰的测量。

a. 以峰的起点和拐点的联线作为峰底,从峰高最大值对时间轴作垂线,对应的时间即为保留时间(RT)。从峰顶到峰底间的线段为峰高。

b. 积分仪自动求出 RT,给出峰面积。

5.5.3.2 计算。

a. 使用记录仪:

$$C = \frac{m \cdot h_1 \cdot V_1 \cdot K}{h_2 \cdot V_2 \cdot V_3} \tag{2}$$

式中:C——样品中甲(乙)基汞浓度,$\mu g/L$;

m——标准物重量,ng;

h_l——样品峰高,mm;

V_1——提取液体积,μL;

K——稀释因子;

h_2——标准峰高,mm;

V_2——提取液进样体积,μL;

V_3——水样体积,mL。

b. 积分仪数据处理(建议使用)。见附录 D。

6 结果的表示

6.1 定性结果

根据标准色谱图给出的保留时间确定甲基汞、乙基汞。

6.2 定量结果

6.2.1 含量的表示方法:按计算公式计算出组分的含量,结果以两位有效数字表示。

6.2.2 精密度和准确度如表4-28所示。

五家实验室分析测定统一样品,分析六次的统计结果。

表4-28 精密度和准确度

| 烷基汞 | 加标浓度 (mg/L) | 精密度 | | | | 准确度 |
| | | 重复性 | | 再现性 | | |
		标准偏差 (mg/L)	相对标准偏差	标准偏差 (mg/L)	相对标准偏差	地表水加标回收率
甲基汞	0.400	2.8×10^{-2}	7.6%	3.4×10^{-2}	9.2%	92.2%
	0.005	5.3×10^{-4}	12.1%	5.5×10^{-4}	12.5%	87.5%
乙基汞	0.400	2.2×10^{-2}	6.1%	3.5×10^{-2}	9.7%	86.5%
	0.005	5.7×10^{-4}	13.9%	7.1×10^{-4}	17.3%	92.0%

三种污水水样(城市污水、化工污水、电光源行业污水)的加标回收率加标范围:0.05~0.4mg/L。回收率:甲基汞为67.5%~104%,乙基汞为69.6%~123.7%。

6.2.3 检测限

当气相色谱仪设在仪器的最大灵敏度时,以噪声的3倍作为仪器的检测限。

甲基汞:$1.0 \times 10^{-12}g$;乙基汞:$1.5 \times 10^{-12}g$。

本方法要求仪器的灵敏度不低于 $10^{-12}g$。按照载气(2.1)的标准,可达到本方法对仪器灵敏度的要求。

7　质量控制

建议采用,见附录 E。

附 录 A
巯基棉(S.C.F)的制备

A1　Nishi 法

在一个玻璃烧杯中,依次加入 100 mL 硫代乙醇酸(2.2.8),60 mL 乙酸酐(2.2.6),40 mL 乙酸(2.2.7),0.3 mL 硫酸(2.2.5),充分混匀,冷却至室温后,加入 30 g 脱脂棉(2.2.9),浸泡完全,压紧,冷至室温,降温后加盖,放在 37~40 ℃烘箱中 48~96 h。取出后放在耐酸漏斗上过滤,用无汞蒸馏水(2.2.14)洗至中性,置于 35~37 ℃烘箱中烘干。取出置于棕色干燥器中,避光保存。每批巯基棉的性能必须做回收率测定。回收率>85%,才可使用。

A2　S.C.F 回收率测定

取基体加标标准液(0.2 μg/mL)1.0 mL,加入 1 L 试剂水中,按 4.2.1 步骤处理,与基体加标标准液(0.2 μg/mL)1.0 mL 的甲苯(苯)萃取液比较,计算回收率。

附 录 B
二氯化汞柱处理液的使用

色谱柱处理液的使用

当色谱峰出现拖尾,烷基汞的保留时间值(RT)出现较大变化时,注入 10 μg 柱处理液(2.2.15),2 h 后可继续测定。或者完成一天测定后,注入 50~100 μL 柱处理液,保持柱温过夜。第二天柱效恢复正常。

附 录 C
溶剂冲洗进样技术

用清洁的样品溶剂冲洗进样器几次,把少量样品溶剂(1 μL)抽入进样器,再抽入 0.5 μL 空气,然后将进样器针头插入样品容器内,慢慢地抽入 2~4 μL 样品,使针头离开样品,将进样器柱塞慢慢提起,样品完全抽入针筒内,并抽入 0.5 μL 空气,此时可见两个液体柱两个空气柱:溶剂和样品,中间由空气柱隔开。样品量可由针筒刻度准确计量,针头内不含样品。快速进样。这种进样方式重复性好,可保证同一样品连续进样两针,响应值相对偏差≤4%。

附 录 D
积分仪的使用

D1　积分仪的调正

按使用说明书的要求,设定适当的衰减和纸速。

D2　色谱峰的测量

完成进样后,启动积分仪,积分仪自动求出色谱峰的 RT 值和相应的峰面积。

D3　计算(外标法)

计算 RF 因子:每个浓度水平的化合物的响应值与注入质量的比值为 RF 值。当采用五个浓度水平的标准溶液测定的 RF 因子,其相对标准偏差<20%时,用 RF 因子的平均值可以代替标准曲线。

$$RF = X/A \tag{D1}$$

式中:X——已知浓度的标准样品,μg/L;

A——峰面积积分值。

定量计算公式：

$$X_i = \frac{1}{k} \times \frac{RF \times A_i}{m} \times 100 \tag{D2}$$

式中：X_i、A_i——同式（D1 中 X、A）；

　　　k——样品浓缩或稀释倍数；

　　　m——样品的重量。

附录 E
质 量 控 制

E1　应用本方法的实验室都要执行质量控制计划。质量控制的目的是考查实验室的能力，然后通过加标样品分析考查实验室水平。要求实验室建立实验数据档案，保留反映分析工作水平的一切数据，定期检查现有工作水平是否在方法的准确度和精密度范围之内。

E1.1　进行样品分析之前，分析人员必须证明有能力用本方法取得可接受的准确度和精密度。这种能力的评定见 E2。

E1.2　实验室至少要对全部样品的 10％ 做加标分析，加标浓度应当超过样品背景浓度值的 2 倍，实验方为有效。使用本方法的基体加标溶液，配制所需要的加标浓度，以监测实验室的持续水平。操作步骤见 E4。

E2　用下述操作来检验分析人员是否具有能力，以达到方法要求的准确度和精密度。

E2.1　测定统一的质量控制样品（QC），QC 样品的浓度应比选定的浓度大 1 000 倍。QC 样品是以 0.1 mol/L 盐酸为溶剂，含有一定量烷基汞的溶液，封装在棕色安瓿瓶中。

注：QC 样品可以从北京市环境监测中心得到。

E2.2　锯开 QC 样品安瓿瓶，用移液管向至少四个 1 000 mL 的试剂水中各加入 1.0 mLQC 样品，按 4.2 条的内容分析各份样品。

E2.3　对分析结果计算平均回收率（R）和回收率的标准偏差（S）。

E2.4　将 E2.3 的计算结果与本方法的平均回收率（X）和标准偏差（P）相比较。如果 $S > 2P$ 或 $|X-R| > 2P$，应查找可能存在的问题并重新实验，直到达到方法要求。

E2.5　根据实验室间验证的结果，确定了方法的（X）和（P）的指标，分析人员在熟悉了方法要求后，必须先满足这些指标，然后才能分析样品。

E3　分析人员必须计算分析方法的性能指标，确定实验室对各加标浓度（高浓度、低浓度）和待测化合物的分析水平。

E3.1　计算分析方法回收率的控制上限和控制下限：

控制上限（UCL）＝$R+3S$

控制下限（LCL）＝$R-3S$

式中 R 和 S 按 E2.3 计算。UCL 和 LCL 用来绘制观察分析水平变化趋势图。

E3.2　实验室必须建立该方法分析样品数据的档案，保留表示实验室在分析烷基汞方面准确度的记录。

E4　要求实验室将部分样品重复分析以测定加标回收率，至少应对全部样品的 10％ 进行加标回收测定。至少每月做一次加标分析。加标样品要按 E1.2 的要求进行加标。在加标实验中，如果某一种烷基汞的回收率未落在方法控制限内，同一批处理的样品中烷基汞的数据就是可疑的。实验室应监测这种可疑数据的出现频率，以保证这一频率维持在 5％ 以下。

E5　做实验方法全程序空白,以证明所有玻璃器皿和试剂的干扰都在控制之下。当更换实验全程序中使用的任何一种物品(试剂、硫基棉和玻璃器皿),必须做一次全程序空白实验。

E6　建议实验室采取进一步的质量保证措施,对出现可疑数据的样品要反复做,并重新取样,来监测采样技术的精密度。当对一种烷基汞的定性有疑问时,可采用不同极性的色谱柱确证,或采用其他确证方法,比如 GC/MS。

2.有机氯农药类的检测方法

采用 GB 5085.3—2007 的附录 H、附录 I 等方法测定有机农药类物质。

(1)有机氯农药的测定

气相色谱法(GB 5085.3—2007　附录 H)

1　范围

本方法规定了固体和液体基质的提取物中的各种有机氯农药含量的气相色谱(电子捕获检测器)法。适用于此方法的目标物质如下:艾氏剂、α-六六六、β-六六六、γ-六六六、δ-六六六、乙酯杀螨醇、α-氯丹、γ-氯丹、氯丹其他异构体、1,2-二溴-3-氯丙烷、4,4′-DDD、4,4′-DDE、4,4′-DDT、二氯烯丹、狄氏剂、硫丹 I、硫丹 II、硫丹硫酸盐、异狄氏剂、异狄氏醛、异狄氏酮、七氯、环氧七氯、六氯苯、六氯环戊二烯、异艾氏剂、甲氧氯、毒杀芬。

本方法还可以测定下列物质:甲草胺、敌菌丹、地茂散、丙酯杀螨醇、百菌清、氯酞酸二甲酯、二氯萘醌、大克螨、氯唑灵、多氯代萘-1000、多氯代萘-1001、多氯代萘-1013、多氯代萘-1014、多氯代萘-1051、多氯代萘-1099、灭蚁灵、除草醚、五氯硝基苯、氯菊酯、乙滴涕、毒草胺、氯化松节油、反-九氯、氟乐灵。

2　引用标准

下列文件中的条款通过在本方法中被引用而成为本方法的条款,与本方法同效。凡是不注明日期的引用文件,其最新版本适用于本方法。

GB/T 6682　分析实验室用水规格和试验方法

3　原理

针对特定的基质采用适合的提取技术提取一定体积或者质量的样品(对于液体大概为 1 L,对于固体为 2～30 g)。然后采用相应的净化技术,净化后的样品使用电子捕获检测器(ECD)或者电解电导率检测器(ELCD)的石英毛细气相色谱测定,每次进样 1 μL。

4　试剂和材料

4.1　除有说明外,本方法中所用的水为 GB/T 6682 规定的一级水。

4.2　正己烷:色谱纯。

4.3　乙醚:色谱纯。

4.4　二氯甲烷:色谱纯。

4.5　丙酮:色谱纯。

4.6　乙酸乙酯:色谱纯。

4.7　异辛烷:色谱纯。

4.8　甲苯:色谱纯。

4.9　标准贮备溶液

准确称取 0.0100 g 纯的物质配制标准贮备溶液。将该样品用异辛烷或者正己烷溶解在 10 mL 的容量瓶中,定容到刻度。β-六氯环己烷、狄氏剂和其他一些化合物在异辛烷中溶解度不好,可以在溶剂加入少量的丙酮或者甲苯。

4.10 混合标贮备溶液

可以用各个标准品的贮备溶液配制或者购买经过标定的溶液。

4.11 内标(可选)

对单柱系统,当五氯硝基苯不被认为是样品中的目标成分时,可以用作内标。邻硝基溴苯也可以采用。将其中任何一种配制成 5 000 mg/L 的溶液,在每 1 mL 的样品提取物中添加 10 μL。

对双柱系统,邻硝基溴苯配制成 5 000 mg/L 的溶液,在每 1 mL 的样品提取物中添加 10 μL。

5 仪器

5.1 气相色谱仪:配有电子捕获检测器。

5.2 容量瓶:10 mL 和 25 mL,用于配制标准样品。

6 样品的采集、保存和预处理

6.1 固体基质:250 mL 宽口玻璃瓶,有螺纹的 Teflon 盖子,冷却至 4 ℃保存。

液体基质:4 个 1 L 的琥珀色玻璃瓶,有螺纹的 Teflon 的盖子,在样品中加入 0.75 mL 10%的 NaHSO₄,冷却至 4 ℃保存。

6.2 提取物必须保存于 4 ℃,并于提取 40 d 内进行分析。

7 分析步骤

7.1 提取

采用二氯甲烷在 pH 为中性的条件下提取液体样品,可选用附录 U,或者其他合适的技术。固体样品用正己烷-丙酮(1:1)或者二氯甲烷-丙酮(1:1)提取,可选用附录 V(索氏提取),或者其他合适的提取技术样品处理。

注意:使用正己烷-丙酮(1:1)提取较之二氯甲烷-丙酮(1:1)提取,可以减少干扰物的提取量,从而获得较好的信噪比。

一般用基质加标样品测试方法的性能,每一种状态的样品均应当测试目标化合物的回收率和检测限。

7.2 净化

样品净化不是必须的,但是对大多数环境和废物样品均应净化。附录 W(硅酸镁柱净化)可除去脂肪烃、芳香烃和含氮物质。

7.3 气相色谱条件(推荐)

可以使用单柱或者连接到同一进样口的双柱系统。使用单柱时,需进行二次分析以确认分析结果,或者使用 GC/MS 方法进行进一步确认。

7.3.1 单柱系统色谱柱。

7.3.1.1 小口径色谱柱(应使用两根柱确认化合物,除非采用另外一种确认技术,比如 GC/MS):

DB-5(30 m×0.25 mm 或 0.32 mm×1 μm)石英毛细管柱或同类产品者。

DB-608 或 SPB—608(30 m×0.25 mm×1 μm)石英毛细管柱或同类产品者。

7.3.1.2 大口径色谱柱(应从下列中挑选两根柱确认化合物,除非采用另外一种确认技术,比如 GC/MS)。

DB-608 或 SPB—608(30 m×0.53 mm×0.5 μm 或 30 m×0.53 mm×0.83 μm)石英毛细管柱或同类产品者。

DB-1701(30 m×0.53 mm×1 μm)石英毛细管柱或同类产品者。

DB-5或SPB-5或RTx-5(30 m×0.25 mm×1.5 μm)石英毛细管柱或同类产品者。

如果要求更高的色谱分离度,建议使用小口径柱。小口径柱适合相对比较干净的样品或者已经用本方法建议的净化方法净化了一次或以上的样品。大口径柱(0.53 mm ID)适合更加适合基体比较复杂的环境或者废物样品。

7.3.1.3 如表4-29、表4-30所示为大口径柱分析土壤和水样基质中目标化合物的平均的保留时间与方法检测限(MDL);如表4-31、表4-32所示列出了使用小口径柱分析土壤和水样基质中目标化合物的平均的保留时间与方法检测限。但在实际分析中MDL和基质中的干扰有关,因此有可能与表4-29至表4-32中的数据有所差异。

7.3.1.4 用单柱系统时的色谱条件。

7.3.2 双柱系统色谱柱(从下列色谱柱对中挑选其一)。

7.3.2.1 A:DB-5,SPB-5,RTx-5 (30 m×0.25 mm×1.5 μm)石英毛细管柱或同类产品者。

B:DB-1701(30 m×0.53 mm×1 μm)石英毛细管柱。

7.3.2.2 A:DB-5,SPB-5,RTx-5(30 m×0.25 mm×0.83 μm)石英毛细管柱或同类产品者。B:DB-1701(30 m×0.53 mm×1 μm)石英毛细管柱或同类产品者。

7.3.2.3 保留时间和与之相对的色谱条件分别见表4-33和表4-34。

7.3.2.4 如毒杀芬或氯化松节油这样的多组分混合物应按照如表4-34所示的色谱条件单个的测定。

7.3.2.5 有机氯农药的保留时间见表4-33。

7.3.3.6 对液膜更厚的DB-5/DB-1701双柱,色谱条件见表4-35。这样的色谱柱对适于检测多组分混合物的有机氯农药。

7.3.3.7 对液膜更薄的DB-5/DB-1701双柱,使用不同的分流器和较慢的程序升温速率的条件见表4-34,保留时间见表4-33。在这个条件下大克螨和除草醚的峰形更好。

7.4 样品提取物的气相色谱分析

7.4.1 必须使用建立工作曲线的方法测定样品。

7.4.2 确认样品中各个组分的保留时间均应当落在方法的保留时间窗口中。

7.4.3 进样2 μL,记录进样量到最接近的0.05 μL记录峰面积。

7.4.4 解谱,将保留时间窗口内的峰尝试性地鉴定为目标化合物。尝试性的鉴定需通过另一根不同固定相的色谱柱,或者另一种不同分析方法,如GC/MS确认。

7.4.5 每一个样品分析应在相同的条件下进行:在可接受的初始校准的基础上,每12 h进行标准标样的分析,或者将校准标样穿插在样品序列中进行分析。

7.4.6 校准样品进样后,就可以进样实际样品,最多每隔20个样品进样校准标准液(建议每隔10个样品进样,以减小因超过质量控制标准以需要重新进样的数量)。分析序列应在样品全部做完,或者质量控制样品不满足质量控制标准时中止。

7.4.7 当信噪比不足2.5倍时,定量结果的有效性难以保证。分析人员应考证样品的来源以确认是否需要继续浓缩样品。

7.4.8 GC系统定性表现的确认:用标准工作曲线样品建立保留时间窗口。

7.4.9 对毒杀芬或者氯化松节油这样的多组分混合物的鉴定是通过和标准品的一系列指纹色谱峰的峰形和保留时间对照进行的。其定量基于样品中峰形和保留时间与标准品一致的特征峰的峰面积,通过外标或者内标法进行。

7.4.10　如果样品的定性定量因为干扰(宽峰,基线隆起或基线不稳)无法进行,可能需要净化样品或者清理色谱柱或者检测器。可以在另一台仪器上平行测定以确认问题归属于样品或者仪器。净化过程见附录 W。

7.5　多组分混合物质(毒杀芬、氯化松节油、氯丹、六氯环己烷和 DDT)的定量

7.5.1　毒杀芬和氯化松节油:毒杀芬是莰烯的氯化产物,氯化松节油是莰烯和蒎烯的氯化产物。对这类化合物的定量时:

7.5.1.1　调整样品体积使毒杀芬的主峰高度为 10％～70％的满标偏转(FSD)。

7.5.1.2　进一个毒杀芬标准品样,其进样量应为实际样品中含量估计值±10 ng。

7.5.1.3　使用包含 4～6 个峰的一组毒杀芬的色谱进行定量。

7.5.2　对氯丹的定量方法往往和结果数据的用途,以及分析人员对这类化合物的解谱能力有关。有下述三种方式:以氯丹原料药计,以总氯丹计和以单个的氯丹组分计。

7.5.2.1　如果气相色谱显示的峰的模式类似于氯丹原料药,可以使用 3～5 个最高峰或者全部峰面积定量。

7.5.2.2　氯丹残余物的气相色谱的峰模式可能不同于氯丹原料药的标准品,因此很难建立起和标准品谱图的对应关系。用和样品出峰大小类似的标准品进样,用总面积和进样量计算校准因子,结果可以用总氯丹的形式给出。

7.5.2.3　第三种方式是用对应标准品分别定量样品中的反-氯丹、顺-氯丹和七氯的含量,给出的结果是每个单独化合物的含量。

7.5.3　六氯环己烷:六氯环己烷原料药是具有特殊气味的黄白色无定型固体,一般由六种异构体及部分七氯和八氯代环己烷组成。样品之间的峰形态可能不同,使用其中四个异构体(α-、β-、γ-、δ-)分别定量。

7.5.4　DDT:样品应分别使用 4,4'-DDE,4,4'-DDD 和 4,4'-DDT 标准品计算校准因子并定量。

7.6　如果不存在检测限的问题,可以用 GC/MS 方式对单柱或者双柱系统的分析进行确认。

7.6.1　全扫描模式(full scan)要求大约 10 ng/μL 的样品质量浓度,而选择离子监测(SIM)或者使用离子阱质谱,需要的质量浓度约为 1 ng/μL。

7.6.2　GC/MS 用于定量时需使用标准品预先制作工作曲线。

7.6.3　样品中质量浓度低于 1 ng/μL 的目标化合物不能用 GC/MS 方式确认。

7.6.4　GC/MS 确认时,必须使用和 GC－ECD 同一个样品和同一个空白。

7.6.5　如果替代物和内标不被干扰,而且目标物质在提取条件下稳定,可以使用酸性/中性/碱性的提取物和相应的空白用于分析。但是若在酸性/中性/碱性的提取物的分析中没有检测到目标物质,则必须重新分析未经划分的农药提取物。

7.6.6　质量控制样品必须也一并进行 GC/MS 分析,而且必须得到和 GC/ECD 相同的定量结果。

8　计算

使用外标法质量浓度计算方式如下:

8.1　对溶液样品

其质量浓度为:
$$\rho = \frac{A_x V_t D}{CF V_i V_s}$$

式中：ρ——质量浓度，ug/L；

$\quad\quad A_x$——样品中目标物质峰面积（或者峰高）；

$\quad\quad V_t$——样品浓缩物的总体积，L；

$\quad\quad D$——稀释因子，分析前样品或者提取物的稀释倍数，未稀释则为1，无量纲量；

$\quad\quad \overline{CF}$——平均校准因子，即每纳克目标物质的峰面积（或峰高）；

$\quad\quad V_i$——进样体积，L；

$\quad\quad V_s$——被提取的水样体积，mL。

8.2　对非水溶液的废物样品

$$其质量比为：\omega = \frac{A_x V_t D}{\overline{CF} V_i m_s}$$

式中：ω——质量比，$\mu g/kg$；

$\quad\quad m_s$——被提取的样品质量，g；

$\quad\quad A_x$、V_t、D、$\overline{CF}$、V_i均与8.1中一致。

表 4-29　使用单柱系统大口径柱分析有机氯农药的保留时间

化合物		保留时间（min）	
		DB608	DB1701
艾氏剂	Aldrin	11.84	12.50
α-六氯环己烷	α-BHC	8.14	9.46
β-六氯环己烷	β-BHC	9.86	13.58
δ-六氯环己烷	δ-BHC	11.20	14.39
γ-六氯环己烷	γ-BHC (Lindane)	9.52	10.84
α-氯丹	α-Chlordane	15.24	16.48
γ-氯丹	γ-Chlordane	14.63	16.20
4,4'-DDD	4,4'-DDD	18.43	19.56
4,4'-DDE	4,4'-DDE	16.34	16.76
4,4'-DDT	4,4'-DDT	19.48	20.10
狄氏剂	Dieldrin	16.41	17.32
硫丹 I	Endosulfan I	15.25	15.96
硫丹 II	Endosulfan II	18.45	19.72
硫丹硫酸盐	Endosulfan Sulfate	20.21	22.36
异艾氏剂	Endrin	17.80	18.06
异艾氏醛	Endrin aldehyde	19.72	21.18
七氯	Heptachlor	10.66	11.56
环氧七氯	Heptachlor epoxide	13.97	15.03
甲氧氯	Methoxychlor	22.80	22.34
毒杀芬	Toxaphene	MR	MR

注：MR 表示存在多个组分，GC 条件见表 4-30。

表 4 - 30　使用单柱系统大口径柱分析有机氯农药的色谱条件

柱 1：DB - 608，SPB - 608，RTx - 35（30 m×0.53 mm×0.5 μm 或 30 m×0.53 mm×0.83 μm）石英毛细管柱或同类产品	
柱 2：DB-1701，（30 m×0.53 mm×1 μm）石英毛细管柱或同类产品	
柱 1 和柱 2 使用相同条件	
载气	氦气
载气流量	5～7 mL/min
尾吹气	氩气/甲烷（P - 5 或 P - 10）或氮气
尾吹气流量	30 mL/min
进样口温度	250℃
检测器温度	290℃
色谱柱温度	150℃保持 0.5 min，然后以 5℃/min 程序升温至 270℃保持 10 min
柱 3：DB-5（330 m×0.53 mm×1.5 μm）石英毛细管柱或同类产品	
载气	氦气
载气流量	6 mL/min
尾吹气	氩气/甲烷（P - 5 或 P - 10）或氮气
尾吹气流量	30 mL/min
进样口温度	205 ℃
检测器温度	290 ℃
色谱柱温度	140℃保持 2 min，然后以 10℃/min 程序升温至 240℃保持 5 min，再以 5℃/min 到 265℃，保持 18 min

表 4 - 31　使用单柱系统小口径柱分析有机氯农药的保留时间

化合物		保留时间（min）	
		DB - 608	DB - 5
艾氏剂	Aldrin	14.51	14.70
α-六氯环己烷	α-BHC	11.43	10.94
β-六氯环己烷	β-BHC	12.59	11.51
δ-六氯环己烷	δ-BHC	13.69	12.20
γ-六氯环己烷	γ-BHC (Lindane)	12.46	11.71
α-氯丹	α-Chlordane	NA	NA
γ-氯丹	γ-Chlordane	17.34	17.02
4,4'-DDD	4,4'-DDD	21.67	20.11
4,4'-DDE	4,4'-DDE	19.09	18.30
4,4'-DDT	4,4'-DDT	23.13	21.84
狄氏剂	Dieldrin	19.67	18.74
硫丹 Ⅰ	Endosulfan Ⅰ	18.27	17.62
硫丹 Ⅱ	Endosulfan Ⅱ	22.17	20.11

化合物		保留时间（min）	
		DB－608	DB－5
硫丹硫酸盐	Endosulfan sulfate	24.45	21.84
异艾氏剂	Endrin	21.37	19.73
异艾氏醛	Endrin aldehyde	23.78	20.85
七氯	Heptachlor	13.41	13.59
环氧七氯	Heptachlor epoxide	16.62	16.05
甲氧氯	Methoxychlor	28.65	24.43
毒杀芬	Toxaphene	MR	MR

注：MR 表示存在多个组分，GC 条件见表 4－32。

表 4－32 使用单柱系统小口径柱分析有机氯农药的色谱条件

柱 1：DB－5(30 m×0.25 mm 或 0.32 mm×1 μm)石英毛细管柱或同类产品	
载气	氦气
载气压力	110.3 kPa(16 lb/in²)
进样口温度	225 ℃
检测器温度	300 ℃
色谱柱温度	100 ℃保持 2 min，然后以 15 ℃/min 程序升温至 160 ℃，再以 5 ℃/min 升温至 270 ℃

柱 2：DB－608，SPB－608(30 m×0.25 mm×1 μm)石英毛细管柱或同类产品	
载气	氮气
载气压力	137.9 kPa(20 lb/in²)
进样口温度	225 ℃
检测器温度	300 ℃
色谱柱温度	160 ℃保持 2 min，然后以 5 ℃/min 程序升温至 290 ℃保持 1 min

表 4－33 使用双柱系统分析有机氯农药的保留时间

化合物		保留时间（min）	
		DB－5	DB－1701
1,2-二溴-3-氯丙烷	DBCP	2.14	2.84
六氯环戊二烯	Hexachlorocyclopentadiene	4.49	4.88
氯唑灵	Etridiazole	6.38	8.42
地茂散	Chloroneb	7.46	10.60
六氯苯	Hexachlorobenzene	12.79	14.58
二氯烯丹	Diallate	12.35	15.07
毒草胺	Propachlor	9.96	15.43
氟乐灵	Trifluralin	11.87	16.26
α-六氯环己烷	α-BHC	12.35	17.42

化合物		保留时间（min）	
		DB-5	DB-1701
五氯硝基苯	PCNB	14.47	18.20
γ-六氯环己烷（林丹）	γ-BHC（Lindane）	14.14	20.00
七氯	Heptachlor	18.34	21.16
艾氏剂	Aldrin	20.37	22.78
百菌清	Chlorothalonil	15.81	24.42
甲草胺	Alachlor	18.58	24.18
β-六氯环己烷	β-BHC	13.80	25.04
异艾氏剂	Isodrin	22.08	25.29
氯酞酸二甲酯	DCPA	21.38	26.11
δ-六氯环己烷	δ-BHC	15.49	26.37
环氧七氯	Heptachlor epoxide	22.83	27.31
硫丹Ⅰ	Endosulfan-Ⅰ	25.00	28.88
γ-氯丹	γ-Chlordane	24.29	29.32
α-氯丹	α-Chlordane	25.25	29.82
反-九氯	trans-Nonachlor	25.58	30.01
4,4'-滴滴伊	4,4'-DDE	26.80	30.40
狄氏剂	Dieldrin	26.60	31.20
乙滴涕	Perthane	28.45	32.18
异艾氏剂	Endrin	27.86	32.44
丙酯杀螨醇	Chloropropylate	28.92	34.14
乙酯杀螨醇	Chlorobenzilate	28.92	34.42
除草醚	Nitrofen	27.86	34.42
4,4'-滴滴滴	4,4'-DDD	29.32	35.32
硫丹Ⅱ	Endosulfan Ⅱ	28.45	35.51
4,4'-滴滴涕	4,4'-DDT	31.62	36.30
异艾氏醛	Endrin aldehyde	29.63	38.08
灭蚁灵	Mirex	37.15	38.79
硫丹硫酸盐	Endosulfan sulfate	31.62	40.05
甲氧氯	Methoxychlor	35.33	40.31
敌菌丹	Captafol	32.65	41.42
异艾氏酮	Endrin ketone	33.79	42.26
氯菊酯	Permethrin	41.50	45.81
开蓬	Kepone	31.10	ND
大克螨	Dicofol	35.33	ND
二氯萘醌	Dichlone	15.17	ND
α,α'-二溴间二甲苯	α,α'-Dibromo-m-xylene	9.17	11.51
2-溴代联苯	2-Bromobiphenyl	8.54	12.49

表 4 - 34　低分离温度,厚液膜的双柱分析系统分析有机氯农药色谱条件

柱 1	DB - 1701（30 m×0.53 mm×1.0 μm）或同类产品
柱 2	DB - 5（30 m×0.53 mm×1.5 μm）或同类产品
载气	氮气
载气流量	6 mL/min
尾吹气	氮气
尾吹气流量	20 mL/min
进样口温度	250 ℃
检测器温度	320 ℃
色谱柱温度	140 ℃保持 2 min,然后以 2.8 ℃/min 升温至 270 ℃保持 1 min

表 4 - 35　高分离温度,厚液膜的双柱分析系统分析有机氯农药色谱条件

柱 1	DB - 1701（30 m×0.53 mm×1.0 μm）或同类产品
柱 2	DB - 5（30 m×0.53 mm×1.5 μm）或同类产品
载气	氮气
载气流量	6 mL/min
尾吹气	氮气
尾吹气流量	20 mL/min
进样口温度	250 ℃
检测器温度	320 ℃
色谱柱温度	150 ℃保持 0.5 min,然后以 12 ℃/min 升温至 190 ℃保持 2 min,再以 4 ℃/min 升温至 275 ℃,保持 10 min

（2）有机磷化合物的测定

气相色谱法（GB 5085.3—2007　附录Ⅰ）

1　范围

本方法适用于固体废物中有机磷化合物的气相色谱法测定。采用火焰光度检测器（FPD）或氮-磷检测器（NPD）的毛细管 GC 可以检测出以下化合物:丙硫特普、甲基谷硫磷、乙基谷硫磷、硫丙磷、三硫磷、毒虫畏、毒死蜱、甲基毒死蜱、蝇毒磷、巴毒磷、内吸磷、S-内吸磷、二嗪农、除线磷、敌敌畏、百治磷、乐果、敌杀磷、乙拌磷、苯硫磷、乙硫磷、灭克磷、伐灭磷、杀螟硫磷、丰索磷、大福松、倍硫磷、对溴磷、马拉硫磷、脱叶亚磷、速灭磷、久效磷、二溴磷、乙基对硫磷、甲基对硫磷、甲拌磷、亚胺硫磷、磷胺、皮蝇磷、乐本松、硫特普、特普、地虫磷、硫磷嗪、丙硫磷、三氯磷酸酯、壤虫磷、六甲基磷酰胺、三邻甲苯磷酸酯、阿特拉津、西玛津。

以水和土壤为基质,15 - m 柱检测分析物质的方法检出限（MDLs）为:0.04～0.8 μg/L（水）,2.0～40.0 mg/kg（土壤）。30 - m MDLs 和 EQLs 与 15 - m 柱得到类似结果。

15 - m 柱体系对于检测乙基-谷硫磷、乙硫磷、亚胺硫磷、特丁磷、伐灭磷、磷胺、毒虫畏、六甲基磷酸三胺、地虫磷、敌杀磷、对溴磷、TOCP 等化合物并不完全有效。使用这个体系,在检测这些或其他的分析物之前,必须确认所有分析物的色谱分辨率:回收率高于70%,精密度不小于 RSD 的15%。

2 原理

经过适当的样品制备技术处理样品,用火焰光度计或氮-磷检测器的气相色谱进行多残留程序分析。在酸性和碱性条件下,有机磷酯和硫酯发生水解反应。本方法不适合检测酸或碱分离处理的样品。由于超声提取过程可能破坏分析物质,本方法不适用检测用这种方法处理的样品。

3 试剂和材料

3.1 异辛烷:色谱纯。

3.2 正己烷:色谱纯。

3.3 丙酮:色谱纯。

3.4 四氢呋喃:色谱纯(唯一标准物三嗪)。

3.5 甲基-4-丁基醚:色谱纯(唯一标准物三嗪)。

3.6 标准贮备溶液:用纯标准物配制或直接买经过标定的标液。

纯化合物质量精确到0.010 0 g。用一定比例的丙酮和正己烷混合液将其溶解并于10 mL容量瓶稀释定容。西玛津和阿特拉津在正己烷中的溶解度低。如果需要西玛津和阿特拉津的标准液,可以将阿特拉津溶解在甲基-4-丁基醚中,而西玛津可以溶解在丙酮/甲基-4-丁基醚/四氢呋喃(1:3:1)的混合溶液里。

3.7 混合标准贮液

可以用单组分贮液配制而成。每种分析物及其氧化产物能溶于色谱体系。对于少于25种组分的混合标准贮液,分别精确吸取1 000 mg/L的各单组分贮液1 mL,加入溶剂,在25 mL的容量瓶混合定容。

备注:在暗处4 ℃密封的聚四氟乙烯的容器里贮存的标准溶液应该每两个月更换一次或在程序QC出现问题时及时更换。对于很容易水解的化学品包括焦磷酸四乙酯、甲基硝基硫磷酯和脱叶亚磷,应该每30 d进行检查是否还能使用。

3.8 配制至少5种不同质量浓度的校准标准溶液,可以采用异辛烷或正己烷稀释标准贮液。其质量浓度应当与实际样品质量浓度范围相一致,并在检测器检测范围内呈现线性。有机磷校准标准溶液每1~2个月应该更换一次,或在样品检测或历史数据出现问题时及时更换。实验室希望配制适用于上述易水解标准物的校准标准溶液。

3.9 内标

使用技术分析性好的样品作为内标。内标的使用很复杂,往往收到一些有机磷农药共流出以及检测器对不同化学品不同检测响应值的影响。

3.9.1 当磷原子上接有硫原子时,有机磷化合物FPD响应值增加。但硫代磷酸盐作为含不同硫原子的有机磷农药内标物并没有得到确认(例如硫磷酯[P=S]或二硫磷酯[P=S$_2$]作为[PO$_4$]的内标)。

3.9.2 如果使用内标,必须选择一种或更多的与待测化合物分析性质相似的内标。必须进一步证实内标的测定不受所用方法或基质的干扰。

3.9.3 当使用15-m柱时,由于分析物质、方法的干扰以及基质的干扰,内标物可能很难完全溶解。必须进一步证实内标物不受所用方法或基质的干扰。

3.9.4 下面的NPD内标物可用于30-m柱子对:配制1 000 mg/L的1-溴-2硝基苯溶

液,稀释到 5 mg/L。在每毫升样品和校准标准液中加入 10 μL。1-溴-2-硝基苯不适合作为 FPD 这种小响应值检测器的内标,且没有适用于 FPD 的内标。

4　仪器

4.1　气相色谱仪。

4.2　检测器:

4.2.1　火焰光度检测器(FPD)置于磷检测模式。

4.2.2　氮-磷检测器(NPD)置于磷检测模式时选择性低,但可以用于检测三嗪类除草剂。

4.2.3　卤素检测器(电解传导器或微库仑检测器):用于毒死蜱、皮蝇磷、蝇毒磷、丙硫磷、壤虫磷、敌敌畏、苯硫磷、二溴磷和乐本松等化合物的检测。

4.2.4　电子捕获检测器:对定量分析不受反相干扰的分析物才能使用 ECD 检测器进行检测。并且这种检测器的灵敏度能够很好地满足其常规限度。

5　样品的采集、保存和预处理

5.1　固体基质:250 mL 宽口玻璃瓶,有螺纹的 Teflon 盖子,冷却至 4 ℃ 保存。

液体基质:4 个 1 L 的琥珀色玻璃瓶,有螺纹的 Teflon 的盖子,在样品中加入 0.75 mL 10% 的 $NaHSO_4$,冷却至 4 ℃ 保存。

5.2　提取物存放在 4 ℃ 的冰箱里,并在 40 d 内进行分析。

5.3　酸性和碱性条件下,有机磷酯会发生水解。用 NaOH 或 H_2SO_4 将样品调到 pH5～8,收集样品及时进行分析。并记录使用的溶液体积。即使存放于 4 ℃ 并加入一定量的氯化汞防腐剂,大多数地下水中有机磷农药的降解周期为 14 d。应在采样后 7 d 进行样品提取工作。

6　分析步骤

6.1　提取及清洗:

6.1.1　选择合适的提取过程

一般而言,在 pH 为中性条件下,用二氯甲烷在分液漏斗进行提取(附录 U)。固体样品则采用二氯甲烷/丙酮(1∶1)使用索氏提取法(附录 V)。而无水和稀释的有机液体样品可以直接进样分析。每种新样品类型用掺杂的样品进行比对确认所选的提取方法。

6.1.2　该种方法提取及清洗过程不适于使用 pH<4 或 pH>8 的溶液。

6.1.3　如果需要使用上述范围的溶液,样品可以采用硅酸镁载体柱净化(附录 W)。

6.1.4　在进行气相色谱分析前,提取剂可换为正己烷。要定量转移提取物,使其质量浓度不改变。有机磷酯最好使用二氯甲烷或正己烷/丙酮混合溶剂转移。

6.1.5　在使用火焰光度检测器或氮-磷检测器时,可以使用二氯甲烷作为进样溶剂。

6.2　气相色谱条件:

6.2.1　用该法检测有机磷酸酯,建议使用四根 0.53-mm ID 毛细管柱。如果有大量有机磷化合物要分析,推荐使用 30 m 色谱柱 1(DB-210 或同类型柱子)和色谱柱 2(SPB-608 或同类型柱子)。如果前级色谱分辨率不做要求,也可以使用 15-m 柱子,其中它的操作条件列于表 4-36。而 30-m 柱的操作条件则列于表 4-37。

毛细管柱(0.53 mm、0.32 mm,或 0.25 mm ID×15 m 或 30 m,依照所要求的分辨率)0.53 m ID 柱通常用于大多数环境或废弃物质的分析。双柱、单进样器检测要求柱子等长内径相同。

色谱柱 1:DB-210 (15 m×0.53 mm×1.0 μm 或 30 m×0.53 mm×1.0 μm) 毛细管柱,或

同类产品；

色谱柱2：DB－608，SPB－608，RTx－35(15 m×0.53 mm×0.83 μm 或 30 m×0.53 mm×0.83 μm)毛细管柱，或同类产品；

色谱柱3：DB－5，SPB－5，RTx－5(15 m×0.53 mm×1.0 μm 或 30 m×0.53 mm×1.0 μm)毛细管柱，或同类产品；

色谱柱4：DB－1，SPB－1，RTx－35(15 m×0.53 mm×1.0 μm 或 30 m×0.53 mm×1.0 μm或 30 m×0.53 mm×1.5 μm)毛细管柱，或同类产品。

6.2.2 各组色谱柱的保留时间如表4－36和表4－37所示。

表4－36 采用15－m柱子分析各物质的保留时间(min)

化合物	DB－5	SPB－608	DB－210
特普 TEPP	6.44	5.12	10.66
敌敌畏(DDVP)Dichlorvos (DDVP)	9.63	7.91	12.79
速灭磷 Mevinphos	14.18	12.88	18.44
O-,S-内吸磷 Demeton,-O and-S	18.31	15.90	17.24
灭克磷 Ethoprop	18.62	16.48	18.67
二溴磷 Naled	19.01	17.40	19.35
甲拌磷 Phorate	19.94	17.52	18.19
单氯磷 Monochrotophos	20.04	20.11	31.42
硫特普 Sulfotepp	20.11	18.02	19.58
乐果 Dimethoate	20.64	20.18	27.96
乙拌磷 Disulfoton	23.71	19.96	20.66
二嗪农 Diazinon	24.27	20.02	19.68
脱叶亚磷 Merphos	26.82	21.73	32.44
皮蝇磷 Ronnel	29.23	22.98	23.19
毒死蜱 Chlorpyrifos	31.17	26.88	25.18
马拉硫磷 Malathion	31.72	28.78	32.58
甲基对硫磷 Parathion,methyl	31.84	23.71	32.17
乙基对硫磷 Parathion,ethyl	31.85	27.62	33.39
壤虫磷 Trichloronate	32.19	28.41	29.95
杀虫畏 Tetrachlorovinphos	34.65	32.99	33.68
丙硫磷 Tokuthion (Protothiofos)	34.67	24.58	39.91
丰索磷 Fensulfothion	35.85	35.20	36.80
硫丙磷 Bolstar (Sulprofos)	36.34	35.08	37.55
伐灭磷 Famphur*	36.40	36.93	37.86
苯硫磷 EPN	37.80	36.71	36.74
谷硫磷 Azinphos-methyl	38.34	38.04	37.24

续表

化合物	DB-5	SPB-608	DB-210
倍硫磷 Fenthion	38.83	29.45	28.86
蝇毒磷 Coumaphos	39.83	38.87	39.47

注:* 方法对伐灭磷并不完全有效。

初始温度	130 ℃	50 ℃
初始时间	3 min	1 min
程序1 速率	5 ℃/min	5 ℃/min
程序1 最终温度	180 ℃	140 ℃
程序1 保持时间	10 min	10 min
程序2 速率	2 ℃/min	10 ℃/min
程序2 最终温度	250 ℃	240 ℃
程序2 保持时间	15 min	10 min

表 4-37 采用 30-m 柱子分析各物质的保留时间[a]

化合物	RT(min)			
	DB-5	DB-210	DB-608	DB-1
三甲基磷酸盐 Trimethylphosphate	[b]	2.36		
敌敌畏(DDVP) Dichlorvos (DDVP)	7.45	6.99	6.56	10.43
六甲基磷酰胺 Hexamethylphosphoramide	[b]	7.97		
三氯磷酸酯 Trichlorfon	11.22	11.63	12.69	
特普 TEPP	[b]	13.82		
硫磷嗪 Thionazin	12.32	24.71		
速灭磷 Mevinphos	12.20	10.82	11.85	14.45
灭克磷 Ethoprop	12.57	15.29	18.69	18.52
二嗪农 Diazinon	13.23	18.60	24.03	21.87
硫特普 Sulfotepp	13.39	16.32	20.04	19.60
特丁磷 Terbufos	13.69	18.23	22.97	
三-邻-甲苯基磷酸盐 Tri-o-cresyl phosphate	13.69	18.23		
二溴磷 Naled	14.18	15.85	18.92	18.78
甲拌磷 Phorate	12.27	16.57	20.12	19.65
大福松 Fonophos	14.44	18.38		
乙拌磷 Disulfoton	14.74	18.84	23.89	21.73
脱叶亚磷 Merphos	14.89	23.22		26.23
氧化脱叶亚磷 Oxidized Merphos	20.25	24.87	35.16	
除线磷 Dichlorofenthion	15.55	20.09	26.11	
甲基毒死蜱 Chlorpyrifos,methyl	15.94	20.45	26.29	
皮蝇磷 Ronnel	16.30	21.01	27.33	23.67

化合物	RT(min)			
	DB-5	DB-210	DB-608	DB-1
毒死蜱 Chlorpyrifos	17.06	22.22	29.48	24.85
壤虫磷 Trichloronate	17.29	22.73	30.44	
丙硫特普 Aspon	17.29	21.98		
倍硫磷 Fenthion	17.87	22.11	29.14	24.63
S-内吸磷 Demeton-S	11.10	14.86	21.40	20.18
O-内吸磷 Demeton-O	15.57	17.21	17.70	
久效磷© Monocrotophos	19.08	15.98	19.62	19.3
乐果 Dimethoate	18.11	17.21	20.59	19.87
丙硫磷 Tokuthion	19.29	24.77	33.30	27.63
马拉硫磷 Malathion	19.83	21.75	28.87	24.57
甲基对硫磷 Parathion,methyl	20.15	20.45	25.98	22.97
杀螟松 Fenithrothion	20.63	21.42		
毒虫畏 Chlorfenvinphos	21.07	23.66	32.05	
乙基对硫磷 Parathion,ethyl	21.38	22.22	29.29	24.82
硫丙磷 Bolstar	22.09	27.57	38.10	29.53
乐本松 Stirophos	22.06	24.63	33.40	26.90
乙硫磷 Ethion	22.55	27.12	37.61	
磷胺 Phosphamidon	22.77	20.09	25.88	
丁烯磷 Crotoxyphos	22.77	23.85	32.65	
对溴磷 Leptophos	24.62	31.32	44.32	
丰索磷 Fensulfothion	27.54	26.76	36.58	28.58
苯硫磷 EPN	27.58	29.99	41.94	31.60
亚胺硫磷 Phosmet	27.89	29.89	41.24	
甲基谷硫磷 Azinphos-methyl	28.70	31.25	43.33	32.33
乙基谷硫磷 Azinphos-ethyl	29.27	32.36	45.55	
伐灭磷 Famphur	29.41	27.79	38.24	
蝇毒磷 Coumaphos	33.22	33.64	48.02	34.82
阿特拉津 Atrazine	13.98	17.63		
西玛津 Simazine	13.85	17.41		
特丁磷 Carbophenothion	22.14	27.92		
敌杀磷 Dioxathion	ⓓ	ⓓ	22.24	
甲基三硫磷 Trithion methyl			36.62	
百治磷 Dicrotophos			19.33	

续表

化合物	RT(min)			
	DB-5	DB-210	DB-608	DB-1
内标 Internal Standard				
1-溴-2-硝基苯 1-Bromo-2-nitrobenzene	8.11	9.07		
拟似标准品 Surrogates				
三丁基磷酸盐 Tributyl phosphate			11.1	
三苯基磷酸盐 Triphenyl phosphate			33.4	
4-氯-3-硝基三氟甲苯				
4-Cl-3-nitrobenzotrifluoride	5.73	5.40		

注：ⓐGC 工作条件如下。

DB-5 和 DB-210：30 m×0.53 mm，DB-5（1.50 μm）和 DB-210（1.0 μm）都连接到适压 Y-型分离器进口。温度程序：从 120 ℃（保持 3 min）以 5 ℃/min 到 270 ℃（保持 10 min）；进样器温度：250 ℃；检测器温度：300 ℃；凹槽温度：400 ℃；电压偏差 4.0；氢气压力 137.9 kPa（20 lb/in²）；氦气流速 6 mL/min；氮气混合气 20 mL/min。

DB-608：30 m×0.53 mm，DB-608（1.50 μm）连接到 0.25-in 的填充柱进口。温度程序：从 110 ℃（保持 0.5 min）以 5 ℃/min 到 250 ℃（保持 4 min）；进样器温度：250 ℃；氦气流速 5 mL/min；火焰光度检测器。

DB-1：30 m×0.32 mm ID 柱，DB-1（0.25 μm）采用分流/不分流，其柱头压位 68.9 kPa（10 lb/in²），分离管 45 s 关闭，进样器温度：250 ℃；温度程序：从 50 ℃（保持 1 min）以 6 ℃/min 到 280 ℃（保持 2 min）；在 35～550 μ 质量检测器全面扫描。

ⓑ进样量为 20 ng 时没有检测到信号。

ⓒ进样量增加保留时间增长（Hatcher *et. al.* 观察到漂移超过 30 s）。

ⓓ显示为多峰，因此，在混合物中并不包含。

6.3　校准曲线

选择合适的色谱校准曲线方法。采用表 4-38 和表 4-39 为分析选用一组色谱柱设置合适的操作数。

表 4-38　15-m 柱的参考工作条件

色谱柱 1 和色谱柱 2（DB-210 和 SPB-608 或其同类产品）	
载气流速（He）	5 mL/min
初始温度	50 ℃，保持 1 min
温度程序	50 ℃到 140 ℃ 5 ℃/min，140 ℃保持 10 min，140 ℃到 240 ℃，10 ℃/min，240 ℃保持 10 min（或保证足够时间将最后的化合物冲洗干净）
色谱柱 3（DB-5 或同类产品）	
载气流速（He）	5 mL/min
初始温度	130 ℃，保持 3 min
温度程序	130 ℃，到 180 ℃，5 ℃/min，180 ℃保持 10 min，180 ℃到 250 ℃，2 ℃/min，保持 15 min（或保证足够时间将最后的化合物冲洗干净）

表 4 - 39   30 - m柱的参考工作条件

| 色谱柱 1: |
| 型号：DB - 210 |
| 尺寸：30 m×0.53 mm ID |
| 膜厚（μm）：1.0 |
| 色谱柱 2: |
| 型号：DB - 5 |
| 尺寸：30 m×0.53 mm ID |
| 膜厚（μm）：1.5 |
| 载气流速（mL/min）：6（氦气） |
| 混合气流速（mL/min）：20（氦气） |
| 温度程序：120℃（保持 3 min）到 270℃（保持 10 min），5℃/min |
| 进样器温度：250℃ |
| 检测器温度：300℃ |
| 进样量：2 μL |
| 溶剂：正己烷 |
| 进样器型号：火焰气雾器 |
| 检测器型号：双 NPD |
| 极差：1 |
| 衰变：64 |
| 分流器型号：Y 型或 T 型 |
| 数据系统：积分 |
| 氢压：137.9 kPa（20 lb/in^2） |
| 凹槽温度：400℃ |
| 电压偏差：4 |

6.4   气相色谱分析

推荐采用 1 μL 自动进样。如果证实分析物定量精密度小于或等于 10% 的相对标准偏差，可选大于 2 μL 的手动进样。如果溶剂量控制在一个极小值，可采用溶剂冲洗技术。如果使用了内标校正技术，进样前每毫升样品加入 10 μL 内标。

6.5   记录最接近 0.05 μL 进样量的样品体积及对应峰的大小（峰面积或峰高）。使用内标校准法或外标校准法时，对于用于校准的化合物，将色谱中各个物质峰进行定性和定量。

6.5.1   如果色谱峰的检测和鉴定受到干扰，则需要使用火焰光度检测器或对样品做进一步的净化。在采用任何净化操作之前，必须处理一系列的校准标准物并建立洗脱方案，且检测目标化合物的回收率。使用净化程序对试剂空白进行常规处理，必须证实不存在试剂干扰。

6.5.2   如果响应超出了体系的线性范围，则稀释提取液并重新进行分析。提取液最好稀释到所有的色谱峰都出现在合适的数值范围内。当色谱峰超出线性范围，峰重叠就不太明显。通过计算机对色谱图谱的再现，如果确保为线性关系，操作直到所有的色谱峰都在合适的数值范围内即可。当峰重叠导致峰面积积分出错时，建议测量色谱峰的峰高。

6.5.3   如果色谱峰的响应信号低于基线噪声信号的 2.5 倍，结果的定量分析的有效性就值得怀疑。则需要考虑样品的来源,确定是否应该对样品进一步浓缩。

6.5.4　如果出现了部分峰重叠或者共流出峰,需要更换色谱柱或者选用 GC/MS 技术。

3. 非挥发性有机化合物的检测方法

采用 GB 5085.3—2007 的附录 J、附录 L 等方法测定非挥发性有机化合物。

(1)硝基芳烃和硝基胺的测定

高效液相色谱法(GB 5085.3—2007　附录 J)

1　范围

本方法适用于固体废物中 14 种硝基芳烃和硝基胺,包括八氢-1,3,5,7-四硝基-1,3,5,7-双偶氮辛因(HMX)、六氢-1,3,5-三硝基-1,3,5-三嗪(RDX)、1,3,5-三硝基苯(1,3,5-TNB)、1,3-二硝基苯(1,3-DNB)、甲基-2,4,6-三硝基苯基硝基胺(Tetryl)、硝基苯(NB)、2,4,6-三硝基甲苯(2,4,6 TNT)、4-氨基-2,6-二硝基甲苯(4-Am-DNT)、2-氨基-4,6-二硝基甲苯(2-Am-DNT)、2,4-二硝基甲苯(2,4-DNT)、2,6-二硝基甲苯(2,6-DNT)、2-三硝基甲苯(2-NT)、3-三硝基甲苯(3-NT)、4-三硝基甲苯(4-NT)的高效液相色谱测定方法。

本方法对上述 14 种硝基芳烃和硝基胺物质在水和土壤中的定量限见表 4-40。

表 4-40　各物质的定量限

化合物	水（μg/L）		土壤（μg/L）
	低质量浓度	高质量浓度	
八氢-1,3,5,7-四硝基-1,3,5,7-双偶氮辛因(HMX)	—	13.0	2.2
六氢-1,3,5-三硝基-1,3,5-三嗪(RDX)	0.84	14.0	1.0
1,3,5-三硝基苯(1,3,5-TNB)	0.26	7.3	0.25
1,3-二硝基苯(1,3-DNB)	0.1	4.0	0.65
甲基-2,4,6-三硝基苯基硝基胺(Tetryl)	—	4.0	0.26
硝基苯(NB)		6.4	0.25
2,4,6-三硝基甲苯(2,4,6 TNT)	0.11	6.9	0.25
4-氨基-2,6-二硝基甲苯(4-Am-DNT)	0.060	—	—
2-氨基-4,6-二硝基甲苯(2-Am-DNT)	0.035		
2,4-二硝基甲苯(2,4-DNT)	0.31	9.4	0.26
2,6-二硝基甲苯(2,6-DNT)	0.020	5.7	0.25
2-三硝基甲苯(2-NT)	—	12.0	0.25
3-三硝基甲苯(3-NT)		8.5	0.25
4-三硝基甲苯(4-NT)	—	7.9	

2　原理

液态样品用乙腈和氯化钠盐析萃取操作法进行萃取和反萃取(高质量浓度的水体样品可直接稀释后过滤,土壤和沉积物样品可用乙腈在超声浴中萃取后过滤),用高效液相色谱检测,经 C18 反相色谱柱分离,紫外检测器检测。

3 试剂和材料

3.1 试剂水:纯水,其中不含任何超过检出限的目标待测物,或超过检出限之三分之一的干扰物质。

3.2 乙腈:HPLC级。

3.3 甲醇:HPLC级。

3.4 氯化钙:分析纯,配制成5g/L水溶液。

3.5 氯化钠:分析纯。

3.6 标准溶液

3.6.1 标准储备溶液

将固体分析物标样放入避光真空干燥器内至恒重,取分析物约0.100g(称重至0.0001g)用乙腈稀释定容至100mL。存放于4℃冰箱中避光保存。由实际称出的重量计算标准储备溶液的质量浓度(表观质量浓度为1000mg/L),标准储备溶液可在一年内使用。

3.6.2 标准溶液

如果2,4 DNT和2,6 DNT均要测定,则分别配制两种标准工作溶液:(1)HMX,RDX,1,3,5 - TNB,1,3 - DNB,NB,2,4,6 - TNT和2,4 - DNT;(2)Tetryl,2,6 - DNT,2 - NT,3 - NT,4 - NT。标准工作溶液应配制成1000mg/L,分析土壤样品时标准液中溶剂为乙腈,分析水体样品时标准液中溶剂为甲醇。

将上述两种标液用合适的溶剂稀释至质量浓度2.5~1000μg/L,这些溶液在配制后应冷藏,保质期为30 d。

若用此方法测定低质量浓度样品,必须测定检测限,并准备一系列与要求范围相适应的稀释后标准溶液。低质量浓度样品分析所需的标准液必须在使用前即时配制。

3.6.3 标准工作溶液

校正用标准液至少要配制5个不同的质量浓度,用5g/L氯化钙溶液(3.4)按50%(体积分数)将标准溶液稀释,这些稀释液必须冷藏于阴暗处,并于校正的当天新鲜配制。

3.7 替代物配制液

应检查萃取和分析系统的性能以及方法对不同样品基质的效率。每种样品基质加入每种样品,标样和含一种或两种替代物(即样品中不存在的分析物)的空白试剂水。

3.8 基体配制液

基体配制液用甲醇,样品质量浓度应是其实测定量限(表4-40)的5倍。所有目标分析物均应包括在内。

4 仪器、装置

4.1 高效液相色谱仪:带有紫外检测器。

4.2 天平:±0.0001g。

4.3 Vortex混合器。

4.4 带温度控制的超声水浴。

4.5 带搅拌子的磁搅拌器。

4.6 电炉:鼓风式。

4.7 高压注射针筒:500μL。

4.8 一次性滤芯式过滤器:0.45μm,Teflon过滤器。

4.9 玻璃移液管:A级。

4.10　Pasteur 移液管。

4.11　玻璃闪烁瓶：20 mL。

4.12　玻璃样品瓶：带 Teflon 衬里的盖，15 mL。

4.13　玻璃样品瓶：带 Teflon 衬里的盖，40 mL。

4.14　一次性注射器：Plastipak，3 mL 和 10 mL 或同类产品。

4.15　容量瓶：适当规格。

备注：作磁搅拌器萃取用的 100 mL 和 1 L 容量瓶必须是圆形。

4.16　真空干燥器：玻璃。

4.17　研钵和捣槌：钢制。

4.18　筛子：30 目。

5　分析步骤

5.1　样品制备

5.1.1　水质样品，工业流程废水样品先用高质量浓度方法筛选来决定是否需用低质量浓度方法（1～50 μg/L）处理。

5.1.1.1　低质量浓度处理法（盐析萃取）。

5.1.1.1.1　加 251.3 g 氯化钠至 1 L 容量瓶（圆形）中，量出 770 mL 水样（用 1 L 带刻度量筒）倒入含盐的容量瓶内，加入搅拌子在磁搅拌器上用最高转速混合容量瓶内物质直至盐全部溶解为止。

5.1.1.1.2　在溶液搅拌时加 164 mL 乙腈（用 250 mL 带刻度量筒量出），并继续搅拌 15 min，关闭搅拌器，静止约 10 min，使相分离。

5.1.1.1.3　用 Pasteur 移液管将上层乙腈（约 8 mL）吸出转入 100 mL 容量瓶（圆形）中，加 10 mL 新鲜乙腈到含水样的 1 L 容量瓶中，再搅拌 15 min，静止 10 min，使相分离。将第二部分乙腈与第一部分合并。

5.1.1.1.4　将 84 mL 盐水（每 1000 mL 试剂水含 325 g NaCl）加到 100 mL 容量瓶中的乙腈萃取液中，加入搅拌子放在磁搅拌器上搅拌溶液 15 min，再静止 10 min，使相分离。用 Pasteur 移液管小心转移乙腈相至一个 10 mL 带刻度量筒内。此时随乙腈转移的水量必须降至最低，因为水含有高质量浓度的 NaCl，会把色谱图的起始部分产生一个大峰，干扰 HMX 的测定。

5.1.1.1.5　再加 1.0 mL 乙腈至 100 mL 容量瓶中，再次搅拌 15 min，静止 10 min，使相分离。把第二部分乙腈合并在第一次乙腈萃取物的 10 mL 量筒内，（如果体积超过 5 mL 需转移至 25 mL 有刻度的量筒内），记下乙腈萃取液的总体积数至最接近的 0.1 mL［用此数为萃取液体积（V_t）］，分析前将 5～6 mL 萃取液用无有机物的试剂水按 1∶1 稀释（如 Tetryl 也要分析，必须 pH<3）。

5.1.1.1.6　如果稀释的萃取液混浊，用一次性针筒将溶液通过 0.45 μm Teflon 过滤器，进行过滤。丢弃最初的 0.5 mL，其余部分保留在带 Teflon 衬里瓶盖的样品瓶中备 HPLC 分析用。

5.1.1.2　高质量浓度处理法

样品过滤：取每种水样一份 5 mL 加到闪烁管内，再加 5 mL 乙腈充分摇动。用一次性注射器将溶液通过 0.45 μm Teflon 过滤器过滤，弃去前 3 mL 滤液，其余保留在带 Teflon 衬里瓶盖的样品瓶中备 HPLC 分析用。用甲醇替代乙腈进行稀释再过滤，可以改善 HMX 的定量测定。

5.1.2 土壤和沉积物样品

5.1.2.1 样品均相化

在室温或低于室温的条件下,将土壤样品在空气中干燥至恒重,小心防止样品受阳光直射。在乙腈淋洗过的研钵中充分磨碎和混匀样品,过30目筛。

5.1.2.2 样品萃取

5.1.2.2.1 取土壤样品2.0g放入一个15mL的玻璃样品瓶内,加10.0mL乙腈用含Teflon衬里的瓶盖盖好,涡流振荡1min,再放入冷的超声浴中18h。

5.1.2.2.2 超声完成后,让样品静止30min,取出5.0mL上清液与20mL样品瓶内5.0mL氯化钙溶液混合,摇匀后静止15min。

5.1.2.2.3 用一次性注射器抽取上清液通过0.45μm Teflon过滤器过滤,弃去前3mL,其余保留在带Teflon衬里瓶盖的样品瓶中备HPLC分析用。

5.2 色谱条件(推荐用)

5.2.1 色谱柱:

首选色谱柱1:C18反相色谱柱25cm×4.6mm(5μm);

确证色谱柱2:CN反相色谱柱25cm×4.6mm(5μm)。

5.2.2 流动相:甲醇/水,(体积分数)50/50。

5.2.3 流速:1.5mL/min。

5.2.4 进样体积:100μL。

5.2.5 UV检测器波长:254nm。

5.3 HPLC分析

5.3.1 分析样品用的色谱条件列于表4-41,所有在C18色谱柱上测得的阳性结果必须要在CN柱上进样得到证实。

5.3.2 用峰高或峰面积记录生成的峰的大小,建议对低质量浓度样品采用峰高可提高重复性。

表4-41 LC-C18和LC-CN色谱柱子上保留时间和容量因子

化合物	保留时间(min)		容量因子※	
	LC-C18	LC-CN	LC-C18	LC-CN
八氢-1,3,5,7-四硝基-1,3,5,7-双偶氮辛因(HMX)	2.44	8.35	0.49	2.52
六氢-1,3,5-三硝基-1,3,5-三嗪(RDX)	3.73	6.15	1.27	1.59
1,3,5-三硝基苯(1,3,5-TNB)	5.11	4.05	2.12	0.71
1,3-二硝基苯(1,3-DNB)	6.16	4.18	2.76	0.76
甲基-2,4,6-三硝基苯基硝基胺(Tetryl)	6.93	7.36	3.23	2.11
硝基苯(NB)	7.23	3.81	3.41	0.61
2,4,6-三硝基甲苯(2,4,6-TNT)	8.42	5.00	4.13	1.11
4-氨基-2,6-二硝基甲苯(4-Am-DNT)	8.88	5.10	4.41	1.15
2-氨基-4,6-二硝基甲苯(2-Am-DNT)	9.12	5.65	4.56	1.38
2,4-二硝基甲苯(2,4-DNT)	9.82	4.61	4.99	0.95
2,6-二硝基甲苯(2,6-DNT)	10.05	4.87	5.13	1.05

化合物	保留时间(min)		容量因子※	
	LC-C18	LC-CN	LC-C18	LC-CN
2-三硝基甲苯(2-NT)	12.26	4.37	6.48	0.84
3-三硝基甲苯(3-NT)	13.26	4.41	7.09	0.86
4-三硝基甲苯(4-NT)	14.23	4.45	7.68	0.88

注:※表示容量因子以硝酸盐的不保留峰作为基准,在 LC-C18 柱上为 1.64 min,在 LC-CN 柱上为 2.37 min。

（2）非挥发性化合物的测定

高效液相色谱/热喷雾/质谱或紫外法(GB 5058.3—2007　附录 L)

1　范围

本方法适用于固体废物中分散红 1、分散红 5、分散红 13、分散黄 5、分散橙 3、分散橙 30、分散棕 1、溶剂红 3、溶剂红 23 等 9 种偶氮染料;分散蓝 3、分散蓝 14、分散红 60、香豆素染料等 4 种蒽醌染料;荧光增白剂 61、荧光增白剂 236 等 2 种荧光增白剂;咖啡因、士的宁 2 种生物碱;灭多威、久效威、伐灭磷、磺草灵、敌敌畏、乐果、乙拌磷、丰索磷、脱叶亚磷、甲基对硫磷、久效磷、二溴磷、甲拌磷、敌百虫、三(2,3-二溴丙基)磷酸酯等 15 种有机磷化合物;毛草枯、麦草畏、2,4-滴、2-甲基-4-氯苯氧乙酸、2-甲四氯丙酸、2,4-滴丙酸、2,4,5-涕、2,4,5-涕丙酸、地乐酚、2,4-滴丁酸、2,4-滴丁氧基乙醇酯、2,4-滴乙基己基酯、2,4,5-涕丁酯、2,4,5-涕丁氧基乙醇酯等 14 种氯苯氧基酸化合物;涕灭威、涕灭威砜、涕灭威亚砜、灭害威、燕麦灵、苯菌灵、除草定、恶虫威、甲萘威、多菌灵、3-羟基克百威、克百威、枯草隆、氯苯胺灵、敌草隆、非草隆、伏草隆、利谷隆、灭虫威、灭多威、兹克威、灭草隆、草不隆、杀线威、毒胺、苯胺灵、残杀威、环草隆、丁唑隆等 29 种氨基甲酸酯化合物(共 75 种化合物)的测定。

可用热喷雾/质谱法分析的化合物有分散偶氮染料、次甲基染料、芳甲基染料、香豆素染料、蒽醌染料、氧杂蒽染料、阻燃剂、氨基甲酸酯、生物碱、芳香脲、酰胺、胺、氨基酸、有机磷化合物和氯苯氧基酸化合物。

2　原理

样品经过萃取等前处理之后利用反相高效液相色谱(RP-HPLC)和热喷雾(TS)质谱(MS)和(或)紫外(UV)测定目标分析物。定量分析用 TS/MS,可用外标或内标的定量方式。样品萃取物可以直接进入热喷雾或进入高效液相色谱热喷雾界面进行分析。色谱仪内用梯度洗脱程序分离化合物,单四极杆质谱既可用负电离(放电电极),也可用正电离方式进行检测。本方法依据的是 HPLC 技术,常规样品分析选用紫外(UV)检测。还可以用热喷雾/质谱/质谱(TS/MS/MS)等方法进行确认。用 MS/MS 碰撞解离(CAD)或金属丝-排斥 CAD 加以确认。

3　试剂和材料

3.1　试剂水,无有机物的试剂级水。

3.2　硫酸钠(无水,颗粒状),化时可在浅盘内,加热 400 ℃达 4 h 或用二氯甲烷预先清洗硫酸钠。

3.3　乙酸铵溶液,0.1 M,通过 0.45 μm 膜过滤器过滤。

3.4　乙酸,分析纯。

3.5　硫酸溶液

3.5.1　(1:1的硫酸溶液体积分数)，缓慢将 50 mL H_2SO_4($\rho=1.84$)加到 50 mL 水中。

3.5.2　(1:3的硫酸溶液体积分数)，缓慢将 25 mL H_2SO_4($\rho=1.84$)加到 75 mL 水中。

3.6　氩气:纯度>99%。

3.7　二氯甲烷:农残级或同类级别。

3.8　甲苯:农残级或同类级别。

3.9　丙酮:农残级或同类级别。

3.10　乙醚:农残级或同类级别。必须用试纸(EM Quant 或同类品)检验无过氧化物。清除后每升乙醚中必须加 20 mL 乙醇保护剂。

3.11　甲醇:HPLC级或同类级别。

3.12　乙腈:HPLC级或同类级别。

3.13　乙酸乙酯:农残级或同类级别。

3.14　标准物质:指纯的标准物质或每种目标分析物的标定溶液。分散偶氮染料必须在使用前按 3.15 加以纯化。

3.15　分散偶氮染料的纯化

用甲苯把染料进行索式萃取 24 h,再将萃取液用旋转蒸发器蒸发至干。被测物质再从甲苯中重结晶,并于约 100 ℃ 的炉中干燥。若纯度仍达不到要求,应采用硅酸镁载体柱进行纯化,将重结晶的固体加在一根 3 英寸×8 英寸(一英寸=2.54 cm)的硅胶柱上。用乙醚淋洗,杂质经色谱分离后,收集主要的染料馏分。

3.16　储备标准溶液

准确称量 0.0100 g 纯物质,溶于甲醇或其他合适的溶剂(例如配制 Tris-BP 用乙酸乙酯)并在容量瓶中稀释需要的体积。转移储备标准液至带 PTFE 衬里螺纹瓶盖或宽边瓶塞的玻璃样品瓶内。储存在 4 ℃ 避光储存。储备标准液应经常检查,尤其在配校正标样前要检查是否有降解或蒸发的迹象。

备注:由于含氯除草剂的反应性强,标准液必须在乙腈中配制,如在甲醇中配制会出现甲基化。如果化合物的纯度经确认在 96% 或更高,那么可以不必校正用重量直接计算储备标准液的质量浓度。商品化的储备标准液如果经制造商或由其他独立机构验证,均可使用。

3.17　校正标准液

用甲醇(或其他合适的溶剂)稀释储备标准液,对每个需要分析的化合物最少要配制五个不同质量浓度,其中应该有一个接近或高于最低检测限。而其余的质量浓度应与实际样品的质量浓度范围相近或在 HPLC-U 体积分数 IS 或 HPLC-TS/MS 的检测范围,校正标样必须每个月或两个月更换一次,如果与核对的标样比较出现问题则应立即更换。

3.18　替代物标样

通过一种或两种替代物(例如样品中不存在的有机磷或氯代苯氧酸化合物)加入每种样品、标样及空白样中,测出萃取、清洗(如使用)和分析系统的性能,以及使用每种样品基体的方法效率。

3.19　HPLC/MS 调试标样

推荐用聚乙二醇 400(PEG-400)、PEG-600 或 PEG-800 作调试标样,如果使用一种 PEG 溶液,要用甲醇稀释到 10%(体积分数)。使用哪种 PEG 将取决于分析物的分子量范围。分子量小于 500,用 PEG-400;分子量大于 500,用 PEG-600 或 PEG-800。

3.20　内标物,采用内标校正方式时,最好使用相同化学品的稳定同位素标记化合物(例如分析氨基甲酸酯时可用 13C6 作为内标物)。

4　仪器

4.1　高效液相色谱仪(HPLC),带紫外检测器。

4.2　色谱柱

4.2.1　保护柱,C_{18} 反相保护柱,10 mm×2.6 mm。

4.2.2　分析柱,C_{18} 或 C_8 反相柱,100 mm×2 mm 内径。

4.3　质谱系统:一个单四极杆质谱仪,能从 1μ 扫描到 1000μ,质谱仪在 70 V(表观)电子能量以正离子或负离子轰击方式下在 1.5 s 内从 150μ 扫描到 450μ。此外,质谱仪必须能得到 PEG-400,PEG-600,或 PEG-800 或其他作校正用的化合物的校正质谱图。

4.4　自选的三级四极杆质谱仪:能用一种碰撞气体在二级四极杆产生子离子谱图,以一级四极杆方式运行。

4.5　偶氮染料标样的纯化设备

4.5.1　(Soxhlet)索式萃取仪。

4.5.2　硅胶柱,3 in×8 in,填充硅胶(60 型,EM 试剂 70/230 目)。

4.6　氯代苯氧酸化合物萃取仪

4.6.1　锥形瓶:500 mL 广口 Pyrex®,500 mL Pyrex® 带 24/40 标准磨口玻璃接头,1 000 mL Pyrex®。

4.6.2　分液漏斗:2 000 mL。

4.6.3　有刻度的量筒:1 000 mL。

4.6.4　漏斗:直径 75 mm。

4.6.5　手提式振荡器:Burrell 75 型或同类产品。

4.6.6　pH 计。

4.7　K-D 浓缩仪。

4.8　旋转蒸发仪:配备 1 000 mL 接收瓶。

4.9　分析天平:0.000 1 g,最大负载 0.01 g。

5　分析步骤

5.1　样品制备

分散偶氮染料和有机磷化合物的样品在做 HPLC/MS 分析前必须进行预处理,三(2,3-二溴丙基)磷酸酯废水,在做 HPLC/MS 分析前样品必须按 5.1.1 项进行制备,分析氯代苯氧酸化合物及其酯类的样品在做 HPLC/MS 分析前必须按 5.1.2 进行制备。

5.1.1　微量萃取 三(2,3-二溴丙基)磷酸酯(Tris-BP)

5.1.1.1　固体样品

5.1.1.1.1　在量杯内放入称量好的 1 g 样品。如果样品湿潮,加入等量无水硫酸钠并充分混合。加 100 μL Tris-BP(近似质量浓度 1 000 mg/L)到样品中,加入的量应使 1 mL 萃取液中的最终质量浓度为 100 ng/μL。

5.1.1.1.2　除去一次性血清吸管中玻璃棉塞,插入 1 cm 用清洁硅烷处理过的玻璃棉至吸管底部(窄的一端)。在玻璃棉顶部填充 2 cm 无水硫酸钠,用 3～5 mL 甲醇清洗吸管及填充物。

5.1.1.1.3　把样品放入按 5.1.1.1.2 制备好的吸管内,如果填料干了,先用醇润洗,再把样品放入吸管内。

5.1.1.1.4 先用 3 mL 甲醇,再用 4 mL 50%(体积分数)甲醇/二氯甲烷萃取样品(加入含样品的吸管前,用萃取剂先洗样品杯)收集萃取后溶液于具刻度的 15 mL 玻璃管中。

5.1.1.1.5 用氮吹法(5.1.1.1.6 项)蒸发萃取后溶液至 1 mL,记下体积。

5.1.1.1.6 氮吹技术

5.1.1.1.6.1 将浓缩管放在温水浴(约 35 ℃)内,用一股缓慢的干燥清洁的 N_2(经活性炭柱过滤)蒸发溶剂,使其体积至所需的刻度。

5.1.1.1.6.2 操作过程中管的内壁要用二氯甲烷往下淋洗几次。蒸发过程中浓缩管内溶剂的液面必须浸没于水溶液面以下,以免水汽凝入样品浓缩。在正常操作条件下,萃取物不能变干,按 5.1.1.1.7 继续操作。

5.1.1.1.7 将萃取物转移至带 PTFE 衬里瓶盖或宽边瓶塞的玻璃样品瓶内,在 4 ℃ 冷藏。以备 HPLC 分析用。

5.1.1.1.8 测定干重的质量比——某些情况下,样品结果要求以干重为基准,在称出一份样品做分析测定的同时还应称出一份做干重测定。

注意:干燥炉应放在通风橱或排空至室外,否则可能会污染实验室。

5.1.1.1.9 称出萃取用的样品后,再称 5~10 g 样品至一个恒重的坩埚内,于 105 ℃ 干燥过夜,在干燥器内冷却后称重。

5.1.1.2 水溶液样品

5.1.1.2.1 用量筒量出 100 mL 样品倒入 250 mL 分液漏斗。加 200 μL Tris-BP(近似质量浓度 1 000 mg/L)至要加标的样品中,加入的量应使其在 1 mL 萃取物中的最终质量浓度为 200 ng/μL。

5.1.1.2.2 加 10 mL 二氯甲烷至分液漏斗内,加盖后摇动分液漏斗 3 次,每次约 30 s,并定时释放漏斗内的过量压力。

备注:二氯甲烷会很快产生过量压力,因此在加盖一摇后,马上要先放空。二氯甲烷是一种致癌物,使用时要特别注意安全。

5.1.1.2.3 静止至少 10 min 让有机相与水相分离,如果两相之间混浊的界面超过溶剂层的 1/3,必须用机械方法完成相分离。

5.1.1.2.4 将萃取物收集在一个 15 mL 具刻度的玻璃管内,按 5.1.1.1.5 继续操作。

5.1.2 萃取含氯苯氧酸化合物——制备土壤、沉积物和其他固体样品,必须按 GB 5085.6 的附录 N 进行制备,不同的是没有水解或酯化(若想把所有含氯苯氧酸基团的化合物作酸来测定,可能要进行水解)。

5.1.2.1 固体样品的萃取

5.1.2.1.1 加 50 g 土壤/沉积物样品至一个 500 mL 的大口锥形瓶中,如果需要,再加入加标溶液,混合均匀后静止 15 min。加入 50 mL 无有机物的试剂水并搅拌 30 min。用 pH 计在样品溶液搅拌时测其 pH。用冷 H_2SO_4(1∶1)调节 pH 为 2,并在搅拌中检测 pH 15 min,如必要可再加 H_2SO_4 直至 pH 为 2 保持不变。

5.1.2.1.2 向容器中加 20 mL 丙酮,用振荡器混合瓶内物质 20 min,加 80 mL 乙醚再振荡 20 min,倒出萃取物并测量溶剂回收的体积。

5.1.2.1.3 再用 20 mL 丙酮,80 mL 乙醚萃取样品 2 次,每次溶剂加入后混合物用振荡器振荡 10 min,倒出丙酮-乙醚萃取物。

5.1.2.1.4 第三次萃取完成后萃取物回收的体积应至少为加入溶剂体积的 75%,如果达不到,要再提取一些。将萃取物合并入一个有 250 mL 5‰酸化硫酸钠的 2 000 mL 分液漏斗内。如果生成乳浊液,缓慢加入 5 g 酸化硫酸钠(无水)直至溶剂与水混合物分离。如果需要可以加入与样品量相等的酸化硫酸钠。

5.1.2.1.5　核查萃取物的 pH,如果大于 2,加入较浓的 HCl 使萃取物稳定在所需的pH。轻轻混合分液漏斗内物质 1 min,再静止分层。将水相收集在干净烧杯中,萃取相(上层)倒入 500 mL 磨的锥形瓶中。将水相倒回分液漏斗中并用 25 mL 乙醚再萃取。两层分离后弃去水层,将乙醚萃取液合并入 500 mL 锥形瓶中。

5.1.2.1.6　加 45～50 g 酸化的无水硫酸钠到合并的乙醚萃取物中,萃取物与硫酸钠混合约 2 h。

备注:干燥步骤十分关键,乙醚中保留一点水分就会降低回收率。如果摇动烧瓶时可以见到一些自由滚动的晶体,硫酸钠的用量是合适的。如果全部硫酸钠结块成饼状,需再加几克酸化的硫酸钠,并再次摇动测试。干燥时间至少要 2 h,萃取物也可以与硫酸钠一起过夜。

5.1.2.1.7　将乙醚萃取液通过塞入酸洗玻璃棉的漏斗,转移至一个配有 10 mL 浓缩管的500 mL K-D 烧瓶中,转移时可用玻璃棒打碎饼状的硫酸钠。用 20～30 mL 乙醚淋洗锥形瓶和柱子以达到定量转移的目的。用微量 K-D 技术缩小萃取物。

5.1.2.1.8　加 1 块或 2 块干净的沸石于烧瓶内并装上三球微量 Snyder 分馏柱。将冷凝管和收集容器接到 K-D 仪的 Snyder 分馏柱上。在顶部加入 1 mL 乙醚预先润湿。将仪器放入热水浴(60～65 ℃)使浓缩管部分浸入热水中并且烧瓶整个下半部的圆面处于蒸汽浴中。调节仪器的垂直位置和水温,使浓缩在 15～20 min 内完成。当液体表观体积达到 5 mL 时,将K-D 仪从水浴上撤出,排空并冷却至少 10 min。

5.1.2.1.9　用乙腈将萃取物定量地转移至氮吹仪中,共加入 5 mL 乙腈,浓缩萃取物体积并调节最终体积为 1 mL。

5.1.2.2　制备溶液样品

5.1.2.2.1　用量筒量出 1 L 水样(表观体积),记录水样体积精确至 5 mL,转入分液漏斗。如果质量浓度很高,可少取一些,再用不含有机物的试剂水稀释至 1 L。用 1∶1 H$_2$SO$_4$ 调节pH 小于 2。

5.1.2.2.2　加 150 mL 乙醚到样品瓶中,加盖,摇动 30 s 淋洗瓶壁。倒入分液漏斗并摇动2 min,定时放出分液漏斗内的过量压力。静止至少 10 min,让有机层与水层分离。如果二层之间乳浊液界面超过溶剂层的 1/3,必须用机械方法完成相分离。最佳方法与不同样品有关,可以用搅拌、玻璃棉过滤、离心或其他物理方法。水相放入一个 1 000 mL 的锥形瓶中。

5.1.2.2.3　用 100 mL 乙醚再重复萃取 2 次,合并萃取物于一个 500 mL 的锥形瓶中。

5.1.2.2.4　按 5.1.2.1.6 继续操作(干燥、K-D 浓缩、溶剂转换及调节最终的体积)。

5.1.3　萃取氨基甲酸酯——制备土壤、沉积物和其他的固体样品必须按合适的样品前处理方法进行。

5.1.3.1　用二氯甲烷萃取 40 g 样品。

5.1.3.2　用旋转蒸发器或 K-D 浓缩器进行浓缩至体积为 5～10 mL。

5.1.3.3　最终质量浓度及转换溶剂为 1 mL 甲醇,最好用旋转蒸发器上的连接管完成。如果没有连接管,也可以在通风橱中用缓慢的 N$_2$ 流浓缩到最终的质量浓度。

5.1.4　萃取氨基甲酸酯——制备水溶液样品必须按合适的样品前处理方法进行。

5.1.4.1　用二氯甲烷萃取 1 L 的水。

5.1.4.2　最终质量浓度和转换溶液与5.1.3.2和5.1.3.3中所用的相同。

5.2　做HPLC分析前,萃取溶剂必须转换成甲醇或乙腈,转换可以用K-D浓缩仪进行。

5.3　HPLC色谱条件:

5.3.1　特殊分析物的色谱条件见表4-42。

表4-42　HPLC色谱条件

流动相	起始时间（min）	最终梯度（线性）（min）	最终流动相	时间（min）
有机磷化合物				
50%/50%（水/甲醇）	0	10	100%（甲醇）	5
偶氮染料（例如 Disperse Red1）				
50%/50%（水/乙腈）	0	5	100%（乙腈）	5
Tris(2,3-dibromopropyl)phosphate				
50%/50%（水/甲醇）	0	10	100%（甲醇）	5
氯苯氧基酸化合物				
75%/25%（A/甲醇）	2	15	40%/60%（A/甲醇）	75/25
40%/60%（A/甲醇）	3	5	75%/25%（A/甲醇）	10

A＝0.1mol/L乙酸铵（1% 乙酸）

氨基甲酸酯

选择A:

时间(min)	流动相 A	流动相 B
0	95%	5%
30	20%	80%
35	0%	100%
40	95%	5%
45	95%	5%

A＝5mmol/L乙酸铵溶液加入0.1mol/L乙酸;

B＝甲醇;

选择性的柱后添加0.5mol/L乙酸铵。

选择B:

时间(min)	流动相 A	流动相 B
0	95%	5%
30	0%	100%
35	0%	100%
40	95%	5%
45	95%	5%

A＝加入0.1mol/L乙酸铵和1%乙酸的水溶液;

B＝加入0.1mol/L乙酸铵和1%乙酸的甲醇;

选择性的柱后添加0.1mol/L乙酸铵。

非特殊分析物的色谱条件如下：

流速：0.4 mL/min；

后柱流动相：0.1 mol/L 乙酸铵（1％甲醇）（苯氧酸化合物为 0.1 mol/L 乙酸铵）；

后柱流速：0.8 mL/min。

5.3.2 分析分散偶氮染料、有机磷化合物和三(2,3-二溴丙基)磷酸酯时，若化合物的保留导致出现色谱问题，则要连续的 2％二氯甲烷洗涤。二氯甲烷/含水甲醇溶液用作 HPLC 淋洗剂时必须小心。另一种流动相改性剂乙酸(1％)可用于带酸性官能团的化合物。

5.3.3 维持热喷雾电离需要的总流量为 1.0～1.5 mL/min。

5.4 推荐 HPLC/热喷雾/质谱的操作条件：在分析样品前应评定目标化合物对每种电离模式的相对灵敏度，以决定哪种模式在分析时能提供更好的灵敏度。这种评估可以根据分析物的分子结构式以及对每种电离模式的比较。

5.4.1 正电离模式

推斥器(金属丝或板，自选)：170～250 V(灵敏度优化)；

放电电极：关；

灯丝：开或关(自选与分析物有关)；

质量范围：150～450 amu(与分析物有关，高于化合物分子量 1～18 amu)；

扫描时间：1.50 秒/次。

5.4.2 负电离模式

放电电极：开；

灯丝：关；

质量范围：135～450 amu；

扫描时间：1.50 秒/次。

5.4.3 热喷雾温度

汽化室：110～130 ℃；

顶端：200～215 ℃；

喷口：210～220 ℃；

离子源体：230～265 ℃(某些化合物可能在高温的离子源体内会分解。必须根据化学性质估计合适的离子源体温度)。

5.4.4 样品的进样体积通常用 20～100 μL。用手动进样时，至少要用 2 倍进样环体积的样品(例如用 20 μL 样品充满一个 10 μL 进样环使其溢出)充满进样环使液体溢出。如果萃取液中有固体，必须让其沉降或离心萃取，再从清透的液层中抽取进样的体积。

5.5 校正

5.5.1 热喷雾/质谱系统——必须是在四极杆 1(和四极杆 3，对三级四极杆而言)调节质量分布、灵敏度和分辨率。推荐使用聚乙二醇(PEG)400,600 或 800。其平均分子量分别为 400,600 或 800。选用的 PEG 应尽量接近分析时常用的质量范围。分析含氯苯氧酸化合物时用 PEG 400，PEG 直接进样，绕过 HPLC。

5.5.1.1 质量校正参数如下：

PEG 400 和 600 　　　　　　　　　　　PEG 800

质量范围：15～765 amu 　　　　　　　质量范围：15～900 amu

扫描时间:0.5～5.0 秒/次　　　　　　扫描时间:0.5～5.0 秒/次

进样 2～3 次应该扫描约 100 次。如果用其他校正物,质量范围应该从 15 amu 到比校正用的最高质量数还要高约 20 amu。扫描时间应该选择为越过校正物的峰时至少可扫描 6 次。

5.5.1.2　从 15～100 amu 低质量范围包括了由热喷雾过程中应用的乙酸铵缓冲液生成的一些离子。NH_4^+(18),$NH_4^+ \cdot H_2O$ (36),$CH_3OH \cdot NH_4^+$(50)或 $CH_3CN \cdot NH_4^+$(59)和 $CH_3COOH \cdot NH_4^+$(78)。出现 m/z 50 还是 59 离子取决于用甲醇还是乙腈作有机改性剂。高端质量范围包括各种乙二醇氨离子的加合物[例如 $H(OCH_2CH_2)_nOH$],当 $n=4$ 时,在 m/z 212 处为 $H(OCH_2CH_2)_nOH \cdot NH_4^+$ 离子]。

5.5.2　液相色谱

5.5.2.1　制备校正标样

5.5.2.2　选择合适电离条件,用表 4-42 列出的色谱条件将每个校正标样注入 HPLC。含氯苯氧酸分析物用的相关系数(r^2)至少应该是 0.97。多数情况下只有$(M^+H)^+$ 和$(M^+NH_4)^+$ 加合离子是丰度显著的离子。

5.5.2.2.1　在要求检测限低于全谱分析正常范围的情况下,可以选用选择离子检测(SIM),但是未作化合物多重离子检测时,SIM 鉴别化合物的可信度较低。

5.5.2.2.2　使用三级四极杆 MS/MS 时也可以用选择反应检测(SRM)并需要提高灵敏度。

5.5.2.3　如果用 HPLC/UV 检测,先校正仪器。用表 4-42 中列出的色谱条件把每个校正标样注射到 HPLC 中。积分每种质量浓度下全部色谱峰的面积。如果已知样品无干扰和(或)无同流出的分析物,HPLC-UV 定量是最佳选择。

5.5.2.4　对 5.5.2.2 和 5.5.2.3 阐述的方法,色谱峰的保留时间是鉴别分析物的重要参数,因此样品分析物和标样分析物的保留时间比应该在 0.1～1.0。

5.5.2.5　用 5.5.2.2 和 5.5.2.3 中测得的校正曲线可以测定样品分析物的质量浓度。这些校正曲线必须在分析每个样品的同一天测得。质量浓度超过标样校正范围的样品,应稀释至校正范围内。

5.5.2.6　使用 MS 或 MS/MS 时,每种样品萃取物可以既做正离子分析物测定,也可做负离子分析物测定。但是有些目标化合物只有正离子或负离子才有更高的灵敏度,因此只做一种分析更实际(如氨基甲酸酯通常正电离模式更灵敏,而苯氧酸通常负电离模式更灵敏)。样品分析前分析人员应评估目标化合物对每种电离模式的相对灵敏度,这种评估可以根据化合物的结构或把分析物导入每种电离模式做比较得到。

5.6　样品分析

系统校正后按上述步骤分析样品。

5.7　热喷雾/HPLC/MS 确认法

MS/MS 实验中,第一四极杆应设置为目标分析物的质子化分子或与氨结合的加合物,第三四极杆应扫描从 30 amu 到刚好高于质子化分子的质量区为止。碰撞气压(Ar)应设为约 1.0 mTorr,而碰撞能量在 20 eV。如果这些参数无法使分析物解离,可以提高这些设定形成更好的碰撞。

分析测定时,碰撞谱图的基峰应取作定量用的离子峰。选第二离子作为候补的定量用的离子。

5.8　金属丝排斥器 CAD 确认

一旦金属丝排斥器插入热喷雾流,电压可以增加到 500～700 V,要得到碎片离子必须有足够的电压,但不得出现断路。

6 计算

6.1 用外标和内标校正步骤测定样品生成的离子色谱图中每个色谱峰的属性和含量,该色谱图相应于校正过程中用的化合物。

6.2 色谱峰的保留时间是鉴别分析物的重要参数,但是由于基体干扰而改变色谱柱的状态,保留时间就没有意义,因此质谱图确证是鉴别分析物的重要依据。

4.半挥发性有机化合物的测定方法

采用 GB 5085.3—2007 的附录 K、附录 M、附录 N 等方法测定半挥发性有机化合物。

(1)挥发性有机化合物的测定

气相色谱/质谱法(GB 5085.3—2007　附录 K)

1 范围

本方法规定了固体废物、土壤和地下水中半挥发性有机化合物含量气相色谱-质谱的测定方法。可分析的化合物及其特征离子见表 4-43。

本方法可用于大多数中性、酸性和碱性有机化合物的定量,这些化合物能溶解在二氯甲烷内,易被洗脱,无须衍生化便可在 GC 上出现尖锐的峰,该 GC 柱是涂有少量极性硅酮的融熔石英毛细管柱。这类化合物包括有:多环芳烃类、氯代烃类、农药、邻苯二甲酸酯类、有机磷酸酯类、亚硝胺类、卤醚类、醛类、醚类、酮类、苯胺类、吡啶类、喹啉类、硝基芳香化合物、酚类包括硝基酚。

多数情况下,本方法不适合定量分析多组分混合物。例如 Aroclor、毒杀芬、氯丹等,因为本方法对这些分析物的灵敏度有限。如果这些分析物已经被其他方法分析出来,那么当提取物质量浓度足够高的时候,可以使用本方法确证分析物的存在。

下列化合物在使用本方法测定时,先需经过特别处理,联苯胺在溶剂浓缩时会发生氧化而损失,其色谱图以比较差,α-BHC、γ-BHC、硫丹Ⅰ和硫丹Ⅱ,以及异狄氏剂在碱性条件下会发生分解。如果希望分析这些化合物的话,则应在中性条件下提取。六氯环戊二烯在 GC 入口处会发生热分解,在丙酮溶液中发生化学反应以及光化学分解。在所述的 GC 条件下,N-二甲基亚硝胺难于从溶剂中分离出来,它在 GC 入口处已发生热分解,且和二苯胺不易分离。五氯苯酚、2,4-二硝基苯酚、4-硝基苯酚、4,6-二硝基-2-甲葵苯酚、4-氯-3-甲基苯酚、苯甲酸、2-硝基苯胺、3-硝基苯胺、4-氯苯胺和苯甲醇都会有不规则的色谱特性,特别是当 GC 系统被高沸点物质污染后更是如此。在本方法列举的 GC 进样口温度下,嘧啶的检测性能可能会很差。降低进样口的温度可以降低样品降解的量。如果要改变进样口温度,要注意其他样品的检测效果可能会受到影响。

甲苯二异氰酸酯在水中会快速水解(半衰期小于 30 min),因此在水基质的回收率很低。而且,在固体基质中,甲苯二异氰酸酯常常会和醇、胺等反应产生氨基甲酸乙酯、尿素等。

在测定单个化合物时,此方法估计的定量限(EQL)对于土壤/沉淀物大约是 660 mg/kg(湿重)、对于废物是 1～200 mg/kg(取决于基质和制备方法)、对于地下水样品大约是 10 μg/L(表 4-44)。当提取物需要预先稀释以避免超出检测范围时,EQL 将成比例地提高。

表 4 - 43　半挥发性物质的特征离子

化合物	保留时间 （min）	主要离子	次要离子
2-甲基吡啶 2-Picoline	3.75	93	66,92
苯胺 Aniline	5.68	93	66,65
苯酚 Phenol	5.77	94	65,66
Bis(2-chloroethyl) ether	5.82	93	63,95
2-氯苯酚 2-Chlorophenol	5.97	128	64,130
1,3-二氯苯 1,3-Dichlorobenzene	6.27	146	148,111
1,4-二氯苯- d (IS)4 1,4-ichlorobenzene-d(IS)4	6.35	152	150,115
1,4-二氯苯 1,4-Dichlorobenzene	6.40	146	148,111
苯甲醇	6.78	108	79,77
1,2-二氯代苯 1,2-Dichlorobenzene	6.85	146	148,111
N-亚硝基甲基乙胺 N-Nitrosomethylethylamine	6.97	88	42,43,56
双(2-氯代异丙基)醚 Bis(2-chloroisopropyl) ether	7.22	45	77,121
氨基甲酸乙酯 Ethyl carbamate	7.27	62	44,45,74
苯硫酚 Thiophenol（Benzenethiol）	7.42	110	66,109,84
甲基甲磺酸 Methyl methanesulfonate	7.48	80	79,65,95
N-丙基胺亚硝基钠 N-Nitrosodi-n-propylamine	7.55	70	42,101,130
六氯乙烷 Hexachloroethane	7.65	117	201,199
顺丁烯二酸酐 Maleic anhydride	7.65	54	98,53,44
硝基苯 Nitrobenzene	7.87	77	123,65
异佛尔酮 Isophorone	8.53	82	95,138
N-亚硝基二乙胺 N-Nitrosodiethylamine	8.70	102	42,57,44,56
2-硝基酚 2-Nitrophenol	8.75	139	109,65
2,4-二甲苯酚 2,4-Dimethylphenol	9.03	122	107,121
p-苯醌 Benzoquinone	9.13	108	54,82,80
双-(2-氯乙氧基)甲烷 2-Bis(2-chloroethoxy)methane	9.23	93	95,123

续表

化合物	保留时间 （min）	主要离子	次要离子
苯甲酸 Benzoic acid	9.38	122	105,77
2,4-二氯苯酚 2,4-Dichlorophenol	9.48	162	164,98
磷酸三甲酯 Trimethyl phosphate	9.53	110	79,95,109,140
乙基甲磺酸 Ethyl methanesulfonate	9.62	79	109,97,45,65
1,2,4-三氯苯 1,2,4-Trichlorobenzene	9.67	180	182,145
萘 Naphthalene-d (IS) 8	9.75	136	68
萘 Naphthalene	9.82	128	129,127
六氯丁二烯 Hexachlorobutadiene	10.43	225	223,227
四乙基焦磷酸酯 Tetraethyl pyrophosphate	11.07	99	155,127,81,109
硫酸二乙酯 Diethyl sulfate	11.37	139	45,59,99,111,125
4-氯-3-甲基苯酚 4-Chloro-3-methylphenol	11.68	107	144,142
2-甲基萘 2-Methylnaphthalene	11.87	142	141
2-甲苯酚 2-Methylphenol	12.40	107	108,77,79,90
六氯丙烯 Hexachloropropene	12.45	213	211,215,117,106,141
六氯环戊二烯 Hexachlorocyclopentadiene	12.60	237	235,272
N-亚硝基吡咯烷 N-Nitrosopyrrolidine	12.65	100	41,42,68,69
苯乙酮 Acetophenone	12.67	105	71,51,120
4-甲基苯酚 4-Methylphenol	12.82	107	108,77,79,90
2,4,6-三氯苯酚 2,4,6-Trichlorophenol	12.85	196	198,200
邻甲基苯胺 o-Toluidine	12.87	106	107,77,51,79
3-甲基苯酚 3-Methylphenol	12.93	107	108,77,79,90
2-氯萘 2-Chloronaphthalene	13.30	162	127,164
N-亚硝基哌啶 N-Nitrosopiperidine	13.55	114	42,55,56,41
1,4-苯二胺 1,4-Phenylenediamine	13.62	108	80,53,54,52
1-氯萘 1-Chloronaphthalene	13.65ᵃ	162	127,164
2-硝基苯胺 2-Nitroaniline	13.75	65	92,138
5-氯-2-甲基苯胺 5-Chloro-2-methylaniline	14.28	106	141,140,77,89
邻苯二甲酸二甲酯 Dimethyl phthalate	14.48	163	194,164
苊 Acenaphthylene	14.57	152	151,153
2,6-二硝基甲苯 2,6-Dinitrotoluene	14.62	165	63,89

化合物	保留时间 (min)	主要离子	次要离子
邻苯二甲酸酐 Phthalic anhydride	14.62	104	76,50,148
邻甲氧基苯胺 o-Anisidine	15.00	108	80,123,52
3-硝基苯胺 3-Nitroaniline	15.02	138	108,92
苊-d(IS)10 Acenaphthene-d (IS)10	15.05	164	162,160
苊 Acenaphthene	15.13	154	153,152
2,4-二硝基酚 2,4-Dinitrophenol	15.35	184	63,154
2,6-二硝基酚 2,6-Dinitrophenol	15.47	162	164,126,98,63
4-氯苯胺 4-Chloroaniline	15.50	127	129,65,92
异黄樟油素 Isosafrole	15.60	162	131,104,77,51
氧芴 Dibenzofuran	15.63	168	139
2,4-二氨基甲苯 2,4-Diaminotoluene	15.78	121	122,94,77,104
2,4-二硝基甲苯 2,4-Dinitrotoluene	15.80	165	63,89
4-硝基苯酚 4-Nitrophenol	15.80	139	109,65
2-萘胺 2-Naphthylamine	16.00⑩	143	115,116
1,4-萘醌 1,4-Naphthoquinone	16.23	158	104,102,76,50,130
3-氨基对甲苯甲醚 p-Cresidine	16.45	122	94,137,77,93
敌敌畏 Dichlorovos	16.48	109	185,79,145
邻苯二乙酸二丁酯 Diethyl phthalate	16.70	149	177,150
芴 Fluorene	16.70	166	165,167
2,4,5-散甲基苯胺 2,4,5-Trimethylaniline	16.70	120	135,134,91,77
N-亚硝基正丁胺 N-Nitrosodi-n-butylamine	16.73	84	57,41,116,158
4-氯二苯醚 4-Chlorophenyl phenyl ether	16.78	204	206,141
对苯二酚 Hydroquinone	16.93	110	81,53,55
4,6-二硝基-2-甲基苯酚 4,6-Dinitro-2-methylphenol	17.05	198	51,105
间苯二酚 Resorcinol	17.13	110	81,82,53,69
N-亚硝基二苯胺 N-Nitrosodiphenylamine	17.17	169	168,167
黄樟油精 Safrole	17.23	162	104,77,103,135
六甲基磷酰胺 Hexamethyl phosphoramide	17.33	135	44,179,92,42
3-氯甲基盐酸吡啶 3-(Chloromethyl)pyridine hydrochloride	17.50	92	127,129,65,39
二苯胺 Diphenylamine	17.54ᵃ	169	168,167

续表

化合物	保留时间 (min)	主要离子	次要离子
1,2,4,5-四氯苯 1,2,4,5-Tetrachlorobenzene	17.97	216	214,179,108,143,218
1-萘胺 1-Naphthylamine	18.20	143	115,89,63
1-乙酰基-2-硫尿 1-Acetyl-2-thiourea	18.22	118	43,42,76
4-溴苯基-苯基醚 4-Bromophenyl phenyl ether	18.27	248	250,141
甲苯二异氰酸盐 Toluene diisocyanate	18.42	174	145,173,146,132,91
2,4,5-三氯苯酚 2,4,5-Trichlorophenol	18.47	196	198,97,132,99
六氯苯 Hexachlorobenzene	18.65	284	142,249
尼古丁 Nicotine	18.70	84	133,161,162
五氯苯酚 Pentachlorophenol	19.25	266	264,268
5-硝基邻甲苯胺 5-Nitro-o-toluidine	19.27	152	77,79,106,94
硫磷嗪 Thionazine	19.35	107	96,97,143,79,68
4-硝基苯胺 4-Nitroaniline	19.37	138	65,108,92,80,39
菲 Phenanthrene-d (IS)10	19.55	188	94,80
菲 Phenanthrene	19.62	178	179,176
蒽 Anthracene	19.77	178	176,179
1,4-二硝基苯 1,4-Dinitrobenzene	19.83	168	75,50,76,92,122
速灭磷 Mevinphos	19.90	127	192,109,67,164
二溴磷 Naled	20.03	109	145,147,301,79,189
1,3-二硝基苯 1,3-Dinitrobenzene	20.18	168	76,50,75,92,122
燕麦敌(顺式或反式) Diallate (cis or trans)	20.57	86	234,43,70
1,2-二硝基苯 1,2-Dinitrobenzene	20.58	168	50,63,74
燕麦敌(顺式或反式) Diallate (trans or cis)	20.78	86	234,43,70
五氯苯 Pentachlorobenzene	21.35	250	252,108,248,215,254
5-硝基-2-甲氧基苯胺 5-Nitro-o-anisidine	21.50	168	79,52,138,153,77
五氯硝基苯 Pentachloronitrobenzene	21.72	237	142,214,249,295,265
4-硝基喹啉氧化物 4-Nitroquinoline-1-oxide	21.73	174	101,128,75,116
邻苯二甲酸二丁酯 Dinbutyl phthalate	21.78	149	150,104
2,3,4,6-四氯苯酚 2,3,4,6-Tetrachlorophenol	21.88	232	131,230,166,234,168
Dihydrosaffrole	22.42	135	64,77
内吸磷 Demeton-O	22.72	88	89,60,61,115,171

化合物	保留时间 (min)	主要离子	次要离子
荧蒽 Fluoranthene	23.33	202	101,203
1,3,5-三硝基苯 1,3,5-Trinitrobenzene	23.68	75	74,213,120,91,63
百治磷 Dicrotophos	23.82	127	67,72,109,193,237
对二氨基联苯 Benzidine	23.87	184	92,185
氟乐灵 Trifluralin	23.88	306	43,264,41,290
溴苯腈 Bromoxynil	23.90	277	279,88,275,168
芘 Pyrene	24.02	202	200,203
久效磷 Monocrotophos	24.08	127	192,67,97,109
甲拌磷 Phorate	24.10	75	121,97,93,260
菜草畏 Sulfallate	24.23	188	88,72,60,44
内吸磷 Demeton-S	24.30	88	60,81,89,114,115
非那西丁 Phenacetin	24.33	108	180,179,109,137,80
乐果 Dimethoate	24.70	87	93,125,143,229
苯巴比妥 Phenobarbital	24.70	204	117,232,146,161
克百威 Carbofuran	24.90	164	149,131,122
八甲基焦磷酰先安 Octamethyl pyrophosphoramide	24.95	135	44,199,286,153,243
4-氨基联苯 4-Aminobiphenyl	25.08	169	168,170,115
二恶磷 Dioxathion	25.25	97	125,270,153
特丁硫磷 Terbufos	25.35	231	57,97,153,103
二甲基苯胺 Dimethylphenylamine	25.43	58	91,65,134,42
丙氨酸苄酯对甲苯磺酸盐 Pronamide	25.48	173	175,145,109,147
氨基偶氮苯 Aminoazobenzene	25.72	197	92,120,65,77
二氯萘醌 Dichlone	25.77	191	163,226,228,135,193
地乐酯 Dinoseb	25.83	211	163,147,117,240
乙拌磷 Disulfoton	25.83	88	97,89,142,186
氟消草 Fluchloralin	25.88	306	63,326,328,264,65
治克威 Mexacarbate	26.02	165	150,134,164,222
4,4'-二氨基二苯醚	26.08	200	108,171,80,65
邻苯二甲酸丁卞酯 Butyl benzyl phthalate	26.43	149	91,206
对硝基联苯 4-Nitrobiphenyl	26.55	199	152,141,169,151
磷胺 Phosphamidon	26.85	127	264,72,109,138
2-环己烷-4,6二硝基酚 2-Cyclohexyl-4,6-Dinitrophenol	26.87	231	185,41,193,266

续表

化合物	保留时间 (min)	主要离子	次要离子
甲基对硫磷 Methyl parathion	27.03	109	125,263,79,93
胺甲萘 Carbaryl	27.17	144	115,116,201
二甲基苯胺 imethylaminoazobenzene	27.50	225	120,77,105,148,42
丙基硫尿嘧啶 Propylthiouracil	27.68	170	142,114,83
苯并(a)蒽 Benz(a)anthracene	27.83	228	229,226
䓛 Chrysene-d (IS)12	27.88	240	120,236
3,3'-二氨朕苯胺 3,3'-Dichlorobenzidine	27.88	252	254,126
䓛 Chrysene	27.97	228	226,229
马拉硫磷 Malathion	28.08	173	125,127,93,158
十氯酮 Kepone	28.18	272	274,237,178,143,270
倍硫磷 Fenthion	28.37	278	125,109,169,153
对硫磷 Parathion	28.40	109	97,291,139,155
敌菌灵 Anilazine	28.47	239	241,143,178,89
邻苯二甲酸二(2-乙基己基)酯 Bis(2-ethylhexyl) phthalate	28.47	149	167,279
3,3'-二甲基联苯胺 3,3'-Dimethylbenzidine	28.55	212	106,196,180
三硫磷 Carbophenothion	28.58	157	97,121,342,159,199
硝酸铈铵 5-Nitroacenaphthene	28.73	199	152,169,141,115
美沙吡林 Methapyrilene	28.77	97	50,191,71
异艾氏剂 Isodrin	28.95	193	66,195,263,265,147
克菌丹 Captan	29.47	79	149,77,119,117
毒虫畏 Chlorfenvinphos	29.53	267	269,323,325,295
巴毒磷 Crotoxyphos	29.73	127	105,193,166
亚胺硫磷 Phosmet	30.03	160	77,93,317,76
苯硫磷 EPN	30.11	157	169,185,141,323
杀虫畏 Tetrachlorvinphos	30.27	329	109,331,79,333
二-正辛基邻苯二甲酸酯 Di-n-octyl phthalate	30.48	149	167,43
2-氨基蒽醌 2-Aminoanthraquinone	30.63	223	167,195
燕麦灵 Barban	30.83	222	51,87,224,257,153
杀螨特 Aramite	30.92	185	191,319,334,197,321
苯并(b)荧蒽 Benzo(b)fluoranthene	31.45	252	253,125
除草醚 Nitrofen	31.48	283	285,202,139,253

续表

化合物	保留时间 (min)	主要离子	次要离子
苯并(k)荧蒽 Benzo(k)fluoranthene	31.55	252	253,125
杀螨酯 Chlorobenzilate	31.77	251	139,253,111,141
丰索磷 Fensulfothion	31.87	293	97,308,125,292
乙硫磷 Ethion	32.08	231	97,153,125,121
二乙基己烯雌酚 Diethylstilbestrol	32.15	268	145,107,239,121,159
伐灭磷 Famphur	32.67	218	125,93,109,217
三-对甲基苯磷酸 Tri-p-tolyl phosphated	32.75	368	367,107,165,198
苯并[a]芘 Benzo(a)pyrene	32.80	252	253,125
二萘嵌苯-d (IS)12 Perylene-d (IS)12	33.05	264	260,265
7,12-二甲基苯并(a)蒽 7,12-Dimethylbenz(a)anthracene	33.25	256	241,239,120
5,5-苯妥英 5,5-Diphenylhydantoin	33.40	180	104,252,223,209
敌菌丹 Captafol	33.47	79	77,80,107
敌螨普 Dinocap	33.47	69	41,39
甲氧氯 Methoxychlor	33.55	227	228,152,114,274,212
2-乙酰氨基芴 2-Acetylaminofluorene	33.58	181	180,223,152
莫卡,4′-Methylenebis(2-chloroaniline)	34.38	231	266,268,140,195
3,3′-二甲氧基对二氨基联苯 3,3′-Dimethoxybenzidine	34.47	244	201,229
3-甲胆蒽 3-Methylcholanthrene	35.07	268	252,253,126,134,113
伏杀硫磷 Phosalone	35.23	182	184,367,121,379
谷硫磷 Azinphos-methyl	35.25	160	132,93,104,105
对溴磷 Leptophos	35.28	171	377,375,77,155,379
灭蚁灵 Mirex	35.43	272	237,274,270,239,235
三(2,3-二溴苯)磷酸 Tris(2,3-dibromopropyl) phosphate	35.68	201	137,119,217,219,199
二苯(a,j)氮蒽 Dibenz(a,j)acridine	36.40	279	280,277,250
美雌醇 Mestranol	36.48	277	310,174,147,242
香豆磷 Coumaphos	37.08	362	226,210,364,97,109
茚苯(1,2,3-cd)芘 Indeno(1,2,3-cd)pyrene	39.52	276	138,227
二苯(a,h)蒽 Dibenz(a,h)anthracene	39.82	278	139,279
苯并(g,h,i)二萘嵌苯 Benzo(g,h,i)perylene	41.43	276	138,277
1,2,4,5-二苯并芘 1,2,4,5-Dibenzopyrene	41.60	302	151,150,300

续表

化合物	保留时间 （min）	主要离子	次要离子
士的宁 Strychnine	45.15	334	334,335,333
胡椒亚砜 Piperonyl sulfoxide	46.43	162	135,105,77
六氯酚 Hexachlorophene	47.98	196	198,209,211,406,408
氯甲桥萘 ldrin	—	66	263,220
Aroclor 1016	—	222	260,292
Aroclor 1221	—	190	224,260
Aroclor 1232	—	190	224,260
Aroclor 1242	—	222	256,292
Aroclor 1248	—	292	362,326
Aroclor 1254	—	292	362,326
Aroclor 1260	—	360	362,394
α-BHC	—	183	181,109
β-BHC	—	181	183,109
δ-BHC	—	183	181,109
γ-BHC（林丹）	—	183	181,109
4,4′-DDD	—	235	237,165
4,4′-DDE	—	246	248,176
4,4′-DDT	—	235	237,165
氧桥氯甲桥萘 Dieldrin	—	79	263,279
1,2-联苯肼 1,2-Diphenylhydrazine	—	77	105,182
硫丹Ⅰ Endosulfan Ⅰ	—	195	339,341
硫丹Ⅱ Endosulfan Ⅱ	—	337	339,341
硫丹硫酸酯 Endosulfan sulfate	—	272	387,422
异狄试剂 Endrin	—	263	82,81
异狄氏醛 Endrin aldehyde	—	67	345,250
异狄氏酮 Endrin ketone	—	317	67,319
七氯 Heptachlor	—	100	272,274
七氯环氧化物 Heptachlor epoxide	—	353	355,351
N-亚硝基二甲胺 N-Nitrosodimethylamine	—	42	74,44
八氯莰烯 Toxaphene	—	159	231,233

注：IS——内标；
　　ⓐ——推测保留时间。

表 4-44 半挥发性有机物的定量限(EQLs)

化合物	估计的定量限①	
	地下水(μg/L)	低土/沉淀物⑥(μg/kg)
苊 Acenaphthene	10	660
苊烯 Acenaphthylene	10	660
苯乙酮 Acetophenone	10	ND
2-乙酰氨基芴 2-Acetylaminofluorene	20	ND
1-乙酰-2-硫脲 1-Acetyl-2-thiourea	1000	ND
2-氨基蒽醌 2-Aminoanthraquinone	20	ND
氨基偶氮苯 Aminoazobenzene	10	ND
4-氨基联苯 4-Aminobiphenyl	20	ND
敌菌灵 Anilazine	100	ND
o-氨基苯甲醚 o-Anisidine	10	ND
蒽 Anthracene	10	660
杀螨特 Aramite	20	ND
谷硫磷 Azinphos-methyl	100	ND
芒 Barban	200	ND
苯并蒽 Benz(a)anthracene	10	660
苯并(b)荧蒽 Benzo(b)fluoranthene	10	660
苯并(k)荧蒽 Benzo(k)fluoranthene	10	660
苯甲酸 Benzoic acid	50	3 300
苯并(g,h,i)二萘嵌苯 Benzo(g,h,i)perylene	10	660
苯并(a)芘 Benzo(a)pyrene	10	660
对苯醌 p-Benzoquinone	10	ND
苯甲醇 Benzyl alcohol	20	1 300
双(2-氯环氧)甲烷 Bis(2-chloroethoxy)methane	10	660
双(2-氯乙基)醚 Bis(2-chloroethyl) ether	10	660
双(2-氯异丙基)醚 Bis(2-chloroisopropyl) ether	10	660
4-溴苯基苯基醚 4-Bromophenyl phenyl ether	10	660
溴苯腈 Bromoxynil	10	ND
邻苯二甲酸丁苄酯 Butyl benzyl phthalate	10	660
敌菌丹 Captafol	20	ND
克菌丹 Captan	50	ND
胺甲萘 Carbaryl	10	ND
克百威 Carbofuran	10	ND
三硫磷 Carbophenothion	10	ND

续表

化合物	估计的定量限^⑧	
	地下水(μg/L)	低土/沉淀物^⑤(μg/kg)
毒虫畏 Chlorfenvinphos	20	ND
4-氯苯胺 4-Chloroaniline	20	1 300
二氯二苯乙醇酸乙酯 Chlorobenzilate	10	ND
5-氯-2-甲苯胺 5-Chloro-2-methylaniline	10	ND
4-氯-3-甲基苯酚 4-Chloro-3-methylphenol	20	1 300
3-氯吡啶盐酸盐 3-(Chloromethyl)pyridine hydrochloride	100	ND
2-氯萘 2-Chloronaphthalene	10	660
2-氯酚 2-Chlorophenol	10	660
4-氯苯基苯醚 4-Chlorophenyl phenyl ether	10	660
苗 Chrysene	10	660
蝇毒磷 Coumaphos	40	ND
3-氨基对甲苯甲醚 p-Cresidine	10	ND
巴毒磷 Crotoxyphos	20	ND
2-环己基-4,6-二硝基酚 2-Cyclohexyl-4,6-dinitrophenol	100	ND
内吸磷-O Demeton-O	10	ND
内吸磷-S Demeton-S	10	ND
燕麦敌(顺式或者反式)Diallate (cis or trans)	10	ND
燕麦敌(反式或者顺式)Diallate (trans or cis)	10	ND
2,4-二氨基甲苯 2,4-Diaminotoluene	20	ND
二苯并(a,j)吖啶 Dibenz(a,j)acridine	10	ND
二苯并(a,h)蒽 Dibenz(a,h)anthracene	10	660
二苯并呋喃 Dibenzofuran	10	660
二苯并(a,e)芘 Dibenzo(a,e)pyrene	10	ND
二-正丁基邻苯二甲酸酯 Di-n-butyl phthalate	10	ND
二氯萘醌 Dichlone	NA	ND
1,2-二氯苯 1,2-Dichlorobenzene	10	660
1,3-二氯苯 1,3-Dichlorobenzene	10	660
1,4-二氯苯 1,4-Dichlorobenzene	10	660
3,3'-二氯对氨基联苯 3,3'-Dichlorobenzidine	20	1 300
2,4-二氯芬 2,4-Dichlorophenol	10	660
2,6-二氯芬 2,6-Dichlorophenol	10	ND
敌敌畏 Dichlorovos	10	ND
百治磷 Dicrotophos	10	ND
二乙基邻苯二甲酸酯 Diethyl phthalate	10	660
二乙基己烯雌酚 Diethylstilbestrol	20	ND
二乙基硫酸酯 Diethyl sulfate	100	ND

化合物	估计的定量限®	
	地下水（μg/L）	低土/沉淀物®（μg/kg）
乐果 Dimethoate	20	ND
3,3′-二甲氧基对氨基联苯 3,3′-Dimethoxybenzidine	100	ND
二乙基氨基偶氮苯 Dimethylaminoazobenzene	10	ND
7,12-二甲基苯蒽 7,12-Dimethylbenz(a)anthracene	10	ND
3,3′-二甲基联苯胺 3,3′-Dimethylbenzidine	10	ND
a,a-二甲苯乙胺 a,a-Dimethylphenethylamine	ND	ND
2,4-二甲苯酚 2,4-Dimethylphenol	10	660
二甲基邻苯尔甲酸酯 Dimethyl phthalate	10	660
1,2-二硝基苯 1,2-Dinitrobenzene	40	ND
1,3-二硝基苯 1,3-Dinitrobenzene	20	ND
1,4-二硝基苯 1,4-Dinitrobenzene	40	ND
4,6-二硝基-2-甲基苯酚 4,6-Dinitro-2-methylphenol	50	3 300
2,4-二硝基苯酚 2,4-Dinitrophenol	50	3 300
2,4-二硝基苯 2,4-Dinitrotoluene	10	660
2,6-二硝基苯 2,6-Dinitrotoluene	10	660
敌螨普 Dinocap	100	ND
2-(1-甲基-正丙基)-4,6-二硝基苯酚 Dinoseb	20	ND
5,5′-苯妥英 5,5′-Diphenylhydantoin	20	ND
二正辛基邻苯尔甲酸酯 Di-n-octyl phthalate	10	660
乙拌磷 Disulfoton	10	ND
EPN	10	ND
乙硫磷 Ethion	10	ND
乙基氨基甲酸盐 Ethyl carbamate	50	ND
双(2-乙基己基)邻苯尔甲酸酯 Bis(2-ethylhexyl) phthalate	10	660
乙基甲磺酸 Ethyl methanesulfonate	20	ND
伐灭磷 Famphur	20	ND
丰索磷 Fensulfothion	40	ND
倍硫磷 Fenthion	10	ND
氟灭草 Fluchloralin	20	ND
荧蒽 Fluoranthene	10	660
芴 Fluorene	10	660
六氯苯 Hexachlorobenzene	10	660
六氯丁二烯 Hexachlorobutadiene	10	660
六氯环戊二烯 Hexachlorocyclopentadiene	10	660
六氯乙烷 Hexachloroethane	10	660
六氯酚 Hexachlorophene	50	ND

续表

化合物	估计的定量限®	
	地下水（μg/L）	低土/沉淀物®（μg/kg）
六氯丙烯 Hexachloropropene	10	ND
六甲基磷酰胺 Hexamethylphosphoramide	20	ND
对苯二酚 Hydroquinone	ND	ND
茚并 Indeno(1,2,3-cd)pyrene	10	660
异艾氏剂 Isodrin	20	ND
异氟乐酮 Isophorone	10	660
异黄樟油精 Isosafrole	10	ND
十氯酮 Kepone	20	ND
对溴磷 Leptophos	10	ND
马拉硫磷 Malathion	50	ND
顺丁烯二酸酐 Maleic anhydride	NA	ND
美雌醇 Mestranol	20	ND
噻吡二胺 Methapyrilene	100	ND
甲氧滴滴涕 Methoxychlor	10	ND
3-甲(基)胆蒽 3-Methylcholanthrene	10	ND
4,4′-亚甲双（2-氯苯胺）4,4′-Methylenebis(2-chloroaniline)	NA	ND
甲基甲磺酸 Methyl methanesulfonate	10	ND
2-甲基萘 2-Methylnaphthalene	10	660
甲基硝苯硫酸酯 Methyl parathion	10	ND
2-甲基苯酚 2-Methylphenol	10	660
3-甲基苯酚 3-Methylphenol	10	ND
4-甲基苯酚 4-Methylphenol	10	660
速灭磷 Mevinphos	10	ND
兹克威 Mexacarbate	20	ND
灭灵蚁 Mirex	10	ND
久效磷 Monocrotophos	40	ND
二溴磷 Naled	20	ND
萘 Naphthalene	10	660
1,4-萘醌 1,4-Naphthoquinone	10	ND
1-萘胺 1-Naphthylamine	10	ND
2-萘胺 2-Naphthylamine	10	ND
盐碱 Nicotine	20	ND
5-硝基苊 5-Nitroacenaphthene	10	ND
2-硝基苯胺 2-Nitroaniline	50	3 300
3-硝基苯胺 3-Nitroaniline	50	3 300

续表

化合物	估计的定量限[a]	
	地下水（$\mu g/L$）	低土/沉淀物[b]（$\mu g/kg$）
4-硝基苯胺 4-Nitroaniline	20	ND
5-硝基-邻-氨基苯甲醚 5-Nitro-o-anisidine	10	ND
硝基苯 Nitrobenzene	10	660
4-硝基联苯 4-Nitrobiphenyl	10	ND
除草醚 Nitrofen	20	ND
2-硝基苯酚 2-Nitrophenol	10	660
4-硝基苯酚 4-Nitrophenol	50	3 300
5-硝基-邻-甲苯胺 5-Nitro-o-toluidine	10	ND
4-硝基萘啉-1-氧化物 4-Nitroquinoline-1-oxide	40	ND
N-亚硝基二正丁基胺 N-Nitrosodi-n-butylamine	10	ND
N-硝基二乙胺 N-Nitrosodiethylamine	20	ND
N-亚硝基二苯胺 N-Nitrosodiphenylamine	10	660
N-亚硝基-对正丙胺 N-Nitroso-di-n-propylamine	10	660
N-硝基哌啶 N-Nitrosopiperidine	20	ND
N-硝基吡咯烷 N-Nitrosopyrrolidine	40	ND
八甲基焦磷酰胺 Octamethyl pyrophosphoramide	200	ND
4,4'-氨基联苯醚 4,4'-Oxydianiline	20	ND
硝苯硫酸酯 Parathion	10	ND
五氯苯 Pentachlorobenzene	10	ND
五氯硝基苯 Pentachloronitrobenzene	20	ND
五氯苯酚 Pentachlorophenol	50	3 300
乙酰对胺苯乙醚 Phenacetin	20	ND
菲 Phenanthrene	10	660
苯巴比妥 Phenobarbital	10	ND
苯酚 Phenol	10	660
1,4-苯乙胺 1,4-Phenylenediamine	10	ND
甲拌磷 Phorate	10	ND
裕必松 Phosalone	100	ND
亚胺硫磷 Phosmet	40	ND
磷胺 Phosphamidon	100	ND
邻苯二甲酸酐 Phthalic anhydride	100	ND
2-甲基吡啶 2-Picoline	ND	ND
胡椒砜 Piperonyl sulfoxide	100	ND
戊炔草胺 Pronamide	10	ND
丙基硫脲嘧啶 Propylthiouracil	100	ND

续表

化合物	估计的定量限®	
	地下水（µg/L）	低土/沉淀物®（µg/kg）
芘 Pyrene	10	660
嘧啶 Pyridine	ND	ND
间苯二酚 Resorcinol	100	ND
黄樟油精 Safrole	10	ND
士的宁 Strychnine	40	ND
菜草畏 Sulfallate	10	ND
托福松 Terbufos	20	ND
1,2,4,5-四氯苯 1,2,4,5-Tetrachlorobenzene	10	ND
2,3,4,6-四氯苯酚 2,3,4,6-Tetrachlorophenol	10	ND
杀虫畏 Tetrachlorvinphos	20	ND
四乙基焦磷酸酯 Tetraethyl pyrophosphate	40	ND
硫酸嗪 Thionazine	20	ND
硫酸酚 Thiophenol (Benzenethiol)	20	ND
邻甲苯胺 o - Toluidine	10	ND
1,2,4-三氯苯 1,2,4-Trichlorobenzene	10	660
2,4,5-三氯酚 2,4,5-Trichlorophenol	10	660
2,4,6-三氯苯酚 2,4,6-Trichlorophenol	10	660
氟乐灵 Trifluralin	10	ND
2,4,5-三甲基苯胺 2,4,5-Trimethylaniline	10	ND
三甲基磷酸酯 Trimethyl phosphate	10	ND
1,3,5-三硝基苯 1,3,5-Trinitrobenzene	10	ND
三(2,3-二溴丙基)磷酸酯 Tris(2,3-dibromopropyl) phosphate	200	ND
三对甲苯基磷酸酯(h) Tri-p-tolyl phosphate(h)	10	ND
硫代磷酸三甲酯 O,O,O-Triethyl phosphorothioate	NT	ND

注:ⓐ——样品的定量限高度依赖于基质,定量限——(低土/淤泥定量限)×(影响因子)。

ⓑ——列举的定量限可以提供一个指导但不总是正确的。土/沉淀的定量限是基于湿重的。通常,数据是在干重为基础报告的,因此,如果是基于干重的话,每个样品的定量限会较高。这些定量限是基于30-g样品和凝胶色谱清洗的。

ND——没有测定;

NA——不适用;

NT——没有测定。

其他基质影响因子:

用超声提取高质量浓度土壤和淤泥:7.5;

无水易混合废物:75。

2 引用标准

下列文件中的条款通过在本方法中被引用而成为本方法的条款，与本方法同效。凡是不注明日期的引用文件，其最新版本适用于本方法。

GB/T 6682 分析实验室用水规格和实验方法

3 原理

样品先要用适当的方法制备（参考附录 U 或附录 V）和净化（参考附录 W），然后才能作为色谱分析用的样品。这些半挥发性化合物引入气相色谱并在细孔硅胶柱上进行分析。柱子通过程序升温来进行物质的分离，接着它们通过气相色谱（GC）接口进入质谱（MS）进行检测。目标物质的定性鉴定是通过将它们的质谱图与标准物的电子轰击（或类似电子轰击）的谱图相比较，定量分析则是通过应用五点校准曲线比较一个主要（定量）离子与内标物质离子来完成的。

4 试剂和材料

4.1 除有说明外，本方法中所用的水为 GB/T 6682 规定的一级水。

4.2 标准贮备溶液，该标准溶液可由纯标准物质来制备。

准确地称量 0.0100 g 纯物质溶解在一定量的丙酮或其他适当的溶剂中，再移至 10 mL 容量瓶内稀释至刻度。转移贮备标准溶液到有聚四氟乙烯垫的瓶内，在 4 ℃ 时避光保存。贮备标准溶液要经常检查是否有降解或者挥发。贮备标准溶液在存放一年以后一定要更换，或者在质量控制检验中发现有问题时则立即更换。推荐将亚硝胺类化合物置于分别校正混合物中，且不要与其他校正混合物联用。

4.3 内标溶液：推荐使用 1,4-二氯苯-d_4、萘-d_8、苊-d_{10}、菲-d_{12} 和䓛-d_{12} 作为内标物质。

4.3.1 将每种化合物各 200 mg 溶解在小量的二硫化碳中，然后转移到 50 mL 容量瓶内，用二氯甲烷稀释至溶液中二硫化碳大约占总体积的 20%。除了䓛-d_{12} 外，大多数的化合物也能溶解在小量的甲醇、丙酮或甲苯中，溶液中所含有内标物的质量浓度各为 4 000 mg/μL。在做分析时，每 1 mL 提取物内，应加入 10 μL 上述内标溶液，这时样品内每个内标物的质量浓度为 40 ng/μL。内标溶液应贮存在 -10 ℃ 或更低温度下。

4.3.2 如果质谱仪的灵敏度很高，检测限低，需要稀释内标溶液。在中点校准分析中，内标物质的峰面积应该为目标物质峰面积的 50%~200%。

4.4 校准标准溶液

至少要配制 5 种不同质量浓度的校准标准溶液，其中一种质量浓度是接近又稍高于该方法的检测限，其他四种应与实际样品的质量浓度范围一致，但又不超过 GC/MS 系统的检测范围。每一种校准标准溶液内都包含有用该方法检测的每个待测物。在进行分析之前，每 1 mL 标准溶液分别加入 10 μL 内标溶液。

4.5 丙酮：色谱纯。

4.6 己烷：色谱纯。

4.7 二氯甲烷：色谱纯。

4.8 异辛烷：色谱纯。

4.9 二硫化碳：色谱纯。

4.10 甲苯：色谱纯。

5　仪器

5.1　气相色谱/质谱联用系统。

5.1.1　气相色谱仪。

5.1.2　质谱仪:配有电子轰击源(EI)。

5.2　注射器:10 μL。

5.3　容量瓶:合适体积,带有磨口玻璃塞。

5.4　分析天平:感量 0.000 1 g。

5.5　带有聚四氟乙烯(PTFE)纹线螺帽或卷盖的玻璃瓶。

6　样品的采集、保存和预处理

6.1　固体基质:250 mL 宽口玻璃瓶,有螺纹的 Teflon 盖子,冷却至 4 ℃保存。

液体基质:4 个 1 L 的琥珀色玻璃瓶,有螺纹的 Teflon 的盖子,在样品中加入 0.75 mL 10％的 NaHSO₄,冷却至 4 ℃保存。

6.2　保存样品提取物在 −10 ℃,避光,且存放于密闭的容器中(如带螺帽的小瓶或卷盖小瓶)。

7　分析步骤

7.1　样品的制备

7.1.1　在进行 GC/MS 分析之前,土壤/沉积物/废弃物基质的样品需先按附录 V 进行预处理,水基质的样品需先按附录 U 进行预处理。

7.1.2　直接进样:这种应用极少,用 10 μL 注射器把样品直接注入 GC/MS 系统中。该检测限很高(约为 100 000 μg/L),因此,这只有当样品的质量浓度超过 10 000 μg/L 时才能采用,该系统还需用直接注入法来校准。

7.2　提取物的净化:在进行 GC/MS 分析之前,提取物需先按附录 W 来净化。

7.3　推荐的 GC/MS 操作条件是:

质量范围:35～500 u;

扫描时间:1 秒/次;

柱温程序:初始温度 40 ℃,保持 4 min,然后以 10 ℃/min 升温至 270 ℃保持到苯并(ghi)菲被洗脱出来为止;

进样口温度:250～300 ℃;

色谱/质谱接口温度:250～300 ℃;

离子源温度:按制作商的操作说明书;

进样口:不分流(若质谱仪的灵敏度很高可以采用分流进样);

样品体积:1～2 μL;

载气:氢气,流速 50 cm/s;氦气,流速 30 cm/s。

7.4　样品的 GC/MS 分析

7.4.1　色谱柱:DB-5(30 m×0.25 mm 或 0.32 mm×1 μm)石英毛细管柱或相当者。

7.4.2　需要对样品质量浓度进行预测,以尽量降低高质量浓度有机物对 GC/MS 系统的污染。建议先使用相同类型的色谱柱,先在 GC/FID 上对样品提取液进行筛选。

7.4.3　所有的样品及标准溶液在分析前必须升温到室温。在分析前,要在 1 mL 浓缩提取准备的样品溶液中加入 10 μL 内标物溶液。

7.4.4　采用 7.4.1 的石英毛细管柱在 GC/MS 系统内对这 1 mL 的提取物做分析。所推荐的 GC/MS 系统的操作条件可参考 7.3。

7.4.5 若定量离子的响应值超过了 GC/MS 系统的初始校准曲线的范围,则需将提取物进行稀释之后,再加内标物到稀释后的提取液中,以保持每种内标物在稀提取液中有 40 μg/μL 的含量,然后再对稀释后的提取液重做分析。

注意:在所有的样品、基质溶液、空白和标准溶液中监控内标物的保留时间和相应信号(峰面积)是很好的工具,来诊断方法性能的漂移、效率以及预见系统故障检查。

7.4.6 当检出限低于 EI 谱图的一般范围时,可以采用选择离子模式(SIM)。但是,除非每个化合物有多个离子被检测,否则 SIM 模式对于化合物鉴定误测较高。

7.5 定性分析

7.5.1 用该方法对每个化合物进行定性分析时是基于保留时间以及扣除空白后,将样品的质谱图与参考质谱图中的特征离子进行比较。参考质谱图必须在同一条件下由实验室获得。参考质谱图中的特征离子是最高强度的三个离子,如果参考质谱图样的离子少于三种,则特征离子是任何相对强度大于 30% 的离子。满足以下标准后,化合物可以被定性。

7.5.1.1 在同样的全扫描或每一次扫描时,化合物的特征离子强度都是最大。数据处理系统选择化合物谱峰进行目标化合物检索的做法与通常做法是一致的;在化合物的特征保留时间处,如果谱峰的质谱图碎片与目标化合物的特征离子碎片一致,就可以对化合物定性。

7.5.1.2 样品成分的相对保留时间在标准化合物的保留时间的 ±0.06 单位内。

7.5.1.3 特征离子的相对强度在参考谱图中这些离子的相对强度的 30% 以内。

7.5.1.4 当样品的成分没有被色谱有效分离,且产生的质谱中包含一种以上分析物产生的离子,就无法进行有效的定性分析。当气相色谱峰明显地包括有一个以上的样品成分时(如一个宽峰带有肩峰,或两个或更多最高峰之间出现谷峰),如何选择分析物谱图和背景谱图是很重要的。

7.5.1.5 分析适当的离子流谱图可以帮助选择谱图以及对化合物进行定性分析。当分析物共流出时,每个组分的谱图会包含其特征离子,可有效地定性。

7.5.2 当校正溶液中不包含样品中的某些成分时,数据库搜索可部分地帮助定性。需要时可以采用这种化合物定性方式。

7.6 定量分析

7.6.1 当化合物被定性后,其定量依据的是一级特征离子的积分强度。所选用的内标物应该与待测分析物有最相近的保留时间。

7.6.2 结果报告中的质量浓度应该包括:(1)质量浓度值是一个评估值;(2)哪一个内标化合物被用于定量分析。可使用无干扰的最相近的内标化合物。

7.6.3 多组分化合物(如毒杀芬、芳氯物等)的定量分析已经超出了本方法的应用。但是,样品提取物浓缩后的质量浓度达到 10 ng/μL 时,本方法可用来对这些化合物进行定量分析。

7.6.4 结构异构体如果有非常相似的质谱图,但是在 GC 上的保留时间有明显差别则被认为是不同的异构体。若两个异构体峰之间的峰谷高度小于两个峰的峰高之和的 25%,则认为这两个异构体已被 GC 有效分离。否则,结构异构体作为异构体对来定量。非对应异构体(如杀螨特和异黄樟脑)如可被 GC 分离,则应被作为两种化合物来进行总计和报告。

(2)半挥发性有机化合物(PAHs 和 PCBs)的测定

热提取气相色谱/质谱法(GB 5085.3—2007　附录 M)

1　范围

本方法适用于固体废物中苊、苊烯、蒽、苯并(a)蒽、苯并(a)芘、苯并(b)荧蒽、苯并(g,h,i)二萘嵌苯、苯并(k)荧蒽、4-溴苯基-苯基醚、1-氯代萘、䓛、氧芴、二苯并(a,h)蒽、硫芴、荧蒽、芴、六氯苯、茚苯(1,2,3-cd)芘、萘、菲、芘、1,2,4-三氯代苯、2-氯联苯、3,3'-二氯联苯胺、2,2',5-三氯联苯、2,3',5-三氯联苯、2,4',5-三氯联苯、2,2',5,5'-四氯联苯、2,2',4,5'-四氯联苯、2,2',3,5'-四氯联苯、2,3',4,4'-四氯联苯、2,2',4,5,5'-五氯联苯、2,3',4,4',5-五氯联苯、2,2',3,4,4',5'-六氯联苯、2,2',3,4',5,5',6-七氯联苯、2,2',3,3',4,4'-六氯联苯、2,2',3,4,4',5,5'-七氯联苯、2,2',3,3',4,4',5-七氯联苯、2,2',3,3',4,4',5,5'-八氯联苯、2,2',3,3',4,4',5,5',6-九氯联苯、2,2',3,3',4,4',5,5',6,6'-十氯联苯等 Aroclor(PCBs)和多环芳烃(PAHs)化合物的热提取气相色谱质谱法测定。

在土壤和沉淀物中方法的评估定量限(EQL)对于 PAH 化合物来说为 1.0 mg/kg(干重)(对于 PCB 化合物来说为 0.2 mg/kg);而在潮湿的底泥和其他固体垃圾中 EQL 为 75 mg/kg(取决于水和溶质)。然而通过调整校准线或者在样品干扰因素较小的情况下引入大尺寸样品可以使 EQL 降低。随着本方法的发展,可探测到上述化合物界限含量为 0.01~0.5 mg/kg(干燥样品)。

2　引用标准

下列文件中的条款通过在本方法中被引用而成为本方法的条款,与本方法同效。凡是不注明日期的引用文件,其最新版本适用于本方法。

GB/T 6682　分析实验室用水规格和实验方法

3　原理

将少量样品称量至样品坩埚中,将坩埚放入一个热提取(TE)室中,升高温度至 340 ℃,并且保温 3 min。从分流的进样口将经过热提取后的化合物注入 GC 实验装置中(含量低的浓度样品分流比设置为 35∶1、含量高的样品设置为 400∶1),随后样品会集中在 GC 装置的顶部,热解吸附过程持续 13 min。GC 柱温箱的温度程序设定取决于分析物的特性,然后将分析物放入质谱仪中进行定性和定量测定。

4　试剂和材料

4.1　除有说明外,本方法中所用的水为 GB/T 6682 规定的一级水。

4.2　标准溶液储备液(1 000 mg/L):标准溶液可以采用纯的原料进行配置或者购买已鉴定溶液。

4.2.1　精确测量 0.010 0 g 纯物质用来配备标准溶液储备液。将其溶解在二氯甲烷中或者其他相配的溶液(某些 PAHs 可能需要预先在较少容量的甲苯或者二硫化碳中进行初溶)在 10 mL 容量瓶中进行稀释。如果化合物的纯度高于 96%,则质量计算时可以不进行纯度修正。

4.2.2　将配置好的标准溶液储备液转移至带有聚四氟乙烯衬里螺纹盖的玻璃瓶中,在 −20~−10 ℃下避光储存。标准溶液应该经常进行检测以防止蒸发或者降解,尤其是在要用于校准标准的时候。

4.2.3　标准溶液储备液必须在一年后或者发现问题时进行更换。

4.3　中间标准溶液

中间标准溶液必须包含所有目标分析物作为校准标准溶液（PAHs 和 PCBs 溶液分别制备）或者包含所有内标物作为内标溶液。推荐的溶液质量浓度为 100 mg/L。

4.4　GM/MS 调谐标准

配置含 50 mg/L 调谐物（DFTPP）的二氯甲烷溶液，贮备液温度为 −20～−10 ℃。

4.5　基体加标溶液

用甲醇配置基体加标溶液，该溶液中含有至少 5 种固体样品的目标化合物，质量浓度为 100 mg/L，且所选的化合物能代表目标化合物的沸点范围。

4.6　用于配制校准标准土壤和内标土壤所用到的空白土壤按下列步骤得到。

4.6.1　首先取一份干净的（不含目标分析物和干扰因素的）沉积土壤，将其烘干并在研钵中研碎。用 100 目筛网进行过筛，选取几个 50 mg 样品采用 TE/GC/MS 方法进行分析来测定其中是否含有可以干扰表如 4-45 和表 4-46 所示中目标化合物的物质。

4.6.2　如果没有发现任何干扰因素，再选取 300～500 g 过筛后的干燥土壤，放入一个带有聚四氟乙烯衬里盖的玻璃瓶中，放入摇床装置摇动两天，确保在向土壤中加入分析物前该空白土壤的均匀性。

4.7　内标土壤

内标土壤是在空白土壤的基础上准备的，需包含表中所有内标化合物，每种化合物的质量浓度为 50 mg/kg。同样商业购买经过鉴定后的土壤可以进行使用。

4.8　校准标准土壤

校准标准土壤也是在空白土壤的基础上准备的，校准标准土壤必须包含所有待测目标化合物，在 PAHs 和 PCBs 质量分数分别为 35 mg/kg 和 10 mg/kg。商业购买的标准土壤同样可以使用。

4.9　用空白土壤准备内标和校准标准土壤

4.9.1　50 mg/kg 的内标土壤、35 mg/kg 的 PAH 校准土壤以及 10 mg/kg 的 PCB 校准土壤采用相同的方法配制而成，如表 4-47 所示。内标溶液或者商业标准溶液用来给一个称量好空白土壤定量给料。称取 20.0 g 空白土壤至一个 100 mL 的玻璃容器中，加入水（5% 质量分数）以便分析物很好地混合和分散。内标溶液每种化合物的质量浓度为 100 mg/L，向潮湿的空白土壤中加入 10 mL 作为内标土壤；加入 7.0 mL 作为 PAHs 校准标准土壤；加入 2 mL 作为 PCBs 校准标准土壤。加入更多的二氯甲烷是使得溶液在土壤上面显示出轻微的分层，可以使标准化合物均匀地分散到土壤当中。

4.9.2　溶剂和水在室温下进行蒸发直至土壤变干（通常需要一整夜），装土壤的容器需要用聚四氟乙烯衬里盖子拧紧并放置在摇床上缓慢旋转混合，为了保持同次性至少需要旋转 5d。

4.9.3　内标土壤和校准标准土壤应该用黄色的配有 PTFE 衬里盖子的玻璃瓶储藏，在 −10～20 ℃、避光、干燥储藏。这些土壤标准在该条件下可以稳定储存 90 d。内标和校准标准应该经常进行检测以防止降解，检测的方法是采用同样质量浓度的未降解校准标准溶液放入样品坩埚中进行热提取，进行比对结果。

4.9.4　内标和校准标准土壤如果发现降解现象，需要立即更换。

注意：在校准标准土壤中挥发性的 PAHs 和 PCBs 含量越多，越可能导致其质量浓度高于标准溶液的质量浓度，原因是在坩埚中蒸发作用造成的损失。

4.10　二氯甲烷、甲醇、二硫化碳、甲苯和其他适当溶剂需采用农残级或同等级别的纯度。

5 仪器

5.1 TE/GC/MS 实验系统

5.1.1 质谱仪:每秒可以扫描 $35\sim500\mu$,在电子碰撞离子化模式下采用的电子能量为 70 V。

5.1.2 数据系统:将电脑连接在质谱仪上,并且能够保证在色谱分析程序过程中可以连续获得数据,并将大量光谱数据存储在易读的媒介上。

5.1.3 GC/MS 界面,任何 GC/MS 界面都应该能够提供在需求质量浓度范围内合理校准点。

5.1.4 气相色谱

必须配备一个可加热的分流/不分流毛细管进样口、柱温箱、低温冷却(可选)设备。柱温箱的温度范围应该至少从室温到 450 ℃,升温速率从 $1\sim70$ ℃/min 可程序控制。

5.1.5 推荐毛细管色谱柱

推荐使用熔融石英管,表层涂以非极性固定相(5% 苯基甲基硅氧烷),长度为 $25\sim50$ m,内径 $0.25\sim0.32$ mm,膜厚为 $0.1\sim1.0\mu$m(OV-5 或者等价物),这些参数最终取决于分析物的挥发性以及分离需求。

5.1.6 热提取器

在热提取和向 GC 进样口转移的过程中,TE 单元必须保证样品以及所有提取的化合物只和熔融石英表面相接触。还必须保证在样品转移的所有路线区域温度最小值为 315 ℃。在热提取室中应能够进行 650 ℃以上的烘干操作,在连接区域温度能够达到 450 ℃,还需注意的一点就是所有与样品接触的部分、坩埚、药勺和工具都必须由熔融适应制成,以便使所有残留物得到氧化。

5.2 石英药勺。

5.3 马弗炉盘:在清洗处理过程中可以用来支持坩埚。

5.4 不锈钢镊子:用来进行样品坩埚操作。

5.5 培养皿:用来储藏样品坩埚。

5.6 样品盘。

5.7 多孔熔融石英坩埚。

5.8 多孔熔融石英坩埚盖。

5.9 马弗炉:用来净化坩埚,最高加热温度 800 ℃。

5.10 冷却架:耐高温、陶瓷或者石英材料。

5.11 分析天平:最小 2 g 量程,灵敏度 0.01 mg。

5.12 研钵和槌。

5.13 网筛:100 目和 60 目。

5.14 样品瓶:玻璃制品,有聚四氟乙烯(PTFE)做内衬的旋盖。

6 样品的采集、保存和预处理

固体样品保存在有螺纹的 Teflon 盖子的 50 mL 宽口玻璃瓶中,冷却至 4 ℃保存。

7 分析步骤

7.1 坩埚处理

将马弗炉升温至 800 ℃,保温 30 min,将样品坩埚和盖子放入马弗炉盘然后放进炉箱。15 min后取出炉盘放在冷却架上(放置 $15\sim20$ min),之后将其转入干净的培养皿中。

注意:使用不锈钢镊子夹取坩埚和坩埚盖。所有的坩埚都应进行清洗然后放入培养皿。准备足够多的坩埚和盖子来做五点校准曲线或者依照样品分析物的数量来定。

7.2 TE/GC/MS 系统的初始校准

7.2.1 将 TE/GC/MS 系统按如下推荐操作条件设定盖进行烘干。

在线烘干操作:必须在每次校准之前进行此项操作,如果使用自动进样器,那么此项操作会在自动进样程序中完成。

注意:坩埚必须在进行烘干操作前从热提取单元中取出,虽然在方法空白的时候需要 GC/MS 数据来监控系统污染物,但是在烘干过程中是不需要获得 MS 数据的。

GC 色谱柱温度程序:35 ℃保持 4 min,然后以 20 ℃/min 升温至 325 ℃,保持 10 min,4 min 内冷却至 35 ℃。

GC 进样口温度:335 ℃,整个过程中采用不分流模式;

MS 传输管温度:290～300 ℃;

GC 载气量:氦气,30 cm/s;

TE 传输管温度:310 ℃;

TE 柱温箱接口温度:335 ℃;

TE 氦气流速:40 mL/min;

TE 样品室加热参数:60 ℃保温 2 min,12 min 内升温至 650 ℃,保温 2 min,冷却至 60 ℃。

7.2.2 假定为 30 m 的毛细管柱进行校准和样品分析,TE/GC/MS 系统设置如下:

光谱范围:45～450 amu;

MS 扫描时间:1.0～1.4 次/秒;

GC 色谱柱温度程序:35 ℃保持 12 min,在 8 min 内升温至 315 ℃,保持 2 min,在 4 min 内到 35 ℃。

GC 进样类型:分流/不分流毛细管,35∶1 分流比例;

GC 进样口温度:325 ℃;

GC 进样口设置:不分流 30 s,之后整个操作过程一直分流;

MS 传输管温度:290～300 ℃;

MS 源温度:依照产品说明;

MS 溶剂延迟时间:15 min;

MS 数据获得:49 min 后停止采集;

载气:氦气,30 cm/s;

TE 传输管温度:310 ℃;

TE 柱温箱接口温度:335 ℃;

TE 氦气吹扫流速:40 mL/min。

TE 样品加热参数:60 ℃保持 2 min,8 min 内升温至 340 ℃,保持 3 min,4 min 内冷却至 60 ℃。

7.2.3 方法空白

在线烘干后进行空白测试,获得 MS 数据并且确保在测定方法检出限(MDL)的过程中系统不含有目标分析物和干扰因素。如果观察到污染,则需采取适当的修订(例子:烘干、改换 GC 柱、改换 TE 样品室或者传输管)。

7.2.4 GC/MS 系统必须硬件调谐。

7.2.5　初始校准曲线

必须用至少五种不同质量浓度进行初始校准和系统维护后的校准。如果曲线与初始校准曲线和校准校核存在 20% 的偏移,还应该做校准程序,除非系统维护更正了这个错误。由于接下来的校准标准土壤分析将调整进样口分流比为 35：1,将来任何关于分流比的修改都需要进行新的初始校准曲线测定。

7.2.5.1　利用镊子将样品坩埚从干净的培养皿中移出放在分析天平上,精确测量到 0.1 mg 后将其放置在清洁的表面上。

7.2.5.2　称量 10 mg(±3%) 的内标土壤放入样品坩埚。然后将坩埚放回天平重新称重,记录重量。

7.2.5.3　在坩埚中称量校准标准土壤并且记录质量,将其放入热提取单元或者自动进样器,记录所有的分析信息数据以及条件。

PAH 标准：

分别称取 50 mg、40 mg、20 mg、10 mg 和 5 mg(±3%) 的 35 mg/kg PAH 校准标准土壤,然后将其与 10 mg 的 50 mg/kg 的内标土壤放入不同的坩埚。

分别得到在校准标准中每个目标分析物为 50 ng、40 ng、20 ng、10 ng、5 ng 时的分析结果。

PCB 标准：

分别称取 50 mg、40 mg、20 mg、10 mg 和 5 mg(±3%) 的 10 mg/kg PCB 校准标准土壤,然后和 10 mg 的 50 mg/kg 的内标土壤放入不同的坩埚。

分别得到在校准标准中每个目标分析物 10 ng、8 ng、4 ng、2 ng、1 ng 时的分析结果。

注意:GC/MS 系统的敏感度可能要求对上述标准质量(校准或者内标)进行调整。

7.2.5.4　含量高的样品推荐使用 300：1 或者 400：1 的分流比。采用一个适当质量浓度的目标分析物在高分流比下需要进行新的校准曲线测定。大约为原来质量浓度的 10 倍。

7.2.6　分析过程

在方法开始之前,样品被预装入熔融石英样品室。样品室升温至 340 ℃ 并且保温 3 min,氮气为载气/吹扫气,以 40 mL/min 的速率从样品室中流过,热提取化合物被吹扫通过去活的熔融石英衬管达到 GC 毛细进样口,随后以一定的分流比(35：1 或者 400：1)进入 GC 柱,最后集中在 GC 柱的顶端,并在 35 ℃ 下进行保温。一旦热提取过程完成(13 min),样品室将会冷却。GC 柱温箱就会以 10 ℃/min 的速率加热至 315 ℃,精确的热提取参数依靠各种不同的需求进行调整。

7.2.7　计算每个分析物的响应因子(RFs)(采用表 4-48 中的内标物),并且评估出校准的线性关系。

7.3　TE/GC/MS 系统的校准确认

7.3.1　在分析样品之前先要对 DFTPP 调谐液进行分析。

7.3.2　每经过 6 小时操作以后,需要进行方法空白分析确认系统是否清洁。

7.4　样品准备、称量和载样

7.4.1　样品准备

轻轻倒出沉积物样品上的水相,并且剔除外来杂质例如玻璃、木屑等。样品准备需要均一化的潮湿或者干燥样品,并尽可能地选择具有代表性的分析试样。非常潮湿的样品会对 MS 系统造成过多的压力。

7.4.2　测定样品干重百分比

有些土壤和沉积物样品的测量要基于干重。可以选取一部分样品进行称重,同时选取另一部分样品进行分析测定。同时,对于任何看起来比较潮湿的样品,都应该计算其湿重百分比来决定是否在研磨之前对该样品进行烘干。

注意:干燥烘箱应该包含出气孔,严重的实验室污染可能就源于大量有害的废物样品。

称取 5~10 g 的样品至坩埚中,在 105 ℃下进行干燥,通过失重来计算干重百分比,在称重前应放入干燥室冷却。计算干重质量分数的公式如下:

$$干重百分比 = (干燥后质量/样品总质量) \times 100\%$$

7.4.3 潮湿样品(湿重质量分数超过 20%)

7.4.3.1 以萘为目标分析物的样品

尽可能使样品少暴露在空气中,因为空气中的湿度会造成萘有代表性的损失。称量坩埚质量,然后称量 10 mg 内标土壤,再加入 10~20 mg 有代表性的潮湿样品,记录下样品的质量并将坩埚放入 TE 进样系统。

7.4.3.2 不以萘作为目标分析物的潮湿样品

在一个干净的浅的容器上铺开 3~5 g 有代表性的样品薄层,然后在室温(25 ℃)条件下覆盖进行干燥 30~40 min。当样品干燥以后,将其从容器壁上刮掉,然后研磨成统一的粒径大小,并且保证均匀性,经过 60 目筛网过筛后存储在样品瓶中。

7.4.4 干燥的样品(湿重质量分数小于 20%)

称量 5~10 g 的干燥样品进行研磨使其均一化,经过 60 目筛后储备在样品瓶中。

7.4.5 内标称重

7.4.5.1 用镊子将样品坩埚从干净的培养皿中取出放置在分析天平上,称重精确到 0.1 mg 后放在干净的表面上。

7.4.5.2 称取 10 mg(±3%)内标土壤放入样品坩埚中,用熔融石英药勺混合,用分析天平称量坩埚质量,记录下当时的质量。

7.4.6 样品称重

用干净的熔融石英药勺量取 3~250 g 样品放入样品坩埚中,称重。装入热提取坩埚中的样品质量按下述情况确定:

7.4.6.1 如果含量低(0.02~5.0 mg/kg 和低的总有机含量),则需 100~250 mg 干燥样品(假定分流比为 35:1)。

注意:此种方法的评估定量限为 1 mg/kg,任何测定低于 1 mg/kg 的质量分数将被认为是估测质量分数(非精确)。

7.4.6.2 如果含量高(500~1 500 mg/kg 和高的总有机含量),则需要 3~5 mg 的干燥样品(假定分流比为 35:1)。

7.4.6.3 如果含量在两者之间,则相应调节样品的质量。

7.4.6.4 如果预期的含量超过 1 500 mg/kg,则需采用较高的分流比,推荐分流比为 300~400。当然对应于新的分流比还需要新的初始校准曲线。

7.4.6.5 对于含量未知的样品,初次测定时样品质量应小于 20 mg。

注意:推荐在对含量未知的样品进行 TE/GC/MS 分析之前进行筛选,可以防止重新分析样品以及保护系统以免过载造成停工。筛选可以选用 FID 装备(自选)或者用二氯甲烷半定量提取后用 GC/FID 测定相关质量浓度。

7.4.6.6 选择一个样品做基体加标分析测定。称取一到两部分含有内标土壤的样品至

坩埚中,然后直接向样品添加 5.0 μL 标液,立刻盖上盖子并转移到热提取单元或者自动进样器中。

7.4.7　装载样品

对样品含量进行评估,然后称量样品加入含有称量过的内标土壤的坩埚中。记录样品质量(精确到 0.1 mg),盖上盖子放入热提取单元或者自动进样器中。如果样品是潮湿的或者目标化合物的挥发性比正十二烷(n-dodecane)要强,自动进样器应设为 10~15 ℃。

7.4.8　分析:样品装载入热提取单元中的熔融石英样品室。

7.4.8.1　对于那些含量较低、信噪比小于 3:1 的样品,重复 7.4.5 后增大进样量可以适当提高检测响应。

7.4.8.2　如果提取得到过量的样本需要 GC 柱的过载已经很明显的情况下,烘干系统需要做一个空白分析来决定是否需要清理系统。重复 7.4.5 后选用少量的样品(按要求降低进样量)。

7.5　维护烘干操作

7.5.1　系统烘干条件

对非在线条件(非自动进样)依照极端过载系统程序,进行日常清洗维护。

注意:在烘干程序开始前必须将样品坩埚移出热提取单元。在烘干程序开始前,TE 柱温箱接口首先应进行冷却以卸去熔融石英传输管。在烘干之后应安装新的传输管。

GC 初始柱温度和保温时间:335 ℃,保温 20 min;

GC 进样口温度:335 ℃,设置为分流模式;

MS 传输管温度:295~305 ℃;

GC 载气量:氦气 30 cm/s;

TE 传输管温度:关闭,直到安装新的毛细管;

TE 柱温箱接口温度:400 ℃;

TE 气体流速:最高大约为 60 mL/min;

TE 样品室加热参数:至 750 ℃,保温 3 min,然后冷却至 60 ℃。

7.6　定性分析

依照附录 J 中的定性方法来确定目标化合物。

8　结果计算

通过内标法利用第一特征离子的 EICP 的积分丰度对化合物进行定量。使用的内标依照表 4 - 48,由下式计算每种确定分析物的质量分数:

$$\omega_x = \frac{A_x \cdot \omega_{is} \cdot m_{is}}{RF \cdot A_{is} \cdot m_x \cdot D}$$

式中:ω_x——化合物的质量分数,mg/kg;

A_x——样品中被测化合物特征离子的峰面积;

ω_{is}——内标土壤质量分数,mg/kg;

m_{is}——内标土壤质量,kg;

RF——化合物从初始校准曲线测量得到的平均响应因数;

A_{is}——内标特征离子的峰面积;

m_x——样品质量,kg;

D——样品干燥度[(100—湿重质量分数)/100]。

表 4 - 45　PAH/半挥发性校准标准土壤和定量离子

化合物名称	定量离子
1,2,4 三氯代苯 (1,2,4-Trichlorobenzene[①])	180
萘(Naphthalene)	128
苊(Acenaphthylene)	152
二氢苊(Acenaphthene)	153
氧芴(Dibenzofuran)	168
芴(Fluorene)	166
4 -溴苯基-苯基醚 (4-Bromophenyl phenyl ether[①])	248
六氯苯(Hexachlorobenzene[①])	284
菲(Phenanthrene)	178
蒽(Anthracene)	178
荧蒽(Fluoranthene)	202
芘(Pyrene)	202
苯并(a)蒽[Benzo(a)anthracene]	228
䓛(Chrysene)	228
苯并(b)荧蒽[Benzo(b)fluoranthene]	252
苯并(k)荧蒽[Benzo(k)fluoranthene]	252
苯并(a)芘[Benzo(a)pyrene]	252
茚苯(1,2,3 - cd)芘 [Indeno(1,2,3 - cd)pyrene]	276
二苯并(a,h)蒽 [Dibenzo(a,h)anthracene]	278
苯并(g,h,i)二萘嵌苯 [Benzo(g,h,i)perylene]	276

注:①如果目标分析物只是 PAHs 的话此项分析物可以删除,所有化合物质量分数为 35 mg/kg。

表 4 - 46　PCB 校准标准土壤

IUPAC 序号	CAS 序号	化合物名称	定量离子
1	2051 - 60 - 7	2 -氯联苯 (2-Chlorobiphenyl)	188
11	2050 - 67 - 1	3,3′-二氯联苯胺 (3,3′-Dichlorobiphenyl)	222
18	37680 - 65 - 2	2,2′,5 -三氯联苯 2,2′,5 - Trichlorobiphenyl	258

续表

IUPAC序号	CAS序号	化合物名称	定量离子
26	3844 - 81 - 4	2,3',5-三氯联苯 2,3',5-Trichlorobiphenyl	258
31	16606 - 02 - 3	2,4',5-三氯联苯 2,4',5-Trichlorobiphenyl	258
52	35693 - 99 - 3	2,2',5,5'-四氯联苯 2,2',5,5'-Tetrachlorobiphenyl	292
49	41464 - 40 - 8	2,2',4,5'-四氯联苯 2,2',4,5'-Tetrachlorobiphenyl	292
44	41464 - 39 - 5	2,2',3,5'-四氯联苯 2,2',3,5'-Tetrachlorobiphenyl	292
66	32598 - 10 - 0	2,3',4,4'-四氯联苯 2,3',4,4'-Tetrachlorobiphenyl	292
101	37680 - 73 - 2	2,2',4,5,5'-五氯联苯 2,2',4,5,5'-Pentachlorobiphenyl	326
118	31508 - 00 - 6	2,3',4,4',5-五氯联苯 2,3',4,4',5-Pentachlorobiphenyl	326
138	35065 - 28 - 2	2,2',3,4,4',5'-六氯联苯 2,2',3,4,4',5'- Hexachlorobiphenyl	360
187	52663 - 68 - 0	2,2',3,4',5,5',6-七氯联苯 2,2',3,4',5,5',6-Heptachlorobiphenyl	394
128	38380 - 07 - 3	2,2',3,3',4,4'-六氯联苯 2,2',3,3',4,4'-Hexachlorobiphenyl	360
180	35065 - 29 - 3	2,2',3,4,4',5,5'-七氯联苯 2,2',3,4,4',5,5'-Heptachlorobiphenyl	394
170	35065 - 30 - 6	2,2',3,3',4,4',5-七氯联苯 2,2',3,3',4,4',5-Heptachlorobiphenyl	394
194	35694 - 08 - 7	2,2',3,3',4,4',5,5'-八氯联苯 2,2',3,3',4,4',5,5'-Octachlorobiphenyl	430
206	40186 - 72 - 9	2,2',3,3',4,4',5,5',6-九氯联苯 2,2',3,3',4,4',5,5',6-Nonachlorobiphenyl	392
209	2051 - 24 - 3	2,2',3,3',4,4',5,5',6,6'-十氯联苯 2,2',3,3',4,4',5,5',6,6'-Decachlorobiphenyl	426

注:所有化合物的质量浓度为10.0mg/kg。

表 4 - 47　内标土壤

化合物名称	定量离子
2-氟联苯 （2-Fluorobiphenyl）	172
氘代菲- d_{10} （Phenanthrene-d_{10} [①]）	188
苯并（g,h,i）二萘嵌苯 13(C12) Benzo[g,h,i]perylene（$^{13}C_{12}$）	288

注：①此内标容易受到土壤微生物降解的影响，建议使用带有 $^{13}C_{12}$ 标记的菲。

表 4 - 48　内标及相应的可定量的 PAH 分析物

内标	PAH 分析物
2-氟联苯（2-Fluorobiphenyl）	萘（Naphthalene）、苊（Acenaphthylene）、二氢苊（Acenaphthene）、芴（Fluorene）等所有表 4 - 46 内的 PCB 同类物质
氘代菲- d_{10}（Phenanthrene-d_{10}）	菲（Phenanthrene）、蒽（Anthracene）、荧蒽（Fluoranthene）、芘（Pyrene）
苯并（g,h,i）二萘嵌苯（$^{13}C_{12}$） ［Benzo(g,h,i)perylene（$^{13}C_{12}$）］	苯并(a)蒽［Benzo(a)anthracene］、䓛（Chrysene）、苯并(b)荧蒽［Benzo(b) fluoranthene］、苯并(k)荧蒽［Benzo(k) fluoranthene］、苯并(a)芘［Benzo(a) pyrene］、茚并(1,2,3-cd)芘［Indeno(1,2,3-cd) pyrene］、二苯并(a,h)蒽［Dibenzo(a,h) anthracene］、苯并(g,h,i)二萘嵌苯［Benzo(g,h,i) perylene］

（3）多氯联苯的测定（PCBs）

气相色谱法（GB 5085.3—2007　附录 N）

1　范围

本方法规定了固体或者液体基质中 Aroclor 的气相色谱的测定方法。下面列举的目标化合物可以采用单柱或双柱系统进行测定。下面列举的 PCB 同类物已经采用上述方法进行了测定，该方法也可能适合其他同类物的检测：Aroclor 1016、Aroclor 1221、Aroclor 1232、Aroclor 1242、Aroclor 1248、Aroclor 1254、Aroclor 1260、2-氯联苯、2,3-二氯联苯、2,2′,5-三氯联苯、2,4′,5-三氯联苯、2,2′,3,5′-四氯联苯、2,2′,5,5′-四氯联苯、2,3′,4,4′-T 四氯联苯、2,2′,3,4,5′-五氯联苯、2,2′,4,5,5′-五氯联苯、2,3,3′,4′,6-五氯联苯、2,2′,3,4,4′,5′-六氯联苯、2,2′,3,4,5,5′-六氯联苯、2,2′,3,5,5′,6-六氯联苯、2,2′,4,4′,5,5′-六氯联苯、2,2′,3,3′,4,4′,5-七氯联苯、2,2′,3,4,4′,5,5′-七氯联苯、2,2′,3,4,4′,5′,6-七氯联苯、2,2′,3,4′,5,5′,6-七氯联苯、2,2′,3,3′,4,4′,5,5′,6-九氯联苯。该方法也可能适合其他同类物的测定。

水中多氯联苯的方法检测限为 0.054～0.90 $\mu g/L$，泥土中的方法检测限为 57～70 $\mu g/kg$。定量检测限可以由表 4 - 49 的数据估算。

2　引用标准

下列文件中的条款通过在本方法中被引用而成为本方法的条款，与本方法同效。凡是不注明日期的引用文件，其最新版本适用于本方法。

GB/T 6682　分析实验室用水规格和实验方法

3　原理

针对特定的基质采用适合的提取技术提取一定体积或者质量的样品(对于液体大概为1L,对于固体为2~30g)。采用二氯甲烷在pH为中性的条件下提取液体样品,可选用分液漏斗或连续液-液萃取或者其他合适的技术。固体样品用己烷-丙酮(1:1)或者二氯甲烷-丙酮(1:1)提取,可选用索氏提取、自动索氏提取或者其他合适的提取技术。萃取液采用硫酸/高锰酸钾溶液净化后,用小口径或大口径石英毛细管柱结合电子捕获检测器(GC/ECD)检测。

4　试剂和材料

4.1　除另有说明外,本方法中所用的水为GB/T 6682规定的一级水。

4.2　正己烷:色谱纯。

4.3　异辛烷:色谱纯。

4.4　丙酮:色谱纯。

4.5　甲苯:色谱纯。

4.6　标准储备溶液

可以用纯的标准物质配制或者购买经过鉴定的溶液。准确称取0.0100g纯的物质配制标准储备液。将该样品用异辛烷或者正己烷溶解在10mL的容量瓶中,定容到刻度。如果样品的纯度高于96%或者更高,那么标准储备液的质量浓度就不需要经过校正。

4.7　Aroclor的标准校准

4.7.1　用5份不同质量浓度的Aroclor 1016和Aroclor 1260的混合物做多点初始校正就足够显示仪器响应的线性,用异辛烷或正己烷稀释标准储备液,配制至少五份含有相同质量浓度的Aroclor 1016和Aroclor 1260的标准校正液。质量浓度范围必须和现实样品中估计的质量浓度范围以及检测器的线性范围相匹配。

4.7.2　需要借助其他五种Aroclor的单独标准液识别图谱。假设4.7.1中描述的Aroclor 1016/1260标准液已用于显示检测器的线性,剩余的五种Aroclor单标则用于确定其他校准因子。为其他Aroclor各配制一种标准液。质量浓度须和监测器线性范围的中点相匹配。

4.8　PCB同类物的标准校正

4.8.1　如果需要测定单独的PCB同类物,则必须准备纯的同类物的标准液。

4.8.2　标准储备液可以按照Aroclor标准液的方法配制,或者可以购买商业的溶液。用异辛烷或者己烷稀释储备液,配成至少五种不同质量浓度的液体。这些液体的质量浓度必须和实际样品的质量浓度以及检测器的线性范围相匹配。

4.9　内标

4.9.1　如果需要测定PCB的同类物,强烈建议使用内标。十氯联苯(Decachlorobiphe-nyl)可以作为内标,在分析前加入样品提取液中,并加入初始校正标准液中。

4.9.2　当测定Aroclor时,不使用内标,十氯联苯作为替代物。

4.10　替代物

4.10.1　当测定Aroclor时,十氯联苯作为替代物,在萃取前加入每份样品中。配置5mg/L十氯联苯的丙酮溶液。

4.10.2　当测定PCB同类物时,以四氯乙烯间二苯(tetrachlor-mets-xylene)作为替代物。配置5mg/L四氯乙烯间二苯的丙酮溶液。

5 仪器

5.1 气相色谱仪,电子捕获检测器。

5.2 容量瓶,10 mL、25 mL,用于制备标准样品。

6 样品的采集、保存和预处理

6.1 固体基质:250 mL 宽口玻璃瓶,有螺纹的 Teflon 盖子,冷却至 4℃保存。

液体基质:4 个 1 升的琥珀色玻璃瓶,有螺纹的 Teflon 的盖子,在样品中加入 0.75 mL 10%的 NaHSO$_4$,冷却至 4℃保存。

6.2 提取物必须放在冰箱里避光保存,并且在 40 d 内进行分析。

7 分析步骤

7.1 提取

7.1.1 参考附录 U、附录 V 选择合适的提取方法。通常来说,水样用二氯甲烷在中性 pH 下用分液漏斗(附录 U)或者其他合适的方法提取。固体样品用己烷-丙酮(1∶1)或者二氯甲烷-丙酮(1∶1)提取,采用索氏提取(附录 V)或者其他合适的方法提取。

注意:正己烷-丙酮通常可以降低提取过程中的干扰物质的含量和提高信噪比。

7.1.2 必须用参照物、土壤污染样品或基质加标样品检验所选的提取方法是否适用于新的样品类型。这些样品必须含有或者添加目标化合物,以确定该化合物的百分回收率和检测限。如果要加入目标分析物,特定的 Aroclor 或者 PCB 同类物都可以。如果没有特定的 Aroclor,那么 Aroclor 1016/1260 混合物也许是合适的添加物。

7.2 提取物净化

参考附录 W。

7.3 GC 条件

7.3.1 单柱分析色谱柱

7.3.1.1 小口径柱(使用两根柱确认化合物,除非采用其他确认技术,例如 GC/MS)。

DB-5(30 m×0.25 mm×1 μm 或 30 m×0.32 mm×1 μm)石英毛细管柱或同类产品。

DB-608,SPB-608(30 m×0.25 mm×1 μm)石英毛细管柱或同类产品。

7.3.1.2 大口径柱(使用两根柱确认化合物,除非采用其他确认技术,例如 GC/MS)。

DB-608,SPB-608,RTx-5,(30 m×0.53 mm×0.5 μm 或 30 m×0.53 mm×0.83 μm)石英毛细管柱或同类产品。

DB-1701(30 m×0.53 mm×1 μm)石英毛细管柱或同类产品。

DB-5,SPB-5,RTx-5(30 m×0.53 mm×1.5 μm)石英毛细管柱或同类产品。

如果要求更高的色谱分辨率,建议使用小口径柱。小口径柱适合相对比较干净的样品或者已经清洗了一次或以上的样品。大口径柱更加适合基质比较复杂的环境或者废物样品。

7.3.2 双柱分析色谱柱(从下列色谱柱对中挑选其一)。

7.3.2.1 A:DB-5,SPB-5,RTx-5(30 m×0.25 mm×1.5 μm)石英毛细管柱或同类产品。

B:DB-1701(30 m×0.53 mm×1 μm)石英毛细管柱。

7.3.2.2 A:DB-5,SPB-5,RTx-5(30 m×0.25 mm×0.83 μm)石英毛细管柱或同类产品。

B:DB-1701(30 m×0.53 mm×1 μm)石英毛细管柱或同类产品。

7.3.3 GC 温度程序以及流速

表 4-50 列举了 GC 单柱法用于分析以 Aroclor 形式测定的 PCBs 的运行条件,可以选用小口径或者大口径柱。表 4-51 列举了双柱分析法的 GC 运行条件。参考这些表中的条件确定适合分析目标物的温度程序和流速。

7.4　校准

7.4.1　配制校准标准液。如果以同类物的形式测定 PCBs,强烈建议使用内标校准。因此,校准标准液中必须含有和样品提取液相同质量浓度的内标。如果以 Aroclor 的形式测定 PCBs,那么需要使用外标校准。

7.4.2　如果以同类物的形式测定 PCBs,初始的五点校准必须包括所有目标分析物(同类物)的标准物。

7.4.3　如果以 Aroclor 的形式测定 PCBs,那么初始校准包括以下部分。

7.4.3.1　五点初始校准使用 4.7 中的 Aroclor 1016 和 Aroclor 1260 混合物。

7.4.3.2　在图谱识别中需要使用其他五种 Aroclor 的标准品。

7.4.3.3　对于某些项目,只有一些 Aroclors 是感兴趣的,可以对感兴趣的 Aroclors 采用五点初始校准。

7.4.4　建立适合配置的色谱运行条件(单柱或者双柱,见 7.3)。优化仪器的条件以提高目标化合物的分辨率和灵敏度。最后温度也许需要到 240～270 ℃ 以洗脱十氯联苯。采用进样器压力程序可以改善色谱的峰洗出延迟。

7.4.5　建议每次校准标准液时进样 2 μL。如果可以证明目标化合物有合适的灵敏度,其他进样体积也可以选用。

7.4.6　记录每种同类物或者每种特定 Aroclor 的峰面积(或者峰高),用于定量计算。

7.4.6.1　每种 Aroclor 必须最少选择 3 个峰,建议选择 5 个峰。每个峰都须是目标 Aroclor 有特征性的。在 Aroclor 标准中选择的峰的高度必须至少有最高的峰的 25%。对于每种 Aroclor,所选的 3～5 个峰中必须最少有一个峰是其特的。选用 Aroclor 1016/1260 混合物中最少 5 个峰,其中任何一个都不能在其他 Aroclor 中找到。

7.4.6.2　迟流出的 Aroclor 峰一般来说是环境中最稳定的。表 4-52 至表 4-54 列举了各种 Aroclor 的诊断峰,包括它们在两种单柱法色谱柱上的保留时间。表 4-55 列举了在 Aroclors 混合物中发现的 13 种特定的 PCB 同类物。表 4-56 列举了 PCB 的同类物以及它们在 DB-5 大口径 GC 柱上相应的保留时间。使用这些作为指导选择合适的峰。

7.4.7　如果用内标法测定 PCB 的同类物,采用下面的式子计算每种同类物的响应因子(RF),这个响应因子在校准标准中和内标十氯联苯(decachlorobiphenyl)相关。

$$RF = \frac{A_s \times \rho_s}{A_{is} \times \rho_{is}}$$

式中:A_s——分析物或者拟似标准品的峰面积(或峰高);

　　　A_{is}——内标的峰面积(或峰高);

　　　ρ_s——分析物或者拟似标准品的质量浓度,μg/L;

　　　ρ_{is}——内标的质量浓度,μg/L。

7.4.8　如果用外标法以 Aroclors 的形式测定 PCBs,用下式计算每次初始校正标准中每个特征 Aroclors 峰的校正因子(CF)。

$$CF = \frac{标准品的峰高或峰面积}{标准品进样的总质量(ng)}$$

从 Aroclor 1016/1260 混合物中可以得到五套校准因子,每套包括从混合物选择的 5 个(或以上)峰的校准因子。其他 Aroclor 的单标可以产生至少 3 个校准因子,每个所选的峰各一个。

7.4.9 使用从初始校准中得到的响应因子或者校准因子来估计初始校准的线性范围。这包括计算每个同类物或者 Aroclors 峰的响应或者校准因子的平均值、标准偏差以及相对标准偏差(RSD)。

7.5 保留时间窗口

保留时间窗口对于识别目标化合物来说是至关重要的。以 Aroclors 形式识别 PCBs 时使用绝对保留时间。如果采用内标法以同类物的形式测定 PCBs,绝对保留时间可以和相对保留时间(和内标相对)一起使用。

7.6 提取样品的气相色谱分析

7.6.1 样品分析采用的 GC 运行条件必须和初始校准中使用的相同。

7.6.2 每隔 12 个小时在样品分析前进样校准验证标准液以校准系统。每隔 20 个样品进样校准标准液(建议每隔 10 个样品进样,以减小当质量控制超过标准以需要重新进样的数量),在结束时也要进样校准标准液。对于 Aroclor 分析,校准验证标准液应该是 Aroclor 1016 和 Aroclor 1260 的混合物。校准验证过程不需要分析其他用于图谱识别的 Aroclor 标准,但是在分析序列中,当用 Aroclor 1016/1260 混合物校准后也建议分析其他 Aroclor 中的一种标准液。

7.6.3 进样 $2\,\mu L$ 浓缩的样品提取液。记录进样接近 $0.05\,\mu L$ 时的体积以及所得到的峰面积(或峰高)。

7.6.4 通过检查样品的色谱图定性识别目标分析物。

7.6.5 对于用内标或者外标校准的程序,可以采用 7.8 和 7.9 的方法对每个已经识别的峰进行处理,得到定量结果。如果样品的色谱响应超过了校准的范围,把样品稀释后再进行分析。如果峰重叠造成积分错误时,建议使用峰高而不是峰面积进行计算。

7.6.6 所有的样品分析都必须在一个可接受的初始校准、校准验证标准(每隔 12 h)或者散点标准校准的前提下进行。如果校准验证不能够满足质量控制的需求,所有在上一个可以满足质量控制要求的校准验证后做的样品都必须重新进样。

建议使用混合标准或多组分标准以保证检测器对于所有的分析物的响应都在校准范围内。

7.6.7 当校准验证标准和散点标准检测结果符合质量控制的要求时,可以连续进样。建议每隔 10 个样品分析一次标准(要求每隔 20 个以及在每批样品后),以减少因为不能满足要求而重新进样的样品数。

7.6.8 如果峰的响应低于基线噪声水平的 2 倍,定量结果的有效性可能有疑问。应根据样品的来源以确定是否能够提高样品的质量浓度。

7.6.9 在分析过程中分析校准标准物以评价保留时间的稳定性。如果任何一个标准物的检测结果不在日常时间窗口之内,那么系统存在问题。

7.6.10 如果因为干扰不能进行化合物的识别或者定量测定(例如,出现峰展宽、基线鼓包或者基线不稳),就需要洗涤提取物或者更换毛细管柱或者监测器。在另外一台仪器上重新分析样品以确定问题的原因是在分析仪器硬件还是样品基质。

7.7 定性识别

以 Aroclors 或者同类物的形式鉴定 PCBs 是基于样品色谱图中峰的保留时间和目标分析物的标准物的保留时间窗口是否一致。

如果提取样中的色谱峰在特定目标分析物的保留时间窗口内，可以进行初步确认。每个初步确认都必须得到证实：采用另外一根不同固定相的 GC 柱（如双柱分析），基于一个明确识别的 Aroclor 峰，或者选用其他技术例如 GC/MS。

7.7.1　如果在一次进样同时分析（GC 双柱结构），指定一根分析柱作样品分析而另外一根作样品确认是不实际的。因为校准标准是在两根柱子上分析的，两根柱子都必须符合可以接受的校正标准。

7.7.2　单柱/单次进样分析的结果可以用另外一根不同的 GC 柱子确认。

7.7.3　当已知分析物来源中含有特定的 Aroclor，从单柱分析得到的结果就可能根据清楚认定的 Aroclor 峰进行确证。这种方法不应用于确证未知或者不熟悉来源的样品或者似乎含有 Aroclors 混合物的样品。为了使用这种方法，必须记录：比较样品和 Aroclors 标准物色谱图时所用到的峰，缺失的代表任何一种 Aroclors 的主要的峰，能够指示 Aroclors 存在于样品中的关于来源的信息。

7.7.4　GC/MS 的确证。

7.8　以同类物的形式定量测定 PCBs

7.8.1　以同类物的形式定量测定 PCBs，通过比较样品和 PCB 同类物标准物的色谱图，用内标法得到定量结果。计算每种同类物的质量浓度。

7.8.2　根据项目的要求，PCB 同类物的测定结果可以以同类物或者以 PCBs 总量的形式报告。

7.9　以 Aroclors 的形式定量分析 PCBs

通过将样品的色谱图和最相近 Aroclors 标准物的色谱图进行比较，以 Aroclors 的形式定量测定 PCBs 的残留。必须决定哪种 Aroclors 和残留最相象以及该标准物是否真的能代表样品中的 PCBs。

7.9.1　采用独立 Aroclors 标准物（不是 Aroclor1016/1260 混合物）来确定 Aroclor 1221，Aroclor 1232，Aroclor 1242，Aroclor 1248 和 Aroclor 1254 的峰的图谱。Aroclor 1016 和 Aroclor 1260 的图谱可以作为混合校正标的证据。

7.9.2　一旦鉴别出 Aroclor 的图谱，比较 Aroclor 单点校正标准物中 3～5 个主要峰和样品提取液的响应。Aroclor 的量用 5 个特征峰的独立的校准因子计算，计算模型（线性或者非线性）由 1016/1260 混合物的多点校准确定。质量浓度由各个特征峰确定，然后再取这 3～5 个峰的平均值来确定 Aroclor 的质量浓度。

7.9.3　PCBs 在环境中的侵蚀或者在废物处理过程中的变化可能会使 PCBs 变到图谱不能再用某种特定的 Aroclor 识别。样品中含有超过一种 Aroclor 也有同样问题。如果分析的目的不在于对 Aroclor 的日常监控，更适合采用分析 PCB 同类物的方法。如果需要 Aroclor 的结果，那么可以通过计算 PCB 图谱的总的峰面积以及计算和样品最相像的 Aroclor 标准来定量测定 Aroclor。任何一个根据保留时间不能识别为 PCBs 的峰都必须从总面积中减去。

7.10　GC/MS 确认

如果质量浓度足够 GC/MS 的测定，GC/MS 确认可以和单柱或者双柱法结合起来使用。

7.10.1　通常全扫描四级杆 GC/MS 比全扫描离子阱或者选择离子检测技术需要更高的目标分析物质量浓度。需要的样品质量浓度取决于仪器，全扫描四级杆 GC/MS 需要

$10\,ng/\mu L$的质量浓度,但是离子阱或者 SIM 只需要$1\,ng/\mu L$。

7. 10. 2 对于特定的目标分析物 GC/MS 必须经过校正。当使用 SIM 技术时,离子以及保留时间都必须是代测 Aroclor 中具有特征性的。

7. 10. 3 GC/MS 确证时必须和 GC/ECD 使用同一份提取物以及空白。

7. 10. 4 只要替代物和内标物不影响,碱性/中性/酸性的提取物以及相应的空白都可以用作 GC/MS 确证。但是,如果在碱性/中性/酸性提取液中没有检测出目标物,就必须对农药提取物进行 GC/MS 分析。

7. 10. 5 必须用 GC/MS 分析一份质量控制参考样品。质量控制参考样品的浓度必须证明能够被 GC/ECE 所确认的 PCBs 都能被 GC/MS 确认。

表 4 - 49　测定定量评估限(EQLs)的因素(针对不同的基质)

基质	比例因子
地表水	10
低质量浓度土壤,用 GPC 超声洗涤	670
高质量浓度土壤,用超声波法处理	10 000
非水的易混溶的废料	100 000

注:EQL＝水样的 MDL×比例因子。

对于非水样品,这些数字是基于湿重的。样品的 EQLs 是高度依赖基质的,用这些数据确定的 EQLs 可以作为一个指导而不是任何情况下都有用。

表 4 - 50　PCBs 作为 Aroclors 的 GC 运行条件(单柱分析)

小口径柱	
小口径柱 1:DB - 5 (30 m×0. 25 mm×1 μm 或 30 m×0. 32 mm×1 μm)石英毛细管柱或同类产品	
载气(He)	110 kPa(16 lb/in²)
进样温度	225 ℃
检测器温度	300 ℃
色谱柱温度	100 ℃保持 2 min,然后以 15 ℃/min 升温至 160 ℃,再以 5 ℃/min 升温至 270 ℃
小口径柱 2:DB - 608,SPB - 608(30 m × 0. 25 mm×1 μm)石英毛细管柱或同类产品	
载气(He)	138 kPa(20 lb/in²)
进样温度	225 ℃
检测器温度	300 ℃
起始温度	160 ℃保持 2 min,然后以 5 ℃/min 升温至 290 ℃保持 1 min
大口径柱	
大口径柱 1:DB - 608,SPB - 608,RTx - 5,(30 m × 0. 53 mm×0. 5 μm 或 0. 83 μm)石英毛细管柱或同类产品;	
大口径柱 2:DB - 1701(30 m × 0. 53 mm×1 μm)石英毛细管柱或同类产品	
载气(He)	5～7 mL/min

续表

补充气（氩气/甲烷［P - 5 或 P - 10］或氮气）	30 mL/min
进样温度	250 ℃
检测器温度	290 ℃
色谱柱温度	150 ℃保持 0.5 min,然后以 5 ℃/min 升温至 270 ℃,保持
大口径柱 3:DB - 5,SPB - 5,RTx - 5(30 m × 0.53 mm×1.5 μm)石英毛细管柱或同类产品	
载气(He)	6 mL/min
补充气（氩气/甲烷［P - 5 或 P - 10］或氮气）	30 mL/min
进样温度	205 ℃
检测器温度	290 ℃
色谱柱温度	140 ℃保持 2 min,然后以 10 ℃/min 升温至 240 ℃,保持 5 min,再以 5 ℃/min 升温至 265 ℃,保持 18 min

表 4 - 51　PCBs 作为 Aroclors 的 GC 运行条件(双柱分析法,高温,厚涂层)

柱 1:DB - 1701(30 m×0.53 mm×1.0 μm)或同类产品; 柱 2 :DB - 5(30 m×0.53 mm×1.5 μm)或同类产品	
载气(He)流速	6 mL/min
补充气(N₂) 流速	20 mL/min
色谱柱温度	150 ℃保持 0.5 min,然后以 12 ℃/min 升温至 190 ℃,保持 2 min,再以 4 ℃/min 升温至 275 ℃,保持 10 min
进样温度	250 ℃
检测器温度	320 ℃
进样体积	2 μL
进样类型	正乙烷
双 ECD 检测器	闪蒸
范围	10
Attenuation 64 (DB - 1701)/64 (DB - 5)	
分流器种类	J&W Scientific 压配 Y-型分流进样器

表 4－52   DB－5 柱上 Aroclors 保留时间(双柱检测)

峰序号	Aroclor 1016	Aroclor 1221	Aroclor 1232	Aroclor 1242	Aroclor 1248	Aroclor 1254	Aroclor 1260
1		5.85	5.85				
2		7.63	7.64	7.57			
3	8.41	8.43	8.43	8.37			
4	8.77	8.77	8.78	8.73			
5	8.98	8.99	9.00	8.94	8.95		
6	9.71			9.66			
7	10.49	10.50	10.50	10.44	10.45		
8	10.58	10.59	10.59	10.53			
9	10.90		10.91	10.86	10.85		
10	11.23	11.24	11.24	11.18	11.18		
11	11.88		11.90	11.84	11.85		
12	11.99		12.00	11.95			
13	12.27	12.29	12.29	12.24	12.24		
14	12.66	12.68	12.69	12.64	12.64		
15	12.98	12.99	13.00	12.95	12.95		
16	13.18		13.19	13.14	13.15		
17	13.61		13.63	13.58	13.58	13.59	13.59
18	13.80		13.82	13.77	13.77	13.78	
19	13.96		13.97	13.93	13.93	13.90	
20	14.48		14.50	14.46	14.45	14.46	
21	14.63		14.64	14.60	14.60		
22	14.99		15.02	14.98	14.97	14.98	
23	15.35		15.36	15.32	15.31	15.32	
24	16.01			15.96			
25			16.14	16.08	16.08	16.10	
26	16.27		16.29	16.26	16.24	16.25	16.26
27						16.53	
28			17.04		16.99	16.96	16.97
29			17.22	17.19	17.19	17.19	17.21
30			17.46	17.43	17.43	17.44	
31					17.69	17.69	
32				17.92	17.91	17.91	
33				18.16	18.14	18.14	
34			18.41	18.37	18.36	18.36	18.37
35			18.58	18.56	18.55	18.55	

续表

峰序号	Aroclor 1016	Aroclor 1221	Aroclor 1232	Aroclor 1242	Aroclor 1248	Aroclor 1254	Aroclor 1260
36							18.68
37			18.83	18.80	18.78	18.78	18.79
38			19.33	19.30	19.29	19.29	19.29
39						19.48	19.48
40						19.81	19.80
41			20.03	19.97	19.92	19.92	
42						20.28	20.28
43					20.46	20.45	
44						20.57	20.57
45				20.85	20.83	20.83	20.83
46			21.18	21.14	21.12	20.98	
47					21.36	21.38	21.38
48						21.78	21.78
49				22.08	22.05	22.04	22.03
50						22.38	22.37
51						22.74	22.73
52						22.96	22.95
53						23.23	23.23
54							23.42
55						23.75	23.73
56						23.99	23.97
57							24.16
58						24.27	
59							24.45
60						24.61	24.62
61						24.93	24.91
62							25.44
63						26.22	26.19
64							26.52
65							26.75
66							27.41
67							28.07
68							28.35
69							29.00

注：①GC 的运行条件在表 4-51 给出。所有的保留时间都是以分钟(min)为单位。

②表中列举的峰按流出顺序确定序号,和异构体序号无关。

表 4 - 53　DB - 1701 柱上 Aroclors 保留时间(双柱检测)

峰序号	Aroclor 1016	Aroclor 1221	Aroclor 1232		Aroclor 1242	Aroclor 1248	Aroclor 1254
1		4. 45	4. 45				
2		5. 38					
3		5. 78					
4		5. 86	5. 86				
5	6. 33	6. 34	6. 34	6. 28			
6	6. 78	6. 78	6. 79	6. 72			
7	6. 96	6. 96	6. 96	6. 90	6. 91		
8	7. 64		7. 59				
9	8. 23	8. 23	8. 23	8. 15	8. 16		
10	8. 62	8. 63	8. 63	8. 57			
11	8. 88		8. 89	8. 83	8. 83		
12	9. 05	9. 06	9. 06	8. 99	8. 99		
13	9. 46		9. 47	9. 40	9. 41		
14	9. 77	9. 79	9. 78	9. 71	9. 71		
15	10. 27	10. 29	10. 29	10. 21	10. 21		
16	10. 64	10. 65	10. 66	10. 59	10. 59		
17			10. 96		10. 95	10. 95	
18	11. 01		11. 02	11. 02	11. 03		
19	11. 09		11. 10				
20	11. 98		11. 99	11. 94	11. 93	11. 93	
21	12. 39		12. 39	12. 33	12. 33	12. 33	
22			12. 77	12. 71	12. 69		
23	12. 92		12. 94		12. 93		
24	12. 99		13. 00	13. 09	13. 09	13. 10	
25	13. 14		13. 16				
26						13. 24	
27	13. 49		13. 49	13. 44	13. 44		
28	13. 58		13. 61	13. 54	13. 54	13. 51	13. 52
29			13. 67			13. 68	
30			14. 08	14. 03	14. 03	14. 03	14. 02
31			14. 30	14. 26	14. 24	14. 24	14. 25
32					14. 39	14. 36	
33			14. 49	14. 46	14. 46		
34						14. 56	14. 56
35					15. 10	15. 10	
36			15. 38	15. 33	15. 32	15. 32	
37			15. 65	15. 62	15. 62	15. 61	16. 61

续表

峰序号	Aroclor 1016	Aroclor 1221	Aroclor 1232	Aroclor 1242	Aroclor 1248	Aroclor 1254
38			15.78　15.74	15.74	15.74	15.79
39			16.13　16.10	16.10	16.08	
40						16.19
41					16.34	16.34
42					16.44	16.45
43					16.55	
44			16.77　16.73	16.74	16.77	16.77
45			17.13　17.09	17.07	17.07	17.08
46					17.29	17.31
47			17.46	17.44	17.43	17.43
48			17.69	17.69	17.68	17.68
49				18.19	18.17	18.18
50			18.48	18.49	18.42	18.40
51					18.59	
52					18.86	18.86
53			19.13	19.13	19.10	19.09
54					19.42	19.43
55					19.55	19.59
56					20.20	20.21
57					20.34	
58						20.43
59				20.57	20.55	
60					20.62	20.66
61					20.88	20.87
62						21.03
63					21.53	21.53
64					21.83	21.81
65					23.31	23.27
66						23.85
67						24.11
68						24.46
69						24.59
70						24.87
71						25.85
72						27.05
73						27.72

注：①GC 的运行条件在表 4-51 给出。所有的保留时间都是以 min 为单位。

　　②表中列举的峰按流出顺序确定序号，和异构体序号无关。

表 4-54　PCBs 在 0.53 mm ID 柱上的峰诊断（单柱分析）

峰	化合物名称	保留时间（min）	保留时间（min）
序号[a]	Aroclorc[c]	DB-608[b]	DB-1701[b]
Ⅰ	1221	4.90	4.66
Ⅱ	1221,1232,1248	7.15	6.96
Ⅲ	1061,1221,1232,1242	7.89	7.65
Ⅳ	1016,1232,1242,1248	9.38	9.00
Ⅴ	1016,1232,1242	10.69	10.54
Ⅵ	1248,1254	14.24	14.12
Ⅶ	1254	14.81	14.77
Ⅷ	1254	16.71	16.38
Ⅸ	1254,1260	19.27	18.95
Ⅹ	1260	21.22	21.23
Ⅺ	1260	22.89	22.46

注：[a]峰按流出顺序确定序号，和异构体序号无关；

　　[b]温度程序：t_i=150℃，保持 30 s；以 5℃/min 的速度升高到 275℃；

　　[c]在图谱中 Aroclor 的最大峰用下划线标明。

表 4-55　Aroclor 中特定的 PCB 同类物

同类物	IUPAC 序号	1016	1221	1232	1242	1248	1254	1260
联苯	—		X					
2-CB	1	X	X	X	X			
23-DCB	5	X	X	X	X	X		
34-DCB	12	X		X	X	X		
244′-TCB	28*	X		X	X	X	X	
22′35′-TCB	44			X	X	X	X	X
23′44′-TCB	66*					X	X	X
233′4′6-PCB	110						X	
23′44′5-PCB	118*						X	X
22′44′55′-HCB	153							X
22′344′5′-HCB	138							X
22′344′55′-HpCB	180							X
22′33′44′5-HpCB	170							X

注：* 明显的共流出，28 和 31（2,4′,5-三氯联苯）；

　　　66 和 95（2,2′,3,5′,6-五氯联苯）；

　　　118 和 149（2,2′,3,4′,5′,6-六氯联苯）。

表 4 - 56　PCB 同类物在柱 DB - 5 大口径柱的保留时间

IUPAC #	保留时间(min)	
1	6.52	
5	10.07	
18	11.62	
31	13.43	
52	14.75	
44	15.51	
66	17.20	
101	18.08	
87	19.11	
110	19.45	
151	19.87	
153	21.30	
138	21.79	
141	22.34	
187	22.89	
183	23.09	
180	24.87	
170	25.93	
206	30.70	
209	32.63	(内标)

5. 挥发性有机化合物的检测

采用 GB 5085.3—2007 附录 O、P、Q、R 等方法测定挥发性有机化合物。

(1)固体废物　挥发性有机化合物的测定

气相色谱/质谱法(GB 5085.3—2007　附录 O)

1　范围

本方法适用于固体废物中挥发性有机化合物的气相色谱/质谱的测定方法。本方法几乎可以应用于所有种类的样品测试,无须考虑水分含量,包括各种气体捕集基质、地中及地表水、软泥、腐蚀性液体、酸性液体、废弃溶剂、油性废弃物、奶油制品、焦油、纤维废弃物、聚合乳状液、过滤性物质、废弃碳化合物、废弃催化剂、土壤及沉积物。下列物质可由该方法进行测定:丙酮、乙腈、丙烯醛、丙烯腈、丙烯醇、烯丙基氯、苯、氯苯、双(2-氯乙基)硫醚(芥子气)、溴丙酮、溴氯甲烷、二氯溴甲烷、4-溴氟苯、溴仿、溴化甲烷、正丁醇、2-丁酮、叔-丁醇、二硫化碳、四氯化碳、水合氯醛、二溴氯代甲烷、氯代乙烷、2-氯乙醇、2-氯乙基-乙烯基醚、氯仿、氯甲烷、氯丁二烯、3-氯丙腈、巴豆醛,1,2-二溴-3-氯丙烷、1,2-二溴乙烷、二溴乙烷、1,2-二氯苯、1,3-二氯苯、1,4-二氯苯、氘代 1,4-二氯苯、顺式-1,4-二氯-2-丁烯、反式-1,4-二氯-2-丁烯、二氯二氟甲烷、1,1-二氯乙烷、1,2-二氯乙烷、氘代 1,2-二氯乙烷、1,1-二氯乙烯、反式-1,2-二氯乙烯、1,2-二氯丙烷、1,3-二氯-2-丙醇、顺式-1,3-二氯丙烯、反式-1,3-二氯丙烯、1,2,3,4-二环氧丁烷、二乙醚、1,4-二氟苯、1,4-二氧杂环乙烷、表氯醇、乙醇、乙酸乙酯、乙基苯、乙撑氧、甲基丙烯酸乙酯、氟苯、六氯丁二烯、六氯乙烷、2-己酮、2-羟基丙腈、碘代甲烷、异丁醇、异丙基苯、丙二腈、甲基丙烯腈、甲醇、二氯甲烷、甲基丙烯酸甲酯、4-甲基-2-戊酮、萘、硝基苯、2-硝基丙烷、N-亚硝基-二-正丁基胺、三聚乙醛、五氯乙烷、2-戊酮、2-甲基吡啶、1-丙醇、2-丙醇、炔丙醇、β-丙基丙酮、丙基腈、正丙基胺、吡啶、苯乙烯、1,1,1,2-四氯乙烷、1,1,2,2-四氯乙烷、四氯乙烯、甲苯、氘代甲苯、邻甲苯胺、1,2,4-三氯苯、1,1,1-三氯乙烷、1,1,2-三氯乙烷、三氯乙烯、三氯氟代甲烷、1,2,3-三氯丙烷、乙酸乙酯、氯乙烯、邻二甲苯、间二甲苯、对二甲苯。

许多技术可以将这些物质转入到 GC/MS 系统中进行分析。分析固体样品和液体样品时,应用静态顶空和吹扫捕集技术。

下列物质同样可以应用此方法进行分析:溴苯、1,3-二氯丙烷、正丁基苯、2,2-二氯丙烷、sec 丁基苯、1,1-二氯丙烷、t-丁基苯、p-异丙醇甲苯、氯代乙腈、甲基丙烯酸酯、1-氯丁烷、甲基 t 丁基醚、1-氯己烷、五氟苯、2-氯甲苯、正丙基苯、4-氯甲苯、1,2,3-三氯苯、二溴氟代甲烷、1,2,4-三甲基苯、顺式-1,2-二氯乙烯、1,3,5-三甲基苯。

本方法应用于定量分析大多数沸点低于 200 ℃的挥发性有机化合物。对于某一特定物质的定量检出限(EQL)在一定程度上依赖于仪器及样品预处理/样品导入方法的选择。对于标准的四极杆仪器及吹扫捕集技术,土壤/沉积物样品的检出限应该为约 5 μg/kg(净重),废物约为 0.5 mg/kg(净重),地下水为 5 μg/L。如果应用离子阱质谱仪或其他改良的仪器,检出限可能更低。但是不管使用何种仪器,对于样品提取物和那些需要稀释的样品或为避免检测器的信号饱和而不得不减少样品体积,EQL 都会成比例增加。

2 引用标准

下列文件中的条款通过在本方法中被引用而成为本方法的条款,与本方法同效。凡是不注明日期的引用文件,其最新版本适用于本方法。

GB/T 6682 分析实验室用水规格和实验方法

3 原理

挥发性化合物由静态顶空技术或其他方法引入气相色谱。这些物质在被瞬间挥发进入到细孔毛细管之前,被直接引入到大口径毛细管柱或在一根毛细管预柱上富集。通过柱子程序升温来进行物质的分离,再通过气相色谱(GC)接口进入质谱(MS)进行检测。从毛细管柱中流出的组分通过一个分流器或直接的连接器进入到质谱仪中(大口径毛细管柱通常需要一个分流器,而细孔毛细管柱可与离子源直接相连)。目标物质的鉴定是通过将它们的质谱图与标准物的电子轰击(或类似电子轰击)的谱图相比较。定量分析则是通过应用五点校准曲线比较一个主要(定量)离子与内标物质离子的响应来完成的。

4 试剂和材料

4.1 除另有说明外,本方法中所用的水为 GB/T 6682 规定的一级水。

4.2 甲醇:色谱纯。

4.3 十六烷试剂:分析纯。十六烷的纯度要求在待测物的方法检出限中没有干扰物质的存在。十六烷纯度的鉴定通过直接注射空白样品进入 GC/MS。空白样品的分析结果应该表明所有干扰的挥发性物质已从十六烷中完全去除。

4.4 聚乙烯乙二醇：分析纯，在目标分析物的检出限中无干扰物质。

4.5 盐酸：水(1：1体积分数)，小心地将浓HCl加入到相同体积的水中。

4.6 贮备液：应该由纯的基准物质配制或通过购买已鉴定的溶液。

转移9.8 mL甲醇于10 mL带有磨口玻璃塞的容量瓶中。瓶身直立，不盖瓶塞，等待约10 min后或等到所有甲醇湿润过的地方风干后，准确称量容量瓶到0.000 1 g。加入已验证过的标准物质，操作如下。

4.6.1 液体：使用100 μL注射器，快速加入两滴或更多的标准物质于容量瓶中，称重。液体必须直接滴入甲醇中避免沾到瓶颈处。

4.6.2 再次称重，稀释至容量瓶体积，盖好塞子，然后倒置容量瓶数次以充分混匀。按称量的净重以毫克每升(mg/L)为单位计算质量浓度。如果化合物的纯度已达到或高于96%，不需要校准称重，可直接计算贮备液质量浓度。

4.6.3 将储备液转移到带有PTFE螺帽的瓶中。贮存时，使其保持尽量少的顶部空间，避光，保存于−10℃或更低。

4.6.4 标准溶液制备频率：标准溶液必须随时与初始校正曲线对比以进行监控。如果产生了20%的漂移，则需配制新的标准溶液。气体标准溶液1周后就要重新配制。非气体物质的标准溶液一般在6个月内需要重新配置。化学活性高的化合物，如2-氯乙基乙烯醚和苯乙烯需要更加频繁的配备。

4.7 二级稀释标准溶液：应用贮备标准溶液制备二级稀释标准溶液于甲醇中，其中包含单一的或混合的目标化合物。二级稀释标准溶液储备时顶空空间越小越好，并需要时常监测其降解或挥发程度，尤其是在用其制备校准标准溶液之前。贮存在没有顶空空间的瓶子里。每周更换一次。

4.8 替代物

建议使用氟苯、氘代甲苯、氘代1,4-二甲苯及二溴氟代甲烷。分析要求其他化合物也可以作为替代物。贮存在甲醇中的替代物标准贮备溶液必须照贮备溶液的配用方法来配制，替代物的稀释溶液由质量溶度为50～250 μg/10 mL的贮备液来配制。样品在进行GC/MS分析前要先进行10 μL替代物的分析。

4.9 内标

建议使用氟苯、氘代氯苯、氘代1,4-二氯苯。其他的化合物，只要其保留时间与GC/MS待测的化合物相似，也可以作为内标物质。二级稀释标准溶液必须控制每一个内标物质的质量浓度为25 mg/L。往5 mL校准标准溶液中加入10 μL内标液，使得其质量浓度为50 μg/L。如果质谱仪的灵敏度可达到更低的检测水平，内标溶液需要进一步被稀释。在中点校准分析中，内标物质的峰面积应该在目标物质峰面积的50%～200%。

4.10 4-溴代氟苯(BFB)标准溶液：在甲醇中配制质量浓度为25 μg/L BFB标准溶液。如果使用灵敏度更高的质谱仪，则需要进一步稀释BFB标准液。

4.11 校准溶液

该方法存在两种校准溶液：初始校准溶液和校准确认溶液。

4.11.1 初始校准溶液必须从储备液的二级稀释液制备最少五种不同质量浓度(4.6和4.7)，或直接从预先混合好的校正溶液中制备。至少应有一种校准标准液的质量浓度与样品质量浓度吻合。其他校准溶液质量浓度范围应该包含典型的样品质量浓度，但又不能超出GC/MS系统的测试范围。当制作一条初始工作曲线时，必须保证初始校准溶液是由新鲜储备液和二次稀释液混合而成。

4.11.2 校准确认标准溶液的质量浓度应该在初始校准溶液质量浓度范围的中间,初始校准溶液来自储备液二级稀释液或预先混合好的校正溶液。用无有机物水制备该溶液。

4.11.3 初始校准溶液和校准确认溶液中应该包含一个特定分析中所有待分析的目标化合物。而这些目标化合物不一定是已论证方法中所分析的所有物质。但是,任何实验室不应报一个未包含在校准溶液中目标化合物的定量分析结果。

4.11.4 校准溶液也必须包含分析方法中已选择的内标化合物。

4.12 基体加标样品和实验室控制样品(LCS)标准液:

基体加标标准液必须由典型的挥发性有机化合物配制,且应包括可能在待测样品中发现的目标化合物。基体加标样品至少应包括:1,1-二氯乙烯、二氯乙烯、氯苯、甲苯和苯。

4.12.1 某些基体加标样品中可能要求含有特殊目标化合物,尤其是当含有待测的极性化合物时,因为上述基质加标样品对极性化合物并不具备代表性。基体加标样品由甲醇配制,每种化合物质量浓度控制在 $250 \mu g/10 mL$。

4.12.2 基体加标样品不能用与校准标准溶液相同的标准溶液配制。由基体加标样品配制的相同标准溶液可用于实验室控制样品(LCS)。

4.12.3 如果为达到更低检测水平而使用灵敏度更高的质谱仪,则可能需要更多的基质加标样品溶液。

4.13 必须关注的一点是保持所有标准溶液的完整质量浓度。推荐所有在甲醇制备的标准溶液都由带有 PTFE 螺帽的棕色瓶保存在 $10 \, ℃$ 或更低温度。

5 仪器

5.1 针对固体样品和液体样品的静态顶空装置或吹扫捕集装置。

5.2 进样器隔垫,进行改进的或直接的进样分析时需放置一个 $1 cm$ 的玻璃毛衬管,其中有 $50 \sim 60 mm$ 的长度插入到柱温箱中。

5.3 气相色谱-质谱仪

5.3.1 气相色谱仪

5.3.1.1 GC 需配备各种连续微分流速控制器以便保持在解吸和程序升温过程时毛细管柱中气体流速恒定。

5.3.1.2 低于环境温度的柱温箱控制器。

5.3.1.3 毛细管预柱接口。这个装置是在样品导入装置和气相色谱毛细管柱间的一个接口,当进行低温冷却时它是必须存在的。这个接口浓缩了吸附的样品成分并将它们聚焦在无硅胶涂层毛细管预柱上一段窄的部分中。当接口被瞬间加热时,样品被传送到分析毛细管柱。

5.3.1.4 在冷富集过程中,接口中硅胶的温度在氮气气流中维持在 $-150 \, ℃$。在吸附过程之后,接口必须可以在 $15 s$ 或更短的时间内快速加温到 $250 \, ℃$ 以保证分析物质的完全转移。

5.3.2 质谱仪,配有电子轰击源(EI)。

5.4 微量进样器:$10 \mu L$、$25 \mu L$、$100 \mu L$、$250 \mu L$、$500 \mu L$ 及 $1000 \mu L$。

5.5 进样针:$5 mL$、$10 mL$ 或 $25 mL$,有不漏气的关闭阀门。

5.6 分析天平:可精确至 $0.0001 g$。

5.7 气体密闭装置:$20 mL$,带有 PTFE 螺帽或玻璃管路带有 PTFE 螺帽。

5.8 小瓶:$2 mL$,用于 GC 自动进样器。

5.9　容量瓶:10 mL 和 100 mL。

6　样品的采集、保存和预处理

6.1　固体基质:250 mL 宽口玻璃瓶,有螺纹的 Teflon 盖子,冷却至 4 ℃保存。

6.2　液体基质:4 个 1 L 的琥珀色玻璃瓶,有螺纹的 Teflon 盖子,在样品中加入 0.75 mL 10%的 $NaHSO_4$ 冷却至 4 ℃保存。

7　分析步骤

7.1　样品引入可由多种不同的方法完成。所有的内标物、替代物和基体加标物必须在进入 GC/MS 系统前加入样品中。加入这些标准物的操作方法请参考样品引入方法。

7.2　色谱条件(推荐)

7.2.1　色谱柱:

色谱柱 1:VOCOL(60 m×0.75 mm×1.5 μm)毛细管柱或同类产品;

色谱柱 2:DB－624,Rt－502.2.,VOCOL[(30～75)m×0.53 mm×3 μm]毛细管柱,或同类产品;

色谱柱 3:DB－5,Rt－5,SPB－5[30 m×(0.25～0.32)mm×1 μm]毛细管柱或同类产品;

色谱柱 4:DB－624(60 m×0.32 mm×1.8 μm)毛细管柱,或同类产品。

7.2.2　常规条件:进样温度:200～225 ℃;传输线温度:250～300 ℃。

7.2.3　可低温冷却的柱 1 和柱 2:

载气(氦气)流速:15 mL/min;初始温度:10 ℃保持 5 min,然后以 6 ℃/min 升温至 70 ℃,再以 15 ℃/min 升温至 145 ℃,保持该温度直到所有目标化合物全部流出。

7.2.4　直接进样柱 2:载气流速:4 mL/min;柱:DB－624,70 m×0.53 mm;初始温度:40 ℃保持 3 min 然后以 8 ℃/min 升温至 260 ℃,保持该温度直到所有目标化合物全部流出。柱烘干:75 min;注射器温度:200～225 ℃;传输线温度:250～300 ℃。

7.2.5　直接分流接口柱 4:载气(氦气)流速:1.5 mL/min;初始温度:35 ℃保持 2 min,然后以 4 ℃/min 升温至 50 ℃,再以 10 ℃/min 升温至 220 ℃,保持该温度直到所有目标化合物全部流出;分流比:100∶1;注射器温度:125 ℃。

7.3　样品的 GC/MS 分析

7.3.1　应对样品进行预测以尽量降低高质量浓度有机物对 GC/MS 系统污染的风险。

7.3.2　所有的样品及标准溶液在分析前必须升温到室温。按照所选方法中的要求建立好导入装置。

7.3.3　从水样中提取一小部分样品,将破坏余下体积的准确性,从而影响将来的分析。因此,当一份 VOA 样品提供到实验室时,分析人员应该一次准备两份分析溶液以保证样品的准确性。第二份样品要保存好,直到分析人员已确定第一份样品已被分析准确。对于液体样品,一支 20 mL 注射器可用来保存两份 5 mL 样品。第二份样品必须在 24 小时内进行分析。期间应小心不要让空气进入注射器。

7.3.4　从 5 mL 的注射器中取出活塞然后加上一个关闭的注射器阀。打开样品或标准溶液的瓶子,使它们达到室温的状态,然后小心地将样品倒入注射器中直到几乎充满。重新放好活塞并且压缩样品。打开注射器阀门后排出剩余的空气调整样品体积到 5.0 mL。如果需要达到更低的检出限,则要使用 25 mL 注射器并调整最后的体积到 25.0 mL。

7.3.5　下面的操作可用于稀释分析挥发性物质的液体样品,所有的步骤必须连续进行直到稀释后的样品进入密闭的注射器中。

7.3.5.1　稀释应在容量瓶中进行(10～100 mL)。如果需要大量的稀释溶液可以进行多次的稀释。

7.3.5.2　计算要加入容量瓶的水的体积,然后加入比此体积稍少的无有机物水到容量瓶中。

7.3.5.3　从注射器中注射合适体积的有机物样品进入到容量瓶中,样品体积不宜少于1 mL。用无有机物水稀释样品到容量瓶的刻度线。盖上瓶盖,倒置摇匀三次。

7.3.5.4　将稀释的样品溶液注入5 mL注射器中。

7.3.6　GC/MS分析前混合液体样品

7.3.6.1　往25 mL玻璃注射器中加入每份样品5 mL。注意必须保持注射器的零顶空。如果样品的体积大于5 mL,必须保证每份样品的体积一致。

7.3.6.2　在此操作期间必须保证样品冷却到4℃以下以减少蒸发流失,样品瓶可以放在一个冰托盘中。

7.3.6.3　混匀容量瓶后用25 mL注射器抽取5 mL。

7.3.6.4　所有样品混合在注射器后,倒置注射器数次以将样品混匀。使用已选择的方法将混好的样品导入仪器。

7.3.6.5　如果用于混合的样品少于5个,则可以相应选择小一点的注射器,除非要求吹扫25 mL样品体积。

7.3.7　手动或自动加入10 μL替代物或10 μL内标物溶液到每个样品。若质谱仪的灵敏度可以达到更低的检出限,则替代物和内标物溶液质量浓度可以再稀释。加10 μL基体加标液至一份5 mL样品中,制成5 μg/L的基体加标样;如果制备实验室质控样(LCS),则用空白代替样品即可。

7.3.8　按照已选的方法进行样品分析。

7.3.8.1　直接进样时注射1～2 μL样品进入GC/MS。进样体积取决于所选择的色谱柱以及GC/MS系统对水的灵敏性(如果分析的是液体样品)。

7.3.8.2　往样品中加入的内标物、替代物或基体加标样的质量浓度需要调节,从而使得进入GC/MS的1～2 μL样品的质量浓度与吹扫5 mL样品体积的质量浓度是一致的。

注意:在所有的样品、基体加标样、空白和标准溶液中监控内标物的保留时间和相应信号(峰面积)是很好的监控方法,可以有效地诊断方法性能的漂移、注射操作的失败以及预见系统故障。

7.3.9　若初始的样品或已稀释的样品分析中发现有分析物的质量浓度已超过初始校正质量浓度范围,则样品需要进一步稀释后再重新分析。只有当一级离子定量出现干扰时可以利用二级离子来定量。

7.3.9.1　当样品中某个化合物的离子将检测器信号饱和了,则之后必须进行一次水的空白测试。如果空白测试中出现干扰,则系统一定被污染了。只有在空白测试保证干扰消除后才能继续进行样品分析。

7.3.9.2　所有的稀释溶液分析要保证主要成分(先前饱和的峰)在相应的曲线线性范围的上半部分。

7.3.10　当检出限被要求低于EI谱图的一般范围时可以采用选择离子模式(SIM)。但是,SIM模式对于化合物鉴定存在一些弱点,除非对每个化合物分析时都检测多个离子。

7.4　定性分析

7.4.1　对每个化合物进行定性分析时是基于保留时间以及扣除空白后将样品的质谱图

与参考质谱图中的特征离子进行比较。参考质谱图必须在同一条件下由实验室获得。参考质谱图中的特征离子来自最高强度的三个离子,或者在没有这样离子的情况下任一超过30%相对强度的离子。满足以下标准后,化合物可以被定性。

7.4.1.1　保留时间一致。

7.4.1.2　样品成分的相对保留时间(RRT)在标准化合物 RRT 的±0.06 RRT 范围内。

7.4.1.3　特征离子的相对强度与参考谱图中这些离子的相对强度的30%相当(例如:在参考谱图中,一个离子的丰度为50%,样品谱图中相应的丰度范围在20%和80%)。

7.4.1.4　结构异构体如果有非常相似的质谱图但是在 GC 上的保留时间有明显差别则被认为是不同的异构体。若两个异构体峰之间的峰谷高度小于两个峰的峰高之和的25%,则认为这两个异构体已被 GC 有效分离。否则,结构异构体应被鉴定为一对异构体。

7.4.1.5　当样品的成分没有被色谱有效分离,使得产生的质谱中包含有不同分析物产生的离子,定性分析就出现了问题。

7.4.1.6　提取适当的离子流谱图可以帮助选择谱图以及对化合物进行定性分析。当分析物共流出时,定性标准也可得到满足,但每个组分的谱图会包含其特征离子,因共流化合物而产生的外部离子。

7.4.2　当校正溶液中不包含样品中的某些成分时,用数据库搜索可帮助进行初步定性。需要时可以采用这种定性方式。数据系统中数据库搜索程序不能使用归一化程序,因为这将误导数据库或产生未知的谱图。

7.5　定量分析

7.5.1　当化合物被定性后,其定量的依据是一级特征离子 EICP 的积分丰度。所选用的内标物应该与待测分析物有最相近的保留时间。

7.5.2　需要时,样品中任何确定的非目标化合物的质量浓度也必须评估。可以应用以下修饰后的方程进行计算:峰面积 A_x 和 A_{is} 应该来自于总离子流色谱,而化合物的响应因子 RF 假设为1。

7.5.3　应报告质量浓度测试的结果,测试结果应表明:①质量浓度值是一个评估值;②哪种内标化合物被用于定量分析。应采用无干扰的最相近的内标化合物。

(2)固体废物　芳香族及含卤挥发物的测定

气相色谱法(GB 5085.3—2007　附录 P)

1　范围

本方法适用于固体废物中芳香族及含卤挥发物含量的气相色谱的测定。

本方法可应用于几乎所有种类的样品,对于不同含水量的样品均适用,包括地下水、含水淤泥、腐蚀性液体、酸液、废水溶液、废油、多泡液体、焦油(沥青、柏油)、含纤维的废弃物、聚合物乳液、滤饼、废活性炭、废催化剂、土壤以及沉积物。

下列化合物可以用本方法检测:烯丙基氯、苯、苄基氯、二(2-氯异丙基)醚、溴丙酮、溴苯、溴氯甲烷、一溴二氯甲烷、三溴甲烷、甲基溴(一溴甲烷)、四氯化碳、氯苯、一氯二溴甲烷、氯代乙烷、2-氯乙醇、2-氯乙基乙烯醚、氯仿、氯甲基甲醚、氯丁二烯、甲基氯(氯甲烷)、4-氯甲苯、1,2-二溴-3-氯丙烷、1,2-二溴乙烷、二溴甲烷、1,2-二氯苯、1,3-二氯苯、1,4-二氯苯、二氟二氟甲烷、1,2-二溴-3-氯丙烷、1,2-二溴乙烷、1,1-二氯乙烷、1,2-二氯乙烷、1,1-二氯乙烯、顺-1,2-二氯乙烯、反-1,2-二氯乙烯、1,2-二氯丙烷、1,3-二氯-2-丙醇、顺-1,3-二氯丙烯、反-1,3-二氯丙烯、表氯醇、乙苯、六氯丁二烯、二氯甲烷、萘、苯乙烯、1,1,1,2-四氯乙烷、1,1,2,2-四氯乙烷、四氯乙烯、甲苯、1,2,4-三氯苯、1,1,1-三氯乙烷、1,1,2-三氯乙烷、三氯乙烯、三氯氟甲烷、1,2,3-三氯丙烷、氯乙烯、邻二甲苯、间二甲苯、对二甲苯。

本方法对各种物质的检测限(MDLs)见表4-57。实际应用时,该方法适用的质量浓度范围大致为0.1～200 μg/L。对单个化合物,本方法的评估定量值(EQLs)大致如下:对固体废物的质量分数(湿重),为0.1 mg/kg;对土壤或沉积物样品的质量分数(湿重),为1 μg/kg;地下水的EQLs见表4-58。对于萃取后的样品和需要稀释以防超出检测器检测上限的样品,EQLs将相应的成比例增大。

本方法也可用于检测下列化合物:正丁基苯、异丁基苯、叔丁基苯、2-氯甲苯、1,3-二氯丙烷、2,2-二氯丙烷、1,1-二氯丙烯、异丙基苯、对-异丙基甲苯、正-丙基苯、1,2,3-三氯代苯、1,2,4-三甲基苯、1,3,5-三甲基苯。

2 引用标准

下列文件中的条款通过在本方法中被引用而成为本方法的条款,与本方法同效。凡是不注明日期的引用文件,其最新版本适用于本方法。

GB/T 6682　分析实验室用水规格和实验方法。

3 原理

样品分析可采用顶空法、直接进样法或吹扫捕集法。用气相色谱仪(配有光电离或电导检测器)检测。

4 试剂和材料

4.1　除另有说明外,本方法中用水为GB/T 6682规定的一级水。

4.2　甲醇:色谱纯。

4.3　氯乙烯:纯度99%。

4.4　标准储备溶液

将约9.8 mL甲醇加入10 mL容量瓶中,将容量瓶开口静置约10 min,直至被甲醇润湿的表面全干,将容量瓶称重准确至0.1 mg。用100 μL注射器快速将几滴标准品加入瓶内。液滴必须直接落入甲醇中,不能沾到瓶颈上。再次称重,稀释至刻度,盖上塞子,倒转容量瓶数次以便混匀溶液。从净重的增加值以毫克每升(mg/L)为单位计算溶液质量浓度。当化合物纯度大于等于96%时,计算贮备液质量浓度时可以不用校正重量。在带有聚四氟乙烯螺纹盖或压盖瓶内,-20～-10℃避光贮存。

注意:若采用直接进样法,标准品和样品的溶剂体系应匹配。直接进样法不必要配制高质量浓度的标准品水溶液。

4.5　根据需要,可用标准储备溶液以甲醇稀释来制备含有目标化合物(单一或混合化合物)的二级稀释标准液。

4.6　校准标准溶液

根据需要用水稀释标准储备液或者二级稀释标准液,制备至少5个质量浓度的初始校准标准溶液。为了制备出准确质量浓度的标准水溶液,应该注意下列事项:配制时应根据质量浓度直接将所需要量的被分析物注射加入水中;请勿在100 mL水中加入超过20 μL的甲醇标准液;将甲醇标准液快速注射到装有液体的容量瓶中,注射完后尽快移去针头。

4.7　内标

使用氟苯和2-溴-1-氯丙烷的甲醇溶液,建议在二级稀释标准液中每种内标物的质量浓度为 5 mg/L。也可以使用外标进行定量。

4.8　替代物

建议同时采用二氯丁烷和溴氯苯为替代物标准品,分析时向装有样品或标准的 5 mL 注射器中直接注入 10 μL 15 ng/μL 的替代物标准品。

5　仪器

5.1　气相色谱仪:配有低温柱温箱控制器,光电离(PID)和电导检测器(HECD)联用。

5.2　分析天平:感量 0.1 mg。

6　分析步骤

6.1　挥发性化合物的气相色谱进样可以采用直接进样法(用于油性基质)、顶空法或吹扫捕集法。

6.2　气相色谱条件(推荐)

6.2.1　色谱柱。

分析柱:VOCOL 大口径毛细管柱(60 m×0.75 mm×1.5 μm)或同类产品。用该色谱柱得到的样本色谱图见附录 D。

确证柱:SPB-624 大口径毛细管柱(60 m×0.53 mm×1.3 μm)或同类产品。

6.2.2　色谱柱温度:10 ℃持 8 min,然后以 4 ℃/min 程序升温至 180 ℃,保持至所有化合物洗出。

6.2.3　载气:氦气,流速为 6 mL/min。在进入光电离检测器之前,载气流速应增加至 24 mL/min。为保证两个检测器都有最佳响应,必须采用尾吹气。

6.2.4　检测器操作条件:

反应管:镍,1/16 外径;

反应温度:810 ℃;

反应器底部温度:250 ℃;

电解液:100% 正丙醇;

电解液流速:0.8 mL/min;

反应气:氢气,40 mL/min;

载气及尾吹气:氦气,30 mL/min。

6.3　气相色谱分析

6.3.1　挥发性化合物的进样方法参见附录 Q 或直接进样法。如果内标定量,在吹扫前向样品中加入 10 μL 内标溶液。

在非常有限的应用范围内(例如废水),可用 10 μL 注射器将样品直接注入 GC 系统。检测限很高(约 10 000 μg/L),因此,只有在估计质量浓度超过 10 000 μg/L 时,或对于不被吹扫的水溶性化合物方可使用。

6.3.2　表 4-57 中列出了使用本方法时,2 个检测器上数种有机化合物的估计保留时间。

6.3.3　确证

使用确证柱进行化合物鉴定的确证,也可采用其他可对目标化合物提供合适分辨率的色谱柱进行确证,或采用 GC/MS 确证。

表 4-57　挥发性有机物用 PID 和 HECD 得到的色谱保留时间和方法检测限(MDL)

可测定的化合物	PID 保留时间[a] (min)	HECD 保留时间(min)	PID MDL(μg/L)	HECD MDL(μg/L)
二氯二氟甲烷 Dichlorodifluoromethane	—[b]	8.47		0.05
氯甲烷 Chloromethane		9.47		0.03
氯乙烯 Vinyl Chloride	9.88	9.93	0.02	0.04
溴甲烷 Bromomethane		11.95		1.1
氯乙烷 Chloroethane		12.37		0.1
三氯一氟甲烷 Trichlorofluoromethane		13.49		0.03
1,1-二氯乙烯 1,1-Dichloroethene	16.14	16.18	ND[c]	0.07
二氯甲烷 Methylene Chloride		18.39		0.02
反-1,2-二氯乙烯 trans-1,2-Dichloroethene	19.3	19.33	0.05	0.06
1,1-二氯乙烷 1,1-Dichloroethane		20.99		0.07
2,2-二氯丙烷 2,2-Dichloropropane		22.88		0.05
顺-1,2-二氯乙烷 cis-1,2-Dichloroethane	23.11	23.14	0.02	0.01
氯仿 Chloroform		23.64		0.02
溴氯甲烷 Bromochloromethane		24.16		0.01
1,1,1-三氯乙烷 1,1,1-Trichloroethane		24.77		0.03
1,1-二氯丙烯 1,1-Dichloropropene	25.21	25.24	0.02	0.02
四氯化碳 Carbon Tetrachloride		25.47		0.01
苯 Benzene	26.1	—	0.009	
1,2-二氯乙烷 1,2-Dichloroethane		26.27		0.03
三氯乙烯 Trichloroethene	27.99	28.02	0.02	0.01
1,2-二氯丙烷 1,2-Dichloropropane		28.66		0.006
一溴二氯甲烷 Bromodichloromethane		29.43		0.02
二溴甲烷 Dibromomethane		29.59		2.2
甲苯 Toluene	31.95	—	0.01	
1,1,2-三氯乙烷 1,1,2-Trichloroethane		33.21		ND

续表

可测定的化合物	PID 保留时间®(min)	HECD 保留时间(min)	PID MDL(μg/L)	HECD MDL(μg/L)
四氯乙烯 Tetrachloroethene	33.88	33.9	0.05	0.04
1,3-二氯丙烷 1,3-Dichloropropane	—	34		0.03
二溴一氯甲烷 Dibromochloromethane	—	34.73		0.03
1,2-二溴乙烷 1,2-Dibromoethane	—	35.34		0.8
氯苯 Chlorobenzene	36.56	36.59	0.003	0.01
乙苯 Ethylbenzene	36.72	—	0.005	
1,1,1,2-四氯乙烷 1,1,1,2-Tetrachloroethane	—	36.8		0.005
间-二甲苯 m-Xylene	36.98	—	0.01	
对-二甲苯 p-Xylene	36.98	—	0.01	
邻-二甲苯 o-Xylene	38.39	—	0.02	
苯乙烯 Styrene	38.57	—	0.02	
异丙苯 Isopropylbenzene	39.58	—	0.05	
三溴甲烷 Bromoform	—	39.75		1.6
1,1,2,2-四氯乙烷 1,1,2,2-Tetrachloroethane	—	40.35		0.01
1,2,3-三氯丙烷 1,2,3-Trichloropropane	—	40.81		0.4
正丙基苯 n-Propylbenzene	40.87	—	0.004	
溴苯 Bromobenzene	40.99	41.03	0.006	0.03
1,3,5-三甲基苯 1,3,5-Trimethylbenzene	41.41	—	0.004	
2-氯甲苯 2-Chlorotoluene	41.41	41.45	DN	0.01
4-氯甲苯 4-Chlorotoluene	41.6	41.63	0.02	0.01
叔丁基苯 tert-Butylbenzene	42.92	—	0.06	
1,2,4-三甲基苯 1,2,4-Trimethylbenzene	42.71	—	0.05	
仲丁基苯 sec-Butylbenzene	43.31	—	0.02	
对-异丙基甲苯 p-Isopropyltoluene	43.81	—	0.01	
1,3-二氯苯 1,3-Dichlorobenzene	44.08	44.11	0.02	0.02
1,4-二氯苯 1,4-Dichlorobenzene	44.43	44.47	0.007	0.01

可测定的化合物	PID 保留时间[a] (min)	HECD 保留时间(min)	PID MDL(μg/L)	HECD MDL(μg/L)
正丁基苯 n-Butylbenzene	45.2	—	0.02	
1,2-二氯苯 1,2-Dichlorobenzene	45.71	45.74	0.05	0.02
1,2-二溴-3-氯丙烷 1,2-Dibromo-3-Chloropropane		48.57		3.0
1,2,4-三氯苯 1,2,4-Trichlorobenzene	51.43	51.46	0,02	0.03
六氯丁二烯 Hexachlorobutadiene	51.92	51.96	0.06	0.02
萘 Naphthalene	52.38	—	0.06	
1,2,3-三氯苯 1,2,3-Trichlorobenzene	53.34	53.37	ND	0.03
内标 Internal Standards				
氟代苯 Fluorobenzene	26.84	—		
2-溴-1-氯丙烷 2-Bromo-1-chloropropane	—	33.08		

注:[a]保留时间是用一根 60 m×0.75 mm×1.5 μm 的 VOCOL 的毛细管柱测定的。

[b]短横(—)表示检测器不响应。

ND——未确证。

表 4-58　各种基质检测的评估定量值(EQL)[a][b]

基质	系数
地下水	10
低质量浓度污染的土壤	10
水溶性废液	500
高质量浓度污染的土壤和淤泥	1 250
非水溶性废液	1 250

注:[a]样品的 EQL 和基质有很大关系,这里列出的 EQL 值仅供参考,实际中会有差别。

[b]EQL ＝ [方法检测限(表 4-57)] × [系数(表 4-58)],对非水样品,该系数为湿重情况的系数。

(3)固体废物　挥发性有机化合物的测定

平衡顶空法(GB 5085.3—2007　附录 Q)

1　范围

本方法是一种普遍适用的从土壤、沉积物和固体废物中制备挥发性有机物(VOCs)样品,用于气相色谱(GC)或气相色谱/质谱联用(GC/MS)检测的方法。

具有足够的挥发性的化合物,可以使用平衡顶空法有效地从土壤样品中分离出来,包括苯、一溴一氯甲烷、一溴二氯甲烷、三溴甲烷、甲基溴、四氯化碳、氯苯、一氯乙烷、三氯甲烷、甲基氯、二溴一氯甲烷、1,2-二溴-3-氯丙烷、1,2-二溴乙烷、二溴甲烷、1,2-二氯苯、1,3-二氯苯、1,4-二氯苯、二氯二氟甲烷、1,1-二氯乙烷、1,2-二氯乙烷、1,1-二氯乙烯、反-1,2-二氯乙烯、1,2-二氯丙烷、乙苯、六氯丁二烯、二氯甲烷、萘、苯乙烯、1,1,1,2-四氯乙烷、1,1,2,2-四氯乙烷、四氯乙烯、甲苯、1,2,4-三氯苯、1,1,1-三氯乙烷、1,1,2-三氯乙烷、三氯乙烯、三氯一氟甲烷、1,2,3-三氯丙烷、氯乙烯、邻二甲苯、间二甲苯、对二甲苯。

本方法的检测质量浓度范围为 10~200 μg/kg。

下列化合物也可用本方法进行分析,或作为替代物使用:溴苯、正丁基苯、仲丁基苯、叔丁基苯、2-氯甲苯、4-氯甲苯、顺-1,2-二氯乙烯、1,3-二氯丙烷、2,2-二氯丙烷、1,1-二氯丙烷、异丙基苯、4-异丙基甲苯、正丙基苯、1,2,3-三氯苯、1,2,4-三甲基苯、1,3,5-三甲基苯。

本方法也可用作一个自动进样装置,作为筛分含有易挥发性有机物样品的手段。

本方法也可用于在此方法条件下可以有效地从土壤基质中分离出来的其他化合物。此法也可用于其他基质中的目标被测物。对于土壤中含量超过 1% 的有机物或者辛醇/水分配系数高的化合物,平衡顶空法测得的结果可能会低于动态吹扫法或者先甲醇提取再动态吹扫法得到的结果。

2 引用标准

下列文件中的条款通过在本方法中被引用而成为本方法的条款,与本方法同效。凡是不注明日期的引用文件,其最新版本适用于本方法。

GB/T 6682 分析实验室用水规格和实验方法

3 原理

取至少 2g 的土壤样品,置于具有钳口盖或螺纹盖的玻璃顶空瓶中。每个土壤样品中须加入基质改性剂作为化学防腐剂,同时加入内标。加入可以在野外进行,也可在收到样品时进行。用一个 VOA 瓶中收集附加样,用于干重测定或根据样品质量浓度需要进行高质量浓度测定。在实验室中,须对样品瓶进行离心,以使内标在基质内扩散分布均匀。将样品瓶置入顶空分析仪器的自动进样器转盘内并于室温保存。大约在分析前 1h,将独立的样品瓶移至加热区域并平衡。样品由机械振动混合均匀,并保持加热温度。然后自动进样装置向瓶中通入氮气加压,迫使一部分顶空气体混合物通过加热的线路进入气相色谱柱,用 GC 或 GC/MS 方法进行分析。

4 试剂和材料

4.1 除另有说明外,本方法中所使用的水为 GB/T 6682 规定的一级水。

4.2 甲醇:色谱纯。

4.3 校正标准液,内标溶液的制备。

4.3.1 校正标准液

制作 5 份以甲醇为溶剂并含所有目标分析物的标准溶液。校正溶液的质量浓度需要满足以下要求:当每个 22 mL 的瓶加入 1.0 μL 校正溶液时,所达到的量应在检测器的检测范围内。内标可以单独以 1.0 μL 量加入,或以 20 mg/L 配于校正配制液中。质量浓度可根据 GC/MS 系统或其他使用的检测方法的灵敏度改变。

4.3.2 内标和替代物

参考检测方法的建议选择合适的内标和替代物。配制以甲醇为溶剂,质量浓度为 20 mg/L 的包含内标和替代物的溶液作为加标溶液。如果使用 GC 检测,更适合使用外标而不用内标。质量浓度可根据 GC/MS 系统或其他使用的检测方法的灵敏度改变。

4.4 空白样制备

向一个样品瓶中加入 10.0 mL 的基质改性剂。加入指定量的内标和替代物并封口。将其置于自动进样器中,采用与未知样同样的方法进行分析。使用此法分析空白样可以监视自动进样器和顶空装置可能存在的问题。

4.5 校正标准液的制备

使用制备好的配制液(4.3.1)根据与制备空白样相同的方法制备校正标准液。

4.6 基质改性剂

pH 计为指示,向 500 mL 不含有机物的试剂水中加入浓磷酸(H_3PO_4)至 pH 等于 2。加入 180 g NaCl 至全部溶解并混合均匀。每批取出 10 mL 进行分析,以确保溶液没有受到污染。在密封瓶中保存,置于远离有机物的地方。

注意:基质改性剂可能不适用于含有有机碳成分的土壤样品。

5 仪器、装置

5.1 样品容器

使用与分析系统配套的、干净的 22 mL 玻璃样品瓶。瓶子应可以在野外密封(钳口盖或螺纹盖)并用聚四氟乙烯衬垫,且在高温下也能保持密封。理想情况下,瓶子和密封薄膜应具有同样的皮重。在使用之前,用清洁剂洗涤瓶子和密封薄膜,然后依次用水和蒸馏水冲洗。将瓶子和密封薄膜置于 105 ℃ 恒温炉中烘干 1 h,然后取出冷却。置于没有有机溶剂的地方保存。其他规格的瓶也可使用,只要保证可以在野外密封并可用合适的衬垫。

5.2 顶空系统

全自动的平衡顶空分析仪器。使用的系统必须达到以下标准。

5.2.1 系统必须能将样品保持在需要的温度,对多种类型的样品建立起样品和顶空之间的可重现的平衡。

5.2.2 系统必须能将分析所需进样体积的顶空通过合适的毛细管注入气相色谱。此过程不应对色谱仪和检测系统造成不利影响。

5.3 野外样品采集仪器

5.3.1 土壤取样器,至少需要能采集 2 g 土壤。

5.3.2 经校准的自动进样器或者顶空进样器,需要能注入 10.0 mL 基质改性剂。

5.3.3 经校准的自动进样器,需要能注入内标和替代物。

5.4 VOA 瓶

40 mL 或 60 mL 的具有钳口盖或螺纹盖并可用聚四氟乙烯膜封口的 VOA 瓶。这些瓶子用来作样品筛分、高质量浓度分析(如果需要)和干重测定。

6 样品的采集、保存和预处理

6.1 不加基质改性剂和标准液时的取样

6.1.1 使用标准的具有钳口盖或螺纹盖并用聚四氟乙烯衬垫的 22 mL 玻璃质顶空样品瓶。

6.1.2 用吹扫捕集土壤取样器,将 2~3 cm(大约 2 g)土壤样品加入到称过皮重的 22 mL 顶空瓶中,迅速用衬垫密封,将聚四氟乙烯一面朝向样品。样品应轻轻地放入样品瓶中,防止易挥发性有机物挥发。

6.2 加入基质改性剂和标准液时的取样

6.2.1 用标准的具有钳口盖或螺纹盖并用聚四氟乙烯衬垫的 22 mL 玻璃质顶空样品瓶。

6.2.2 在取样前预先向瓶中注入 10.0 mL 基质改性剂。

6.2.3 用吹扫捕集土壤取样器,将 2~3 cm(大约 2 g)土壤样品加入到称过皮重的 22 mL

顶空瓶中。样品应轻轻地放入样品瓶中,防止易挥发性有机物挥发。然后立刻用衬垫密封,将聚四氟乙烯一面朝向样品。

6.2.4　使用合适规格的注射器小心地刺破衬垫,加入分析方法所需量的内标和替代物溶液。

注意:含有超过1%有机碳的土壤样品,如果加入基质改性剂有可能导致回收率低。对于这些样品使用基质改性剂可能不合适。

6.3　第三种可选择的方法是将土壤样品加入装有10.0 mL水的样品瓶。

6.3.1　用标准的具有钳口盖或螺纹盖并用聚四氟乙烯衬垫的22 mL玻璃质顶空样品瓶。

6.3.2　用吹扫捕集土壤取样器(5.3.1),将2～3 cm(大约2 g)土壤样品加入到称过皮重的含有10 mL试剂水的22 mL顶空瓶中。样品应轻轻地放入样品瓶中,防止易挥发性有机物挥发。然后立刻用衬垫密封,将聚四氟乙烯一面朝向样品。

6.4　无论采用哪种方法采集土壤样品,均须制作野外空白。如果基质改性剂不是在野外加入,那么向一个干净的样品瓶中加入10.0 mL水,然后立刻封口作为野外空白。如果基质改性剂和标准液是在野外加入,那么向一个干净的样品瓶中加入10.0 mL基质改性剂,再加入内标和替代物溶液作为野外空白。

6.5　在每个采样点采集土壤并放入40 mL或60 mL的VOA瓶,用来作干重测定、样品筛分及高质量浓度分析(如果需要)。样品筛分并不是必要的,因为不存在高质量浓度样品残留物会污染顶空装置的危险。

6.6　样品保存

分析前在4℃低温保存。贮存地点应不含有机溶剂蒸汽。所有样品应在采集后14 d内分析。如果分析不在此期间进行,应告知分析数据的使用者,结果作为最低含量参考。

7　分析步骤

7.1　样品筛分

本方法(使用低质量浓度法),可用作使用GC/MS进样前的样品筛分方法,用以帮助分析者测定样品中易挥发性有机物的大概质量浓度。这在使用吹扫捕集方法分析易挥发性有机物时很有效,用于防止高质量浓度的样品造成系统污染。在使用顶空法时也很有效,可以帮助决定是使用低质量浓度方法还是高质量浓度方法。高质量浓度的有机物不会对顶空装置造成污染。但是,在GC或GC/MS系统中可能会造成污染。无论此方法是否用于样品筛分,只需使用最小限度的校正和质量控制。在大部分情况下,一个试剂空白和一个单一校正标准就足够了。

7.2　样品干重质量分数测定

当需要得到基于干重的样品数据时,需要从40 mL或60 mL的VOA管中称出一部分样品用于干重测定。

注意:干燥炉需置于通风橱中或具有排气口。

取出所需样品后,称量5～10 g样品置入称量过的坩埚中。于105℃环境中干燥过夜,在干燥器中冷却后称重。用以下公式计算样品干重的质量分数。

$$样品干重质量分数(\%) = \frac{烘干后样品质量(g)}{烘干前样品质量(g)} \times 100\%$$

7.3　使用顶空技术的低质量浓度方法见7.4,高质量浓度方法的样品处理方法见7.5。高质量浓度方法推荐用于明显含有油类物质或有机泥状废物的样品。

7.4　用于分析土壤/沉积物和固体废物的低质量浓度方法适用于平衡顶空法。质量分数范围为 0.5～200 μg/kg，质量分数范围由分析方法及分析物的灵敏度决定。

7.4.1 校正

一般在 GC 方法中使用外标校正，因为内标校正可能会造成干扰。如果根据历史数据不存在干扰的问题，也可使用内标校正。GC/MS 方法中一般使用内标校正。GC/MS 方法在校正前须先对仪器进行调试。

7.4.1.1 GC/MS 调试

如果使用 GC/MS 检测方法，准备一个含有试剂水和方法所需量 BFB 的 22 mL 瓶子。

7.4.1.2 初始校正

准备 5 个 22 mL 瓶子(4.5)和一个试剂空白。然后根据 7.4.2 及所选择分析方法进行操作。因为没有土壤样品，所以混合步骤可以省略。

7.4.1.3 校正检查

准备一个 22 mL 瓶子，加入中间质量浓度的校正标准液。根据 7.4.2.4(从将瓶子放入自动进样器开始)及所选择分析方法进行操作。如果使用 GC/MS 检测方法，准备水和方法所需量 BFB 的 22 mL 瓶子。

7.4.2 顶空操作条件

7.4.2.1 此方法设计样品量为 2 g。在野外将大约 2 g 土壤样品加入到具有钳口盖或螺纹盖的 22 mL 玻璃顶空瓶中。

7.4.2.2 在分析之前称量已知质量的瓶子和样品的总质量，精确至 0.01 g。如果制样时加入了基质改性剂(6.2)，瓶子的质量不包括 10 mL 的基质改性剂。因此，称量野外空白样以获得野外空白样中基质改性剂的重量，并将此作为样品中基质改性剂的质量。尽管本方法可能会对分析结果造成误差，此误差将远远小于未加入改良溶液的样品送到实验室过程中发生变化所产生的误差。

7.4.2.3 如果制样时未加入基质改性剂，打开样品瓶，迅速加入 10 mL 基质改性剂和分析方法所需量的内标溶液，然后立刻重新密封样品瓶。

注意：每次仅打开和处理一个样品瓶以减少挥发损失。

7.4.2.4 将样品至少混合 2 min(在离心机或摇床上进行)。将样品瓶置于室温下的自动进样器圆盘上。将每个取样管加热至 85 ℃，平衡 50 min。在平衡过程中至少机械振摇 10 min。每个取样管均用氦载气加压至至少 69 kPa(10 psi)。

7.4.2.5 根据仪器说明书，将加压的顶空中一份具有代表性的可重现的样品通过加热的传输管路进样入气相色谱柱中。

7.4.2.6 根据所选择的检测方法进行分析操作。

7.5 高质量浓度方法

7.5.1 如果样品根据 6.1 中描述的方法收集，样品瓶没有加入基质改性剂和水，那么将样品称重精确至 0.01 g。向 22 mL 称过皮重的样品瓶中的样品加入 10.0 mL 的乙醇，然后迅速密封样品瓶。每次只打开和处理一个样品瓶以减少易挥发性有机物的损失。

7.5.2 如果使用 6.2 或 6.3 中的方法采集样品，样品瓶中加入了基质改性剂和不含有机物的试剂水，那么用于高质量浓度方法测定的样品需要从 40 mL 或 60 mL 的 VOA 瓶(6.5)中取得。将约 2 g 的样品从 40 mL 或 60 mL 的 VOA 瓶中取出加入到一个 22 mL 称过皮重的取样瓶中。向 22 mL 的样品瓶中的样品加入 10.0 mL 的乙醇，然后迅速密封样品瓶和 VOA 瓶。每次只打开和处理一个样品瓶以减少易挥发性有机物的损失。

7.5.3　将样品在室温下至少振摇混合 10 min。将 2 mL 甲醇移至一个具有螺纹盖和聚四氟乙烯衬垫的瓶中,密封。根据表 4-59、表 4-60 吸取 10 μL 或适当量的提取液,注入一个含有 10 mL 基质改性剂和内标(如果需要)的 22 mL 样品瓶中。将样品瓶置于自动进样器中进行顶空分析。

表 4-59　可与本方法联用的检测方法

方法编号	方法名称
附录 P	GC 与多种检测器联用检测芳香性及含卤有机物
附录 O	GC/MS 检测易挥发性有机物

表 4-60　高质量浓度土壤/沉积物分析时甲醇提取物加样量[a]

质量分数范围	甲醇提取物体积
500～100 00 μg/kg	100 μL
1 000～20 000 μg/kg	50 μL
5 000～100 000 μg/kg	10 μL
25 000～500 000 μg/kg	稀释 1/50 倍后取 100 μL[b]

注:超出表中所列质量浓度范围时以适当倍数稀释。

[a] 加入 5 mL 水中的甲醇量应保持不变。因此无论需要向 5 mL 注射器中加入多少甲醇提取物,须保持加入总体积为 100 μL 甲醇不变。

[b] 稀释一定量甲醇提取物,取 100 μL 分析。

(4)固体废物　含氯烃类化合物的测定

气相色谱法(GB 5085.3—2007　附录 R)

1　范围

本方法规定了环境样品和废物提取液中含氯烃类化合物含量的气相色谱测定方法,可以使用单柱/单检测器或多柱/多检测器。该方法适用于以下化合物:亚苄基二氯、三氯甲苯、苄基氯、2-氯萘、1,2-二氯苯、1,3-二氯苯、1,4-二氯苯、六氯苯、六氯丁二烯、α-六氯环己烷、β-六氯环己烷、γ-六氯环己烷、δ-六氯环己烷、六氯环戊二烯、六氯乙烷、五氯苯、1,2,3,4-四氯苯、1,2,4,5-四氯苯、1,2,3,5-四氯苯、1,2,4-三氯苯、1,2,3-三氯苯、1,3,5-三氯苯。

表 4-61 所示列出了对于无有机污染的水基质中各种化合物的方法检测限(MDL)。由于样品基质中存在干扰,因而特殊样品中化合物的检测限可能不同于表 4-61。表 4-62 列出了对于其他基质的定量限评估值(EQL)。

2　引用标准

下列文件中的条款通过在本方法中被引用而成为本方法的条款,与本方法同效。凡是不注明日期的引用文件,其最新版本适用于本方法。

GB/T　6682 分析实验室用水规格和实验方法

3　原理

对环境样品采用适当的样品提取技术,未经稀释或稀释过的有机液均可以通过直接进样进行分析。对于新样品,应使用标准加入样品验证对其选用的提取技术的适用性。分析通过气相色谱法完成,采用了大口径毛细管柱和单重或双重电子捕获检测器。

4 试剂和材料

4.1 除有说明外,本方法中所用的水为 GB/T 6682 规定的一级水。

4.2 正己烷:色谱纯。

4.3 丙酮:色谱纯。

4.4 异辛烷:色谱纯。

4.5 标准储备液(1000 mg/L)

可使用纯标准材料配制或购买经鉴定的溶液。标准储备液的配制需准确称取约 0.0100 g 纯化合物,将其溶解于异辛烷或正己烷中并定容至 10 mL 容量瓶中。对于不能充分溶解于正己烷或异辛烷中的化合物,可使用丙酮和正己烷混合溶剂。

4.6 混合储备液

可由单独的储备液配制。对于少于 25 种组分的混合储备液,精确量取质量浓度均为 1000 mg/L 的单个样品储备液 1 mL,加入溶剂并将其混合定容至 25 mL 容量瓶中。

4.7 校正曲线至少应包含 5 个质量浓度,可利用异辛烷或正己烷稀释混合储备液的方法配制。这些质量浓度应当与实际样品中预期的质量浓度范围相当并且在检测器线性范围之内。

4.8 推荐内标

配制 1000 mg/L 的 1,3,5-三溴苯溶液(当基质干扰严重时建议使用另外两种内标,2,5-二溴苯和 α,α-二溴间二甲苯)。对于加入法,将该溶液稀释至 50 ng/μL。加入浓度为 10 μL/mL 的提取液。内标加入质量浓度对所有样品和校正标准液应保持恒定。内标标准加入溶液应置于聚四氟乙烯密封容器中于 4 ℃ 避光保存。

4.9 推荐使用的替代物标准,使用替代物标准检测方法的性能。在所有样品、方法空白液、基质添加液以及校正标准液中加入替代物标准。配制 1000 mg/L 的 1,4-二氯萘溶液,并将其稀释至 100 ng/μL。1 L 水样加入上述溶液的体积为 100 μL。如果发生基质干扰问题,可选用两种替代物标准,α,2,6-三氯甲苯或 2,3,4,5,6-五氯四苯。

5 仪器

5.1 气相色谱仪:配有两个电子捕获检测器。

5.2 微量注射器:100 mL、50 mL、10 mL 和 50 μL(钝化)。

5.3 分析天平:感量 0.0001 g。

5.4 容量瓶:10 mL～1000 mL。

6 样品的采集、保存和预处理

6.1 固体基质:250 mL 宽口玻璃瓶,有螺纹的 Teflon 盖子,冷却至 4 ℃ 保存。

液体基质:4 个 1L 的琥珀色玻璃瓶,有螺纹的 Teflon 盖子,在样品中加入 0.75 mL 10% 的 $NaHSO_4$ 冷却至 4 ℃ 保存。

6.2 提取物必须保存于 4 ℃,并于提取 40 d 内进行分析。

7 分析步骤

7.1 提取和纯化

7.1.1 一般而言,对于水样,依据附录 U 以二氯甲烷在中性或不改变其 pH 条件下进行提取。固体样品依据附录 V 以二氯甲烷/丙酮(1∶1)作为提取溶剂。

7.1.2 如需要,样品可以按照附录 W 进行纯化。

7.1.3 进行气相色谱分析之前,提取溶剂必须通过方法中的 Kudern-Danish 浓缩梯度步骤替换为正己烷。残留于提取物中的二氯甲烷将会引起相当宽的溶剂峰。

7.2　色谱柱

7.2.1　单柱分析：

色谱柱 1：DB-210(30 m×0.53 mm 内径,熔融石英毛细管柱,甲基三氟丙基-甲基聚硅氧烷键合固定相)或同类产品。

色谱柱 2：DB-WAX(30 m×0.53 mm 内径,熔融石英毛细管柱,聚乙二醇键合固定相)或同类产品。

7.2.2　双柱分析：

色谱柱 1：DB-5,RTx-5,SPB-5(30 m×0.53 mm×0.83 μm 或 30 m×0.53 mm×1.5 μm)石英毛细管柱或同类产品。

色谱柱 2：DB-1701,RTx-1701(30 m×0.53 mm×1.0 μm)石英毛细管柱或同类产品。

7.3　每种被分析物的保留时间列于表 4-63 和表 4-64。推荐的气相色谱(GC)工作件列于表 4-65 和表 4-66。

7.4　校正曲线

制备校正曲线标准液。可采用内标或外标法。

7.5　气相色谱分析：

7.5.1　推荐 1 μL 自动进样。如果要求定量精度相对标准偏差小于 10%,则可以采用不多于 2 μL 手动进样。若溶剂量保持在最低值,则应采用溶剂冲洗技术。如果采用内标校准方法,在进样前于每毫升样品提取液中加入 10 μL 内标。

7.5.2　当样品提取液中某一个峰超出了其常规的保留时间窗口时,需要采用假设性鉴定。

7.5.3　气相色谱定性性能的认证：使用中等质量浓度的标准物质溶液评估这一标准。如果任何标准物质超出了其日常保留时间窗口,则说明系统存在问题。找出问题的原因并将其修正。

7.5.4　记录进样体积至最接近 0.05 μL 的进样量及其相应峰的大小,以峰高或峰面积计。使用内标或外标法,确定样品色谱图中每一个与校正曲线上化合物相应的组分峰的属性和量。

7.5.6　如果响应超出了系统的线性范围,将提取液稀释并再次分析。推荐使用峰高测量优于峰面积积分,因为面积积分时峰重叠会引起误差。

7.5.7　如果存在部分重叠峰或共流出峰,改变色谱柱或采用 GC/MS 技术。影响样品定性和(或)定量的干扰物应使用上面所述纯化技术予以除去。

7.5.8　如果峰响应低于基线噪声的 2.5 倍,则定量结果的合理性值得怀疑。应根据数据质量目标确定是否需要对样品进一步浓缩。

表 4-61　对含氯烃类化合物单柱分析的方法检测限(MDL)

化合物名称	MDL[a](ng/L)
亚苄基二氯 (Benzal chloride)	2~5[b]
三氯甲苯 (Benzotrichloride)	6.0
苄基氯 (Benzyl chloride)	180
2-氯萘 (2-Chloronaphthale)	1300
1,2-二氯苯 (1,2-Dichlorobenzene)	270

化合物名称	MDL[a]（ng/L）
1,3-二氯苯（1,3-Dichlorobenzene）	250
1,4-二氯苯（1,4-Dichlorobenzene）	890
六氯苯（Hexachlorobenzene）	5.6
六氯丁二烯（Hexachlorobutadiene）	1.4
α-六氯环己烷（α-Hexachlorocyclohexane,α-BHC）	11
β-六氯环己烷（β-Hexachlorocyclohexanek,β-BHC）	31
γ-六氯环己烷（γ-Hexachlorocyclohexane,γ-BHC）	23
δ-六氯环己烷（δ-Hexachlorocyclohexane,δ-BHC）	20
六氯环戊二烯（Hexachlorocyclopentadiene）	240
六氯乙烷（Hexachloroethane）	1.6
五氯苯（Pentachlorobenzene）	38
1,2,3,4-四氯苯（1,2,3,4-Tetrachlorobenzene）	11
1,2,4,5-四氯苯（1,2,4,5-Tetrachlorobenzene）	9.5
1,2,3,5-四氯苯（1,2,3,5-Tetrachlorobenzene）	8.1
1,2,4-三氯苯（1,2,4-Trichlorobenzene）	130
1,2,3-三氯苯（1,2,3-Trichlorobenzene）	39
1,3,5-三氯苯（1,3,5-Trichlorobenzene）	12

注：[a]MDL 是对无有机污染的水的方法检测限。MDL 由使用同样的完整分析方法（包括提取，Florisil 萃取柱纯化，以及 GC/ECD 分析）分析 8 个等组分样品得到。

其中 $t(n-10.99)$ 是适用于置信区间为 99%，标准偏差具有 $n-1$ 个自由度的 s 值，SD 是八次重复测定的标准偏差。

[b]由仪器检测限评估得到。

表 4-62　对不同基质的定量极限评估值（EQL）因子[a]

基质	因子
地下水	10
超声提取、凝胶渗透色谱（GPC）纯化的低倍浓缩土壤	670
超声提取的高倍浓缩土壤和淤泥	10 000
不溶于水的废弃物	100 000

注：[a]EQL ＝［方法检测限（参见表 4-59）]×[本表列出的因子]。对于非水样品，该因子基于净重原则。样品的 EQL 值在很大程度上取决于基质。此处列出的 EQL 值仅作为指导参考，并非始终能达到。

表 4-63 对含氯烃类化合物单柱分析的色谱保留时间

化合物名称	保留时间（min）	
	DB-210[a]	DB-WAX[b]
亚苄基二氯（Benzal chloride）	6.86	15.91
三氯甲苯（Benzotrichloride）	7.85	15.44
苄基氯（Benzyl chloride）	4.59	10.37
2-氯萘（2-Chloronaphthale）	13.45	23.75
1,2-二氯苯（1,2-Dichlorobenzene）	4.44	9.58
1,3-二氯苯（1,3-Dichlorobenzene）	3.66	7.73
1,4-二氯苯（1,4-Dichlorobenzene）	3.80	8.49
六氯苯（Hexachlorobenzene）	19.23	29.16
六氯丁二烯（Hexachlorobutadiene）	5.77	9.98
α-六氯环己烷（α-Hexachlorocyclohexane,α-BHC）	25.54	33.84
γ-六氯环己烷（γ-Hexachlorocyclohexane,γ-BHC）	24.07	54.30
δ-六氯环己烷（δ-Hexachlorocyclohexane,δ-BHC）	26.16	33.79
六氯环戊二烯（Hexachlorocyclopentadiene）	8.86	[c]
六氯乙烷（Hexachloroethane）	3.35	8.13
五氯苯（Pentachlorobenzene）	14.86	23.75
1,2,3,4-四氯苯（1,2,3,4-Tetrachlorobenzene）	11.90	21.17
1,2,4,5-四氯苯（1,2,4,5-Tetrachlorobenzene）	10.18	17.81
1,2,3,5-四氯苯（1,2,3,5-Tetrachlorobenzene）	10.18	17.50
1,2,4-三氯苯（1,2,4-Trichlorobenzene）	6.86	13.74
1,2,3-三氯苯（1,2,3-Trichlorobenzene）	8.14	16.00
1,3,5-三氯苯（1,3,5-Trichlorobenzene）	5.45	10.37
内标 2,5-二溴甲苯（2,5-Dibromotoluene）	9.55	18.55
内标 1,3,5-三溴苯（1,3,5-Tribromobenzene ）	11.68	22.60
内标 α,α'-二溴间二甲苯（α,α'-Dibromo-meta-xylene）	18.43	35.94
替代物 α,2,6-三氯甲苯（α,2,6-Trichlorotoluene）	12.96	22.53
替代物 1,4-二氯萘（1,4-Dichloronaphthalene）	17.43	26.83
替代物 2,3,4,5,6-五氯甲苯（2,3,4,5,6-Pentachlorotoluene）	18.96	27.91

注：[a]GC 工作条件:DB-210(30 m×0.53 mm×1 μm)石英毛细管柱或同类产品；以 10 mL/min 氮气为载气；40 mL/min 氮气为尾吹气；程序升温以 4℃/min 速度从 65～175℃(保持 20 min)；进样温度为 220℃；检测温度为 250℃。

[b]GC 工作条件:DB-WAX(30 m×0.53 mm×1 μm)石英毛细管柱或同类产品；以 10 mL/min 氮气为载气；40 mL/min 氮气为尾吹气；程序升温以 4℃/min 速度从 60～170℃(保持 30 min)；进样温度为 200℃；检测温度为 230℃。

[c]化合物在柱上分解。

表 4-64 对含氯烃类化合物双柱分析的色谱保留时间^①

化合物	保留时间(min)	
	DB-5	DB-1701
1,3-二氯苯(1,3-Dichlorobenzene)	5.82	7.22
1,4-二氯苯(1,4-Dichlorobenzene)	6.00	7.53
苄基氯(Benzyl chloride)	6.00	8.47
1,2-二氯苯(1,2-Dichlorobenzene)	6.64	8.58
六氯乙烷(Hexachloroethane)	7.91	8.58
1,3,5-三氯苯(1,3,5-Trichlorobenzene)	10.07	11.55
亚苄基二氯(Benzal chloride)	10.27	14.41
1,2,4-三氯苯(1,2,4-Trichlorobenzene)	11.97	14.54
1,2,3-三氯苯(1,2,3-Trichlorobenzene)	13.58	16.93
六氯丁二烯(Hexachlorobutadiene)	13.88	14.41
三氯甲苯(Benzotrichloride)	14.09	17.12
1,2,3,4-四氯苯(1,2,3,4-Tetrachlorobenzene)	19.35	21.85
1,2,4,5-四氯苯(1,2,4,5-Tetrachlorobenzene)	19.35	22.07
六氯环戊二烯(Hexachlorocyclopentadiene)	19.85	21.17
1,2,3,4-四氯苯(1,2,3,4-Tetrachlorobenzene)	21.97	25.71
2-氯萘(2-Chloronaphthale)	21.77	26.60
五氯苯(Pentachlorobenzene)	29.02	31.05
α-六氯环己烷(α-BHC)	34.64	38.79
六氯苯(Hexachlorobenzene)	34.98	36.52
β-六氯环己烷(β-BHC)	35.99	43.77
γ-六氯环己烷(γ-BHC)	36.25	40.59
δ-六氯环己烷(δ-BHC)	37.39	44.62
内标 1,3,5-三溴苯(1,3,5-Tribromobenzene)	11.83	13.34
替代物 1,4-二氯萘(1,4-Dichloronaphthalene)	15.42	17.71

注:①GC 工作条件如下:DB-5 柱(30 m×0.53 mm×0.83 μm)或同类产品和 DB-1701(30 m×0.53 mm×1.0 μm)或同类产品,连接到三通进样器。程序升温以 2℃/min 速度从 80℃(保持 1.5 min)升至 125℃(保持 1 min),再以 5℃/min 速度升至 240℃(保持 2 min);进样温度为 250℃;检测温度为 320℃;氦载气流速为 6 mL/min;氮尾吹气流速为 20 mL/min。

表 4-65 含氯烃类化合物单柱分析方法的气相色谱工作条件

色谱柱 1:DB-210(30 m×0.53 mm 内径,熔融石英毛细管柱,甲基三氟丙基-甲基聚硅氧烷键合固定相)	
载气(氦,He):10 mL/min	
柱温	
起始温度	65℃
升温程序	4℃/min 速度从 65℃升至 175℃
最后温度	175℃,保持 20 min
进样温度	220℃

续表

检测温度	250 ℃
进样体积	1～2 μL
色谱柱 2:DB-WAX(30 m×0.53 mm 内径,熔融石英毛细管柱,聚乙二醇键合固定相)	
载气(氮,He):10 mL/min	
柱温	
起始温度	65 ℃
升温程序	4 ℃/min 速度从 65 ℃升至 170 ℃
最后温度	170 ℃,保持 30 min
进样温度	200 ℃
检测温度	230 ℃
进样体积	1～2 μL

表 4-66　含氯烃类化合物双柱分析方法的气相色谱工作条件

色谱柱 1:DB-1701(30 m× 0.53 mm×1.0 μm) 或同类产品	
色谱柱 2:DB-5(30 m× 0.53 mm×0.83 μm)或同类产品	
载气流量（mL/min）	6(氮气)
尾吹气流量(mL/min)	20(氮气)
升温程序	以 2 ℃/min 从 80 ℃（保持 1.5 min)升至 125 ℃（保持 1 min),再以 5 ℃/min升至 240 ℃（保持 2 min)
进样温度	250 ℃
检测温度	320 ℃
进样体积	2 μL
溶剂	正己烷
进样类型	闪蒸
检测器类型	双重电子捕获检测器(ECD)
范围	10
衰减	32(DB-1701)/32(DB-5)
分流器类型	Supelco 三通进样器

第五章　危险废物易燃性与反应性的检测

第一节　危险废物易燃性的检测

一、易燃性检测内容

根据危险废物鉴别标准 GB 5085.4—2007 的要求,危险废物易燃性的检测内容包括液态易燃性危险废物、固态易燃性危险废物和气态易燃性危险废物的检测。

二、易燃性检测方法

(1)液态易燃性危险废物的检测方法

闪点的测定　宾斯基-马丁闭口杯法(GB/T　261—2008)

警告:本标准的应用可能涉及某些危险性的材料、操作和设备。但并未对与此有关的所有安全问题都提出建议。用户在使用本标准之前有责任制订相应的安全和保护措施,并明确其受限制的适用范围。

1　范围

1.1　本标准规定了用宾斯基-马丁闭口闪点试验仪测定可燃液体、带悬浮颗粒的液体、在试验条件下表面趋于成膜的液体和其他液体闪点的方法。本标准适用于闪点高于 40 ℃的样品。

注:①煤油的闪点在 40 ℃以上,虽然也可使用本标准,但一般情况下煤油的闪点按照 ISO 13736 进行测定。通常未用过润滑油的闪点按照 GB/T 3536 进行测定。

②闪点在 40 ℃以下的喷气燃料也可使用本标准进行测定,但精密度未经验证。

1.2　本标准的试验步骤包括步骤 A 和步骤 B 两个部分。

1.2.1　步骤 A 适用于表面不成膜的油漆和清漆、未用过润滑油及不包含在步骤 B 之内的其他石油产品。

1.2.2　步骤 B 适用于残渣燃料油、稀释沥青、用过润滑油、表面趋于成膜的液体、带悬浮颗粒的液体及高黏稠材料(例如聚合物溶液和黏合剂)。

注:在监控润滑油系统时,为了进行未用过润滑油与用过润滑油闪点的比较,也可以用步骤 A 来测定用过润滑油的闪点,但本标准的精密度仅适用于步骤 B。

1.3　本标准不适用于含水油漆或含高挥发性材料的液体。

注:①含水油漆的闪点可用 GB/T 7634 进行测定;含高挥发性材料液体的闪点可用 ISO 1523 或 GB/T 7634 进行测定。

②本标准的精密度数据仅在所述的闪点范围内有效。

2　规范性引用文件

下列文件中的条款通过本标准的引用而成为本标准的条款。凡是注日期的引用文件,其随后所有的修改单(不包括勘误的内容)或修订版均不适用于本标准,然而,鼓励根据本标准达成协议的各方研究是否可使用这些文件的最新版本。凡是不注日期的引用文件,其最新版本适用于本标准。

GB/T 3186　色漆、清漆和色漆与清漆用原材料　取样(GB/T 3186—2006,ISO 15528:2000,IDT)

GB/T 3536　石油产品闪点和燃点的测定　克利夫兰开口杯法(GB/T 3536—2008,ISO 2592:2000,MOD)

GB/T 4756　石油液体手工取样法(GB/T 4756—1998,eqv ISO 3170:1988)

GB/T 6683　石油产品试验方法精密度数据确定法(GB/T 6683—1997,neq ISO4259:1992)

GB/T 7634　石油及有关产品低闪点的测定　快速平衡法

GB/T 15000.3　标准样品工作导则(3)标准样品定值的一般原则和统计方法(GB/T 15000.3—1994,neq ISO 导则 35)

GB/T 15000.7　标准样品工作导则(7)标准样品生产者能力的通用要求(GB/T 15000.7—2001,ISO 导则 34,IDT)

GB/T 15000.8　标准样品工作导则(8)有证标准样品的使用(GB/T 15000.8—2003,ISO 导则 33,IDT)

GB/T 20777　色漆和清漆　试验的检查和制备(GB/T 20777—2006,ISO 1513:1992,IDT)

SY/T 5317　石油液体管线自动取样法(SY/T 5317—2006,ISO 3171:1998,IDT)

ISO 1523　闪点的测定——闭口杯平衡法

ISO 13736　石油产品和其他液体闪点的测定——阿贝闭口杯法

ASTM E1　ASTM 玻璃液体温度计技术规格

IP　石油和石油产品试验方法标准年鉴　附录 A

3　术语和定义

下列术语和定义适用于本标准。

闪点　flash point

在规定试验条件下,试验火焰引起试样蒸汽着火,并使火焰蔓延至液体表面的最低温度,修正到 101.3 kPa 大气压下。

4　方法概要

将样品倒入试验杯中,在规定的速率下连续搅拌,并以恒定速率加热样品。以规定的温度间隔,在中断搅拌的情况下,将火源引入试验杯开口处,使样品蒸气发生瞬间闪火,且蔓延至液体表面的最低温度,此温度为环境大气压下的闪点,再用公式修正到标准大气压下的闪点。

5　试剂与材料

5.1　清洗溶剂:用于除去试验杯及试验杯盖上沾有的少量试样。

注:清洗溶剂的选择依据被测试样及其残渣的黏性。低挥发性芳烃(无苯)溶剂可用于除去油的痕迹,混合溶剂如甲苯-丙酮-甲醇可有效除去胶质类的沉积物。

5.2　校准液:详见附录 A 中的规定。

6　仪器

6.1　宾斯基-马丁闭口闪点试验仪:详见附录 B。

6.1.1 如果使用自动仪器,要确保其测定结果能达到本标准规定的精密度,试验杯及试验杯盖的组装应符合附录 B 规定的尺寸和仪器的机械要求,使用者应确保全部操作按仪器说明书进行。

注:在某些情况下,使用电子火源点火及火焰火源点火的试验结果会有差异,电子火源点火的试验结果可能会不稳定。

6.1.2 在有争议的情况下,除非另有规定,仲裁试验以火焰火源点火的手动试验结果为准。

6.2 温度计:包括低、中和高三个温度范围的温度计,符合附录 C 的要求。应根据样品的预期闪点选用温度计。

注:也可使用其他类型,但能满足附录 C 的精度和灵敏度的温度测量设备。

6.3 气压计:精度 0.1 kPa,不能使用气象台或机场所用的已预校准至海平面读数的气压计。

6.4 加热浴与烘箱:用于加热样品,要求能将温度控制在 ±5 ℃ 之内。可通风且能防止加热样品时产生的可燃蒸汽闪火,推荐使用防爆烘箱。

7 仪器准备

7.1 仪器的放置:仪器应安装在无空气流的房间内,并放置在平稳的台面上。

注:①若不能避免空气流,最好用防护屏挡在仪器周围。

②若样品产生有毒蒸汽,应将仪器放置在能单独控制空气流的通风柜中,通过调节使蒸汽可以被抽走,但空气流不能影响试验杯上方的蒸汽。

7.2 试验杯的清洗:先用清洗溶剂清洗试验杯、试验杯盖及其他附件,以除去上次试验留下的所有胶质或残渣痕迹。再用清洁的空气吹干试验杯,确保除去所用溶剂。

7.3 仪器组装:检查试验杯、试验杯盖及其附件,确保无损坏和无样品沉积。然后按照附录 B 组装好仪器。

7.4 仪器校验

7.4.1 用有证标准样品(CRM)按照步骤 A 每年至少校验仪器一次。所得结果与 CRM 给定值之差应小于或等于 $R/\sqrt{2}$,其中 R 是本标准的再现性。推荐使用工作参比样品(SWS)对仪器进行经常性的校验。CRM 和 SWS 校验仪器的推荐步骤以及得到 SWS 的方法参见附录 A。

7.4.2 校验试验所得的结果不能作为方法的偏差,也不能用于后续闪点测定结果的修正。

8 取样

8.1 除非另有规定,取样应按照 GB/T 4756、SY/T 5317 或 GB/T 3186 进行。

8.2 将所取样品装入合适的密封容器中。为了安全,样品只能充满容器容积的 85%～95%。

8.3 将样品贮存在合适的条件下,以最大限度地减少样品的蒸发损失和控制压力升高。样品贮存温度避免超过 30 ℃。

9 样品处理

9.1 石油产品

9.1.1 分样:在低于预期闪点至少 28 ℃ 下进行分样。如果等分样品是在试验前贮存的,应确保样品充满至容器容积的 50% 以上。

9.1.2 含未溶解水的样品:如果样品中含有未溶解的水,在样品混匀前应将水分离出来,因为水的存在会影响闪点的测定结果。但某些残渣燃料油和润滑剂中的游离水可能会分离不出来。这种情况下,在样品混匀前应用物理方法除去水。

9.1.3　室温下为液体的样品:取样前应先轻轻地摇动混匀样品,再小心地取样,应尽可能避免挥发性组分损失,再进行操作。

9.1.4　室温下为固体或半固体的样品:将装有样品的容器放入加热浴或烘箱中,在30±5℃或不超过预期闪点28℃的温度下加热(两者选择较高温度)30 min,如果样品未全部液化,再加热30 min。但要避免样品过热造成挥发性组分损失,轻轻摇动混匀样品后,按第10条试验步骤进行操作。

9.2　油漆和清漆:样品的制备按GB/T 20777进行。

10　试验步骤

10.1　通则

含水较多的残渣燃料油试样应小心操作,因为加热后此类试样会起泡并从试验杯中溢出。

注:试样的体积应大于容器容积的50%,否则会影响闪点的测定结果。

10.2　步骤A

10.2.1　观察气压计,记录试验期间仪器附近的环境大气压。

注:虽然某些气压计会自动修正,但本标准不要求修正到0℃下的大气压。

10.2.2　将试样倒入试验杯至加料线,盖上试验杯盖,然后放入加热室,确保试验杯就位或锁定装置连接好后插入温度计。点燃试验火源,并将火焰直径调节为3～4 mm;或打开电子点火器,按仪器说明书的要求调节电子点火器的强度。在整个试验期间,试样以5～6℃/min的速率升温,且搅拌速率为90～120 r/min。

10.2.3　当试样的预期闪点不高于110℃时,从预期闪点以下23±5℃开始点火,试样每升高1℃点火一次,点火时停止搅拌。用试验杯盖上的滑板操作旋钮或点火装置点火,要求火焰在0.5 s内下降至试验杯的蒸汽空间内,并在此位置停留1 s,然后迅速升高回至原位置。

10.2.4　当试样的预期闪点高于110℃时,从预期闪点以下23±5℃开始点火,试样每升高2℃点火一次,点火时停止搅拌。用试验杯盖上的滑板操作旋钮或点火装置点火,要求火焰在0.5 s内下降至试验杯的蒸汽空间内,并在此位置停留1 s,然后迅速升高回至原位置。

10.2.5　当测定未知试样的闪点时,在适当起始温度下开始试验。高于起始温度5℃时进行第一次点火,然后按10.2.3或10.2.4进行。

10.2.6　记录火源引起试验杯内产生明显着火的温度,作为试样的观察闪点,但不要把在真实闪点到达之前出现在试验火焰周围的淡蓝色光轮与真实闪点相混淆。

10.2.7　如果所记录的观察闪点温度与最初点火温度的差值少于18℃或高于28℃,则认为此结果无效。应更换新试样重新进行试验,调整最初点火温度,直到获得有效的测定结果,即观察闪点与最初点火温度的差值应在18～28℃之内。

10.3　步骤B

10.3.1　观察气压计,记录试验期间仪器附近的环境大气压(见10.2.1注)。

10.3.2　将试样倒入试验杯至加料线,盖上试验杯盖,然后放入加热室,确保试验杯就位或锁定装置连接好后插入温度计。点燃试验火焰,并将火焰直径调节为3～4 mm;或打开电子点火器,按仪器说明书的要求调节电子点火器的强度。在整个试验期间,试样以1.0～1.5℃/min的速率升温,且搅拌速率为250±10 r/min。

10.3.3　除试样的搅拌和加热速率按10.3.2的规定外,其他试验步骤均按10.2.3～

10.2.7规定进行。

11 计算

11.1 大气压读数的转换

如果测得的大气压读数不是以 kPa 为单位的,可用下述等量关系换算到以 kPa 为单位的读数。

以 hPa 为单位的读数×0.1＝以 kPa 为单位的读数

以 mbar 为单位的读数×0.1＝以 kPa 为单位的读数

以 mmHg 为单位的读数×0.133 3＝以 kPa 为单位的读数

11.2 观察闪点的修正

将观察闪点修正到标准大气压(101.3kPa)下的闪点,T_c:

$$T_c=T_o+0.25(101.3-p) \tag{1}$$

式中:T_o——环境大气压下的观察闪点,℃;

p——环境大气压,kPa。

注:本公式在大气压范围 98.0~104.7 kPa 内为精确修正,超出此范围也可适用。

12 结果表示

结果报告修正到标准大气压(101.3 kPa)下的闪点,精确至 0.5 ℃。

13 精密度

按下述规定判断试验结果的可靠性(95％的置信水平)。

13.1 重复性,r

在同一实验室,由同一操作者使用同一台仪器,按照相同的方法,对同一试样连续测定的两个试验结果之差不能超过表 5-1 和表 5-2 中的数值。

表 5-1 步骤 A 的重复性

材料	闪点范围(℃)	r
油漆和清漆	—	1.5
馏分油和未使用过的润滑油	40~250	0.029X

注:X 为两个连续试验结果的平均值。

表 5-2 步骤 B 的重复性

材料	闪点范围(℃)	r
残渣燃料油和稀释沥青	40~110	2.0
用过润滑油	170~210	5[a]
表面趋于成膜的液体、带悬浮颗粒的液体或高黏稠材料	—	5.0

注:[a]在 20 个实验室对一个用过柴油发动机油试样测定得到的结果。

13.2 再现性,R

在不同的实验室,由不同操作者使用不同的仪器,按照相同的方法,对同一试样测定的两个单一、独立的试验结果之差不能超过表 5-3 和表 5-4 中的数值。

注:本精密度的再现性不适用于 20 号航空润滑油。

表 5-3　步骤 A 的再现性

材料	闪点范围(℃)	R
油漆和清漆	—	—
馏分油和未使用过的润滑油	40～250	$0.071X$

注:X 为两个连续试验结果的平均值。

表 5-4　步骤 B 的再现性

材料	闪点范围(℃)	R
残渣燃料油和稀释沥青	40～110	6.0
用过润滑油	170～210	16[a]
表面趋于成膜的液体、带悬浮颗粒的液体或高黏稠材料	—	10.0

注:[a]在 20 个实验室对一个用过柴油发动机油试样测定得到的结果。

14　试验报告

试验报告至少应该包括下述内容:

(1)注明执行本标准和所用的试验步骤;

(2)被测产品的类型和完整的标识;

(3)如果可能,报告预加热温度和预加热时间(见 9.1.4);

(4)仪器附近的环境大气压力(见 10.2.1 和 10.3.1);

(5)试验结果;

(6)注明按协议或其他原因,与规定试验步骤存在的任何差异;

(7)试验日期。

附录 A
(资料性附录)
仪　器　校　验

A.1　总则

A.1.1　本附录给出了得到工作参比样品(SWS)及使用 SWS 和有证标准样品(CRM)对仪器进行校准验证的操作步骤。

A.1.2　用根据 GB/T 15000.7 和 GB/T 15000.3 得到的 CRM,或用根据由 A.2.2 中规定步骤得到的 SWS 对仪器(手动和自动)进行校验。仪器的性能也可根据 GB/T 15000.8 和 GB/T 6683 进行检定。

A.1.3　对试验结果准确度的评价是基于 95% 的置信水平。

A.2　校准检验标准

A.2.1　有证标准样品(CRM):由稳定的纯烃,按照 GB/T 15000.7 和 GB/T 15000.3 或者是在指定试验方法的实验室间,确定了本标准闪点的其他稳定的石油产品组成。

A.2.2　工作参比样品(SWS):由稳定的石油产品、纯烃或用以下两种方法测定出闪点的稳定物质组成。

A.2.2.1　使用已用 CRM 校验的仪器,对有代表性样品进行至少三次试验,统计分析结果,剔除异常值后,计算结果的算术平均值。

A.2.2.2 通过至少三个实验室参加的实验室间特定方法,对有代表性的样品进行重复试验,闪点的赋值可经过对实验室间统计数据计算后得到。

A.2.3 为保证 SWS 的完整性,应将 SWS 保存在避光容器中,SWS 的贮存温度应避免超过 10℃。

A.3 试验步骤

A.3.1 选取 CRM 或 SWS 闪点的测定范围应满足 A.1 的要求,闪点的参考值见表 5-5。为使覆盖的范围尽可能宽,推荐使用两个 CRM 或两个 SWS。也可使用相同的 CRM 或 SWS 进行重复试验。

A.3.2 对于新仪器或一年至少使用一次的在用仪器,应使用 CRM 按照 10.2 的规定对仪器进行校准。

A.3.3 日常仪器校验,可使用 SWS,按照 10.2 的规定对仪器进行校准试验。

A.3.4 大气压的校正应按照 11.2 进行,记录修正试验结果,精确到 0.1℃。

表 5-5 烃类样品闭口闪点的参考值

烃	标准闪点(℃)
癸烷	53
十一烷	68
十二烷	84
十四烷	109
十六烷	134

A.4 结果表示

A.4.1 总则:用 CRM 的标定值或 SWS 的给定值比较修正后的试验结果。

假定再现性已根据 GB/T 6683 得到,CRM 的标定值或 SWS 的给定值是在 GB/T 15000.3 下建立的,它的不确定度比本标准的标准偏差小,比本标准的再现性也小,其关系式在 A.4.1.1 和 A.4.1.2 中给出。

A.4.1.1 单次试验:对于 CRM 或 SWS 的单次试验,单次结果与 CRM 的标定值或 SWS 的给定值之差应满足式(A.1)的要求:

$$| x - \mu | \leqslant R/\sqrt{2} \qquad\qquad (A.1)$$

式中:x——单次试验结果;

μ——CRM 的标定值或 SWS 的给定值;

R——本标准的再现性。

A.4.1.2 多次试验:对于 CRM 或 SWS 的 n 次重复试验,n 个结果的平均值与 CRM 的标定值或 SWS 的给定值之差应满足式(A.2)的要求:

$$| \overline{x} - \mu | \leqslant R_1/\sqrt{2} \qquad\qquad (A.2)$$

式中:$\overline{x}$——试验结果平均值;

μ——CRM 的标定值或 SWS 的给定值;

R_1——即 $\sqrt{R^2 - r^2[1 - (\frac{1}{n})]}$;

R——本标准的再现性；

r——本标准的重复性；

n——用 CRM 或 SWS 进行重复试验的次数。

A.4.2　如果试验结果满足上述规定，对此进行记录。

A.4.3　对于使用 SWS 进行校准验证的，如果试验结果不能满足上述规定，则应用 CRM 重复上述步骤。如果试验结果满足上述规定，对此进行记录，并删除 SWS 的校准结果。

A.4.4　如果试验结果仍不能满足上述规定，应检查仪器和操作是否符合仪器说明书的要求。如果没有明显的不一致，再用不同的 CRM 进行进一步的校准验证。如果后续试验结果满足上述规定，对此进行记录。如果仍不能满足上述规定，应将仪器送回生产厂进行仔细检查。

<h2 style="text-align:center">附录 B</h2>

（规范性附录）

<h2 style="text-align:center">宾斯基-马丁闭口闪点试验仪</h2>

B.1　通则

本附录描述了手动、气动/电加热和火焰点火式仪器的详细情况。仪器由 B.2～B.4 所述的试验杯、盖组件和加热室组成。典型气体加热器组装如图 5-1 所示。

B.2　试验杯

试验杯由黄铜或具有相同导热性能的不锈蚀金属制成，并符合图 5-2 所示的尺寸要求。试验杯温度计插孔应装配使其在加热室中定位的装置。试验杯最好能安有手柄，但不能太重，以免空试验杯倾倒。

B.3　盖组件

B.3.1　试验杯盖

由黄铜或其他热导性相当的不锈蚀金属制成。试验杯盖四周有向下垂边，几乎与试验杯的侧翼缘相接触（图 5-3），垂边与试验杯外表面在直径方向上的间隙不能超过 0.36 mm，且正好配罩在试验杯的外面。试验杯与连接部分应有定位和/或锁住装置。试验杯盖上有三个开口 *A*、*B*、*C*（图 5-3）。试验杯上部边缘应与整个试验杯盖内表面紧密接触。

B.3.2　滑板

由厚约 2.4 mm 的黄铜制成。在试验杯盖的上表面操作（图 5-4）。滑板的形状和装配应能让它在试验杯盖的水平中心轴的两个停位之间转动。保证滑板转到一个端点位置时，试验杯盖上的开口 *A*、*B*、*C* 全都关闭，而转到另一个端点位置时，三个开口全部打开。机械操作的滑板应是弹簧型的，要保证在不使用滑板时，试验杯盖上的三个开口全部关闭，当操作到另一端点位置时，试验杯盖上的三个开口完全打开，且点火器的尖端应能全部降至试验杯内。

B.3.3　点火器

点火管火焰喷射装置的尖端开口直径为 0.7～0.8 mm（图 5-4）。尖端为不锈钢或其他合适的金属材料。点火器配有机械操作器，当滑板在"开"的位置时，降下尖端。使火焰喷嘴开口孔的中心位于试验杯盖的上下表面平面之间，且通过最大开口 *A* 中心半径上的一点（图 5-3）。

注：尖端的珠子由合适的材料制成，与火焰尺寸相当（3～4 mm），可以装配在试验杯盖上的明显位置。

B.3.4　自动再点火装置

用于火焰的自动再点火。

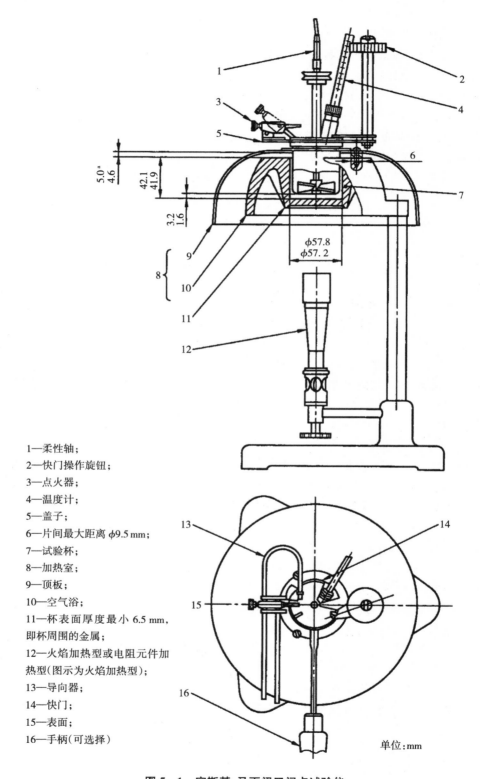

1—柔性轴；

2—快门操作旋钮；

3—点火器；

4—温度计；

5—盖子；

6—片间最大距离 φ9.5 mm；

7—试验杯；

8—加热室；

9—顶板；

10—空气浴；

11—杯表面厚度最小 6.5 mm，即杯周围的金属；

12—火焰加热型或电阻元件加热型(图示为火焰加热型)；

13—导向器；

14—快门；

15—表面；

16—手柄(可选择）

单位:mm

图 5-1　宾斯基-马丁闭口闪点试验仪

（盖子的装配可以是左手,也可以是右手;a 为空隙）

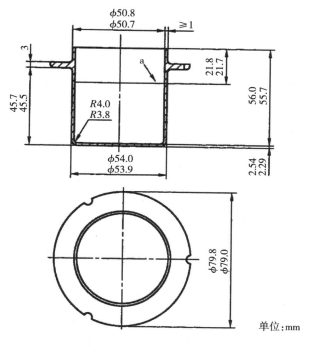

图 5-2 试验杯

（a 为液面高度标记）

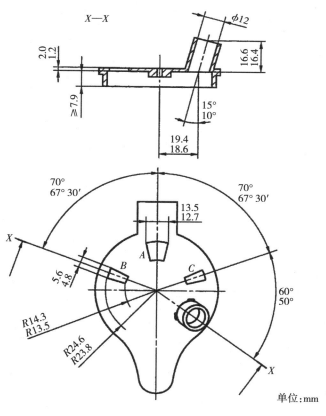

图 5-3 试验杯盖

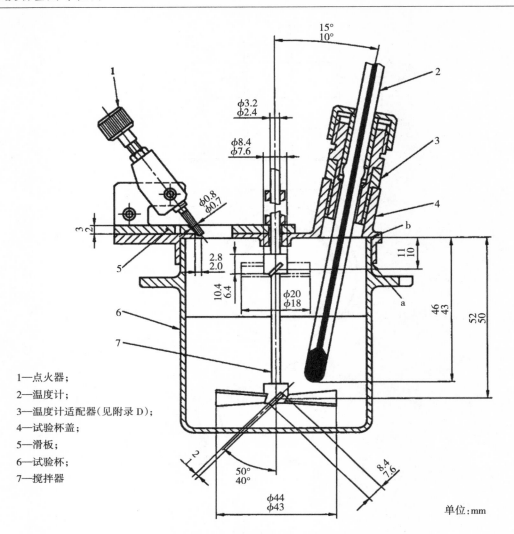

1—点火器；
2—温度计；
3—温度计适配器（见附录 D）；
4—试验杯盖；
5—滑板；
6—试验杯；
7—搅拌器

单位:mm

图 5-4　试验杯与试验杯盖的装配

（a 为最大间隙 0.36mm；b 为试验杯的周边与试验杯盖的内表面相接触）

B.3.5　搅拌装置

安装在试验杯盖的中心位置（图 5-4），带两个双叶片金属浆。下浆两叶片长端距离约为 38mm，两个叶片宽为 8mm，并倾斜 45°。上浆两叶片长端距离约为 19mm，两个叶片宽为 8mm，并倾斜 45°。两组浆固定在搅拌器的旋转轴上，当从搅拌器的下面观察时，其中一组浆的两个叶片在 0°和 180°位置，另一组浆的两个叶片在 90°和 270°的位置。

注：搅拌器的旋转轴可用传动软轴或合适的滑轮组结构与电动机相连接。

B.4　加热室和浴套

B.4.1　通过设计成合适的加热室的方式给试验杯提供热量，加热室的效果相当于一个空气浴。加热室应由空气浴和能放置试验杯的浴套组成。

B.4.2　空气浴有筒型内侧，并且符合如图 5-1 所示的要求。空气浴可以是火焰加热型、电加热金属铸件型或电阻元件加热型。空气浴应保证在试验所规定温度下不变形。

B.4.2.1　如果空气浴是火焰加热型或电加热金属铸件型，在实际使用中，其底部和侧壁的温度应保持一致,空气浴的厚度应不小于6mm。如果空气浴是火焰加热型的,铸件的设计应确保火焰的燃烧产物不能沿试验杯壁上移或进入试验杯。

B.4.2.2　如果空气浴内有电阻元件,要求其表面的所有部件受热均匀。空气浴的壁和底的厚度应不小于6mm。

B.4.3　浴套由金属制成,并装配成浴套和空气浴之间带空隙。浴套可以用三个螺丝和间隙衬套装在空气浴上。间隙衬套应该有足够的厚度,使空隙为4.8±0.2mm,其直径应不大于9.5mm。

附录 C
(规范性附录)
温度计的技术规格

C.1　本标准所使用的温度计应满足表5-6中的规定。

表5-6　温度计技术规格

	低范围	中范围	高范围
温度范围(℃)	-5~110	20~150	90~370
浸没深度(mm)	57	57	57
刻度标尺:			
分度值(℃)	0.5	1	2
长刻线间隔(℃)	1~5	5	10
数字标刻间隔(℃)	5	5	20
示值允差(℃)	0.5	1.0	<260℃时:1.0 ≥260℃时:2.0
安全泡:			
允许加热至(℃)	160	200	370
总长度(mm)	282~295	282~295	282~295
棒外径(mm)	6.0~7.0	6.0~7.0	6.0~7.0
感温泡长度(mm)	9~13	9~13	7~10
感温泡外径(mm)	5.5mm至棒外径	5.5mm至棒外径	5.5mm至棒外径
刻线位置:	0℃	20℃	90℃
感温泡底部至刻线距离(mm)	85~95	85~95	85~90
刻度范围长度(mm)	140~175	140~180	145~180
棒扩张部分:			
外径(mm)	7.5~8.5	7.5~8.5	7.5~8.5
长度(mm)	2.5~5.0	2.5~5.0	2.5~5.0
底部至感温泡底部距离(mm)	64~66	64~66	64~66

注:①IP 15C/ASTM 9C;IP 16C/ASTM 10C;IP 101C 和 ASTM 88C 可满足上述要求。
　　②对于低范围温度计适配器的描述见附录D。

附录 D
（资料性附录）
温度计适配器

D.1 通则

低范围温度计有时需用金属套筒与用于泰克闪点试验仪的温度计插孔相固定。而宾斯基-马丁闭口闪点试验仪的温度计插孔较大，需要用适配器与之相配合。温度计适配器、套筒和垫圈尺寸如图 5-5 所示。

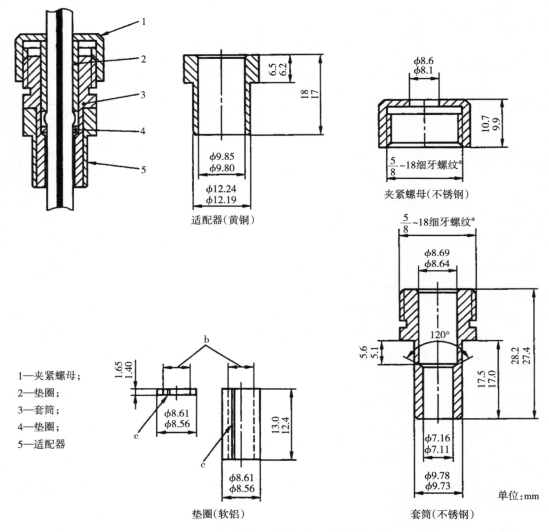

1—夹紧螺母；
2—垫圈；
3—套筒；
4—垫圈；
5—适配器

单位:mm

图 5-5 温度计适配器、套筒和垫圈尺寸
（a—或相当的螺纹；b—与温度计杆相匹配的内孔；c—间隙）

D.2 试验量规

温度计棒扩张部分的长度和感温泡底部到棒扩张部分底部的距离可通过如图 5-6 所示的量规来测量。

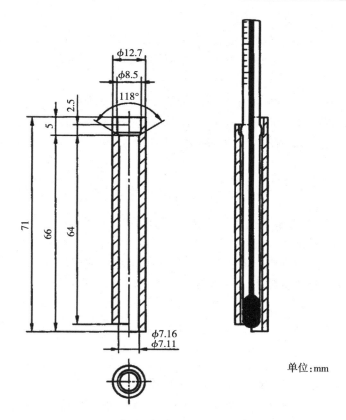

单位:mm

图 5-6　用于检验温度计扩张部分的试验量规

（2）固态易燃性危险废物的检测方法

易燃固体危险货物危险特性检验安全规范（GB 19521.1—2004）

1　范围

本标准规定了易燃固体危险货物的要求、试验和检验规则。

本标准适用于易燃固体危险货物危险特性的检验。

2　规范性引用文件

下列文件中的条款通过本标准的引用而成为本标准的条款。凡是注明日期的引用文件，其随后所有的修改单（不包括勘误的内容）或修订版均不适用于本标准。然而，鼓励根据本标准达成协议的各方研究是否可使用这些文件的最新版本。凡是不注明日期的引用文件，其最新版本适用于本标准。

GB 19458　危险货物危险特性检验安全规范　通则

联合国《关于危险货物运输的建议书　试验和标准手册》（第 4 修订版）

3　术语和定义

联合国《关于危险货物运输的建议书　试验和标准手册》（第 4 修订版）确立的以及下列术语和定义适用于本标准。

3.1　易燃固体　flammable solids

易燃固体是易于燃烧的固体和摩擦可能起火的固体。

3.2 燃烧速率 rate of burning

将粉状、颗粒状或糊状的样品制成长 250 mm、高 10 mm、宽 20 mm 的连续三角柱形粉带，从一端点燃，在一定时间内火焰烧过的长度，单位为 mm/s。

4 要求

4.1 危险货物在不大于 2 min（或对金属或合金粉末样品在不大于 20 min）试验时间内可以点燃，并沿着固体样品带火焰或带烟燃烧 200 mm。

4.2 易燃固体包装上铸印、印刷或粘贴的标记、标志和危险货物彩色标签应准确清晰，符合 GB 19458 有关规定要求。

5 试验

5.1 试验项目

易燃固体危险特性试验项目包括初步筛分试验、危险特性判定试验和适用包装类别试验。

5.2 样品数量及样品的预处理

5.2.1 从待检货物中抽取代表性物质 500 g，用于危险特性试验。

5.2.2 采用适当的方法将固体样品制成粉状、颗粒状或糊状。

5.3 试验内容

5.3.1 初步筛分试验

5.3.1.1 试验仪器

自动易燃固体筛分仪。

5.3.1.2 试验方法

将粉状、颗粒状或糊状固体物质做成连续的带或丝，约长 250 mm、宽 20 mm、高 10 mm，置于冷的不渗透、低导热的底板上。用煤气喷嘴（最小直径为 5 mm）喷出的高温火焰（最低温度为 1000 ℃）烧粉带的一端，直到粉末点燃或喷烧时间最长为 2 min（若为金属或合金粉末样品最长时间为 5 min）。

5.3.2 危险特性判定试验

5.3.2.1 试验仪器

金属燃烧速率仪、非金属燃烧速率仪。

5.3.2.2 试验方法

将商品形式的粉状或颗粒状样品紧密地装入模具，模具的顶上安放不渗透、不燃烧、低导热的底板，把设备倒置，拿掉模具。把糊状物质铺放在不燃烧的表面上，做成 250 mm 的绳索状，剖面 100 mm²，从绳索的一端将样品点燃。如为潮湿敏感样品，应在该样品从其容器中取出后尽快把试验做完。燃烧速率试验应在通风橱中进行，风速应足以防止烟雾逸进试验室。

5.3.3 适用包装类别判定试验

5.3.3.1 试验仪器

金属燃烧速率仪、非金属燃烧速率仪。

5.3.3.2 试验方法

5.3.3.2.1 对于金属或其合金粉以外的样品，应在 100 mm 长的时间段之外 30 mm 至 40 mm 处将 1 mL 的润湿溶液滴在样品堆垛上。确保堆垛样品的剖面全部浸润，润湿液没有从两边流失。所使用的润湿液应不含可燃溶剂，润湿溶液的活性物质总量应不超过 1%。

5.3.3.2.2 使用小火焰或最低温度为 1000 ℃ 的热金属线来点燃堆垛的一端。当堆垛燃烧 80 mm 的距离时，测定以后 100 mm 的燃烧速率。对于金属或其合金粉以外的样品，记下湿润段是否阻止火焰的燃烧。试验应进行六次,每次均使用干净的底板。

5.4　类别判定

5.4.1　筛分试验判定

5.3.1.2的试验中,如果不能在2 min(或对金属或合金粉末样品不能在20 min)试验时间内点燃并沿着固体样品带火焰或带烟燃烧200 mm,那么该固体样品不应划为易燃固体,且无须进一步试验。如果在不大于2 min(或对金属或合金粉末样品在不大于20 min)试验时间内点燃并沿着固体样品带火焰或带烟燃烧200 mm,则应进行5.3.2和5.3.3的全部试验。

5.4.2　危险特性类别判定

根据5.3.2所述的试验方法,进行粉状或颗粒状样品的试验中有一次或多次燃烧时间少于45 s。或燃烧速率大于2.2 mm/s,应将样品分类为4.1项的易燃固体。金属或金属合金粉末如能点燃,并且在10 min内可蔓延至样品的全部长度时,应将其分类为4.1项的易燃固体。

5.4.3　适用包装类别判定

根据5.3.3的试验结果判定适用包装类别,见表5-7。

表5-7　适用包装类别判定

易燃固体	燃烧时间	包装类别
易于燃烧的固体	小于45 s且火焰通过湿润段	Ⅱ
	小于45 s且湿润段阻燃至少4 min	Ⅲ
金属或合金粉末	小于5 min	Ⅱ
	大于5 min且小于10 min	Ⅲ

6　检验规则

6.1　检验项目

按本标准的要求逐项进行检验。

6.2　检验条件

有下列情况之一时,应进行危险特性检验:

——新产品投产或老产品转产时;

——正式生产后,如材料、工艺有较大改变,可能影响产品性能时;

——在正常生产时,每年一次;

——产品长期停产后,恢复生产时;

——出厂检验结果与上次危险特性检验结果有较大差异时;

——国家质量监督机构提出进行危险特性检验。

6.3　判定规则

按照本标准第5.3条进行试验,依据试验结果与本标准第5.4条,对易燃固体危险货物的危险特性及适用包装类别进行判定。

(3)气态易燃性危险废物的检测方法

易燃气体危险货物危险特性检验安全规范(GB 19521.3—2004)

1　范围

本标准规定了易燃气体危险货物的要求、试验和检验规则。

本标准适用于对易燃气体危险货物危险特性的检验。

2 规范性引用文件

下列文件中的条款通过本标准的引用而成为本标准的条款。凡是注明日期的引用文件，其随后所有的修改单（不包括勘误的内容）或修订版均不适用于本标准，然而，鼓励根据本标准达成协议的各方研究是否可使用这些文件的最新版本。凡是不注明日期的引用文件，其最新版本适用于本标准。

GB 19458—2004 危险货物危险特性检验安全规范 通则

ISO 10156:1996 气体和气体混合物 燃烧潜力和氧化能力的测定

联合国《关于危险货物运输的建议书 规章范本》（第 13 修订版）

3 术语和定义

联合国《关于危险货物运输的建议书 规章范本》（第 13 修订版）确立的以及下列术语和定义适用于本标准。

3.1 易燃气体 gas flammable in air

在大气压力下，20 ℃时，于空气中可以点燃的气体。

3.2 空气中低易燃性极限值 lower flammability limit in air

在大气压力下，20 ℃时，于空气中可以点燃的气体的最低浓度。

4 要求

易燃气体包装上铸印、印刷或粘贴的标记、标志和危险货物彩色标签应准确清晰，符合GB 19458 有关规定要求。

5 试验

5.1 试验一般要求

5.1.1 待测混合气体中易燃组分浓度应包括在日常的生产过程中可能会遇到的易燃组分的最高浓度，而水分的含量应不大于 $10~g/m^3$。

5.1.2 用于试验中的压缩空气不应含有水分。

5.1.3 试验前，气体应充分混合，并用色谱或单一的氧气分析仪精确分析混合气体的组成。

5.1.4 反应管应由耐热玻璃（厚 5 mm）制成，内径至少为 50 mm，长度至少为内径的 5倍。在测试过程中反应管应保持洁净，避免杂质特别是水分的污染。

5.1.5 反应管和流量计应充分被遮掩以在可能发生的爆炸中保护试验人。

5.2 试验仪器和材料

5.2.1 试验设备

如图 5-7 所示。

5.2.2 反应管

反应管的顶部应有一根可以切断气体混合物排出的管子，反应管的一头应是圆柱且被设计带有：

a)1 个点火用的火花塞，距管底约 50 mm；

b)被测试的气体混合物进气口；

c)在管子底部有 1 减压阀门；

d)2 个热电偶，1 个安装在点火系统旁边，另一个安装在管子顶部，目的是易于检测火焰的蔓延；

e)1 个安全装置，目的是在偶发爆炸事件中可以使因管子的毁坏带来的危险降到最小。

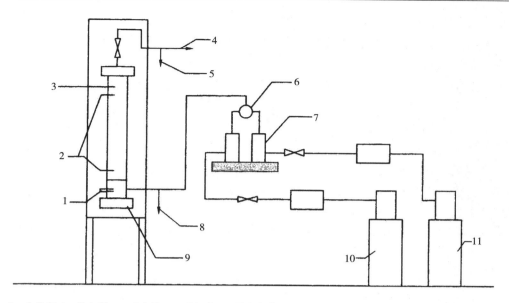

1—火花塞；2—热电偶；3—反应管；4—通气孔；5—排出气体分析；6—混合器；7—流量计；8—进样气体分析；
9—减压阀门；10—压缩空气；11—试验气体

图 5-7 试验装置示意

5.2.3 保护罩

仪器应放在一个可通风的金属罩内，一侧有高强度透明材料制成的窗子。

5.2.4 点火系统

点火系统由能提供每个火花 10 J 的能量（电极间距 5 mm）的火花塞（电压 15 kV）组成。

5.2.5 试验气体

试验气体应被准备成为在自然状态下最易燃烧的组分。标准中所用的试验气体应是制造中可以遇到的，也就是试验气体应包括正常制造过程中易燃组分最高浓度。试验气体应充分混合且仔细分析以确定其准确组成。

5.3 试验步骤

用流量计控制气体流速，充分混合待测气体混合物，同时关闭气体入口，在点火前打开反应管出口使得气体混合物的压力等同于大气压力。

注：试验前应确保易燃气体试验在爆炸范围之外，可以先于较低的安全浓度进行试验，然后控制流量计将易燃气体浓度逐渐调至可以点燃。

在上述试验中，可能有以下几种现象：

a)没有燃烧：如在空气中此浓度的试验气体混合物不燃烧，则在更高浓度下重复试验过程；

b)部分燃烧：火焰在火花塞周围开始燃烧，然后熄灭。这种现象表明试验浓度接近易燃极限，则重复试验至少 5 次；

c)火焰在管中以 10 cm/s 至 50 cm/s 的速度缓慢升起；

d)火焰在管中以很快的速度升起。

5.4 类别

5.4.1 试验判定

5.4.1.1 在 5.3 a)中,如气体混合物一直未燃烧,则判定气体是非易燃的。

5.4.1.2 在 5.3 b)中,如在重复试验中有 1 次火焰升起,可认为易燃极限找到,也就是气体是易燃的。

5.4.1.3 在 5.3 c)中,发生现象可认为易燃极限找到,也就是气体是易燃的。

5.4.1.4 在 5.3 d)中,发生现象可认为气体是易燃的。

5.4.2 计算判定

5.4.2.1 纯气体

已获得的部分易燃气体低燃烧极限值(见 ISO 10156:1996 附录 A)。这些数值是利用近似于第 5.2 条中所描述的试验设备所获得的。

5.4.2.2 包含有 n 种易燃气体和 p 种惰性气体的气体混合物

这种混合气体组成可用 $A_1F_1 + A + A_iF_i + A + A_nF_n + B_1I_1 + A + B_iI_i + A + B_pI_p$ 表示。

其中,A_i——第 i 种易燃气体摩尔分数;

B_i——第 i 种惰性气体摩尔分数;

F_i——第 i 种易燃气体;

I_i——第 i 种惰性气体;

n——易燃气体的数量;

p——惰性气体的数量。

混合物中的惰性气体成分利用表 5-8 中给定的 K_i 值按照所有惰性气体所占分数转换为相当于氮组分系数的分数,则可转化为 $A_1F_1 + A + A_iF_i + A + A_nF_n + (K_1B_1 + A + K_iB_i + A + K_pB_p)N_2$。

其中,K_i——第 i 种气体相当于氮组分系数的分数。

所有气体组分分数之和等于 1,则成分的表达变为 $(\sum A_iF_i + \sum K_iB_iN_2)\left[\dfrac{1}{\sum A_i + \sum K_iB_i}\right]$。

其中,$\left[\dfrac{1}{\sum A_i + \sum K_iB_i}\right] = A_i$——同等的易燃气体含量。

某种气体在空气中不燃烧的最大 T_d 值见 ISO 10156:1996 4.6.1 条。如果满足 $\sum \dfrac{A_1}{TC_i} \times 100 > 1$,则应判定气体混合物为易燃。

表 5-8　惰性气体等同于氮气的转换系数 K_i

气体	N_2	CO_2	He	Ar	Ne	Kr	Xe	SO_2	SF_6	CF_4	C_3F_8
K_i	1	1.5	0.5	0.5	0.5	0.5	0.5	1.5	1.5	1.5	1.5

注:对于非易燃气体,其化学式包含 3 个或更多的原子,宜采用系数 $K_i = 1.5$。

5.4.3 含有一种或多种易燃气体,一种或多种氧化气体,一种或多种惰性气体的混合气体

注意:含有易燃和氧化气体并在燃烧浓度范围内的气体混合物,应在低压力和控制条件下配制。燃烧极限能随温度和大气压力的变化而改变。本安全规范没有给出关于这种气体混合物配制的信息。因此,有必要运用其他数据进行精确分析。

5.4.3.1 气体混合物的氧化性高于空气氧化性

计算方法按 ISO 10156:1996 第 5.3 条。

5.4.3.2　气体混合物的氧化性低于空气氧化性

计算方法按 ISO 10156:1996 第 4.6.2.2 条的规定。

6　检验规则

6.1　检验项目

按本标准第 4 条和第 5 条的要求逐项进行检验。

6.2　检验条件

有下列情况之一时,应进行危险特性检验:

a)新产品投产或老产品转产时;

b)正式生产后,如材料、工艺有较大改变,可能影响产品性能时;

c)在正常生产时,每年一次;

d)产品长期停产后,恢复生产时;

e)出厂检验结果与上次危险特性检验结果有较大差异时;

f)国家质量监督机构提出进行危险特性检验。

6.3　判定规则

按照本标准第 5.2 至第 5.4 条进行试验和计算,依据试验和计算结果对易燃气体的危险特性进行判定。

三、易燃性鉴别标准

符合下列任何条件之一的废物,属于易燃性危险废物。

(1)液态易燃性危险废物

闪点温度低于 60 ℃(闭杯试验)的液体、液体混合物或含有固体物质的液体。

(2)固态易燃性危险废物

在标准温度(25 ℃)和压力(101.3 kPa)下,因摩擦或自发性燃烧而起火,点燃后能剧烈而持续地燃烧并产生危害的固态废物。

(3)气态易燃性危险废物

在 20 ℃、101.3 kPa 状态下,在与空气的混合物体积分数≤13％时可点燃的气体,或者在该状态下,不论易燃下限如何,与空气混合,易燃范围的易燃上限与易燃下限之差大于或等于12 个百分点的气体。

第二节　危险废物反应性的检测

一、反应性检测内容

根据危险废物鉴别标准 GB/T 5085.5—2007 的要求,危险废物反应性的检测内容有:具有爆炸性质、与水或酸接触产生易燃气体或有毒气体、废弃氧化剂或有机过氧化物。

二、反应性检测方法

(1)具有爆炸性的检测方法

危险废物具有爆炸性的鉴别,主要依据专业知识,在必要时可按照《民用爆炸品危险货物危险特性检验安全规范》(GB/T 19455—2004)中的第6.2和6.4条规定进行试验和判定。

民用爆炸品危险货物危险特性检验安全规范(GB/T 19455—2004)

1 范围

本标准规定了民用爆炸品危险货物危险性的分类、要求、试验、代码和标签、检验规则。

本标准适用于民用爆炸品危险货物危险特性的检验。

本标准不适用于对下述货物危险性的检验:

——军用爆炸品的危险性;

——在生产过程中的爆炸品的危险性;

——无包装的爆炸物质在运输中的危险性;

——因受静电或电磁场的影响所造成的危险性;

——因操作不当或违章操作所引起的危险性;

——其他非正常运输条件下的特殊危险性。

2 规范性引用文件

下列文件中的条款通过本标准的引用而成为本标准的条款。凡是注明日期的引用文件,其随后所有的修改单(不包括勘误的内容)或修订版均不适用于本标准。然而,鼓励根据本标准达成协议的各方研究是否可使用这些文件的最新版本。凡是不注明日期的引用文件,其最新版本适用于本标准。

GB 19458—2004 危险货物危险特性检验安全规范 通则

联合国《关于危险货物运输的建议书 规章范本》(第13修订版)

联合国《关于危险货物运输的建议书 试验与标准手册》(第4修订版)

3 术语和定义

GB 19458—2004确立的以及下列术语和定义适用于本标准。

3.1 爆炸 explosion

在极短时间内,释放出大量能量,产生高温,并放出大量气体,在周围造成高压的化学反应或状态变化的现象。

3.2 爆炸性物质 explosion substance

能够通过其自身化学反应产生气体,反应时在温度、压力和速度下能对周围环境造成破坏的某一种固态或液态物质(或这些物质的混合物)。烟火物质,即使不放出气体时,也包括在内。

3.3 爆炸性物品 explosion articles

含有一种或多种爆炸性物质的物品。

3.4 整体爆炸 mass detonationor explosion of total contents

全部物质或物品同时发生爆炸。

3.5 配装组 compatibility group

在爆炸品中,如果两种或两种以上物质或物品在一起能安全积载或运输,而不会明显地增加事故率或在一定量的情况下不会明显地提高事故危害程度的,可视其为同一配装组。

4　分类

4.1　民用爆炸品的划分

危险品按照《关于危险货物运输的建议书规章范本》(第13修订版)的规定分为9类,民用爆炸品属于第1类。第1类具体划分为6项,见表5-9。

表5-9　民用爆炸品的划分

项别	民用爆炸品说明
1.1项	有整体爆炸危险的物质和物品
1.2项	有进射危险,但无整体爆炸危险的物质或物品
1.3项	有燃烧危险和有较小爆炸或较小进射危险或同时有此两种危险,但无整体爆炸危险的物质和物品。本项物质和物品包括: 能够放出大量辐射热的物质和物品; 相继燃烧,产生较小爆炸或进射效应,或同时产生两种效应的物质和物品
1.4项	无重大危险的物质和物品;本项包括运输中万一发生点燃或激发时仅有很小危险的物质和物品。其影响主要限于包件本身,估计不会产生较大的碎片,射程也不远。外部火烧不会引起几乎全部包装内容物的整体爆炸
1.5项	有整体爆炸危险但极不敏感物质。本项包括有整体爆炸危险,但在正常运输条件下引爆或由燃烧转为爆炸的可能性都很小的物质
1.6项	没有整体爆炸危险的极不敏感物品。本项包括仅含有极不敏感爆炸物质,并证明事故发生或蔓延的可能性极小的物品
注:第1.6项物品的危险仅限于单个物品的爆炸。	

4.2　配装组的划分

按民用爆炸品的理化性能、爆炸性能、内外包装方式、特殊危险性等不同特点,划分为 A 、B、C、D、E、F、G、H、J、K、L、N 和 S 共13个配装组,见表5-10。

表5-10　配装组

配装组	待分类物质和物品的说明
A	一级爆炸性物质,例如起爆药
B	含有一级爆炸性物质而不含两种或多种有效保险装置的物品。某些物品虽然本身不含有一级炸药,不具有爆炸性,例如引爆雷管,用于引爆和导火线,火帽型的雷管组装物,也应包括在内
C	作为推进剂的爆炸性物质或其他爆燃爆炸性物质,或含有这类爆炸物质的物品,例如推进剂、发射药
D	二级起爆物质或黑火药或含有二级起爆物质的物品,无引发装置和发射药;或含有一级爆炸性物质和两种或两种以上有效保护装置的物品
E	含有二级起爆物质的物品,无引发装置,带有发射药(含有易燃液体、胶体或自燃液体的除外)
F	含有二级起爆炸药的物品,带有引发装置,带有发射药(含有易燃液体或胶体或自燃液体的除外)或不带有发射药

配装组	待分类物质和物品的说明
G	烟火物质或含有烟火物质的物品或既含有爆炸性物质和照明、燃烧、催泪或发烟物质的物品(水激活的物品或含有白磷、磷化物、自燃物、易燃液体或胶体、自燃液体的物品除外)
H	含有爆炸性物质和白磷的物品
J	含有爆炸性物质和易燃液体或胶体的物品
K	含有爆炸性物质和毒性化学药剂的物品
L	爆炸性物质或含有爆炸性物质并且具有特殊危险(如由于水激活作用或含有自燃液体、磷化物或自燃物)需要彼此隔离的物品,即配装组 L 的货物仅能与配装组 L 内的相同类型的货物一起运输
N	只含有极不敏感爆炸物质的物品
S	其包装或设计的物质或物品,除了包件被火烧损的情况外,能使意外起爆引起的任何危险效应,仅限于包件内部,在包件被火烧损的情况下,所有爆炸和进射效应也有限,不会妨碍或阻止在包件紧邻处救火或采取其他应急措施

5 要求

5.1 具有或被怀疑具有爆炸性质的任何物质和物品应考虑划入爆炸品。划入爆炸品的物质和物品应划定适当的类别和配装组。

下列情况的货物不划入爆炸品:

——极敏感被禁止运输的爆炸性物质(经主管机关特别批准的除外);

——根据爆炸品的定义,被明确地排除在爆炸品之外的物质和物品;

——不具有爆炸特性的物质和物品。

5.2 在下列情况时应提供由国家质量监督检验检疫部门认可的检验机构出具的危险品分类、定级和危险特性检验报告:

——首次运输或生产的;

——首次出口的;

——国家质检部门认为有必要时。

5.3 危险类别的评估通常根据试验结果得出。物质或物品被确定的危险类别,应与对提交运输形式的该物质或物品所做试验的结果相一致。

5.4 国家主管当局可根据试验结果和爆炸品的定义,把物品或物质排除于爆炸品之外。

5.5 配装要求:

5.5.1 分类代码相同的货物(L组除外)可以配装。

5.5.2 属于配装组 L 的货物不能同其他组的货物配装。而且只能与该组中同一危险的货物配装。

5.5.3 属于配装组 A 至 K 的货物,配装组相同,但项别不同,只要全部视为属于具有较小号码的项就可以配装。但是 1.5 项 D 组的货物同 1.2 项 D 组的货物配装时,整个货物应视为 1.1 项 D 组。

5.5.4 属于配装组 C、D、E 和 F 的货物可以配装,其总体视为具有较后字母的配装组。

5.5.5 属于配装组 G 的制品(不包括烟火剂制品和要求特殊装载的制品),只要在同一舱室中没有爆炸物质,则可与配装组 C、D 和 E 的制品配装。

5.5.6　配装组 N 的货物一般不与其他配装组(S 组除外)的货物配装。但是,如果配装组 N 的货物与配装组 C、D、E 的货物配装时,配装组 N 的货物应视为配装组 D。

5.5.7　属于配装组 S 的货物可以同除配装组 A 和 I 以外的其他配装组的货物配装。

6　试验

6.1　分类程序

6.1.1　程序包括爆炸品认定程序、爆炸品分类程序(图 5-8)和配装组的确定三部分,最后确定爆炸品的分类代码。

6.1.2　对待分类物质或物品,要确定它是否属于爆炸品危险货物,且应遵照附录 A 的规定进行分析和试验。

6.1.3　对已被暂定为爆炸品的物质或物品,应遵照附录 B 的规定进行分析和试验。

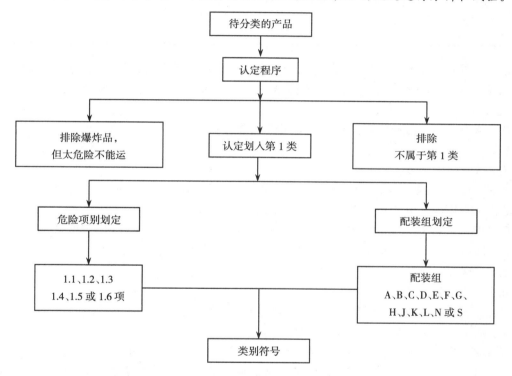

图 5-8　爆炸品分类程序

6.1.4　配装组的确定。

6.1.4.1　将待确定配装组的各种爆炸品的特性与表 5-11 中所给出的特征说明进行对照分析,并参考已确定分类代码的类似爆炸品,确定该货物的配装组别。除 S 组和 N 组以外,配装组的确定一般不必进行试验。

表 5-11　分类代码

危险项别	配装组												∑1.1~1.6
	A	B	C	D	E	F	G	H	J	K	L	N	S	
1.1	1.1A	1.1B	1.1C	1.1D	1.1E	1.1F	1.1G		1.1J		1.1L			9
1.2		1.2B	1.2C	1.2D	1.2E	1.2F	1.2G	1.2H	1.2J	1.2K	1.2L			10
1.3			1.3C			1.3F	1.3G	1.3H	1.3J	1.3K	1.3L			7
1.4		1.4B	1.4C	1.4D	1.4E	1.4F	1.4G						1.4S	7
1.5				1.5D										1
1.6												1.6N		1
∑1.1~1.6	1	3	4	4	3	4	4	2	3	2	3	1	1	35

6.1.4.2　4.2 中的配装组定义适用于彼此不相容的物质或物品,属于配装组 S 的物质或物品除外。由于配装组 S 的标准是一种以试验为依据的标准,确定这个配装组的试验需要联系确定 1.4 项的试验。

6.1.4.3　N 组的确定要与确定 1.6 项的试验相符合。

6.2　试验系列 1

6.2.1　试验项目:

类型(a)——隔板试验、类型(b)——克南试验、类型(c)——时间/压力试验的试验方法见《关于危险货物运输的建议书　试验和标准手册》(第 4 修订版)。

6.2.2　试验目的是回答爆炸品认定程序图(图 5-9)中框 4 的问题"它是爆炸性物质吗?"在试验中,只要有 1 项试验结果为"＋",就认为该试样有爆炸性。

6.3　试验系列 2

6.3.1　试验项目:

类型(a)——隔板试验、类型(b)——克南试验、类型(c)——时间/压力试验的试验方法见《关于危险货物运输的建议书 试验和标准手册》(第 4 修订版)。

6.3.2　试验目的是回答爆炸品认定程序图(图 5-9)中框 6 的问题"物质是否太不敏感不应认定划入爆炸品?"在试验中,只要有 1 项试验结果为"＋",该问题的答案即为"否"。

6.4　试验系列 3

6.4.1　类型(a)——撞击敏感度试验

6.4.1.1　试验仪器

德国联邦材料检验局 BAM 落锤仪或其他等效仪器。

6.4.1.2　试验样品

糊状或胶状以外的固态物质应遵守以下几点:

——粉末状物质要过筛(筛孔 0.5 mm),通过筛子的物质用于做试验;对于含有一种以上成分的物质,用于做试验的筛出部分应能代表原来的物质。

——压缩、浇注或以其他方式压实的物质要打碎成小块过筛,通过 1.0 mm 筛但留在 0.5 mm 筛上的部分用于试验;对于含有一种以上成分的物质,用于做试验的筛出部分应能代表原来的物质。

——只以装药形式运输的物质要以圆片(小片)形式做试验,圆片体积为 40 mm³(大约直径 4 mm,厚 3 mm)。

对于粉末状物质,试样用容积 40 mm³ 的量器(直径 3.7 mm,高 3.7 mm)量取。

对于液体物质,用容积 40 mm³ 的移液管量取。对于粉末、糊状或胶状物质,轻压上面的撞击圆柱与试样接触,但不压平。液体试样使液体充满下承受撞击面与导向环之间的槽,用测深规使上面的撞击圆柱下降到距下撞击圆柱 2 mm 处,固定。

6.4.1.3　试验程序

根据公式 $E_{撞击能}(\text{J}) \approx m_{落锤质量}(\text{kg}) \times g(取 10 \text{ N/kg}) \times h_{落锤高度}(\text{m})$。试验开始从 10 J 进行 1 次试验。如在此试验中观察到"爆"(爆炸声、火花或火焰),就逐渐降低撞击能继续进行试验,直到观察到"分解"或"无反应"为止。在这一撞击能水平下重复进行试验,如果不发生爆炸,重复 5 次;否则就再逐级降低撞击能,直到测定出极限撞击能为止。如果在 10 J 撞击能水平下,观察到的结果是"分解"(颜色改变或有味道)或"无反应"(即不爆炸),则逐级增加撞击能继续进行试验,直到第 1 次得到"爆炸"的结果。那么再降低撞击能,直到测定出最低撞击能。

6.4.1.4　试验判定

如果在 6 次试验中至少出现 1 次"爆炸"的最低撞击能是 2 J 或更低,试验结果为"+",即物质太危险不能以其进行试验的形式运输。否则结果为"一"。

注:允许使用被证明与本方法等效的其他方法。

6.4.2　类型(b)——摩擦感度试验

6.4.2.1　试验仪器

德国联邦材料检验局 BAM 摩擦仪或其他等效仪器。

6.4.2.2　试验样品

通常以物质收到时的形式进试验。湿润物质应以运输规定的湿润含量最小者进行试验。此外对于糊状或胶状以外的固态物质应遵守以下几点:

——粉末状物质要过筛(筛孔 0.5 mm),通过筛子的物质用于做试验;对于含有一种以上成分的物质,用于做试验的筛出部分应能代表原来的物质。

——压缩、浇注或以其他方式压实的物质要打碎成小块过筛,通过 0.5 mm 筛上的部分用于试验;对于含有一种以上成分的物质,用于做试验的筛出部分应能代表原来的物质。

——仅以装药形式运输的物质要以体积 10 mm³(最小直径 4 mm)的圆片或小片形式进行试验。

——用于试验的物质数量约为 10 mm³,粉末状物质用量具(直径 2.3 mm、深 2.4 mm)量取;糊状或胶状物质用壁厚 0.5 mm 的带 2 mm×10 mm 窗孔的矩形量具量取。

6.4.2.3　试验程序

——瓷板和瓷棒表面的每一部分只能使用 1 次;每根瓷棒的两个端面可做两次试验,而瓷板的两个摩擦面可做 3 次试验。将瓷板固定在摩擦仪的托架上,使海绵纹路的槽沟与运动方向横切。将牢固卡紧的磁棒置于试样上,在荷重臂上加上所要求的砝码,启动开关。应注意确保磁棒贴在试样上,而且当瓷板移动到磁棒前时,有足够的物质进入磁棒下面。

——试验从用 360 N 荷重进行第 1 次试验开始。如果在第 1 次试验中观察到"爆炸"(爆炸声、火花或火焰)结果,便逐级减少荷重继续进行试验,直到观察到"分解"(颜色改变或有味道)或"无反应"(即不爆炸)结果为止。在此摩擦荷重水平上重复进行试验,如果不爆炸,重复进行 6 次试验,否则就再逐级减少荷重,直到在 6 次实验中没有发生"爆炸"的最低荷重得到确定为止。如果在 360 N 的第 1 次试验中,结果为"分解"或"无反应",那么此试验也要再进行 5 次。如在这最高荷重的 6 次试验中,结果都是"分解"或"无反应",即可认为物质对摩擦是不敏感的;如在这最高荷重的 6 次试验中得到 1 次"爆炸"结果,就按上述的方法减少荷重。

6.4.2.4 试验判定

如果在 6 次试验中出现 1 次"爆炸"的最低摩擦荷重小于 80 N,试验结果为"＋",即物质太危险不能以其进行试验的形式运输。否则结果为"－"。

注:允许使用被证明与本方法等效的其他方法。

6.4.3 类型(c)——75℃热稳定性试验

6.4.3.1 试验仪器:温度可以保持和记录 75±2℃的带有双重温度自动调节器、有防爆和通风装置的电烘箱,精度为±0.1 g 的天平,3 个热电偶。

6.4.3.2 试验程序

——将少量试样在 75℃下加热 48 h,如试样在试验中没有发生爆炸反应,那么应进行下述步骤;如发生爆炸或着火,物质即为太热不稳定,不能运输。

——将 50 g 试样放入烧杯,加盖后放进烘箱,将烘箱加热到 75℃,试样在这一温度下保持 48 h 或直到出现着火、爆炸现象,以较早发生者为准。如果没有出现着火或爆炸但出现某种自加热现象(如冒烟或分解),那应当进行下述试验。如物质没有显示不稳定现象,则可当它是稳定的,不需进行下一步测试。

—— 将 100 g(或 100 cm³,如密度小于 1 000 kg/m³)试样放在一根管子里,将同样数量的参考物质放在另一根管子里。将热电偶 T1 和 T2 插到管内物质一半高度的地方。如热电偶对于被试物质和参考物质来说不是惰性的,则应用惰性外罩包住。将热电偶 T3 和加了盖的两根管子放入烘箱内,在试样和参考物质达到 75℃以后的 48 h 内,测量试样与参考物质之间的温度差,记下试样分解的迹象。

6.4.3.3 试验判定

在程序第 2 步中,如果出现着火或爆炸,结果为"＋";如果没有观察到变化,结果为"－"。在程序第 3 步中,如果出现着火或爆炸或记录到的温度差(即自加热)为 3℃或更大,结果即为"＋"。如果记录到的自加热小于 3℃,但观察到一定分解现象,则需进行附加试验或评价,再确定试验结果。如果试验结果为"＋",则物质为太热不稳定不能运输。

6.4.4 类型(d)——小型燃烧试验

6.4.4.1 试验材料

煤油浸泡过的锯木屑(约 100 g 木屑和 200 cm³ 煤油)、1 个点火器和 1 个薄的正好可以盛下试验物质并与试样兼容的塑料烧杯。

6.4.4.2 试验程序

在烧杯内放置 10 g 物质,将烧杯置于木屑底座(30 cm 长,30 cm 宽,1.3 cm 厚;对于不易点燃的物质厚度增至 2.5 cm)的中央,然后用电点火器将木屑点燃。用 10 g 试样进行两次试验,再用 100 g 进行两次,观察到爆炸则停止试验。

6.4.4.3 试验判定

如果试样发生"爆炸",试验结果为"＋",即物质太危险不能以其进行试验的形式运输。如试样"未点着"或"点着并燃烧",试验结果为"－"。

6.5 试验系列 4

类型(a)——无包装物品和包装物品的热稳定性试验,类型(b)——液体的钢管跌落试验,类型(c)——无包装物品、包装物品和包装物质的 12 m 跌落试验的试验方法见《关于危险货物运输的建议书　试验和标准手册》(第 4 修订版)。

6.6　试验系列 5

类型(a)——雷管敏感度试验,类型(b)——爆燃转爆轰试验,类型(c)——1.5 项的外部火烧试验的试验方法见《关于危险货物运输的建议书　试验和标准手册》(第 4 修订版)。

6.7　试验系列 6

类型(a)——单个包件试验,类型(b)——堆垛试验,类型(c)——外部火烧试验的试验方法见《关于危险货物运输的建议书　试验和标准手册》(第 4 修订版)。

6.8　试验系列 7

类型(a)——极不敏感引爆物质的雷管试验,类型(b)——极不敏感引爆物质的隔板试验,类型(c)——脆性试验,类型(d)——极不敏感引爆物质的子弹撞击试验,类型(e)——极不敏感引爆物质的外部火烧试验,类型(f)——极不敏感引爆物质的缓慢升温试验,类型(g)——1.6 项物品的外部火烧试验,类型(h)——1.6 项物品的外部火烧试验,类型(j)——1.6 项物品的子弹撞击试验,类型(k)——1.6 项物品的堆垛试验的试验方法见《关于危险货物运输的建议书　试验和标准手册》(第 4 修订版)。

7　代码和标签

7.1　分类代码

7.1.1　爆炸品的分类代码见表 5-11。

7.1.2　分类代码由表示类、项的两个阿拉伯数字和一个表示配装组的字母组成。

7.2　标签

7.2.1　爆炸品标签的图形

见 GB 19458—2004。

7.2.2　爆炸品标签的使用

见 GB 19458—2004。

8　检验规则

8.1　检验项目

按本标准的要求逐项进行检验。

8.2　民用爆炸品危险货物检验的条件

有下列情况之一时,应进行检验:

——新产品投产或老产品转产时;

——正式生产后,如材料、工艺有较大改变,可能影响产品性能时;

——在正常生产时,每半年一次;

——产品长期停产后,恢复生产时;

——出厂检验结果与上次性能检验结果有较大差异时;

——使用新设计的或新包装类型,包括新型内包装或新的物品排列方式的物质或物品;

——不拟用作炸药但具有或被怀疑具有爆炸性质的新物质或物品;

——国家质量监督机构提出进行性能检验。

8.3　判定规则

按照本标准第 6.2 条至第 6.8 条进行试验,依据试验结果与本标准第 6.1 条的要求,对民用爆炸品危险货物的危险特性进行判定,确定民用爆炸品危险货物的类别及危险等级。

附录 A
（规范性附录）
认定程序

A.1 按图 5-9 所示的程序对待分类物质或物品进行分析、试验和判断，确定它是否属于第 1 类民用爆炸品危险货物。

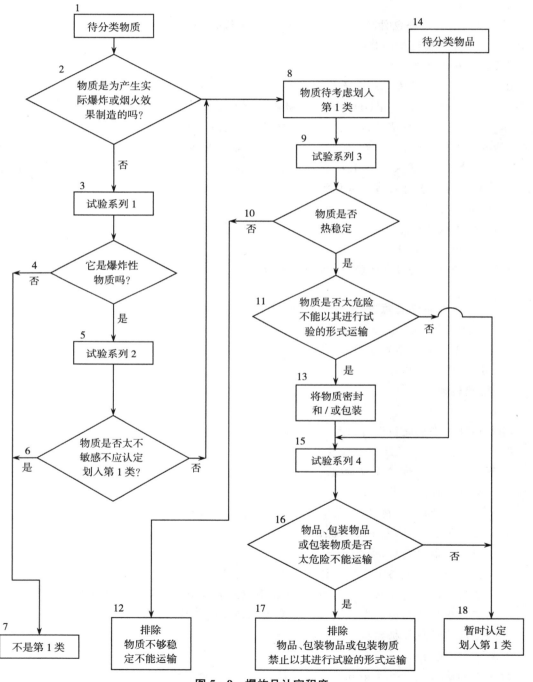

图 5-9 爆炸品认定程度

A.2　认定试验程序中系列试验 1～4 编号是表示评估结果的顺序,而不是进行试验的顺序。

A.3　试验系列 1 是用于表明不是设计用于产生爆炸效果的物质是否实际上具有潜在的爆炸性。

A.4　试验应从系列 3 开始,因这些试验所用试样量小,可减少对试验人员的危险性。

A.5　如在进行系列 3 试验时,应先进行 3C 试验,其试验结果为"＋",则物质不稳定不能运输。

A.6　在第三组试验中,如 3C 结果为"－",但其他各项试验结果中至少有 1 项为"＋",就认为该物质运输太危险,需要采取一定措施。如果改变物质成分就要按新物质处理,如改善包装,则需对包装后物质进行第 4 组试验判定。

A.7　待分类的物质或物品,如果根据已有可靠试验资料能够做出明确判断具有爆炸特性,可直接进行第 4 组试验,以判断该物质或物品是否危险,能否以进行试验形式运输。

A.8　在第 2 组 2(a) 和 2(b) 试验中均给出"－"结果的物质,如果不需要进一步判断其是否具有爆炸性,则不必进行第 1 组试验,即可判断该物质不属于第 1 类危险货物。

附 录 B
(规范性附录)
分类程序

B.1　爆炸品分类程序:对已被暂定为爆炸品的物质或物品,应按图 5-10 所示的程序进行分析和试验,并结合其他有关资料,以及曾发生过的偶然事故或对类似的已分类货物的认定进行综合分析,确定其项别。

B.2　试验系列 5 用于确定物质可否划入 1.5 项,只有通过系列 5 所有的试验的物质才可划入 1.5 项。

B.3　项别 1.1 至 1.4 一般通过系列 6 试验确定,如已有可靠试验资料能够明确判定货物为 1.1 项、1.2 项、1.3 项或 1.4 项(S 组除外),则可不做系列 6 试验,直接确定其类别。

B.4　试验类型 6(a)、6(b) 和 6(c) 按字母顺序进行。

B.4.1　如果爆炸性物品是在无容器情况下运输或者包件中只有一个物品时,可不进行 6(a) 试验。

B.4.2　如果在每次 6(a) 试验中包件外部没有被内部爆轰和/或着火损坏,包件内装物没有爆炸或爆炸非常微弱,以至于可以排除试验 6(b) 中爆炸效应会从一个包件传播到另一个包件,则 6(b) 可以不进行。

B.4.3　如果在 6(b) 试验中,堆垛的几乎全部内装物整体爆炸,可以不进行试验类型 6(c),在这种情况下,产品划入 1.1 项。

B.4.4　如果物质在系列 1 类型(a) 试验中得出"－"结果(没有传播爆轰),可以免去用雷管进行 6(a) 试验。

B.4.5　如果物质在系列 2 类型(c) 试验中得出"－"结果(没有或缓慢爆炸),可免去用点火器进行 6(a) 试验。

试验 7(a) 至 7(f) 应用于确定爆炸品是极端不敏感引爆物质,然后用试验类型 7(g)、7(h)、7(j) 和 7(k) 确定含有极端不敏感引爆物质的物品是否划入 1.6 项。

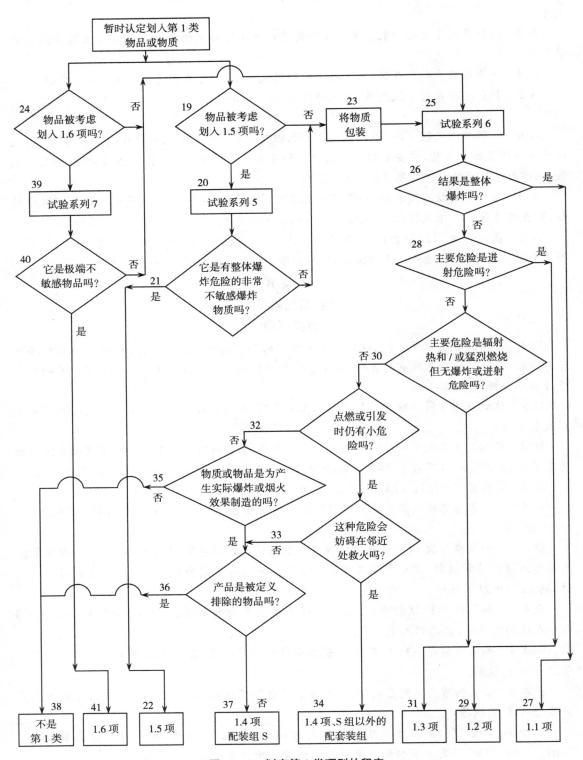

图 5－10　划定第 1 类项别的程序

（2）与水混合反应产生易燃气体和热量的检测方法

危险废物与水混合后产生大量易燃气体和热量反应的检测，采用《遇水放出易燃气体危险货物危险特性检验安全规范》中第 5.5.1 和 5.5.2 条规定进行试验和判试。

遇水放出易燃气体危险货物危险特性检验安全规范（GB 19521.4—2004）

1　范围

本标准规定了遇水放出易燃气体危险货物的要求、试验和检验规则。

本标准适用于遇水放气物质运输包装类别的判定。

本标准不适用于发火物质。

2　规范性引用文件

下列文件中的条款通过本标准的引用而成为本标准的条款。凡是注明日期的引用文件，其随后所有的修改单（不包括勘误的内容）或修订版均不适用于本标准。然而，鼓励根据本标准达成协议的各方研究是否可使用这些文件的最新版本。凡是不注明日期的引用文件，其最新版本适用于本标准。

GB 19458　危险货物危险特性检验安全规范　通则

GB 19521.3　易燃气体危险货物危险特性检验安全规范

联合国《关于危险货物运输的建议书　规章范本》（第 13 修订版）

3　定义

联合国《关于危险货物运输的建议书　规章范本》（第 13 修订版）确立的以及下列术语和定义适用于本标准。

遇水放出易燃气体危险货物（substances which in contact with water emit flammablegases）是指遇水或受潮时，发生剧烈化学反应，放出大量的易燃气体和热量的物品。有的不需要明火，即能燃烧或爆炸。

4　要求

遇水放出易燃气体危险货物包装上铸印、印刷或粘贴的标记、标志和危险货物彩色标签应准确清晰，符合 GB 19458 有关规定要求。

5　试验

5.1　试验项目

见表 5 - 12。

5.2　试验样品数量

不同试验项目的样品数量见表 5 - 12。

表 5 - 12　试验项目和试验样品数量

试验项目	样品数量
入水试验	34 mm³
停留试验	34 mm³
滴水试验	5 cm³
包装类别判定试验	足以产生 10～250 mL 气体的物质（最多不超过 25 g）

5.3 试验设备

遇水放气试验仪。

5.4 环境要求

5.4.1 试验应在环境温度(20℃)和大气压力下进行。

5.4.2 试验应在通风橱中进行。

5.5 试验方法

5.5.1 危险特性类别判定试验

5.5.1.1 入水试验

将体积为 34 mm³ 的物质置于 20℃蒸馏水中,观察并记录发生的现象。

5.5.1.2 停留试验

将体积为 34 mm³ 的物质置于平坦浮在 20℃蒸馏水面上的过滤纸中心,观察并记录所产生的现象。

5.5.1.3 滴水试验

将试验物质做成高约 20 mm、直径约 30 mm 的堆垛,垛顶上做一凹槽。在凹槽中加几滴蒸馏水,观察并记录发生现象。

5.5.2 适用包装类别判定试验

5.5.2.1 用遇水放气试验仪测定物质与水反应所释放的气体体积,记下释放全部气体所需的时间,并记录中间读数。计算持续 7 h 的气体释放速度,每隔 1 h 计算 1 次。

5.5.2.2 如果释放速度不稳定,或在持续 7 h 之后气体仍在增加,应延长测定时间,最长为 5 天。如释放速度变得稳定或不断减少,并运行到有充分的数据,可将该物质划定一个包装类别,或确定该物质不应划入 4.3 项,则 5 天试验即可停止。

5.5.2.3 如所释放气体的化学物质是未知的,应对该气体进行易燃性试验,见 GB 19521。

5.6 类别判定

5.6.1 危险特性类别判定

见表 5-13。

表 5-13 危险特性试验判定

试验项目	试验要求
入水试验	产生气体或气体自燃
停留试验	产生气体或气体自燃
滴水试验	产生气体或气体自燃

在试验过程中任一步骤发生自燃或释放易燃气体的速度大于 1 L/(kg·h),则判定该物质为遇水放出易燃气体危险货物。

5.6.2 遇水放出易燃气体危险货物适用包装类别判定

见表 5-14。

表 5－14　适用包装类别试验要求

表 5－14　适用包装类别试验要求

试验项目	试验要求
遇水放出易燃气体危险货物包装类别判定试验	(1)释放易燃气体速度≥10 L/(kg·min)划为Ⅰ类包装 (2)释放易燃气体速度≥20 L/(kg·h)且不符合Ⅰ类包装要求,应划为Ⅱ类包装。 (3)释放易燃气体速度>1 L/(kg·h)且不符合Ⅰ类包装、Ⅱ类包装要求,应划为Ⅲ类包装。

6　检验规则

6.1　检验项目

按本标准的相关要求逐项进行检验。

6.2　检验条件

有下列情况之一时,应进行危险特性检验:

——新产品投产或老产品转产时;

——正式生产后,如材料、工艺有较大改变,可能影响产品性能时;

——在正常生产时,每一年一次;

——产品长期停产后,恢复生产时;

——出厂检验结果与上次危险特性检验结果有较大差异时;

——国家质量监督机构提出进行危险特性检验。

6.3　判定规则

按照本标准5.4进行试验,依据试验结果与本标准5.6的要求,对遇水放出易燃气体危险货物危险特性进行判定,确定遇水放出易燃气体的危险货物的类别及危险等级。

(3)与水混合反应产生有毒气体、蒸气或烟雾的检测

危险废物与水混合能产生足以危害人体健康或环境的有毒气体、蒸气或烟雾的检测,主要依据专业知识和经验来判断。

(4)在酸性条件下,产生氰化氢或硫化氢气体的检测

危险废物在酸性条件下,能产生氰化氢气体或硫化氢气体的检测,采用《固体废物　遇水反应性的测定》进行测试。

固体废物　遇水反应性的测定(GB 5085.5—2007　附录 A)

1　范围

本方法规定了与酸溶液接触后氢氰酸和硫化氢的比释放率的测定方法。

本方法适用于遇酸后不会形成爆炸性混合物的所有废物。

本方法只检测在试验条件下产生的氢氰酸和硫化氢。

2　原理

在装有定量废物的封闭体系中加入一定量的酸,将产生的气体吹入洗气瓶,测定被分析物。

3　试剂和材料

3.1　试剂水:不含有机物的去离子水。

3.2　硫酸(0.005 mol/L):加 2.8 mL 浓 H_2SO_4 于试剂水中,稀释至 1 L。取 100 mL 此溶

液稀释至 1 L,制得 0.005 mol/L 硫酸溶液。

3.3 氰化物参比溶液(1 000 mg/L),溶解约 2.5 g KOH 和 2.5 g KCN 于 1 L 试剂水中,用 0.019 2 mol/L AgNO₃ 标定,此溶液中氰化物的浓度应为 1 mg/mL。

3.4 NaOH 溶液(1.25 mol/L):溶解 50 g NaOH 于试剂水中,稀释至 1 L。

3.5 NaOH 溶液(0.25 mol/L):用试剂水将 200 mL 1.25 mol/L NaOH 溶液(3.4)稀释至 1 L。

3.6 硝酸银溶液(0.019 2 mol/L):研碎约 5 g AgNO₃ 晶体,于 40 ℃ 干至恒重。称取 3.265 g 干燥过的 AgNO₃,用试剂水溶解并稀释至 1 L。

3.7 硫化物参比溶液(1 000 mg/L),溶解 4.02 g Na₂S·9H₂O 于 1 L 试剂水中,此溶液中 H₂S 浓度为 570 mg/L,根据要求的分析范围(100~570 mg/L)稀释此溶液。

4 仪器、装置

4.1 圆底烧瓶:500 mL,三颈,带 24/40 磨口玻璃接头。

4.2 洗气瓶:50 mL 刻度洗气瓶。

4.3 搅拌装置:转速可达到约 30 r/min,可以将磁转子与搅拌棒联合使用,也可以使用顶置马达驱动的螺旋搅拌器。

4.4 等压分液漏斗:带均压管、24/40 磨口玻璃接头和聚四氟乙烯套管。

4.5 软管:用于连接氮气源与设备。

4.6 氮气:贮于带减压阀的气瓶中。

4.7 流量计:用于监测氮气流量。

4.8 分析天平:可称重至 0.001 g。

试验装置见图 5-11。

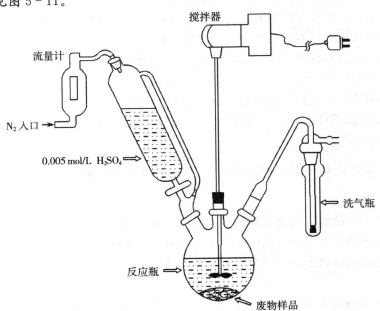

图 5-11 测定废物中氰化物或硫化物释放的试验装置

5 样品的采集、保存和预处理

采集含有或怀疑含有硫化物或硫化物与氰化物混合物的废物样品时,应尽量避免将样品暴露于空气。样品瓶应完全装满,顶部不留任何空间,盖紧瓶盖。样品应在暗处冷藏保存,并尽快进行分析。

对于含氰化物的废物样品,建议尽快进行分析。尽管可以用强碱将样品调至 pH12 进行保存,但这样会使样品稀释,提高离子强度,并有可能改变废物的其他理化性质,影响氢氰酸的释放速率。样品应在暗处冷藏保存。

对于含硫化物的废物样品,建议尽快进行分析。尽管可以用强碱将样品调至 pH12 并在样品中加入醋酸锌进行保存,但这样会使样品稀释,提高离子强度,并有可能改变废物的其他理化性质,影响硫化氢的释放速率。样品应在暗处冷藏保存。

试验应在通风橱内进行。

6　分析步骤

6.1　加 50 mL 0.25 mol/L 的 NaOH 溶液于刻度洗气瓶中,用试剂水稀释至液面高度。

6.2　封闭测量系统,用转子流量计调节氮气流量,流量应为 60 mL/min。

6.3　向圆底烧瓶中加入 10 g 待测废物。

6.4　保持氮气流量,加入足量硫酸使烧瓶半满,同时开始 30 min 的试验过程。

6.5　在酸进入圆底烧瓶的同时开始搅拌,搅拌速度在整个试验过程应保持不变。

注意:搅拌速度以不产生旋涡为宜。

6.6　30 min 后,关闭氮气,卸下洗气瓶,分别测定洗气瓶中氰化物和硫化物的含量。

7　结果计算

固体废物试样中氰化物或硫化物含量由下式计算:

$$R = \frac{X \times L}{W \times S}$$

$$总有效 HCN/ H_2S (mg/kg) = R \times S$$

式中:R——比释放率,mg/kg·s;

X——洗气瓶中 HCN 的浓度(mg/L),洗气瓶中 H_2S 的浓度(mg/L);

L——洗气瓶中溶液的体积,L;

W——取用的废物重量,kg;

S——测量时间(关掉氮气的时间—通入氮气的时间),s。

(5)极易引起燃烧或爆炸的废弃氧化剂的检测

极易引起燃烧或爆炸的废弃氧化剂的检测,采用《氧化性危险货物危险特性检测安全规范》进行测试。

氧化性危险货物危险特性检验安全规范(GB 19452—2004)

1　范围

本标准规定了氧化性危险货物的要求、试验、标记和标签、检验规则。

标准适用于氧化性危险货物的危险特性检验。

2　规范性引用文件

下列文件中的条款通过本标准的引用而成为本标准的条款。凡是注明日期的引用文件,其随后所有的修改单(不包括勘误的内容)或修订版均不适用于本标准,然而,鼓励根据本标准达成协议的各方研究是否可使用这些文件的最新版本。凡是不注明日期的引用文件,其最新版本适用于本标准。

GB 19458—2004 危险货物危险特性检验安全规范 通则

联合国《关于危险货物运输的建议书 规章范本》(第13修订版)

联合国《关于危险货物运输的建议书 试验和标准手册》(第4修订版)

3 术语和定义

下列术语及定义适用于本标准。

3.1 氧化物 oxidizing substances

处于高氧化态,具有强氧化性,易分解并放出氧和热量的物质,包括含有过氧基的无机物。

3.2 碱性氧化物 alkaline oxidizing substances

与水反应可以得到碱性物质,与酸反应生成盐和水的氧化物,大多为金属氧化物。

3.3 酸性氧化物 acid oxidizing substances

与水反应可以得到酸性物质,与碱反应生成盐和水的氧化物,大多为非金属氧化物。

3.4 金属氧化物 metal oxidizing substances

金属单质与氧气反应的产物。

3.5 非金属氧化物 nonmetal oxidizing substances

非金属单质与氧气反应的产物。

3.6 干纤维素丝 celluose

纤维长度为 $50 \sim 250\,\mu m$、平均直径为 $25\,\mu m$ 的干纤维素丝。

3.7 标准混合物 I mixture substance of reference I

本标准试验中所用溴酸钾与干纤维素丝质量比为3:7的混合物。

3.8 标准混合物 II mixture substance of reference II

本标准试验中所用溴酸钾与干纤维素丝质量比为3:2的混合物。

3.9 标准混合物 III mixture substance of reference III

本标准试验中所用溴酸钾与干纤维素丝质量比为2:3的混合物。

3.10 标准混合物 IV mixture substance of reference IV

本标准试验中所用质量分数为65%硝酸溶液与干纤维素丝质量比为1:1的混合物。

3.11 标准混合物 V mixture substance of reference V

本标准试验中所用质量分数为50%高氯酸溶液与干纤维素丝质量比为1:1的混合物。

3.12 标准混合物 VI mixture substance of reference VI

本标准试验中所用质量分数为40%氯酸钠溶液与干纤维素丝质量比为1:1的混合物。

3.13 检测混合物 I mixture substance tested I

待测物质与干纤维素丝质量比为1:1的混合物。

3.14 检测混合物 II mixture substance tested II

待测物质与干纤维素丝质量比为4:1的混合物。

4 要求

4.1 氧化物包装应密封。严禁与酸类、易燃物、有机物、还原物、自燃物、遇湿易燃物品等混存混运。

4.2 氧化物包装上铸印、印刷或粘贴的标记、标志和危险货物彩色标签应准确清晰,符合GB 19458—2004 有关规定要求。

4.3 不同类型的氧化物,应根据其性质和灭火方法的不同,选择适当的储运地点分类存放及分类运输。

4.4　储运和装卸前后应清扫、清洗储运地点,严防混入有机物、易燃物等杂质。

4.5　储运地点应远离火种、热源、水源,防止日光暴晒。

4.6　装载储运过程中,不能用抛扔、坠落、翻倒、拖曳等方法,力求避免摩擦、撞击,防止引起爆炸。

4.7　氧化性危险货物的正式运输名称和相应联合国编号"UN"应标明在货物的每个包件上。

示例:溴酸锌,UN 2469

4.8　标签形状呈45°的正方形(菱形),最小尺寸为100 mm×100 mm,但包件的尺寸只允许贴附更小的标签的情况除外。标签沿边缘有一条颜色与符号相同、距边缘5mm的线。

4.9　标签分为上下两半,底色为黄色。上半部分为图形符号,即圆圈上面一团火焰,黑色;下半部分数字"5.1"写在底角。

4.10　如果物质具有次要危险性,则该标签应与氧化性标签一并列出。

4.11　标签位置:

a)如果包件尺寸够大,应贴在包件表面靠近正式运输名称标记的地方;

b)应贴在容器上,不会被容器的任何部分或容器配件,以及任何其他标签或标记遮盖的地方;

c)当主要危险性标签和次要危险性标签同时列出时,两者应紧连粘贴。

当包件形状不规则或尺寸太小以致贴附的标签无法令人满意,标签可用系牢的签条或其他装置悬挂在包件上。

5　试验

5.1　固体氧化物危险特性试验

5.1.1　试验目的

通过测定一种固态物质在与一种可燃物质完全混合时,增加该可燃物质的燃烧速度或燃烧强度的潜力,或者形成会自发着火的混合物的潜力,确定该物质氧化性能力。

5.1.2　样品数量及试样准备

5.1.2.1　从待检货物中任意抽取代表性物质500 g,用于危险特性检测。

5.1.2.2　检查物质是否含有直径小于500 μm的颗粒。如果直径小于500 μm的粉末占总质量的10%以上,或者如果该物质是易碎的,那么应将全部试验样品磨成粉末。

5.1.2.3　制备溴酸钾标准物质:溴酸钾应过筛,但不应研磨,将标称粒径为0.15～0.30 mm的部分作为标准物质。在65℃下干燥标准物质至恒定质量(时间至少12 h),然后放入干燥器(带干燥剂)内,直到冷却后待用。

5.1.2.4　制备干纤维素丝:干纤维素丝厚度不应大于25 mm,在105℃下干燥至恒定质量(时间至少4 h)后放干燥器(带干燥剂)内,直到冷却后待用。含水量的质量分数应小于0.5%,必要时可延长干燥时间。

5.1.2.5　按照试验要求的比例,分别制备标准混合物Ⅰ、Ⅱ、Ⅲ。

5.1.2.6　按照试验要求的比例,分别制备检测混合物Ⅰ、Ⅱ。

5.1.3　试验仪器及设备

5.1.3.1　固体氧化性试验仪。仪器应放置于通风橱或其他性质的通风区内,保证气流速度为0.5 m/s或更小。排烟系统应能够吸收有毒烟气。

5.1.3.2　一个一端封闭、内直径70 mm的漏斗形模具。

5.1.4 试验方法

5.1.4.1 将30 g的溴酸钾标准物质和纤维素分别制成标准混合物Ⅰ、Ⅱ、Ⅲ。将30 g的待测物质和纤维素分别制成检测混合物Ⅰ、Ⅱ,每种检测混合物应单独制备,尽快使用。每种混合物应适合以机械方法充分混合。

5.1.4.2 使用圆锥体漏斗形模具将混合物做成底部直径为70 mm的截头圆锥体,覆盖在固体氧化物试验仪的环形点火金属线上。

5.1.4.3 15 ℃至25 ℃的环境温度下,接通固体氧化物试验仪电源,持续通电3 min,观察混合物是否发火并燃烧,如果3 min内混合物燃烧则终止试验。从电源接通截止到主要反应(例如出现火焰、灼热或无焰燃烧)结束作为混合物的燃烧时间。在主要反应之后的间歇反应,如出现火花或噼啪作响,不应列入考虑范围。如果加热金属线在试验期间内断裂,则应重新开始试验,除非金属线断裂明确显示不影响试验结果。

5.1.4.4 每种检测混合物和标准混合物应进行5次试验。

5.2 液体氧化物危险特性试验

5.2.1 试验目的

通过测定一种液态物质在与一种可燃物质完全混合时,增加该可燃物质的燃烧速度或燃烧强度的潜力或者形成会自发着火的混合物的潜力,确定该物质氧化性能力。

5.2.2 样品数量及试样准备

5.2.2.1 从待检货物中随机抽取代表性物质50 g,用于危险特性检测。

5.2.2.2 制备干纤维素丝:干纤维素丝厚度不应大于25 mm,在105 ℃下干燥至恒定质量(至少4 h)后放入干燥器(带干燥剂)内,直到冷却后待用。含水量按质量分数应小于0.5%,必要时可延长干燥时间。

5.2.2.3 采用质量分数为50%的高氯酸、质量分数为40%的氯酸钠溶液和质量分数为65%的硝酸溶液作为标准物质。按照试验要求的比例,分别制备标准混合物Ⅳ、Ⅴ、Ⅵ。如果做试验的是饱和溶液,应当在20 ℃配制。

5.2.2.4 按照试验要求的比例,制备检测混合物Ⅰ。

5.2.3 试验仪器及设备

5.2.3.1 系统压力容器:见联合国《关于危险货物运输的建议书 试验和标准手册》(第4修订版)。

5.2.3.2 点火系统包括一个25 cm的镍/铬金属线,直径0.6 mm,电阻0.85 Ω/m。采用一根直径5 mm的棒把金属线绕成线圈形状,然后接到点火塞的电极上。压力容器底部和点火线圈下面之间的距离应为20 mm。如果电极不是可调的,在线圈和容器底部之间的点火金属线端点应当用陶瓷包层绝缘。金属线用能够供应至少10 A电流的直流电源加热。

5.2.4 试验方法

5.2.4.1 将装有压力传感器和加热系统但无防爆盘的设备以点火塞为一端朝下架好。将2.5 g待测液体与2.5 g干纤维素放在玻璃烧杯里,用一根玻璃搅拌棒拌和。为了安全,搅拌时应当在操作员和混合物之间放置一个安全屏蔽。(如果混合物在拌和或装填时着火,则不需要继续试验)

5.2.4.2 将混合物少量分批地加入容器并轻轻拍打,确保混合物堆积在点火线圈四周并且与之接触良好。在装填过程中不得把线圈扭曲。防爆盘放好后将夹持塞拧紧。

5.2.4.3 将装了混合物的容器移到点火支撑架上,防爆盘朝下,并置于适当的防爆通风橱或点火室中。电源接到点火塞外接头,通上 10 A 电流。从开始拌和到接通电源的时间应当约为 10 min。

5.2.4.4　压力传感器产生的信号在可评估又可永久记录时间/压力图形的适当系统上记录(例如瞬时记录器与图表记录器耦合)。将混合物加热到防爆盘破裂或者至少过了 60 s。如果防爆盘没有破裂,应待混合物冷却后小心地拆卸设备,并采取预防增压的措施。

5.2.4.5　每种检测混合物和标准混合物都进行 5 次试验。记录压力从表压 690 kPa 上升到 2070 kPa 所需要的时间,以平均时间来进行分类。

5.3　判定准则

5.3.1　如满足下列条件之一,则判定为 5.1 项固体氧化物。

a)检测混合物Ⅰ和Ⅱ的平均燃烧时间应分别等于或小于标准混合物Ⅰ的平均燃烧时间;

b)检测混合物Ⅰ和Ⅱ能够分别发火并燃烧。

5.3.2　如满足下列条件之一,则判定为 5.1 项液体氧化物。

a)检测混合物Ⅰ能够发火;

b)检测混合物Ⅰ液体压力从 690 kPa(表压)上升到 2070 kPa(表压)所需的平均时间应等于或小于标准混合物Ⅵ的平均燃烧时间。

5.4　危险等级

按照本标准 5.1 条和 5.2 条进行试验确定为 5.1 项的氧化物按表 5-15 划分危险等级。

表 5-15　危险等级分类

氧化物	试验结果	危险等级	包装类别
固体氧化物	检测混合物Ⅰ或Ⅱ的平均燃烧时间小于标准混合物Ⅱ的平均燃烧时间	具有高度危险性	Ⅰ类
	检测混合物Ⅰ或Ⅱ的平均燃烧时间等于或小于标准混合物Ⅲ的平均燃烧时间,且不能符合Ⅰ类包装要求	具有一般危险性	Ⅱ类
	检测混合物Ⅰ或Ⅱ的平均燃烧时间等于或小于标准混合物Ⅰ的平均燃烧时间,且不能符合Ⅰ类和Ⅱ类包装要求	具有较低危险性	Ⅲ类
液体氧化物	检测混合物Ⅰ进行试验时自发着火,或检测混合物Ⅰ的平均压力上升时间小于标准混合物Ⅴ的平均压力上升时间	具有高度危险性	Ⅰ类
	检测混合物Ⅰ的平均压力上升时间等于或小于标准混合物Ⅵ的平均压力上升时间,且不能符合Ⅰ类包装要求	具有一般危险性	Ⅱ类
	检测混合物Ⅰ的平均压力上升时间等于或小于标准混合物Ⅳ的平均压力上升时间,且不能符合Ⅰ类和Ⅱ类包装要求	具有较低危险性	Ⅲ类

6　检验规则

6.1　检验项目

按本标准的要求逐项进行检验。

6.2　危险特性检验的条件

有下列情况之一时,应进行危险特性检验:

a)新产品投产或老产品转产时;

b)正式生产后,如材料、工艺有较大改变,可能影响产品性能时;

c)在正常生产时,每半年一次;

d)产品长期停产后,恢复生产时;

e)出厂检验结果与上次危险特性检验结果有较大差异时;

f)国家质量监督机构提出进行危险特性检验。

6.3 判定规则

按照本标准5.1条至5.2条进行试验,依据试验结果与本标准5.3和5.4条的要求,对氧化物的危险特性进行判定,确定氧化性物质的类别及危险等级,应符合本标准的要求。

(6)对热、震动或摩擦极为敏感的含过氧基的废弃有机过氧化物的检测

对热、震动或摩擦极为敏感的含过氧基的废弃有机过氧化物的检测,采用《有机过氧化物危险货物危险特性检验安全规范》进行测试。

有机过氧化物危险货物危险特性检验安全规范(GB 19521.12—2004)

1 范围

本标准规定了有机过氧化物危险货物的分类、要求、试验和检验规则。

本标准适用于有机过氧化物危险货物危险特性及适用包装类别的检验。

2 规范性引用文件

下列文件中的条款通过本标准的引用而成为本标准的条款。凡是注明日期的引用文件,其随后所有的修改单(不包括勘误的内容)或修订版均不适用于本标准,然而,鼓励根据本标准达成协议的各方研究是否可使用这些文件的最新版本。凡是不注明日期的引用文件,其最新版本适用于本标准。

GB/T 4472 化工产品密度、相对密度测定通则

GB 19455—2004 民用爆炸品危险货物危险特性检验安全规范

GB 19458 危险货物危险特性检验安全规范 通则

ISO 3679 色漆、清漆、石油和有关产品 闪点的测定 快速平衡法

联合国《关于危险货物运输的建议书 规章范本》(第13修订版)

联合国《关于危险货物运输的建议书 试验和标准手册》(第4修订版)

3 术语和定义

联合国《关于危险货物运输的建议书 规章范本》(第13修订版)确立的以及下列术语和定义适用于本标准。

3.1 过氧化物 peroxide

含有氧基-O-O-结构的氧化物。

3.2 有机过氧化物 organic peroxides

一种有机物质,它含有两价的-O-O-结构,可看作是过氧化物的衍生物,即其中一个或两个氢原子被有机原子团所取代。

3.3 自加速分解温度 self-accelerating decomposition temperature (SADT)

物质装在运输所用的容器里可能发生自加速分解的最低环境温度。

4 分类

4.1 有机过氧化物的分类

4.1.1 任何有机过氧化物都应考虑划入危险货物分类的5.2项,除非有机过氧化物配制品含有:

a)其有机过氧化物的有效氧质量分数不超过1.0%,而且过氧化氢质量分数不超过

1.0%。

b)其有机过氧化物的有效氧质量分数不超过0.5%,而且过氧化氢质量分数超过1.0%,但不超7.0%。

4.1.2　有机过氧化物按其危险性程度分为七种类型,从A型到G型;有些类型再分成项别、类别和项制的号码顺序并不是危险程度的顺序。

4.1.3　A型有机过氧化物

任何有机过氧化物配制品,如装在供运输的容器中时能起爆或迅速爆燃(见附录A出口框A)。

4.1.4　B型有机过氧化物

任何具有爆炸性质的有机过氧化物配制品,如装在供运输的容器中既不起爆也不迅速爆燃,但在该容器中可能发生热爆炸。这种有机过氧化物装在容器中的数量最高可达25 kg,但为了排除在包件中起爆或爆燃而需要把最高数量限制在较低数量者除外(见附录A出口框B)。

4.1.5　C型有机过氧化物

任何具有爆炸性质的有机过氧化物配制品,如装在供运输的容器(最多50 kg)内不可能起爆或迅速爆燃或发生热爆炸(见附录A出口框C)。

4.1.6　D型有机过氧化物

4.1.6.1　如果在试验室试验中,部分起爆,不迅速爆燃,在封闭条件下加热时不显示任何激烈效应。

4.1.6.2　如果在试验室试验中,根本不起爆,缓慢爆燃,在封闭条件下加热时不显示激烈效应。

4.1.6.3　如果在试验室试验中,根本不起爆,在封闭条件下加热时显示中等效应可以接受装在净重不超过50 kg的包装中运输(见附录A出口框D)。

4.1.7　E型有机过氧化物

任何有机过氧化物配制品,如在试验室试验中,既不起爆也不爆燃,在封闭条件下加热时只显示微弱效应或无效应(见附录A出口框E)。

4.1.8　F型有机过氧化物

任何有机过氧化物配制品,如在试验室试验中,既不在空化状态下起爆也不爆燃,在封闭条件下加热时只显示微弱效应或无效应,以及爆炸力弱或无爆炸力(附录A出口框F)。包装的附加要求按《关于危险货物运输的建议书　规章范本》(第13修订版)4.1.7和4.2.1.12。

4.1.9　G型有机过氧化物

4.1.9.1　任何有机过氧化物配制品,在试验室试验中既不在空化状态下起爆也不爆燃,在封闭条件下加热时不显示任何效应,以及没有任何爆炸力,应免予被划入5.2项,但配制品必须是热稳定的(50 kg包装的自加速分解温度为60 ℃或更高),液体配制品须用A型稀释剂退敏(附录A出口框D)。

4.1.9.2　如果配制品不是热稳定的,或者A稀释剂以外的稀释剂退敏,配制品应定为F型有机过氧化物。

4.1.10　非有机过氧化物配制品

其有机过氧化物的有效氧质量分数不超过1.0%,而且过氧化氢质量分数不超过1.0%;或其有机过氧化物的有效氧质量分数不超过0.5%,而且过氧化氢质量分数超过1.0%,但不过 7.0%。

5 要求

5.1 有机过氧化物危险货物危险特性试验应按附录 A 的判别流程进行,试验顺序是试验系列 E、H 、F、C,然后是 A。试验系列 B、D 和 G 的包件试验只有在试验系列 A、C 和 E 的相应试验的结果表明有此需要时才进行。

5.2 温度控制要求

5.2.1 下列有机过氧化物在运输过程中必须控制温度:

a)自加速分解温度(SADT)不大于 50 ℃的 B 型和 C 型有机过氧化物。

b) SADT 不大于 50 ℃,在封闭条件下加热时显示中等效应或 SADT 不大于 45 ℃,在封闭条件下加热时显示微弱或无效应的 D 型有机过氧化物。

c) SADT 不大于 45 ℃的 E 型和 F 型有机过氧化物。

5.2.2 确定自加速分解温度需进行试验 H,选择的试验应以能代表待运包件的大小和材料的方式进行。

5.3 有机过氧化物危险货物包装上铸印、印刷或粘贴的标记、标志和危险货物彩色标签应准确清晰,符合 GB 19458 有关规定要求。

6 试验

6.1 一般性能检测

6.1.1 有机过氧化物配制品的有效氧质量分数(%)按下列公式(1)计算:

$$\omega = 16 \times \sum \left(\frac{n_i \times c_i}{m_i} \right) \times 100\ \% \tag{1}$$

式中:ω——有效含氧的质量分数,%;

n_i——有机过氧化物 i 每个分子的过氧基数目;

c_i——有机过氧化物 i 的浓度;

m_i——有机过氧化物 i 的分子量。

6.1.2 密度的测定

见 GB/T 4472。

6.1.3 闭口闪点的测定

见 ISO 3679。

6.2 预备试验

6.2.1 用较少的样品进行小规模试验来确定物质的稳定性和敏感性。它包括确定物质对机械刺激(撞击和摩擦)以及对热和火焰的敏感性。

6.2.2 试验类型

用四类小规模试验做初步安全评估:

a)落锤试验,用于确定对撞击的敏感性;

b)摩擦或撞击摩擦试验,用于确定对摩擦的敏感性;

c)确定热稳定性和放热能的试验;

d)确定点火效应的试验。

6.2.3 试验方法

见 GB 19455—2004。

6.3 分类试验

6.3.1　试验系列 A

6.3.1.1　检验项目

有机过氧化物是否传播爆炸问题的试验室试验。

6.3.1.2　试验准备

对于有机过氧化物,可以将一个确定爆炸力的试验(试验 F)同确定在封闭条件下加热的效应的两个试验一起使用作为评估传播爆炸能力的甄别程序。如果符合下列条件,即不需要进行系列 A 试验:

a) 爆炸力试验得到的结果是"无";

b) 试验 E.2 和试验 E.1 得到的结果是"无"或"微弱"。

6.3.1.2.1　对于装在包件中运输(中型散货箱除外),如果甄别程序表明不需要进行系列 A 试验,附录 A 方框 1 问题的答案即为"否"。

6.3.1.2.2　如果物质考虑用罐式集装箱或中型散箱运输或予以豁免,那么需要进行系列 A 试验,除非对浓度较高、物理状态相同的物质配制品进行的系列 A 试验得到的结果是"否"。

6.3.1.2.3　在试验进行前必须测定待测物质的相对密度(如果固体的相对密度可直接通过测量钢管的体积和试样的质量来确定)。

6.3.1.2.4　如果混合物在运输过程中可能分离,进行试验时应使引爆器与潜在爆炸性最大的部分接触。

6.3.1.2.5　试验应在环境温度下进行,除非物质将在它可能改变物理状态或密度的条件下运输。需要温度控制的有机过氧化物应当在其控制温度(如低于环境温度)下进行试验。

6.3.1.2.6　在进行这些试验前应当先进行预备试验。

6.3.1.2.7　在试验中使用新的一批钢管时,须进行校准试验,试验介质可用水(用于液体试验)和惰性有机固体(用于固体试验)以确定平均参考破裂长度。判断"否"/"部分"标准应当定为平均参考破裂长度的 1.5 倍。

6.3.1.3　试验设备

试验设备见《关于危险货物运输的建议书　试验和标准手册》(第 4 修订版)第 21.4.4.2 条。

6.3.1.4　试验方法

方法见《关于危险货物运输的建议书　试验和标准手册》(第 4 修订版)中第 21.4.4 条。

6.3.2　试验系列 B

6.3.2.1　试验项目

有机过氧化物在运输包件中能否传播爆炸问题的试验。

6.3.2.2　试验准备

6.3.2.2.1　试验 A 的结论是"是"的物质需进行本试验。

6.3.2.2.2　系列 A 试验应当适用于在其提交运输的条件和形式下的物质包装(不大于 50 kg)。

6.3.2.2.3　在进行这些试验前应当先进行预备试验。

6.3.2.3　试验设备

试验设备见《关于危险货物运输的建议书　试验和标准手册》(第 4 修订版)第 22.4.1.2 条。

6.3.2.4　试验方法

方法见《关于危险货物运输的建议书　试验和标准手册》(第4修订版)中第22.4.1条。

6.3.3　试验系列C

6.3.3.1　试验项目

有机过氧化物在运输包件中是否迅速爆燃问题的试验。

6.3.3.2　试验准备

在进行这些试验前应当进行预备试验。

6.3.3.3　试验设备

6.3.3.3.1　试验设备见《关于危险货物运输的建议书　试验和标准手册》(第4修订版)第23.4.1.2条。

6.3.3.3.2　试验设备见《关于危险货物运输的建议书　试验和标准手册》(第4修订版)第23.4.2.2条。

6.3.3.4　试验方法

6.3.3.4.1　方法见《关于危险货物运输的建议书　试验和标准手册》(第4修订版)中第24.4.1条。

6.3.3.4.2　方法见《关于危险货物运输的建议书　试验和标准手册》(第4修订版)中第24.4.2条。

6.3.4　试验系列D

6.3.4.1　试验项目

有机过氧化物在运输包件中是否迅速爆燃问题的试验。

6.3.4.2　试验准备

6.3.4.2.1　在系列C试验中得到"是,很快"结果的物质需进行本试验。

6.3.4.2.2　试验系列D适用于在其提交运输的状况和形式下的物质包件(不超过50 kg)。

6.3.4.2.3　在进行这些试验前应当先进行预备试验。

6.3.4.3　试验设备

试验设备见联合国《关于危险货物运输的建议书　试验和标准手册》(第4修订版)第24.4.1.2条。

6.3.4.4　试验方法

方法见联合国《关于危险货物运输的建议书　试验和标准手册》(第4修订版)中第24.4.1条。

6.3.5　试验系列E

6.3.5.1　试验项目

有机过氧化物在规定的封闭条件下加热的效应的试验室试验。

6.3.5.2　试验准备

在进行这些试验前应当先进行预备试验。

6.3.5.3　试验设备

6.3.5.3.1　克南试验的试验设备见附录B第B.3条。

6.3.5.3.2　荷兰压力容器试验的试验设备见附录C第C.3条。

6.3.5.4　试验方法

6.3.5.4.1　用克南试验进行检测,具体试验方法见附录B。

6.3.5.4.2　用荷兰压力容器试验进行检测,具体试验方法见附录C。

6.3.6　试验系列F

6.3.6.1　试验项目

有机过氧化物考虑用中型散装货集装箱(中型散货箱)或罐体运输,或考虑予以豁免的物质的爆炸力问题的试验室试验。

6.3.6.2　试验准备

进行这些试验前应当先进行预备试验。

6.3.6.3　试验设备

试验设备见联合国《关于危险货物运输的建议书　试验和标准手册》(第4修订版)第26.4.4.2条。

6.3.6.4　试验方法

方法见联合国《关于危险货物运输的建议书　试验和标准手册》(第4修订版)中第26.4.4条。

6.3.7　试验系列G

6.3.7.1　试验项目

确定物质在运输包件中的热爆炸效应的试验和标准。只有在涉及在规定的封闭条件下加热的试验(试验E)中显示激烈效应的物质才需要进行这些试验。

6.3.7.2　试验准备

6.3.7.2.1　该试验适用于在其提交运输的状况和形式下的物质包件(不超过50 kg)。

6.3.7.2.2　在进行这些试验前应当先进行预备试验。

6.3.7.3　试验设备

试验设备见联合国《关于危险货物运输的建议书　试验和标准手册》(第4修订版)第27.4.1.2条。

6.3.7.4　试验方法

方法见联合国《关于危险货物运输的建议书　试验和标准手册》(第4修订版)中第27.4.1条。

6.3.8　试验系列H

6.3.8.1　试验目的

确定自加速分解温度的试验方法。自加速分解温度是衡量环境温度、分解动态、包件大小、物质及其容器的传热性质等的综合效应的尺度。

6.3.8.2　试验准备

6.3.8.2.1　这些试验或者涉及储存在固定的外部温度下并观察是否引发任何反应,或者涉及储存在近绝热的条件下并测量发热率与温度的关系。表5-16中各种方法适用于固体、液体、糊状物质和分散体。

表 5 - 16　试验系列 H 的试验方法

试验识别码	试验名称
H. 1	美国自加速分解温度试验[a]
H. 2	绝热储存试验[b]
H. 3	等温储存试验
H. 4	热积累储存试验[c]

注:[a]建议对装在容器中运输的物质进行的试验。
　　[b]建议对装在容器、中型散货箱或罐体中运输的物质进行的试验。
　　[c]建议对装在容器、中型散货箱或小型罐体中运输的物质进行的试验。

6.3.8.2.2　必要时(对于有机过氧化物,当 SADT 不大于 50 ℃时),控制温度和危急温度可以利用表 5 - 17 从自加速分解温度推算。

表 5 - 17　控制温度和危急温度的推算

贮器类型	自加速分解温度(SADT)[a]	控制温度	危急温度
单个容器和 中型散货箱	≤20 ℃	比 SADT 低 20 ℃	比 SADT 低 10 ℃
	>20 ℃;≤35 ℃	比 SADT 低 15 ℃	比 SADT 低 10 ℃
	>35 ℃	比 SADT 低 10 ℃	比 SADT 低 5 ℃
便携式罐体	<50 ℃	比 SADT 低 10 ℃	比 SADT 低 5 ℃

注:[a]即运输包件中的物质的自加速分解温度。

6.3.8.2.3　在每单位质量的传热率不小于较大包件的传热率的条件下,最大的商业包件得到的结果适用于类似结构和材料的较小包件。

6.3.8.2.4　在进行自加速分解温度试验之前,应当先进行预备程序并确定在封闭条件下加热的效应(试验系列 E)。

6.3.8.2.5　应当采取安全防备措施,防止试验容器失灵时及次生燃料空气混合物点燃和放出毒性分解产物引起的危险。可能起爆的物质应当采取特别防备措施才能进行试验。

6.3.8.2.6　选定的试验的进行方式应当具有代表性,即能够反映出待运输包件的尺寸和材料。对于装在金属容器、中型散货箱或罐体中的运输,试验样品中可能需要包括具有代表性数量的金属,即能够反映出金属和接触面积。

6.3.8.2.7　试验样品应当在试验后尽快销毁。处理试验的样品时必须遵守安全措施。

6.3.8.2.8　在某一温度下做过试验而且显然无反应的样品可以再次使用,但仅限于筛选目的。实际确定自加速分解温度时应当使用新的样品。

6.3.8.2.9　如果不是用整个包件进行试验,用于确定自加速分解温度的热损失数据应当能够代表提交运输的包件、中型散货箱或罐体。包件、中型散货箱或罐体的单位质量热损失可以如下确定:计算(考虑到物质的数量、包件的大小、物质内部的热传导和热量通过容器传到周围环境)或者测量装满物质或具有类似物理性质的另一种物质的包件的冷却半时。单位质量热损失 L[W/(kg・K)]可以利用以下式(2)计算:

$$L = \ln2 \times \frac{c_p}{t_{1/2}} \tag{2}$$

式中 :L——单位质量热损失,W/(kg・K);

c_p——比热 J,kg·K;

$t_{1/2}$——冷却半时,s。

6.3.8.2.10 冷却半时可以通过测量试样和周围环境之间的温差减少 2 倍的时间间隔来确定。

示例:对于液体,容器可以装满酞酸二丁酯或酞酸二甲酯,然后加热至约 80℃。不应当用水做试样,因为可能因蒸发/凝结而得到错误的结果,在包括预计的自加速分解温度在内的温度范围内测量包件中央的温度下降,为了定标,需要连续测量物质和周围环境的温度,然后用线性回归获取以下式(3)的系数:

$$\ln(T - T_a) = C_o + c \times t \tag{3}$$

式中:T——物质温度,℃;

T_a——环境温度,℃;

C_o——ln(初始物质温度-初始环境温度);

c——L/c_p;

t——时间,s。

6.3.8.3 试验设备

试验设备见联合国《关于危险货物运输的建议书 试验和标准手册》(第 4 修订版)第 28.4.1.2 条、第 28.4.2.2 条、第 28.4.3.2 条和第 28.4.4.2 条。

6.3.8.4 试验方法

方法见联合国《关于危险货物运输的建议书 试验和标准手册》(第 4 修订版)中第 28.4.1 条、第 28.4.2 条、第 28.4.3 条和第 28.4.4 条。

6.4 判定准则

按 5.2 要求的试验顺序进行试验,试验结果判定见表 5-18。

表 5-18 危险特性试验标准

危险特性的类别	危险特性试验的项目	危险特性的试验标准
试验系列 A	是否传播爆炸(附录 A 中图 5-12 框 1)	"是":钢管全长破裂。 "部分":钢管并未全长破裂,但平均钢管破裂长度(两次试验的平均)大于用相同物理状态的惰性物质做试验时的平均破裂长度的 1.5 倍 "否":钢管并未全长破裂,而且平均钢管破裂长度(两次试验的平均)不大于用相同物理状态的惰性物质做试验时的平均破裂长度的 1.5 倍
试验系列 B	在运输包件中是否传播爆炸(附录 A 中图 5-12 框 2)	"是":试验现场出现一个坑或产品下面的验证板穿孔;加上大部分封闭材料分裂和四散;或包件下半部中的传播速度是等速,而且高于声音在物质中的速度。 "否":试验现场没有出现一个坑,产品下面的验证板没有穿孔,速度测量(如果有)显示传播速度低于声音在物质中的速度。对于固体,在试验后可收回未反应物质

危险特性的类别	危险特性试验的项目	危险特性的试验标准
试验系列 C	在运输包件中能否传播爆炸(附录 A 中图 5 - 12 框 3、4、5)	1　时间/压力试验 "是,很快":压力从 690 kPa 上升至 2 070 kPa 的时间小于 30 ms。 "是,很慢":压力从 690 kPa 上升至 2070 kPa 的时间大于或等于 30 ms。 "否":压力没有上升至比大气压高 2070 kPa。 　注:必要时,应当进行试验 2 爆燃试验来区分"是"、"很慢"和"否"。 2　爆燃试验 "是,很快":爆燃速度大于 5.0 mm/s。 "是,很慢":爆燃速度小于或等于 5.0 mm/s,大于或等于 0.35 mm/s。 "否":爆燃速度小于 0.35 mm/s,或反应在达到下刻度之前停止。 　注:如果没有得到"是,很快"的结果,应进行试验 1 时间/压力试验。 A)试验 1、2 的结果都是"是,很快",即为"是,很快"。 B)试验 1 的结果不是"是、很快",试验 2 的结果是"是,很慢",即为"是,很慢"。 C)试验 1 的结果不是"是、很快",试验 2 的结果是"否",即为"否"
试验系列 D	在运输包件中能否迅速燃爆(附录 A 中图 5 - 12 框 6)	"是":内容器或外容器裂成三块以上(容器底部和顶部除外),表明试验物质在该包件中迅速燃爆。 "否":内容器或外容器没有破裂或裂成三块以下(容器底部和顶部除外),表明试验物质在该包件中不迅速燃爆
试验系列 E	在规定的封闭条件下加热的效应(附录 A 中图 5 - 12 框 7、8、9、13)	1　克南试验 "激烈":极限直径大于或等于 2.0 mm。 "中等":极限直径等于 1.5 mm。 "微弱":极限直径等于或小于 1.0 mm,在任何试验中得到的效应都不是"O"型效应。 "无":极限直径小于 1.0 mm,在所有试验中得到的效应都是"O"型效应。 2　荷兰压力容器试验 "激烈":用 9.0 mm 或更大的孔板和 10.0 g 的试样进行试验时防爆盘破裂。 "中等":用 9.0 mm 的孔板进行试验时防爆盘没有破裂,但用 3.5 mm 或 6.0 mm 的孔板和 10.0 g 的试样进行试验时防爆盘破裂

续表

危险特性的类别	危险特性试验的项目	危险特性的试验标准
试验系列 E	在规定的封闭条件下加热的效应（附录 A 中图 5-12 框 7、8、9、13）	"微弱"：用 3.5 mm 的孔板和 10.0 g 的试样进行试验时防爆盘没有破裂，但用 1.0 mm 或 2.0 mm 的孔板和 10.0 g 的试样进行试验时防爆盘破裂，或者用 1.0 mm 的孔板和 50.0 g 的试样进行试验时防爆盘破裂。"无"：用 1.0 mm 的孔板和 50.0 g 的试样进行试验时防爆盘没有破裂。两试验中最高的危险级别应用于分类
试验系列 F	考虑用中型散装货集装箱或罐体运输或考虑予以豁免的物质的爆炸力（附录 A 中图 5-12 框 12）	"不低"：平均净铅块膨胀等于或大于 12 cm³。"低"：平均净铅块膨胀小于 12 cm³，但大于 3 cm³。"无"：平均净铅块膨胀等于或小于 3 cm³
试验系列 G	在运输包件中热爆炸效应（附录 A 中图 5-12 框 10）	"是"：内容器和/或外容器裂成三片以上（不包括容器底部和顶部），表明试验物质能造成该包件爆炸。"否"：没有破裂或破裂碎片在三片以下，表明试验物质在包件中不爆炸

7 检验规则

7.1 检验项目按本标准的要求逐项进行检验。

7.2 危险特性的检验条件

有下列情况之一时，应进行危险特性检验：

——新产品投产或老产品转产时；

——正式生产后，如材料、工艺有较大改变，可能影响产品性能时；

——在正常生产时，每半年一次；

——产品长期停产后，恢复生产时；

——出厂检验结果与上次危险特性检验结果有较大差异时；

——国家质量监督机构提出进行危险特性检验。

7.3 判定规则

按照本标准 6.1 至 6.6 进行试验，依据试验结果与本标准 6.7 对有机过氧化物危险货物分类及包装进行判定。

附录 A

（规范性附录）

有机过氧化物分类流程图

A.1 有机过氧化物分类流程图

见图 5-12。

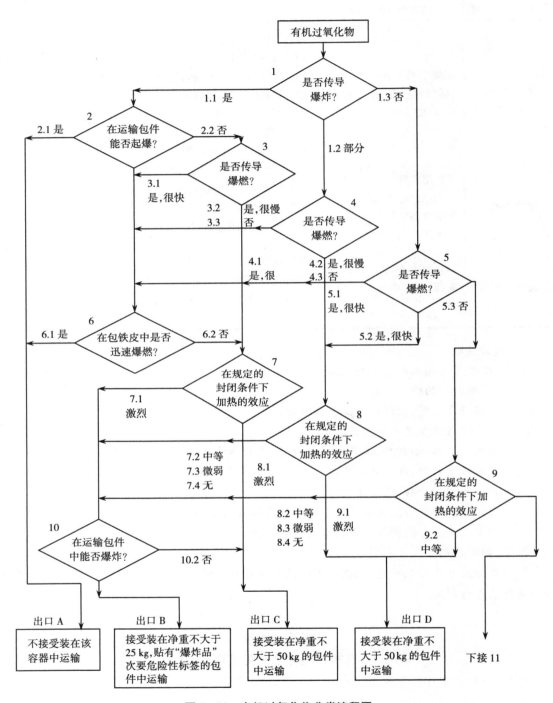

图 5-12　有机过氧化物分类流程图

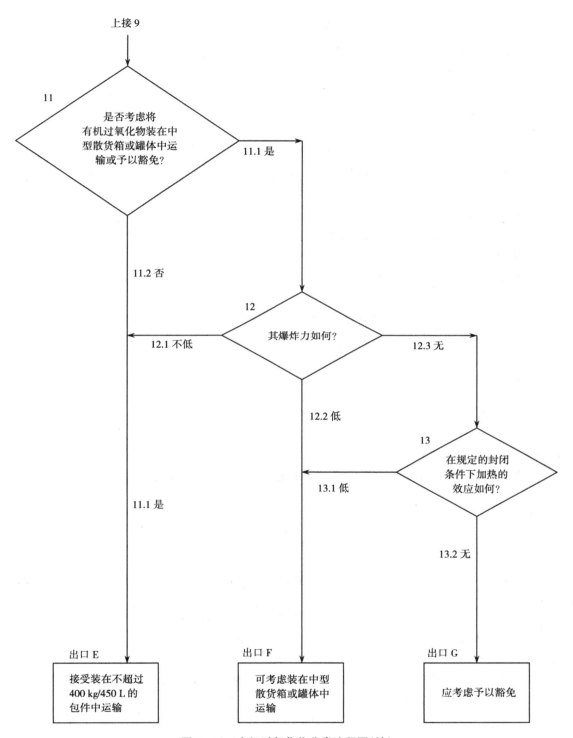

图 5 - 12　有机过氧化物分类流程图(续)

附录 B

（资料性附录）

试验 E.1:克南试验

B.1 试验目的

本试验用于确定物质在高度封闭条件下对高热作用的敏感度,它可以同荷兰压力容器试验一起用于确定附录 A 图 5－12 方框 7、8、9 和 13 的结果。

B.2 试验准备

B.2.1 在进行本试验前应当先进行预备试验。

B.2.2 本试验设备要求放在特定的区域内。该区域应具有排风系统,保证试验中产生的任何气体或烟能迅速排出;同时该区域内必须确保燃烧器的火焰不受任何气流的影响。

B.3 设备和材料

B.3.1 设备包括不能重复使用的钢管和可以重复使用的闭合装置以及四个燃烧器安装在一个保护装置内。

B.3.2 钢管是用质量合适的钢板深拉制成的,钢管的质量为 25.5±1.0 g,尺寸如图 5－13 所示,钢管的开口端做成凸缘。

B.3.3 用耐热的铬钢制成带有放气孔(供试验物质分解产生的气体由此排出)的封口板,放气孔的直径分别为 1.0 mm、1.5 mm、2.0 mm、2.5 mm、3.0 mm、5.0 mm、8.0 mm、12.0 mm、20.0 mm。

B.3.4 螺纹套筒和螺帽(闭合装置)的尺寸如图 5－13 所示。

B.3.5 设备保护装置的结构和尺寸如图 5－14 所示,两根棒放在穿过相对的两个箱壁的洞中,把钢管悬挂在这两根棒之间。

B.3.6 燃烧器的排列如图 5－14 所示,这些燃烧器用点火舌或电点火装置同时点燃。

B.3.7 工业级丙烷气体。

B.3.8 丙烷气瓶装有压力调节器并通过流量计与四个燃烧器连接。

B.4 试验方法

B.4.1 样品处理

对于固体样品如果是大颗粒需进行破碎后再进行试验。

B.4.2 试验准备

B.4.2.1 在正式检测前要对气体压力进行校准程序测量得到 3.3±0.3 K/s 的加热速率。

B.4.2.2 校准程序测量:加热一根装有 27 cm 邻苯二甲酸二丁酯的钢管(配有 1.5 mm 孔板),记录液体温度(用放在钢管中央距离管口 43 mm 处的直径 1 mm 热电偶测量)从 135 ℃上升至 285 ℃所需的时间,然后计算加热速率。

B.4.2.3 对于固体,每次试验所用的材料质量用分两阶段进行的准备程序来确定。

B.4.2.4 第一阶段样品准备。

B.4.2.4.1 在配衡钢管中装入 9 cm 的物质,用施加在钢管整个横截面的 80 N 的力将物质压实。如果物质是可压缩的,那么就再添加一些物质并予以压实,直到钢管装至距离顶端55 mm 为止。

注:为了安全,例如,物质对摩擦敏感,就不需要将物质压实。如果试样的物理形态可能因压缩而改变或者试样的压缩与条件不相关(例如纤维物质),可以采用更有代表性的装填程序。

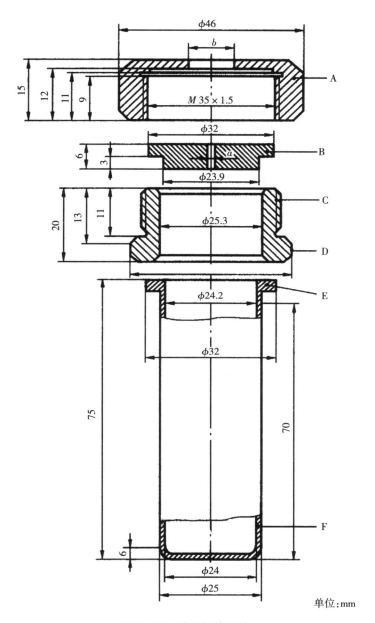

单位：mm

图 5 - 13　试验钢管组件

A—螺帽(b=10.0 mm 或 20.0 mm)带有 41 号扳手用平面；B—孔板(a=1.0～20.0 mm 直径)；C—螺帽套筒；D—36 号扳手用平面；E—凸缘；F—钢管

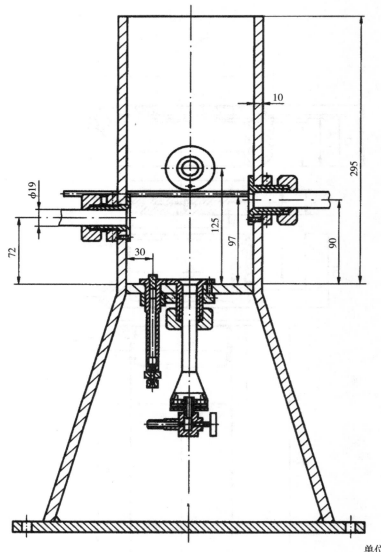

单位:mm

图 5 - 14　加热和保护装置

B.4.2.4.2　确定将钢管装至 55 mm 水平所用的物质总量,在钢管中再添加两次这一数量的物质,每次都用 80 N 的力压实。然后视需要,或者添加物质并压实,或者将物质取出,以便使钢管装至距离顶端 15 mm 的水平。

B.4.2.5　第二阶段样品准备。

B.4.2.5.1　将第一阶段的准备程序中确定的物质总量的三分之一装入钢管并压实。

B.4.2.5.2　再在钢管里添加两次这一数量的物质并用 80 N 的力压实,然后视需要添加或取出物质,以便将钢管中的物质水平调至距离顶端 15 mm。

B.4.2.5.3　第二阶段的准备程序中确定的数量为重复试验所用的固体数量,将这一数量分成三等份装入钢管,每一等份都用所需的力压缩成 9 mm³。

B.4.2.6　液体和胶体装至钢管的 60 mm 高处,装胶体时应特别小心以防形成空隙。

B.4.2.7　在涂上一些以二硫化钼为基料的润滑油后,将螺纹套筒从下端套到钢管上,插入适当的孔板并用手将螺帽拧紧。必须查明没有物质留在凸缘和孔板之间或留在螺纹内。

B.4.2.8　用孔径为1.0mm至8.0mm的孔板时,应当使用孔径10.0mm的螺帽;如果孔板的孔径大于8.0mm,那么螺帽的孔径应当是20.0mm。每个钢管只用于做一次试验。孔板、螺纹套筒和螺帽如果没有损坏可以再次使用。

B.4.3　样品检测

B.4.3.1　把钢管夹在固定的台钳上,用扳手把螺帽拧紧。然后将钢管悬挂在保护箱内的两根棒之间。

B.4.3.2　将试验区弄空,打开气体燃料供应,将燃烧器点燃。

B.4.3.3　到达反应的时间和反应的持续时间可提供用于解释结果的额外资料。如果钢管没有破裂,应继续加热至少5min才结束试验。

B.4.3.4　在每次试验之后,如果有钢管破片,应当收集起来用天平称重。

B.4.4　试验效应辨别

"O":钢管无变化;

"A":钢管底部凸起;

"B":钢管底部和管壁凸起;

"C":钢管底部破裂;

"D":管壁破裂;

"E":钢管裂成两片*;

"F":钢管裂成三片*或更多片,主要是大碎片,有些大碎片之间可能有一狭条相连;

"G":钢管裂成许多片,主要是小碎片,闭合装置没有损坏;

"H":钢管裂成许多非常小的碎片,闭合装置凸起或破裂。

注:*表示留在闭合装置中的钢管上半部分算是一片。

B.4.4.1　"D""E"和"F"型效应的例子如图5-15所示。如果试验得出"O"至"E"中的任何一种效应,结果即被视为"无爆炸"。

B.4.4.2　如果试验得出"F""G"或"H"效应,结果即被评定为"爆炸"。

B.4.5　试验系列

B.4.5.1　试验系列从使用20.0mm的孔板做一次试验开始。如果在这次试验中观察到"爆炸"结果,就使用没有孔板和螺帽但有螺纹套筒(孔径24.0mm)的钢管继续进行试验。

B.4.5.2　如果在孔径20.0mm时"没有爆炸",就用以下孔径12.0mm、8.0mm、5.0mm、3.0mm、2.0mm、1.5mm,最后用1.0mm的孔板继续做一次性试验,直到这些孔径中的某一个取得"爆炸"结果为止。

B.4.5.3　然后按照B.2.1中所给的顺序,用孔径越来越大的孔板进行试验,直到用同一孔径进行三次试验都得到负结果为止。

B.4.5.4　物质的极限直径是得到"爆炸"结果的最大孔径。

B.4.5.5　如果用1.0mm直径取得的结果是没有"爆炸",极限直径即记录为小于1.0mm。

B.5　试验结果评估

B.5.1　试验标准如下:

"激烈":极限直径大于或等于2.0mm。

"中等":极限直径等于1.5mm。

"微弱":极限直径等于或小于1.0mm,在任何试验中得到的效应都不是"O"型效应。

"无":极限直径小于1.0mm,在所有试验中得到的效应都是"O"型效应。

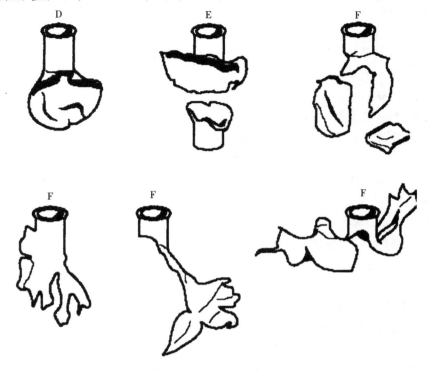

图 5-15　D、E 和 F 效应例子

附录 C
（资料性附录）
试验 E.2:荷兰压力容器试验

C.1　试验目的

本试验用于确定物质在规定的封闭条件下对高热作用的敏感度,它可以同克南试验一起用于确定附录 A 图 5-12 框 7、8、9 和 13 的结果。

C.2　试验准备

C.2.1　在进行本试验前应当先进行预备试验。

C.2.2　试验区应当通风良好并且在试验期间禁止入内,在试验区外面用镜子或者通过安有装甲玻璃的壁孔观察容器。

C.3　设备和材料

C.3.1　压力容器说明

C.3.1.1　使用的设备如图 5-16 所示。容器用 AISI 316 型号的不锈钢制成。

C.3.1.2　使用 8 个有孔圆板,孔的直径为 1.0mm、2.0mm、3.5mm、6.0mm、9.0mm、12.0mm、16mm 和 24.0mm。这些圆板的厚度为 2.0±0.2mm。

C.3.1.3　防爆盘是直径 38mm 的铝圆板,设计在 22℃时在 620±60kPa 压力下爆裂(图

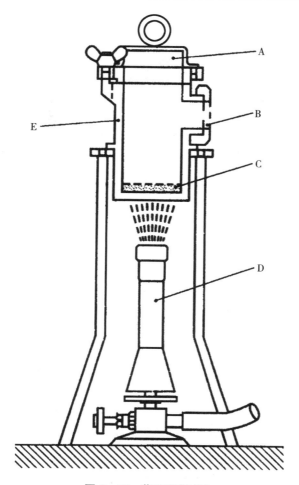

图 5 - 16　荷兰容器试验

A—防爆盘;B—孔板;C—试样(10 g 或 50 g);D—特克卢燃
烧器;E—压力容器,内直径 50 mm,内部高度 94.5 mm

5-17)。

C.3.2　加热装置

C.3.2.1　压力容器使用特克卢燃烧器。

C.3.2.2　工业级丁烷作为燃料。

C.3.2.3　丁烷气瓶通过调节器得到 3.5 ± 0.3 K/s 的加热速率。

C.3.2.4　加热速率校准:在压力容器中用 10 g 酞酸二丁酯并测量其温度来核对加热率。记录油的温度从 50 ℃ 上升到 200 ℃ 所需的时间,然后计算加热率。

C.4　检测方法

C.4.1　称取 10.0 g 待测物质放入到容器内,并要均匀地分布在容器底部。

C.4.2　首先使用孔径 16.0 mm 的孔板。然后把防爆盘、中心孔板和扣环装好。用手把翼形螺帽拧紧,用扳手把外套螺帽拧紧。

C.4.3　防爆盘用足够的水覆盖着以使其保持低温。

C.4.4　压力容器放在保护圆筒内的三脚架(内圈直径 67 mm)上。容器中部的环落在三

323

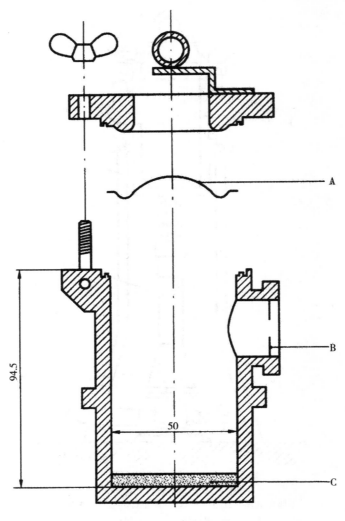

图 5-17 防爆盘组件

A—防爆盘;B—孔板;C—试样

脚架上。

C.4.5 点燃燃烧器。

C.4.5.1 将气体流量调到所需的流量,并且调整空气流量以使火焰颜色呈蓝色,火焰内层呈淡蓝色。

C.4.5.2 三脚架的高度使火焰内层刚好接触到容器底部。

C.4.5.3 然后将燃烧器通过保护圆筒的开口处放在容器下面。

C.4.6 通过壁控观察试验现象,并记录下反应时间和反应持续时间。

C.4.7 最后把容器放在水里冷却并清洗。

C.4.8 如果用 16.0 mm 的孔板防爆盘没有破裂,试验应依次用直径 6.0 mm、2.0 mm 和 1.0 mm 的孔板进行(每种直径只进行一次试验),直到防爆盘破裂。

C.4.9 如果用 1.0 mm 的孔板没有观察到防爆盘破裂,那么用 1.0 mm 孔板进行下一次试验,称样 50.0 g。并要均匀地分布在容器底部。

C.4.10　如果仍然没有观察到防爆盘破裂,那么试验应重复进行,直到连续三次试验都没有观察到防爆盘破裂。

C.4.11　如果防爆盘破裂,试验应在更高的下一级(用10 g而不是50 g物质或者下一个更大直径的孔板)上重复进行,直到连续三次试验都没有破裂。

C.5　试验结果评估

C.5.1　物质对在压力容器中加热的相对敏感度用极限直径表示。极限直径是用毫米表示的如下孔板的最大直径:在用该孔板进行的三次试验中,防爆盘至少破裂一次,而在用下一个更大直径的孔板进行的三次试验中防爆盘都没有破裂。

C.5.2　试验标准如下:

激烈:用9.0 mm或更大的孔板和10.0 g的试样进行试验时防爆盘破裂。

中等:用9.0 mm的孔板进行试验时防爆盘没有破裂,但用3.5 mm或6.0 mm的孔板和10.0 g的试样进行试验时防爆盘破裂。

微弱:用3.5 mm的孔板和10.0 g的试样进行试验时防爆盘没有破裂,但用1.0 mm或2.0 mm的孔板和10.0 g的试样进行试验时防爆盘破裂,或者用1.0 mm的孔板和50.0 g的试样进行试验时防爆盘破裂。

无:用1.0 mm的孔板和50.0 g的试样进行试验时防爆盘没有破裂。

三、反应性鉴别标准

符合下列任何条件之一的固体废物。属于反应性危险废物:

(1)具有爆炸性质

①常温常压下不稳定,在无引爆条件下,易发生剧烈反应。

②标准温度(25 ℃)和压力(101.3 kPa)下,已发生爆轰或爆炸性分解反应。

③受强起爆剂作用或在封闭条件下加热,能发生爆轰或爆炸反应。

(2)与水或酸接触产生易燃气体或有毒气体

①与水混合发生剧烈化学反应,并放出大量易燃气体和热量。

②与水混合能产生足以危害人体健康或环境的有毒气体、蒸汽或烟雾。

③在酸性条件下,每千克含氰化物废物分解产生≥250 mg氰化氢气体,或者每千克含硫化物废物分解产生≥500 mg硫化氢气体。

(3)废弃氧化剂或有机过氧化物

①极易引起燃烧或爆炸的废弃氧化剂。

②对热、震动或摩擦极为敏感的含过氧基的废弃有机过氧化物。

第六章 危险废物毒性物质含量的检测

第一节 毒性物质含量检测内容

根据《危险废物鉴别标准 毒性物质含量鉴别》(GB 5085.6—2007)的要求,毒性物质含量鉴别的内容有剧毒物质、有毒物质、致癌性物质、致突变性物质、生殖毒性物质、持久性有机污染物等。

一、剧毒物质名录(GB 5085.6—2007 附录 A)

剧毒物质指具有非常强烈毒性的化学物质,包括人工合成的化学品及其混合物和天然毒素。

剧毒物质名录见表 1-4。

二、有毒物质名录(GB 5085.6—2007 附录 B)

有毒物质指经吞食、吸入或皮肤接触后可能造成死亡或严重健康损害的物质。

有毒物质名录见表 1-5。

三、致癌性物质名录(GB 5085.6—2007 附录 C)

致癌性物质指可诱发癌症或增加癌症发生率的物质。

致癌性物质名录见表 1-6。

四、致突变性物质名录(GB 5085.6—2007 附录 D)

致突变性物质指可引起人类的生殖细胞突变并能遗传给后代的物质。

致突变性物质名录见表 1-7。

五、生殖毒性物质名录(GB 5085.6—2007 附录 E)

生殖毒性物质指对成年男性或女性性功能和生育能力以及后代的发育具有有害影响的物质。

生殖毒性物质名录见表 1-8。

六、持久性有机污染物名录(GB 5085.6—2007 附录 F)

持久性有机污染物指具有毒性、难降解和生物蓄积等特性,可以通过空气、水和迁徙物种长距离迁移并蓄积,在沉积地的陆地生态系统和水域生态系统中蓄积的有机化学物质。

持久性有机污染物名录见表 1-9。

GB 5085.3 及 GB 5085.6 的附录与分析方法列于表 6-1。

表 6-1 附录与分析方法对照表

附录	分析方法
GB 5085.3—2007 附录 A	元素的测定 电感耦合等离子体原子发射光谱法
GB 5085.3—2007 附录 B	元素的测定 电感耦合等离子体质谱法
GB 5085.3—2007 附录 C	金属元素的测定 石墨炉原子吸收光谱法
GB 5085.3—2007 附录 D	金属元素的测定 火焰原子吸收光谱法
GB 5085.3—2007 附录 E	砷、锑、铋、硒的测定 原子荧光法
GB 5085.3—2007 附录 F	氟离子、溴酸根、氯离子、亚硝酸根、氰酸根、溴离子、硝酸根、磷酸根、硫酸根的测定 离子色谱法
GB 5085.3—2007 附录 G	氰根离子和硫离子的测定 离子色谱法
GB 5085.3—2007 附录 H	有机氯农药的测定 气相色谱法
GB 5085.3—2007 附录 I	有机磷化物的测定 气相色谱法
GB 5085.3—2007 附录 J	硝基芳烃和硝基胺的测定 高效液相色谱法
GB 5085.3—2007 附录 K	半挥发性化合物的测定 气相色谱/质谱法
GB 5085.3—2007 附录 L	非挥发性有机化合物的测定 高效液相色谱/热喷雾/质谱或紫外法
GB 5085.3—2007 附录 M	半挥发性有机化合物(PAHs 和 PCBs)的测定 热提取气相色谱/质谱法
GB 5085.3—2007 附录 N	多氯联苯(PCBs)的测定 气相色谱法
GB 5085.3—2007 附录 O	挥发性有机化合物的测定 气相色谱/质谱法
GB 5085.3—2007 附录 P	芳香族及含卤挥发物的测定 气相色谱法
GB 5085.3—2007 附录 Q	挥发性有机物的测定 平衡顶空法
GB 5085.3—2007 附录 R	含氯烃类化合物的测定 气相色谱法
GB 5085.6—2007 附录 G	半挥发性有机物分析的样品前处理 加速溶剂萃取法
GB 5085.6—2007 附录 H	N-甲基氨基甲酸酯的测定 高效液相色谱法
GB 5085.6—2007 附录 I	杀草强的测定 衍生-固相提取-液质联用法
GB 5085.6—2007 附录 J	百草枯和敌草快的测定 高效液相色谱紫外法
GB 5085.6—2007 附录 K	苯胺及其选择性衍生物的测定 气相色谱法
GB 5085.6—2007 附录 L	草甘膦的测定 高效液相色谱-柱后衍生荧光法
GB 5085.6—2007 附录 M	苯基脲类化合物的测定 固相提取-高效液相色谱紫外分析法
GB 5085.6—2007 附录 N	氯代除草剂的测定 甲基化或五氟苄基衍生气相色谱法
GB 5085.6—2007 附录 O	可回收石油烃总量的测定 高效液相色谱法
GB 5085.6—2007 附录 P	羰基化合物的测定 高效液相色谱法
GB 5085.6—2007 附录 Q	多环芳烃的测定 高效液相色谱法
GB 5085.6—2007 附录 R	丙烯酰胺的测定 气相色谱法
GB 5085.6—2007 附录 S	多氯代二苯并二噁英和多氯代二苯并呋喃的测定 高分辨气相色谱/高分辨质谱法

第二节　危险废物毒性物质含量的检测方法

一、N-甲基氨基甲酸酯的测定

高效液相色谱法(GB 5085.6—2007　附录 H)

1　范围

本方法适用于土壤、水体和废物介质中涕灭威 Aldicarb (Temik),涕灭威砜 Aldicarb Sulfone,西维因 Carbaryl (Sevin),虫螨威 Carbofuran (Furadan),二氧威 Dioxacarb,3-羟基虫螨威 3-Hydroxycarbofuran,灭虫威 Methiocarb (Mesurol),灭多威 Methomyl (Lannate),猛杀威 Promecarb,残杀威 Propoxur (Baygon)等 10 种 N-甲基氨基甲酸酯的高效液相色谱测定。

本方法测定了各种目标分析物在无有机物的试剂水体中和土壤中的检测限,见表 6-2。

表 6-2　洗脱顺序、保留时间和检出限

目标分析物	保留时间(min)	检出限	
		不含有机物的试剂水($\mu g/L$)	土壤($\mu g/kg$)
涕灭威砜 Aldicarb Sulfone	9.59	1.9	44
灭多威 Methomyl (Lannate)	9.59	1.7	12
3-羟基虫螨威 3-Hydroxycarbofuran	12.70	2.6	10
二氧威 Dioxacarb	13.5	2.2	>50
涕灭威 Aldicarb (Temik)	16.05	9.4	12
残杀威 Propoxur (Baygon)	18.06	2.4	17
虫螨威 Carbofuran (Furadan)	18.28	2.0	22
西维因 Carbaryl (Sevin)	19.13	1.7	31
α-萘芬 α-Naphthol	20.30	—	—
灭虫威 Methiocarb (Mesurol)	22.56	3.1	32
猛杀威 Promecarb	23.02	2.5	17

2 原理

水体中的 N-甲基氨基甲酸酯用二氯甲烷萃取,土壤、含油固体废弃物和油中的 N-甲基氨基甲酸酯用乙腈萃取。萃取溶剂再转换至甲醇/乙二醇,然后萃取物经 C18 固相提取小柱净化,过滤,并在 C18 分析柱上洗脱分离,分离后目标分析物经水解和柱后衍生,再用荧光检测器定量。

3 试剂和材料

3.1 试剂水:不含有机物的试剂级水。

3.2 乙腈:HPLC 级。

3.3 甲醇:HPLC 级。

3.4 二氯甲烷:HPLC 级。

3.5 己烷:农残级。

3.6 乙二醇:试剂级。

3.7 氢氧化钠:试剂级。

3.8 磷酸:试剂级。

3.9 硼酸盐缓冲液:pH 为 10。

3.10 邻-苯二甲醛:试剂级。

3.11 2-巯基乙醇:试剂级。

3.12 N-甲基氨基甲酸酯:准标准物。

3.13 氯乙酸:0.1 mol/L。

3.14 反应液

0.5 g 邻-苯二甲醛在 1 L 容量瓶内溶于 10 mL 甲醇中,再加 900 mL 不含有机物的试剂水,50 mL 硼酸盐缓冲液(pH 10)。经充分混匀后加入 1 mL 2-巯基乙醇,再用不含有机物的试剂水稀释至刻度,充分混合溶液。按需每周制备新鲜溶液,要避光冷藏。

3.15 标准液

3.15.1 标准贮备液:将 0.025 g 氨基甲酸酯加到 25 mL 容量瓶中用甲醇稀释至刻度制成单一的 1000 mg/L 溶液。溶液冷藏于带聚四氟乙烯衬里的螺纹盖或宽边瓶塞的玻璃样品瓶内,每 6 个月更换一次。

3.15.2 间接标准液:将 2.5 mL 每种贮备溶液加到 50 mL 容量瓶中用甲醇稀释至刻度,制成混合的 50.0 mg/L 溶液。溶液冷藏于带聚四氟乙烯衬里的螺纹盖或宽边瓶塞的玻璃样品瓶内,每 3 个月更换一次。

3.15.3 工作标准液:将 0.25 mL、0.5 mL、1.0 mL、1.5 mL 和 2.5 mL 的间接混合标准液分别加入 25 mL 容量瓶,每个容量瓶用甲醇稀释至刻度,制成 0.5 mg/L、1.0 mg/L、2.0 mg/L、3.0 mg/L 和 5.0 mg/L 的溶液。溶液冷藏于带聚四氟乙烯衬里的螺纹盖或宽边瓶塞的玻璃样品瓶内,每 2 个月更换一次,或按需随时更换。

3.15.4 混合 QC 标准液:从另一组标准贮备液制备 40.0 mg/L 溶液。将每种贮备标准液 2.0 mL 加到一个 50 mL 容量瓶并用甲醇稀释至刻度。溶液冷藏于带聚四氟乙烯衬里的螺纹盖或宽边瓶塞的玻璃样品瓶内,每 3 个月更换一次。

4 仪器

4.1 高效液相色谱仪:带荧光检测器。

4.2 离心机。

4.3 分析天平:±0.000 1 g。

4.4 大负荷天平:±0.01 g。

4.5 台式振荡器。

4.6 加热板或同类设备:能适用有 10 mL 刻度的容器。

5 样品的采集、保存和预处理

5.1 由于 N-甲基氨基甲酸酯在碱性介质中极不稳定,水、废水和浸出液采集后必须立即用 0.1 mol/L 氯乙酸酸化至 pH 为 4～5 后保存。

5.2 样品从采集后至分析前须避免阳光直射外,在 4 ℃ 下保存,N-甲基氨基甲酸酯易碱性水解对热敏感。

5.3 所有样品必须在采集后 7 d 内萃取,在萃取后 40 d 内分析完。

6 分析步骤

6.1 萃取

6.1.1 水、生活废水、工业废水及浸出液

量取 100 mL 样品至 250 mL 分液漏斗内,用 30 mL 二氯甲烷萃取,猛烈摇动 2 min 再重复萃取二次,将 3 次萃取液合并至 100 mL 容量瓶内并用二氯甲烷稀释至容积。若需要清洗按6.2 进行,若不需要清洗直接按 6.3.1 进行。

6.1.2 土壤、固体、污泥和高悬浮物的水体

6.1.2.1 样品干重的测定

如果样品的结果要求以干重为基准,必须在称出样品供分析测定的同时称出部分样品供此测定用。

注意:干燥炉应该放在通风橱内或可放在室外。有些污染严重的危险废物样品可能会导致实验室的严重污染。

将萃取部分的样品称量后,再称 5～10 g 样品放入恒重的坩埚,在 105 ℃ 干燥过夜后,测出样品干重的百分比,样品需在干燥器内冷却后再称重。

$$干重质量分数 = \frac{样品质量(g)}{干样质量(g)} \times 100\%$$

6.1.2.2 萃取

称量 20±0.1 g 样品于 250 mL 带特氟龙衬里螺纹盖的锥形烧瓶中,加 50 mL 乙腈并在台式振荡器上振动 2 h,混合物静止 5～10 min 后,再把萃取液倒入 250 mL 离心管内,重复萃取 2次,每次用 20 mL 乙腈,振荡 1 h,倒出并合并三次萃取液,混合的萃取液在 2 000 r/min 下离心10 min,小心倒出上清液至 100 mL 容量瓶内,用乙腈稀释至定容(稀释指数=5),按 6.3.2 继续操作。

6.1.3 受非水溶物质(如油)严重污染的土壤

6.1.3.1 样品干重的测定参照 6.1.2.1。

6.1.3.2 萃取

称量 20±0.1 g 样品于 250 mL 带特氟龙衬里螺纹盖的锥形烧瓶中,加 60 mL 己烷并在台式振荡器上振动 1 h,再加 50 mL 乙腈并振荡 3 h。混合物静止 5～10 min 后,再倒出溶剂层至250 mL 分液漏斗。取出乙腈(下层)通过滤纸滤入 100 mL 容量瓶中,加 60 mL 己烷和 50 mL乙腈至萃取样品瓶中并振荡 1 h,混合物静止后,将其倒入含第一次萃取留下的己烷的分液漏斗中,振荡分液漏斗 2 min,等待相分离后,放出乙腈通过滤纸流入容量瓶,用乙腈稀释至定容(稀释指数=5),按 6.3.2 继续操作。

6.1.4　非水液体(油等)

6.1.4.1　萃取

称取 $20\pm0.1\,g$ 样品至 $125\,mL$ 分液漏斗,加 $40\,mL$ 己烷和 $25\,mL$ 乙腈并剧烈摇动样品混合物 $2\,min$,等待相分离后,放出乙腈(下层)至 $100\,mL$ 容量瓶中,再加 $25\,mL$ 乙腈至含样品的分液漏斗,振荡 $2\,min$,等待相分离后,放出乙腈至容量瓶中,用 $25\,mL$ 乙腈重复萃取,合并萃取液,用乙腈稀释至定容(稀释指数=5),按6.3.2继续操作。

6.2　清洗

抽取 $20.0\,mL$ 萃取液至内含 $100\,\mu L$ 乙二醇的 $20\,mL$ 玻璃样品瓶内,将样品瓶放在 $50\,℃$ 的加热板上,在 N_2 气流下缓慢蒸发萃取液(在通风橱内进行)直至仅剩下乙二醇残留物,将乙二醇残留物溶于 $2\,mL$ 甲醇中,通过已冲洗过的C18反相柱芯柱,并把流出物收集在 $5\,mL$ 容量瓶内,用甲醇淋洗柱芯柱收集流出液直至最终体积达 $5\,mL$ 为止(稀释指数=0.25)。用一次性 $0.45\,\mu m$ 过滤器,过滤出一份清洗过的萃取液,过滤液直接流入已标记好的自动进样器样品瓶内,这时的萃取液已可用作分析,按6.4继续进行。

6.3　溶剂转换

6.3.1　水、生活废水、工业水及浸出液

吸取 $10.0\,mL$ 萃取液移入含 $100\,\mu L$ 乙二醇的 $10\,mL$ 带刻度的玻璃样品瓶内,将样品瓶放在设置为 $50\,℃$ 的加热板上,缓缓地在 N_2 气流下缓慢蒸发萃取液(在通风橱内进行)直至仅剩下乙二醇残留物,滴加甲醇至乙二醇残留物上直至总容积为 $1\,mL$(稀释指数=0.1)。用一次性 $0.45\,\mu m$ 过滤器将此萃取液直接滤入已标记好的自动进样器样品瓶内,此时的萃取液已可用作分析,按6.4继续进行。

6.3.2　土壤、固体、污泥和高悬浮物水体和非水液体

将 $15\,mL$ 乙腈萃取液流过先用 $5\,mL$ 乙腈清洗过的C18反相柱芯柱,弃去最初的 $2\,mL$ 流出液,再收集其余的部分,将 $10.0\,mL$ 干净的萃取液移入内含 $100\,\mu L$ 乙二醇的 $10\,mL$ 带刻度的玻璃样品瓶内,将样品瓶置于设定 $50\,℃$ 的加热板上,缓缓地在 N_2 气流下缓慢蒸发萃取液(在通风橱内进行)直至仅剩下乙二醇残留物,滴加甲醇至乙二醇残留物上直至总容积为 $1\,mL$(附加稀释指数=0.1;总稀释指数=0.5)。用一次性 $0.45\,\mu m$ 过滤器将此萃取液直接滤入已标记好的自动进样器样品瓶内,这时的萃取液已可用作分析,按6.4继续进行。

6.4　样品分析

6.4.1　分析样品用的色谱条件。

6.4.1.1　色谱条件

溶剂A:不含有机物的试剂水,每升水用 $0.4\,mL$ 磷酸酸化;

溶剂B:甲醇/乙腈(1:1,体积分数);

流速: $1.0\,mL/min$;

进样体积: $20\,\mu L$。

6.4.1.2　柱后的水解参数

溶液: $0.05\,mol/L$ 氢氧化钠水溶液;

流速: $0.7\,mL/min$;

温度: $95\,℃$;

滞留时间: $35\,s$($1\,mL$ 反应管)。

6.4.1.3　柱后的衍生反应参数

溶液:邻苯二甲醛/2-巯基乙醇;

流速:0.7 mL/min;

温度:40 ℃;

滞留时间:25 s(1 mL 反应管)。

6.4.1.4　荧光检测器条件

池体积:10 μL;

激发波长:340 nm;

发射波长:41 nm 截止滤光片;

灵敏度波长:0.5 μA;

PMT 电压:-800 V;

时间常数:2 s。

6.4.2　如果样品信号的峰面积超过校正范围,须将萃取液做必要的稀释,并重新分析稀释后的萃取液。

6.5　校正

6.5.1　分析溶剂空白(20 μL 甲醇)确保系统清洁,分析校正用的标准物(从 0.5 mg/L 标准液开始至 5.0 mg/L 标准液为止),如果每种分析物的响应因子(RF)平均值的相对百分标准偏差(RSD,%)未超过 20%,系统校正合格可以进行样品分析,如果任何一个分析物的 RSD(%)超过 20%,系统需再行检查并用新制备的校正液再做校正。

6.5.2　用已建立的校正平均响应因子,在每天开始分析时均对仪器进行校正核对。分析 2.0 mg/L 混合标准液。如果每种分析物质量浓度落在 1.70~2.30 mg/L 范围内(即真值的 ±15% 内)认可仪器校正合格,可以进行样品分析。如果任何一个分析物的测得值超过它真值的 ±15%,仪器必须做再次校正(6.5.1)。

6.5.3　每分析 10 个样品,要用 2.0 mg/L 标准液做一次分析,以确认保留时间和响应因子在可接受的范围内偏差较大(即测得质量浓度超过真值质量浓度 ±15%)时,需要对样品再次分析。

7　结果计算

7.1　响应因子(RF)如下(根据 5 点取平均值):

$$RF = \frac{标准液质量浓度}{信号的面积}$$

$$\overline{RF} = \frac{\sum\limits_i^5 RF_1}{5}$$

$$\overline{RF} \text{ 的 } RSD = \frac{\left[(\sum\limits_i^5 RF_1 - \overline{RF})^2\right]^{\frac{1}{2}}/4}{\overline{RF}} \times 100\%$$

7.2　N-甲基氨基甲酸酯的质量浓度(ρ)如下:

$$\rho(\mu g/g \text{ 或 } mg/L) = (\overline{RF})(信号的面积)(稀释指数)$$

8　质量保证和控制

8.1　在分析任何样品前,分析人员必须通过对每种基质做空白分析实验来确认所有玻璃器皿和试剂均无干扰,每当试剂改变时必须重做空白分析以确保实验室无任何污染。

8.2　每分析一批样品时,必须要配制并分析检查 QC 的溶液,可以从 40.0 mg/L 的混合 QC 标准溶液制成每种分析物质量浓度为 2.0 mg/L 的溶液,它们可接受的响应范围为 1.7~

2.3 mg/L。

8.3　由于淬灭而引起负干扰可以用合适标样配成适当质量浓度的加标萃取液来测定,也可用实测值与预期值的差来衡量。

8.4　用去离子水替代柱后反应系统中的 NaOH 和 OPA 试剂,可以确认任何检测出的分析物并重新分析可疑的萃取液,持续的荧光响应说明存在干扰(因为荧光响应并非由柱后的衍生产生),在解释色谱图时需格外注意。

二、杀草强的测定

衍生-固相提取-液质联用法(GB 5085.6—2007　附录 I)

1　范围

本方法适用于固体废物中杀草强的衍生-固相提取-液质联用法测定。

方法检出限为 0.02 μg/L。

2　原理

液体样品用氯甲酸己酯衍生,得到的衍生产物用 C18 固相提取小柱净化,用液相色谱/质谱联用系统进行检测。

3　试剂和材料

3.1　水:HPLC 级。

3.2　甲醇:HPLC 级。

3.3　乙醇:HPLC 级。

3.4　乙腈:HPLC 级。

3.5　醋酸铵:分析纯或更高纯度。

3.6　吡啶:分析纯或更高纯度。

3.7　固相提取小柱:C18,内含 500 mg 填料。

3.8　滤膜:0.2 μm,3 mmol/L,尼龙。

3.9　色谱柱:C18,3.5 μm,3×150 mmol/L 色谱柱。

3.10　杀草强。

3.11　内标物。

4　仪器

4.1　高效液相色谱仪:具有梯度分离能力。

4.2　四极杆质谱检测器。

5　分析步骤

5.1　衍生

5.1.1　向 50 mL 水样中加入 25 ng 内标物(取 250 μL 质量浓度为 100 μg/L 的内标物甲醇贮备液)。

5.1.2　加入体积比 60:32:8(水:乙醇:吡啶)混合溶液共 2.5 mL。

5.1.3　加入 200 μL 氯甲酸己酯溶液(取 100 μL 氯甲酸己酯用 10 mL 乙腈配制的溶液)。

5.1.4　涡旋搅拌 30 s,作为固相提取上样溶液。

5.2　固相提取

5.2.1　小柱活化

依次用下列溶剂活化小柱：两份 3 mL 体积比 1 : 1(乙腈：甲醇)混合溶液；3 mL 甲醇；两份 3 mL 水。

5.2.2 上样：加入 50 mL 经过衍生的水样。

5.2.3 洗涤：用两份 3 mL 水清洗小柱，并继续抽真空使小柱干涸。

5.2.4 洗脱：用三份 1 mL 体积比 1 : 1(乙腈：甲醇)混合溶液洗脱。

5.2.5 挥发并配制：将洗脱液挥发至近干。用 200 μL 水复溶，涡旋搅拌 10 s，过滤。

5.3 液相色谱条件

流动相：溶剂 A，10 mmol/L 醋酸铵水溶液；溶剂 B，甲醇。

梯度，如表 6-3 所示。

表 6-3 梯度变化

时间(min)	溶剂 A	溶剂 B
0	35	65
10	35	65
15	0	100
20	35	65

分析时间：20 min；

平衡时间：6 min；

流速：0.4 mL/min；

柱温：30 ℃；

进样体积：100 μL。

5.4 质谱分析条件

离子化模式：APCI$^+$；

选择离子监测(SIM)参数如表 6-4 所示。

表 6-4 选择离子监测(SIM)参数

时间(min)	离子	增益
4	213(杀草强)	10
8	259(内标物)	1

碎裂电压：100 V；

选择离子分辨率(SIM Resolution)：低；

挥发器温度(Vaporizer)：325 ℃；

干燥气(N$_2$)：5.0 L/min；

气体温度：350 ℃；

喷雾器压力(Nebulizer pressure)：0.41 MPa(60 lb/in^2)；

毛细管电压(Vcap)：4 000 V；

电晕电流(Corona)：4.0 μA。

6 结果计算

样品中杀草强的质量浓度 ρ(μg/L)以下式计算：

$$\rho(\mu g/L) = \frac{测定质量浓度(\mu g/L) \times 萃取液体积(L)}{水样体积(L)}$$

三、百草枯和敌草快的测定

高效液相色谱紫外法(GB 5085.6—2007　附录 J)

1　范围

本方法适用于固体废物中的百草枯和敌草快(杀草快)的高效液相色谱紫外法测定。

本方法检出限分别为:百草枯 0.68 mg/L 和敌草快 0.72 mg/L。

2　原理

水样用 C8 固相提取小柱或 C8 圆盘型固相提取膜提取,之后用反相离子对液相色谱法分离,紫外检测器(光电二极管阵列检测器)进行检测。

3　试剂和材料

3.1　固相提取所用材料与试剂

3.1.1　固相提取小柱:C8,500 mg。

3.1.2　固相提取装置。

3.1.3　真空泵:能够保持 1~1.3 kPa(8~10 mmHg)真空度。

3.1.4　活化溶液 A:取 0.500 g 十六烷基三甲基溴化铵和 5 mL 浓氨水,配成 1000 mL 水溶液。

3.1.5　活化溶液 B:取 10.0 g 己烷磺酸钠盐和 10 mL 浓氨水,加入 250 mL 去离子水中,配成 500 mL 水溶液。

3.1.6　盐酸:10%(体积分数),取 50 mL 浓盐酸,用去离子水配制成 500 mL 水溶液。

3.1.7　小柱洗脱液:取 13.5 mL 浓磷酸和 10.3 mL 二乙胺,用去离子水配制成 1000 mL 水溶液。

3.1.8　离子对试剂溶液:取 3.75 g 己烷磺酸,用 3.1.7 洗脱液稀释至 25 mL。

3.2　过滤膜:0.45 μm,47 mmol/L,尼龙。

3.3　己烷磺酸:色谱纯。

3.4　三乙胺:色谱纯。

3.5　浓磷酸:分析纯。

3.6　百草枯和敌草快贮备液(1000 mg/L):将百草枯和敌草快盐样品在 110 ℃烘箱中烘干 3 h,重复上述过程使之恒重。准确称取 0.1968 g 干燥敌草快和 0.1770 g 干燥百草枯,放入硅烷化的 100 mL 玻璃瓶或聚丙烯容量瓶中。用 50 mL 去离子水溶解,并稀释至刻度。

4　仪器

4.1　高效液相色谱仪:带多波长、可变波长紫外检测器或二极管阵列检测器。

4.2　色谱柱:ODS(C18)色谱柱,5 μm,2.1×100 mmol/L 色谱柱。

4.3　保护柱:与分析柱填料相同。

5　分析步骤

5.1　样品的制备

5.1.1　样品的提取

土壤中样品的提取可采用索氏提取或超声提取方法进行,水相样品提取采用固液提取或液液萃取技术进行。

5.1.2 固相提取小柱样品净化方法

如果样品含有颗粒,需将样品用 $0.45\,\mu m$ 的尼龙滤膜过滤。如果样品不马上处理,应该贮存在 4 ℃环境中。

5.1.2.1 在样品提取前,应将 C8 提取小柱用以下步骤活化。将小柱放在固相提取装置上,按以下次序用下列溶液洗脱通过小柱。该过程中需注意保持小柱浸润,不能干涸,且溶剂通过小柱的流速大约为 $10\,mL/min$。

    a. 去离子水:5 mL;

    b. 甲醇:5 mL;

    c. 去离子水:5 mL;

    d. 活化溶液 A:5 mL;

    e. 去离子水:5 mL;

    f. 甲醇:10 mL;

    g. 去离子水:5 mL;

    h. 活化溶液 B:20 mL。

5.1.2.2 上述过程结束后,保持活化溶液 B 于 C8 小柱中,以保持活化状态。48 h 内使用该小柱,则无须活化。活化后,小柱两头应该密封,并存于 4 ℃环境下。

5.1.2.3 取 250 mL 液体样品,将样品溶液 pH 调节至 7.0~9.0。如果不在此范围内,用 10% NaOH 水溶液或 10%盐酸水溶液调节。

5.1.2.4 将活化后的小柱放在固相提取装置上。用合适的接头将 60 mL 储液器连接在小柱上。将 250 mL 烧杯放入提取装置中以接收废液和样品。将样品放入贮液器,打开真空,将样品通过小柱的流速调节为 3~6 mL/min。样品通过小柱后,用 5 mL 的 HPLC 级甲醇冲洗小柱。连续抽真空约 1 min 使小柱干涸。放掉真空,弃去样品废液和甲醇。

5.1.2.5 打开真空,调节流速 1~2 mL/min,用 4.5 mL 洗脱液洗脱小柱。洗脱出来的样品用 5 mL 容量瓶收集。

5.1.2.6 将装有洗脱液的容量瓶取出,加入 $100\,\mu L$ 离子对试剂溶液。加入洗脱液至刻度,混匀。溶液可直接用于测定。

5.2 色谱条件

流动相:0.1%己磺酸(hexanesulfonic acid),0.35%三乙胺,pH 2.5(用 H_3PO_4 调节);

流速:0.4 mL/min;

检测:256 nm 与 310 nm(参比波长:450/100 nm);

进样:$10\,\mu L$。

6 结果计算

样品中目标物质的质量浓度 $\rho(\mu g/L)$ 以下式计算:

$$\rho(\mu g/L)=\frac{测定质量浓度(\mu g/mL)\times 萃取液体积(mL)}{水样体积(L)}$$

四、苯胺及其选择性衍生物的测定

气相色谱法(GB 5085.6—2007 附录 K)

1 范围

本方法适用于固体废物的提取液中苯胺及某些苯胺衍生物含量的检测,分析方法为气相色谱测定方法。分析化合物包括:苯胺、4-溴苯胺、6-氯-2-溴-4-硝基苯胺、2-溴-4,6-二硝基苯胺、2-氯苯胺、3-氯苯胺、4-氯苯胺、2-氯-4,6-二硝基苯胺、2-氯-4-硝基苯胺、4-氯-2-硝基苯胺、2,6-二溴-4-硝基苯胺、3,4-二氯苯胺、2,6-二氯-4-硝基苯胺、2,4-二硝基苯胺、2-硝基苯胺、3-硝基苯胺、4-硝基苯胺、2,4,6-三硝基苯胺、2,4,5-三硝基苯胺。

本方法对于所有目标化合物的方法检测限(MDL)列于表6-5。对于特定样品的 MDL 值可能不同于表中所列值,取决于干扰物及样品基体的性质。表6-6为对不同基质计算其定量极限评估值(EQL)的说明。

2　引用标准

下列文件中的条款通过在本方法中被引用而成为本方法的条款,与本方法同效。凡是不注明日期的引用文件,其最新版本适用于本方法。

GB/T 6682 分析实验室用水规格和实验方法

3　原理

经过相应的提取和净化之后,提取液中的目标化合物采用毛细管气相色谱和氮磷检测器(GC/NPD)进行测定。

4　试剂和材料

4.1　除另有说明外,本方法所使用的水为 GB/T 6682 规定的一级水。

4.2　氢氧化钠:分析纯,配制成 1.0 mol/L 的不含有机物的水溶液。

4.3　硫酸:分析纯,高浓度,$\rho = 1.84$ g/mL。

4.4　丙酮:色谱纯。

4.5　甲苯:色谱纯。

4.6　标准贮备液:可使用纯标准物质配制或购买经鉴定的溶液。

准确称取约 0.010 0 g 纯化合物,将其溶解于甲苯中,稀释并定容至 10 mL 容量瓶中。将标准贮备液转移至 PTFE 密封瓶中,于 4 ℃下避光保存。应经常检查标准贮备液是否分解或挥发,特别是在将要用其配置校正标准液之前。标准贮备液在六个月内必须更换,如果与验证标准液比较表明存在问题,则必须在更短时间内更换。

4.7　工作标准溶液

每周均要配制工作标准溶液,在容量瓶中加入一定体积的一种或多种标准贮备液,以甲苯稀释至相应体积。至少应制备 5 个不同质量浓度溶液,且样品的质量浓度应低于标准溶液的最高质量浓度。苯胺及其衍生物如同很多半挥发性有机物一样均不太稳定,必须严密检测工作标准溶液是否有效。

5　仪器

5.1　气相色谱仪:配有氮磷检测器。

5.2　推荐用的色谱柱:SE-54,30 m×0.25 mm×0.32 μm;SE-30,30 m×0.25 mm×0.32 μm。

5.3　样品瓶:适当大小,玻璃制,配备聚四氟乙烯(PTFE)螺纹盖或压盖。

5.4　分析天平:可精确至 0.000 1 g。

5.5　玻璃器皿:参考 GB 5085.3 附录 U、附录 V、附录 W。

6　样品的采集、保存和预处理

6.1　液体基质应保存在有特氟龙螺纹瓶盖的 1 L 琥珀色玻璃瓶中,向样品中加入 0.75 mL 10% 的 NaHSO₄,冷却至 4 ℃保存。

6.2 样品采集后必须被冷冻或冷藏于 4 ℃，直至进行提取。对于含氯样品，立即在其中加入硫代硫酸钠，如果样品中每含有 1 mg/L 游离氯，则应加入 35 mg 硫代硫酸钠。取样后立即用氢氧化钠或硫酸将样品 pH 调整至 6～8。

7 分析步骤

7.1 提取和纯化

7.1.1 一般而言，依据 GB 5086.3 附录 U，以二氯甲烷为溶剂，在 pH＞11 时进行提取。固体样品依据 GB 5086.3 附录 V 以二氯甲烷/丙酮(1∶1)作为提取溶剂。

7.1.2 必要时，样品可以采用 GB 5086.3 附录 W 进行纯化。

7.1.3 在进行气相色谱氮磷检测器分析之前，提取溶剂必须更换为甲苯，可以在用 N_2 最后浓缩样品之前在样品瓶中加入 3～4 mL 甲苯。

7.2 色谱条件(推荐)

7.2.1 色谱柱 1：SE-54 熔融石英柱 30 m×0.25 mmol/L；

载气：氦气；

载气流速：室温下 28.5 cm/s；

升温程序：起始温度为 80 ℃，保持 4 min，以 4 ℃/min 升温至 230 ℃保持 4 min。

7.2.2 色谱柱 2：E-30 熔融石英柱 30 m×0.25 mmol/L；

载气：氦气；

载气流速：室温下 30 cm/s；

升温程序：起始温度为 80 ℃，保持 4 min，4 ℃/min 升温至 230 ℃，230 ℃保持 4 min。

色谱条件应当优化至能得到附录 A 所示同等分离效果。

7.3 校正

制备校正标准液。可采用内标或外标校正过程。苯胺及许多苯胺衍生物不稳定，因此需要经常进行色谱柱维护和重校准。

7.4 样品气相色谱分析

7.4.1 推荐 1 μL 自动进样。如果分析者要求定量精度相对标准偏差＜10%，则可以采用小于 2 μL 手动进样。若溶剂量保持在最低值，则应采用溶剂冲洗技术。如果采用内标校准方法，在进样前于每毫升样品提取液中加入 10 μL 内标。

7.4.2 当样品提取液中某一个峰超出了其常规的保留时间窗口时需要采用假设性鉴定。

7.4.3 记录进样体积精确至 0.05 μL 及其相应峰的大小，以峰高或峰面积计。使用内标或外标校正过程，确定样品色谱图中与校正所使用的化合物相应的每个组分峰的归属和数量。

7.4.4 如果响应超出了系统的线性范围，将萃取液稀释并再次分析。在由于峰重叠引起面积积分误差的情况下，建议使用峰高测量而不是峰面积积分。

7.4.5 如果存在部分重叠峰或共流出峰，改换色谱柱或采用 GC/MS 技术(GB 5086.3 附录 K)。影响样品定性和/或定量的干扰物应使用上面所述纯化技术予以除去。

7.4.6 如果峰响应低于基线噪声的 2.5 倍，则定量分析的结果是不准确的。须根据样品来源进行分析，以确定是否对样品进一步浓缩。

7.5 GC/MS 确认

7.5.1 本方法应当合理选择 GC/MS 技术作为定性鉴定的辅助。依据 GB 5086.3 附录 K 中所列的 GC/MS 工作条件。确保用作 GC/MS 分析的提取液中，被分析物的浓度足够大以便对其进行确认。

7.5.2 有条件时,可采用化学电离质谱进行辅助定性鉴定过程。

7.5.3 为确认鉴定一种化合物,其由样品萃取液测得的扣除背景后的质谱图必须与在相同的色谱工作条件下测得的标准贮备液或校正标准液的质谱图相一致。使用 GC/MS 鉴定时,进样量至少为 25 ng。定性确认必须遵照 GB 5086.3 附录 K 所列的鉴定标准。

7.5.4 如果 MS 不能提供满意的结果,在重新测定之前可采用一些另外的措施。这些措施包括更换气相色谱柱,或进一步的样品纯化。

表 6-5 保留时间和方法检测限

被测物	保留时间(min)		方法检测限[a]（μg/L）
	色谱柱 1	色谱柱 2	
苯胺（Aniline）	7.5	6.3	2.3
2-氯苯胺（2-Chloroaniline）	12.1	7.1	1.4
3-氯苯胺（3-Chloroaniline）	14.6	9.0	1.8
4-氯苯胺（4-Chloroaniline）	14.7	9.1	0.66
4-氯苯胺（4-Chloroaniline）	18.0	12.1	4.6
2-硝基苯胺（2-Nitroaniline）	21.9	15.6	1.0
2,4,6-三氯苯胺（2,4,6-Trichloroaniline）	21.9	16.3	5.8
3,4-二氯苯胺（3,4-Dichloroaniline）	22.7	16.6	3.2
3-硝基苯胺（3-Nitroaniline）	24.5	18.0	3.3
2,4,5-三氯苯胺（2,4,5-Trichloroaniline）	26.3	20.4	3.0
4-硝基苯胺（4-Nitroaniline）	28.3	21.7	11.0
4-氯-2-硝基苯胺 (4-Chloro-2-nitroaniline)	28.3	22.0	2.7
2-氯-4-硝基苯胺 (2-Chloro-4-nitroaniline)	31.2	24.8	3.2
2,6-二氯-4-硝基苯胺 (2,6-Dichloro-4-nitroaniline)	31.9	26.0	2.9
6-氯-2-溴-4-硝基苯胺 (2-Bromo-6-chloro-4-nitroaniline)	34.8	28.8	3.4
2-氯-4,6-二硝基苯胺 (2-Chloro-4,6-dinitroaniline)	37.1	30.1	3.6
2,6-二溴-4-硝基苯胺 (2,6-Dibromo-4-nitroaniline)	37.6	31.6	3.8
2,4-二硝基苯胺（2,4-Dinitroaniline）	38.4	31.6	8.9
2-溴-4,6-二硝基苯胺 (2-Bromo-4,6-dinitroaniline)	39.8	33.4	3.7

注:[a]MDL 值为基于对不含有机物的水重复 7 次测定的结果。

表6-6 对不同基体的定量极限评估值(EQL)[a]

基体	因数[b]
地下水	10
超声提取、凝胶渗透色谱(GPC)纯化的低倍浓缩土壤	670
超声提取的高倍浓缩土壤和淤泥	10 000
非水溶性废弃物	100 000

注:[a]样品的EQL值主要取决于基体。此处列出的EQL值仅作为指导参考,并非始终能达到。

[b]EQL=对水样的检测限(表6-5)×因数,该因数基于湿重基础。

五、草甘膦的测定

高效液相色谱-柱后衍生荧光法(GB 5085.6—2007 附录L)

1 范围

本方法适用于固体废物中的草甘膦的高效液相色谱/柱后衍生荧光法测定。

本方法在试剂水、地下水和脱氯处理过的自来水中的检出限分别为 6 μg/L、8.99 μg/L、5.99 μg/L。

2 原理

水样过滤后,用阳离子交换柱进行 HPLC 等度分析。在 65 ℃下,被测物用次氯酸钙氧化,其产物氨基乙酸(glycine)用含有 2-巯基乙醇的邻苯二甲醛在 38 ℃进行反应,得到有荧光相应的物质。荧光检测的激发波长为 340 nm,发射波长>455 nm。

3 试剂和材料

3.1 HPLC 流动相

3.1.1 试剂水:高纯水。

3.1.2 取 0.005 mol/L KH$_2$PO$_4$(0.68 g)溶于 960 mL 试剂水中,加入 40 mL HPLC 级甲醇,用浓磷酸将 pH 调至 1.9。混匀后用 0.22 μm 过滤膜过滤并脱气。

3.2 柱后衍生溶液

3.2.1 次氯酸钙溶液:取 1.36 g KH$_2$PO$_4$、11.6 g NaCl 和 0.4 g NaOH 溶于 500 mL 去离子水中。加入将 15 mg Ca(ClO)$_2$ 溶于 50 mL 去离子水的溶液。将溶液用去离子水稀释至 1 000 mL。用 0.22 μm 膜过滤备用。建议该溶液每天新鲜配制。

3.2.2 邻苯二甲醛(OPA)反应液。

3.2.2.1 将 10 mL 2-巯基乙醇和 10 mL 乙腈以 1:1 比例混合,密封贮存在通风橱中。

3.2.2.2 硼酸钠溶液(0.025 mol/L):将 19.1 g 硼酸钠(Na$_2$B$_4$O$_7$ · 10 H$_2$O)溶于 1.0 L 试剂水中。如果在使用前一天配制,硼酸钠在室温下会完全溶解。

3.2.2.3 OPA 反应液:将 100±10 mg 邻苯二甲醛(OPA)(熔点:55~58 ℃)溶于 10 mL 甲醇中。加入 1.0 L 0.025 mol/L 硼酸钠溶液。混匀,用 0.45 μm 膜过滤后,脱气。加入 10 μL 2-巯基乙醇溶液并混匀。除非能够隔绝氧气保存,否则此溶液应该每天新鲜配制。溶液在空气中低温(4 ℃)保存两周没有明显增加的荧光本底噪声;如果在氮气保护条件下可长期保存。亦可以买到商品化的荧光醛。

3.3 样品保护试剂:硫代硫酸钠,颗粒,分析纯。

3.4　标准贮备液：1.00μg/mL，准确称取0.1000g纯草甘膦，溶于1000mL去离子水中。

4　仪器和设备

4.1　高效液相色谱仪：具有荧光检测器，200μL定量环。

4.2　色谱柱：250mm×4mm，钾型阳离子交换柱，在pH=1.9，65℃下填装。

4.3　保护柱：C18填料，或者与色谱柱填料相近的保护柱。

4.4　柱温箱。

4.5　柱后反应装置：包括两个柱后衍生泵，一个三通，两个1.0mL特富龙材质延迟管线（控温在38℃）。

5　分析步骤

5.1　样品净化：HPLC方法直接用水溶液进样，用过滤方法对样品进行净化。自来水、地下水和市政污水用过滤方法处理均未发现明显的干扰。如果特殊情况下需要其他的净化步骤，需要符合本方法指定的回收率要求。

5.2　分析条件

5.2.1　HPLC分析

色谱柱：250mm×4mm，阳离子交换柱，柱温：65℃；

流动相：0.005mol/L KH_2PO_4-水-甲醇（24：1），pH=1.9；

流速：0.5mL/min；

进样体积：200μL；

检测：激发波长，340nm；发射波长，455nm。

5.2.2　柱后衍生条件

次氯酸钙溶液流速：0.5mL/min；

OPA溶液流速：0.5mL/min；

反应温度：38℃。

6　结果计算

样品中草甘膦的质量浓度ρ（μg/L）用以下公式计算：

$$\rho=A/RF$$

式中：A——样品中草甘膦的峰面积；

　　RF——从校正数据得到的相应校正因子。

六、苯基脲类化合物的测定

固相提取-高效液相色谱紫外分析法（GB 5085.6—2007　附录M）

1　范围

本方法适用于固体废物中苯基脲类农药，包括除虫脲（Diflubenzuron）、敌草隆（Diuron）、氟草隆（Fluometuron）、利谷隆（Linuron）、敌稗（Propanil）、环草隆（Siduron）、丁噻隆（Tebuthiuron）和赛苯隆（Thidiazuron）的固相提取-高效液相色谱紫外分析法测定。

2　原理

500mL水样用C18固相提取小柱提取，用甲醇洗脱，最后提取液浓缩至1mL。样品用C18色谱柱在配有紫外检测器的HPLC系统上进行分离检测。

3　试剂和材料

3.1　试剂水：纯水，其中不含任何超过检出限的目标待测物，或超过检出限之1/3的干扰物质。

3.2 乙腈：HPLC 级。

3.3 甲醇：HPLC 级。

3.4 丙酮：HPLC 级。

3.5 磷酸缓冲液(25 mmol/L)：用于 HPLC 流动相。取 0.5 mol/L 磷酸二氢钾贮备液(3.5.1)和 0.5 mol/L 磷酸贮备液(3.5.2)各 100 mL，用试剂水稀释至 4 L。溶液 pH 应该约为 2.4。该值应该用 pH 计测量。用 0.45 μm 尼龙膜过滤备用。

3.5.1 磷酸二氢钾贮备液(0.5 mol/L)：称取 68 g KH_2PO_4，用试剂水稀释至 1 L。

3.5.2 磷酸贮备液(0.5 mol/L)：取 34.0 mL 磷酸(85%，HPLC 级)，用试剂水稀释至 1 L。

3.6 样品保护试剂：硫酸铜，$CuSO_4 \cdot 5H_2O$，分析纯，作为杀菌剂，防止微生物将被测物降解。

3.7 标准样品溶液

3.7.1 待测物贮备标准溶液：除了赛苯隆(Thidiazuron)和除虫脲(Diflubenzuron)外，其他化合物用甲醇溶解。赛苯隆(Thidiazuron)和除虫脲(Diflubenzuron)在甲醇中溶解度有限，用丙酮溶解。只要进样体积如方法指定尽可能小，丙酮就不干扰分析。贮备液在 -10 ℃ 以下可贮存 6 个月。

3.7.1.1 准确称取 25～35 mg(精确到 0.1 mg)可在甲醇中溶解的待测化合物，放入 5 mL 容量瓶，用甲醇稀释至刻度。

3.7.1.2 赛苯隆(Thidiazuron)和除虫脲(Diflubenzuron)可溶于丙酮中。准确称取纯物质(精确到 0.1 g)10～12 mg，置于 10 mL 容量瓶中。赛苯隆难以溶解，但 10 mg 纯物质可溶于 10 mL 丙酮中。超声波可有助于溶解。

3.7.2 分析用标准样品(200 μg/mL 和 10 μg/mL)，由贮备标准溶液稀释而来。先用适量甲醇将贮备标准溶液稀释至 200 μg/mL 溶液。如需 10 μg/mL 质量浓度的标准溶液，可用 200 μg/mL 的标准溶液进行进一步稀释而得。上述标准溶液可以用于校正标样，并可以在 -10 ℃ 下稳定存放 3 个月。

3.8 固相提取用材料

3.8.1 固相提取小柱：6 mL 装有 500 mg(40 μm 直径)硅胶基质 C18 填料的小柱。

3.8.2 真空提取装置：带流速/真空控制功能。使用导入针或阀避免交叉污染。

3.8.3 离心管：15 mL，或其他适于容纳小柱提取洗脱液的容器。

3.8.4 提取液浓缩系统1：可以使 15 mL 试管在 40 ℃ 水浴下加热，并同时用氮气吹扫到一定体积。

4 仪器

4.1 高效液相色谱仪：配紫外检测器或光电二极管阵列检测器。

4.2 首选色谱柱：4.6 mm×150 mm，3.5 μm dp C18 色谱柱。

4.3 确认色谱柱：4.6 mm×150 mm，5 μm 氰基柱，必须与首选色谱柱具有不同的选择性，具有不同的洗脱次序。

5 分析步骤

5.1 固相提取步骤

5.1.1 小柱活化

小柱一旦被活化，则需在进样完成前一直保持浸润状态，不能干涸，否则会降低回收率。

用 5 mL 甲醇浸润小柱填料约 30 s(暂时停止真空),使之活化。期间不能让甲醇液面低于填料上部。用甲醇活化后,用两份 5 mL 试剂水平衡小柱。小心控制真空使填料保持浸润状态。在进样之前,在小柱上再加入约 5 mL 试剂水。

5.1.2　进样

打开真空,以 20 mL/min(minus 9～10,Hg)的流速让样品溶液通过小柱。

注意:在所有样品通过小柱前,小柱不能干涸。样品全部通过小柱后,抽真空(minus 10～15,Hg)约 15 min,放掉真空。

5.1.3　小柱洗脱

在小柱中加入 3 mL 甲醇,使小柱让甲醇充分浸润。放掉真空,将小柱填料用甲醇浸润 30 s。打开真空,以低真空度(minus 2～4,Hg)将样品用甲醇从小柱中洗脱出来,洗脱溶液应成滴流出至收集管。用 2 mL 甲醇再重复上述操作。第三次用 1 mL 甲醇洗脱。

5.1.4　洗脱液浓缩

用 40 ℃以上的水浴在氮气流的吹扫下,将洗脱液浓缩至 0.5 mL。转移至 1 mL 容量瓶。用少量甲醇洗涤收集管。

5.2　液相色谱分析

5.2.1　首选分析柱:C18,4.6 mm×150 mm,3.5 μm C18 色谱柱。

条件:

溶剂 A,25 mmol/L 磷酸缓冲液;溶剂 B,乙腈。梯度变化见表 6-7。

表 6-7　梯度变化表

时间(min)	B	流速(mL/min)
0	40%	1.5
9.5	40%	1.5
10.0	50%	1.5
14	60%	1.5
15.0	40%	1.5

检测波长:245 nm。下次进样前平衡 15 min。

5.2.2　确认色谱柱:4.6 mm×150 mmol/L,5 μm 氰基固定相色谱柱。

条件:溶剂 A,25 mmol/L 磷酸缓冲液;溶剂 B,乙腈。梯度变化见表 6-8。

表 6-8　梯度变化表

时间(min)	B	流速(mL/min)
0	20%	1.5
11	20%	1.5
12	40%	1.5
16	40%	1.5
16.01	40%	2.0
20	40%	2.0
20.1	20%	2.0

平衡时间:15 min。检测波长:240 nm。

七、氯代除草剂的测定

甲基化或五氟苄基衍生气相色谱法(GB 5085.6—2007 附录 N)

1 范围

本方法用毛细管气相色谱分析水体、土壤或废物中的氯代除草剂和相关化合物。

本方法特别适用于测定下列化合物:2,4-滴、2,4-滴丁酸、2,4,5-滴丙酸、2,4,5-涕、茅草枯、麦草畏、1,3-二氯丙烯、地乐酚、2甲4氯、2-(4-氯苯氧基-2-甲基)丙酸、4-硝基苯酚、五氯酚钠。

表6-9列出了水体和土壤中每一种化合物检出限的估计值。因干扰物和样品状态的差异,测定具体水样时的检出限会与表中所列有所不同。

2 引用标准

下列文件中的条款通过在本方法中被引用而成为本方法的条款,与本方法同效。凡是不注明日期的引用文件,其最新版本适用于本方法。

GB/T 6682分析实验室用水规格和实验方法

3 原理

水样用乙醚进行萃取,用重氮甲烷或五氟苄溴进行酯化。土壤和废物样品用重氮甲烷或五氟苄溴萃取并酯化。衍生化后的产物用带有电子捕获监测器的气相色谱仪(GC/ECD)测定。所得结果应以酸的形式给出。

4 试剂和材料

4.1 除有说明外,本方法中所用的水为 GB/T 6682 规定的一级水。

4.2 氢氧化钠溶液:把4g氢氧化钠溶于水中,稀释至1.0L。

4.3 氢氧化钾溶液(37%,质量分数):把37g的氢氧化钾溶于水中,稀释至100 mL。

4.4 磷酸缓冲溶液(0.1mol/L,pH 为 2.5):把12g的NaH_2PO_4溶于水中,稀释至1.0L。加磷酸把 pH 调节到2.5。

4.5 二甲基亚硝基苯磺酰胺:高纯。

4.6 硅酸:过100目筛,130℃下贮存。

4.7 碳酸钾:分析纯。

4.8 2,3,4,5,6-五氟苄溴(PFBBr,C6F5CH2Br):纯度足够高或等同类产品。

4.9 无水经过酸化的硫酸钠颗粒

置于浅盘,加热至400℃下纯化4h,或者用二氯甲烷预先洗涤。必须做一个空白样,以确保硫酸钠中无杂物干扰。酸化时,先用乙醚把100g硫酸钠调成糊状,加入0.1mL浓硫酸搅拌均匀。真空除去乙醚。把1g所得固体与5mL水混合,测定pH。要求pH必须低于4,在130℃下贮存。

4.10 二氯甲烷:色谱纯。

4.11 丙酮:色谱纯。

4.12 甲醇:色谱纯。

4.13 甲苯:色谱纯。

4.14 乙醚:色谱纯,除去过氧化合物,可用试纸检测是否除尽。

4.15　异辛醇：色谱纯。

4.16　正己烷：色谱纯。

4.17　卡必醇(二乙醇单乙醚)：色谱纯,制无醇重氮甲烷备选。

4.18　贮备标准溶液

可用纯标准物质配制或直接购买市售溶液。准确称取 0.010 g 纯酸来配置贮备标准溶液。用纯度足够高的丙酮溶解样品,稀释定容至 101 mL 的容量瓶中。由纯甲酯制得的贮备液,用体积分数为 10% 的丙酮和异辛醇来溶解。把贮备液转移至聚四氟乙烯封口的瓶子里面。4℃下避光保存。贮备标准溶液要经常检查,看是否发生降解或蒸发,尤其是用它们配置校准用的标准物前。取代酸的贮备标液保存一年后必须更换,若与标准对照后发现问题,更换时间要适当缩短。自由酸降解更快,应该 2 个月后或在更短的时间内更换成新溶液。

4.19　内标溶液

若选用此法,需要选与目标化合物分析特性相似的内标,而且必须保证内标物不会带来基底干扰。

4.19.1　4,4′-二溴辛氟联苯(DBOB)是很好的内标物。若DBOB有干扰,用 1,4-二氯苯也是很好的选择。

4.19.2　准确称取 0.0025 g 纯 DBOB 配置内标溶液,丙酮溶解后定容至 10 mL 容量瓶。之后转移到聚四氟乙烯封口试剂瓶,室温下保存。往 10 mL 样品提取物中加 10 μL 内标溶液,内标的最终质量浓度为 0.25 μg/L。当内标响应值比原响应值改变大于 20% 时,需更换溶液。

4.20　校准标准物

对应于每个需要检测的成分,用乙醚或正己烷稀释贮备标准溶液来配置至少 5 个不同浓度的溶液。其中有一个浓度应该接近(但要高于)方法检出限。其余标准溶液应该与实际样品的预测浓度相近,或者定义气相色谱的检测浓度范围。校准溶液在配置好的 6 个月后必须更换,或者若发现问题要及时更换。

4.20.1　参照7.5开始的步骤,在 10 mL 的 K-D 浓缩管中,把每个预先制备好的标准溶液从自由酸中衍生化。

4.20.2　往每一个衍生化校准溶液中,加入已知浓度的一种或多种内标,稀释至适当体积。

4.21　调节 pH 溶液

4.21.1　氢氧化钠：6 g/L。

4.21.2　硫酸：12 g/L。

5　仪器、装置

5.1　气相色谱仪：配有电子捕获检测器。

5.2　Kuderna-Danish(K-D)装置

5.2.1　浓缩管：10 mL,带刻度。具玻璃塞以防止样品挥发。

5.2.2　蒸发瓶：500 mL。使用弹簧或者夹子与蒸发器连接。

5.2.3　斯奈德管：三球,大量。

5.2.4　斯奈德管：二球,微量(可选)。

5.2.5　弹簧夹。

5.2.6　溶剂蒸气回收系统。

5.3　重氮甲烷发生器

5.3.1 二甲基亚硝基苯磺酰胺发生器:推荐使用重氮甲烷发生装置。

5.3.2 两根 20 mmol/L×150 mmol/L 的试管,两根氯丁(二烯)橡胶塞和一个氮气源组合起来作为替代品。用带孔氯丁(二烯)橡胶塞来连接玻璃管,玻璃管的出口通入重氮甲烷,对样品萃取物进行鼓泡处理。这种发生器的装置参见图 6-1。

5.4 大口杯:厚壁,400 mL。

5.5 漏斗:直径 75 mmol/L。

5.6 分液漏斗:500 mL,聚四氟乙烯(PTFE)塞子。

5.7 离心瓶:500 mL。

5.8 锥形瓶:250 mL 和 500 mL,磨口玻璃塞。

5.9 巴斯德玻璃移液管:140 mm×5 mm。

5.10 玻璃管瓶:10 mL,聚四氟乙烯带螺纹盖。

5.11 容量瓶:10~1 000 mL。

5.12 滤纸:直径 15 cm。

5.13 玻璃毛:Pyrex®,酸洗过的。

5.14 沸石:用二氯甲烷作为溶剂萃取,约 10/40 网孔(碳化硅或者同类产品)。

5.15 带盖加热水浴锅:可控温(±2 ℃)。

5.16 分析天平:可精确至 0.000 1 g。

5.17 离心机。

5.18 超声萃取系统

配备钛尖的喇叭形装置,或者具有类似功能的装置。功率至少要在 300 W,可脉冲调制。推荐使用有降噪设备的装置。按照使用说明来进行萃取。

5.19 声呐:推荐使用有降噪设备的装置。

5.20 广泛 pH 试纸。

5.21 硅胶净化柱。

5.22 微量进液针:10 μL。

5.23 搅拌器。

5.24 烘干柱:400 mmol/L×20 mmol/L ID Pyrex® 色谱柱,底部衬有 Pyrex® 玻璃棉,配有聚四氟乙烯塞子。

6 样品的采集、保存和预处理

6.1 固体基质:250 mL 宽口玻璃瓶,特氟龙螺纹瓶盖子,冷却至 4 ℃保存。

液体基质:4 个 1 L 的琥珀色玻璃瓶,特氟龙螺纹瓶盖,在样品中加入 0.75 mL 10% 的 $NaHSO_4$,冷却至 4 ℃保存。

6.2 提取物必须在 4 ℃下保存,并于提取 40 d 内进行分析。

7 分析步骤

7.1 高浓度废物样品的提取与消解

7.1.1 对有机氯杀虫剂或者多氯联苯类须使用 GC-ECD 检测的样品,用正己烷稀释;对半挥发的碱性/中性和酸性的污染物使用二氯甲烷稀释。

7.1.2 若分析样品中的除草剂酯和酸,则提取物必须经过消解。移取 1 mL 样品(更少的体积或者加溶剂稀释,这要视除草剂浓度而定)到 250 mL 的带磨口塞的锥形瓶中。若只分析除草剂的酸形式,进行 7.2.3 节的操作;若用二氯甲烷分析除草剂衍生物,参照 7.5。若用五氟苄溴衍生的话,乙醚体积要减少至 $0.1\sim0.5\,\mathrm{mL}$,再用丙酮稀释到 $4\,\mathrm{mL}$。

7.2　土壤、沉降物或其他固体样品中的提取与消解。

一般包括超声提取和振摇提取两步。7.2.3 消解步骤对两种提取方法都是适用的。

7.2.1　超声提取

7.2.1.1　往 $400\,\mathrm{mL}$ 烧杯中加入干重 $30\,\mathrm{g}$ 的混合固体样品。加盐酸,或者加 pH 为 2.5、$0.1\,\mathrm{mol/L}$ 的磷酸缓冲溶液 $85\,\mathrm{mL}$,把样品的 pH 调节到 2,然后用玻璃棒搅匀。

7.2.1.2　对不同类型的样品,要优化超声提取条件。若有效地对固体样品进行超声提取,样品在加入溶剂后必须能够自由流动。对于黏土型土壤,一般要按 1:1 的比例加入酸化了的无水硫酸钠,其他沙状非自由流动的土壤混合物需要处理成可自由流动的样品。

7.2.1.3　按 1:1 的比例往烧杯中加入 $100\,\mathrm{mL}$ 的二氯甲烷和丙酮。把输出控制到 10(满额),超声提取 $3\,\mathrm{min}$,然后改为 50% 的输出进行脉冲式提取。待固体沉降后,把有机物转入到 $500\,\mathrm{mL}$ 的离心管。

7.2.1.4　相同条件下,用 $100\,\mathrm{mL}$ 二氯甲烷对样品进行超声提取两次。

7.2.1.5　合并三份有机提取物,放到离心管中,离心 $10\,\mathrm{min}$ 使细小颗粒沉降。用滤纸过滤,将滤液倒入放有 $7\sim10\,\mathrm{g}$ 酸化硫酸钠的 $500\,\mathrm{mL}$ 的锥形瓶中。加入 $10\,\mathrm{g}$ 无水硫酸钠。周期性剧烈振摇提取物和干燥剂,使其保证 $2\,\mathrm{h}$ 的充分接触。需要强调的是,在酯化前要进行干提操作,参照 7.3.6 的备注。

7.2.1.6　把锥形瓶中的提取物定量转移到 $10\,\mathrm{mL}$ 的 K-D 浓缩器中。加入沸石;连上 Snyder 柱。水浴加热把提取物蒸至 $5\,\mathrm{mL}$。停火,冷却。

7.2.1.7　若无须消解或进一步纯化,且样品是干态的,则参照 7.4.4 来处理。否则,根据 7.2.3 来消解,参照 7.2.4 来纯化。

7.2.2　振摇提取

7.2.2.1　往 $500\,\mathrm{mL}$ 锥形瓶中加入干重为 $50\,\mathrm{g}$ 混匀的潮湿的土壤样品。用浓盐酸把 pH 调节到 2,偶尔振摇监测酸度 $15\,\mathrm{min}$。若必要,加盐酸调节 pH 维持在 2。

7.2.2.2　锥形瓶中加入 $20\,\mathrm{mL}$ 丙酮,手摇 $20\,\mathrm{min}$。再加入 $80\,\mathrm{mL}$ 乙醚,振摇 $20\,\mathrm{min}$。倾出萃取物,测定回收溶剂的体积。

7.2.2.3　依次用 $20\,\mathrm{mL}$ 丙酮和 $80\,\mathrm{mL}$ 乙醚萃取样品两次。每次加溶剂后,要手摇 $10\,\mathrm{min}$,然后倾出丙酮和乙醚萃取物。

7.2.2.4　第三次萃取后,回收所得萃取物至少是所加溶剂体积的 75%。合并萃取物,转入盛有 $250\,\mathrm{mL}$ 水的 $2\,\mathrm{L}$ 分液漏斗中。若形成乳液,缓慢加入 $5\,\mathrm{g}$ 酸化无水硫酸钠,直到溶剂和水分开为止。若有必要,可以加入和样品等量的酸化硫酸钠。

7.2.2.5　检查萃取物的 pH。若其 pH 低于 2,加浓盐酸调节。缓慢混匀分液漏斗内容物,约 $1\,\mathrm{min}$,然后静置分层。把水相收集在干净的烧杯中,萃取相(上层)转入 $500\,\mathrm{mL}$ 的磨口锥形瓶内。把水相再次转入分液漏斗,用 $25\,\mathrm{mL}$ 乙醚再次萃取。静置分层后,弃去水相。合并乙醚萃取物到 $500\,\mathrm{mL}$ 的 K-D 瓶内。

7.2.2.6　若无须消解或进一步纯化操作,且样品干燥,则参照 7.4.4。否则,参考 7.2.3 进行消解,或参见 7.2.4 进行纯化操作。

7.2.3　土壤、沉降物或者其他固体样品萃取物的消解。此步仅用于除草剂的酯形式的测定,除草剂的酸形式除外。

7.2.3.1　往萃取物中加入 $5\,\mathrm{mL}$,36% 的氢氧化钾水溶液和 $30\,\mathrm{mL}$ 水。往 K-D 瓶中加

入沸石。水浴控温在 60～65℃ 下回流,直至消解完全(一般要 1～2 h)。从水浴加热器上移去 K－D瓶,冷却至室温。

注意:残留丙酮会导致羟醛缩合,给气相色谱带来干扰。

7.2.3.2 把消解后的水溶液转移到 500 mL 的分液漏斗中,用 100 mL 的二氯甲烷萃取三次。弃去二氯甲烷相。此时,除草剂的盐存在于碱性水溶液中。

7.2.3.3 用 4℃ 左右冷的硫酸(1∶3)把溶液 pH 调至 2 以下,先用 40 mL 乙醚萃取一次,再用 20 mL 醚萃取一次。合并萃取液,倒入预先已经洗好的干柱中,内含 7～10 cm 的酸化无水硫酸钠。把不含水的萃取物收集于内含 10 g 酸化无水硫酸钠的锥形瓶中(24/40 接口)。周期性地剧烈振摇萃取物和干燥剂,确保它们至少接触 2 h。酯化前一定要把萃取物进行除水处理,参见 7.3.6 的注意。确保除水完毕后,把待分析物从锥形瓶内转移到 500 mL 的带有 10 mL 浓缩管的 K－D瓶中。

7.2.3.4 参照 7.4 来进行萃取物浓缩操作。若需进一步纯化,则参照 7.2.4 处理。

7.2.4 纯化未消解的除草剂,若需进一步纯化,参照此步操作。

7.2.4.1 参照 7.2.1.7,用二氯甲烷三次萃取除草剂(或者参照 7.2.3.4,用乙醚作为萃取用溶剂),用 15 mL 碱性水溶液分离出来。碱性溶液配置方法,混合 15 mL,37% 的氢氧化钾水溶液和 30 mL 水。弃去二氯甲烷或乙醚相。此时,碱性的水相中含有除草剂的盐形式。

7.2.4.2 参照 7.2.3.3 步骤操作。

7.2.4.3 参照 7.4 萃取浓缩步骤。

7.3 制备水样

7.3.1 用带刻度量筒移取 1 L 样品到 2 L 的分液漏斗中。

7.3.2 往样品中加入 250 g 的 NaCl,封口,振摇溶解盐。

7.3.3 此步仅用于除草剂的酯形式,除草剂的酸形式除外。

7.3.3.1 往样品中加入 17 mL、6 mol/L 的氢氧化钠溶液,封口,振摇。用 pH 试纸检查样品 pH。若样品的 pH 低于 12,则通过加 6 mol/L 的氢氧化钠溶液来调节 pH。样品置于室温下,确保消解步骤完全(一般需要 1～2 h),周期性地振摇分液漏斗和内容物。

7.3.3.2 往相同的瓶子里面加入 60 mL 二氯甲烷,润洗瓶子和刻度量筒。把二氯甲烷转入分液漏斗,剧烈振摇 2 min 来萃取样品,注意要周期性地放空来减小瓶内气压。静置分层至少 10 min,使有机相和水相分离。若两相之间出现乳浊界面超过溶剂层的 1/3 体积,必须采用机械技术使两相完全分离。采取的最佳技术视样品而定,可用搅拌、玻璃棉过滤、离心或者其他物理方法除去二氯甲烷相。

7.3.3.3 往分液漏斗中再次加入 60 mL 的二氯甲烷,重复萃取操作,弃去二氯甲烷层。再重复操作一遍。

7.3.4 往样品(或消解后的样品)中加入 17 mL、12 g/L、4℃ 的冷硫酸,封口,振摇混合均匀。用 pH 试纸检查样品酸度。若样品 pH 高于 2,用更多的酸把酸度调过来。

7.3.5 往样品中加入 120 mL 乙醚,封口,剧烈振摇分液漏斗来萃取样品,并周期性地放空以减小瓶内气压。静置至少 10 min 使漏斗内两相分离。若两相界面出现乳浊的体积超过溶剂层的 1/3,必须采用机械技术完成相分离操作。最佳的技术取决于具体的样品,可用搅拌、玻璃棉过滤、离心或者其他物理方法。把水相转移到 2 L 的锥形瓶内,把乙醚相收集到内装 10 g 酸化无水硫酸钠的磨口锥形瓶中。周期性地振摇萃取物和干燥剂。

7.3.6 把水相转回分液漏斗中,把 60 mL 乙醚加入样品,再次重复萃取步骤,把萃取物合并到 500 mL 的锥形瓶中。相同操作再用 60 mL 乙醚重复萃取一遍。要使硫酸钠与萃取物保持接触在 2 h 左右,较为彻底地除去水分。

注意:干燥对于整个酯化是非常关键的。乙醚内残留的任何水分都会使除草剂的回收率下降。旋摇锥形瓶,检查是否有自由移动的晶体存在,以测定硫酸钠是否足量。若硫酸钠固化结饼,需要补加数克,并再次旋摇检验是否足量。至少要干燥 2 h,萃取物可以与硫酸钠放置在一起过夜。

7.3.7　把干燥过的萃取物倒入塞有酸洗过的玻璃棉的漏斗里面,收集 K-D 浓缩装置中的萃取物。转移过程中,用玻璃棒轻轻压碎结饼的硫酸钠。用 20～30 mL 乙醚润洗锥形瓶和漏斗完成定量转移。参见 7.4,进行萃取浓缩。

7.4　萃取浓缩

7.4.1　往浓缩管中加 1～2 粒干净的沸石,连到三球的 Snyder 微柱上。在柱的顶端加入 0.5 mL 的乙醚进行预湿处理。把溶剂蒸气回收玻璃装置(含冷凝器和收集器)连到 K-D 装置的 Snyder 柱上(按厂方提供的使用说明操作)。热水浴中(高于溶剂沸点 15 ℃以上)放置好 K-D 装置,以便浓缩管能够部分浸入热水中,且整个瓶子的底部圆形部分都在热水浴中。根据需要调节装置的垂直高度和水温,在 10～20 min 完成浓缩操作。柱内的蒸馏球会以一定速率活跃起来,但是不会发生溢出现象。当装置内液体体积达到 1 mL 时,从水浴上移去 K-D 装置,至少淋洗冷却 10 min。

7.4.2　移去 Snyder 柱,用 1～2 mL 乙醚洗净瓶子和接头。萃取物可以通过 Snyder 微柱法(参照 7.4.3)或氮气吹下技术(参照 7.4.4)来进行进一步浓缩。

7.4.3　Snyder 微柱技术

往浓缩管中加 1～2 粒干净的沸石,连到双球的 Snyder 微柱上。在柱的顶端加入 0.5 mL 的乙醚进行预湿处理。热水浴中放置好 K-D 装置,以便浓缩管能够部分浸入热水中。根据需要调节装置的垂直高度和水温,在 5～10 min 完成浓缩操作。柱内的蒸馏球会以一定速率活跃起来,但是不会发生溢出现象。当装置内液体体积达到 0.5 mL 时,从水浴上移去 K-D 装置,至少淋洗冷却 10 min。移去 Snyder 柱,用 0.2 mL 乙醚洗净瓶子和接头,加到浓缩管上。继续步骤 7.4.5。

7.4.4　氮气吹干

7.4.4.1　把浓缩管置于 35 ℃左右的温水浴中,缓缓通入干燥氮气(经过活性炭柱过滤)使得溶剂体积降下来。

注意:在活性炭柱和样品之间连接处不要用塑料管。

7.4.4.2　操作中管内壁必须用乙醚润洗多次。蒸发过程中,管内溶剂水平必须低于外围的水浴水平,这样可以防止水浓缩进入样品。一般情况下,萃取物不允许成为无水状态。继续 7.4.5 的操作。

7.4.5　用 1 mL 异辛醇和 0.5 mL 甲醇稀释萃取物。用乙醚稀释至 4 mL 的终态体积。此时样品可以用二氯甲烷处理并进行甲基化操作。若用五氟苄溴进行衍生化,则用丙酮稀释至 4 mL。

7.5　酯化:参见 7.5.1,进行重氮甲烷衍生化。参见 7.5.2,进行五氟苄溴衍生化。

7.5.1　重氮甲烷衍生化:可以用两种方法包括鼓泡法和二甲基亚硝基苯磺酰胺法,参见 7.5.1.2。

注意:二甲基亚硝基苯磺酰胺是致癌物,一定条件下可能会爆炸。

鼓泡法适用于小批量(10～15 个)的酯化操作。此法对低浓度除草剂溶液(比如水溶液)

效果甚好,而且要比二甲基亚硝基苯磺酰胺法更为安全易行。后者适用于大批量酯化处理,尤其是对土壤或样品中的高浓度除草剂处理起来更为有效,比如在土壤中萃取出的黄色样品就很难用鼓泡法来达到目的。

注意,使用如下防护措施:使用安全罩;使用机械式移液器;加热时不要超过90℃,否则容易发生爆炸;避免摩擦表面、玻璃磨口接头、棘齿轴承和玻璃搅拌棒,否则容易发生爆炸;存放时,远离碱金属,否则容易发生爆炸;二氯甲烷遇到铜粉、氯化钙和沸石等固体材料时,会快速分解掉。

7.5.1.1 鼓泡法

7.5.1.1.1 第一个试管中加入5 mL乙醚、1 mL卡必醇、1.5 mL的36%的氢氧化钾,第二个试管内加入0.1~0.2 g的二甲基亚硝基苯磺酰胺。立刻把试管出口放到盛有萃取样品的浓缩管中。把10 mL/min的氮气流通过重氮甲烷进入萃取物,维持10 min,直至二氯甲烷呈现的黄色稳定不变为止。二甲基亚硝基苯磺酰胺的用量要足够酯化3份样品萃取物。消耗掉最初加入的二甲基亚硝基苯磺酰胺之后,可能要另外加入0.1~0.2 g,使重氮甲烷再生。溶液内有足够多的氢氧化钾来完成全部酯化过程,大约需要20 min。

7.5.1.1.2 移取浓缩管,用Neoprene或PTFE包封加盖,在室温下保存20分钟。

7.5.1.1.3 往浓缩管里加入0.1~0.2 g硅酸,破坏未反应的重氮甲烷。静置至氮气流停止。用正己烷调节样品体积至10 mL。卸去浓缩管,移取1 mL样品到GC小瓶,若不立即使用,则放在冰箱里保存。样品用气相色谱分析。

7.5.1.1.4 提取物应在4℃下避光保存。研究表明,分析物可以稳定28 d,但建议对于甲基化的提取物,宜立即分析,以免发生酯化或者其他反应。

7.5.1.2 二甲基亚硝基苯磺酰胺方法:参照制备重氮甲烷发生器的装置。

7.5.1.2.1 加入2 mL重氮甲烷,不断搅拌下放置10 min。重氮甲烷呈现并保持明显的黄色。

7.5.1.2.2 用乙醚清洗瓶内壁。在室温下挥发溶剂,使样品体积变为大约2 mL。或者可以加入10 mg的硅酸除去多余重氮甲烷。

7.5.1.2.3 用正己烷把样品稀释至10.0 mL,用气相色谱分析。对于甲基化的提取物,建议立即分析,以免发生酯化或其他反应。

7.5.2 五氟苄溴衍生物

7.5.2.1 往丙酮中加入30 μL,10%的K_2CO_3和200 μL,3%的五氟苄溴。用玻璃塞盖好试管,旋转混匀。60℃下加热3 h。

7.5.2.2 缓通氮气流,蒸发溶液至0.5 mL。加入2 mL正己烷,在室温下挥发至干态。

7.5.2.3 用1:6的甲苯和正己烷溶解干态残留,经玻璃柱净化。

7.5.2.4 硅柱上加盖0.5 cm厚的无水硫酸钠。用5 mL正己烷预湿柱子,让溶剂流经顶部的吸附剂。用甲苯和正己烷的混合溶液(总量2~3 mL)反复洗涤,把反应残留物定量转移到柱子上。

7.5.2.5 用足量的甲苯和正己烷的混合溶液洗涤柱子,收集到8 mL的流出液。弃去此部分,里面溶剂太多。

7.5.2.6 用9:1的甲苯和正己烷混合溶液洗涤柱子,收集到8 mL的流出液,包含在10 mL容量瓶中的五氟苄溴衍生物。用10 mL正己烷稀释,样品用GC/ECD进行分析。

7.6 气相色谱条件(推荐使用)

7.6.1 色谱柱

7.6.1.1　窄内径柱

色谱柱 1-1：DB-5(30 m×0.25 mm×0.25 μm)或同类产品。

色谱柱 1-2(GC/MS)：DB-5(30 m×0.32 mm×1 μm)或同类产品。

色谱柱 2：DB-608(30 m×0.25mm×0.25 μm)或同类产品。

确认柱：DB-1701(30 m×0.25 mm×0.25 μm)或同类产品。

7.6.1.2　宽内径柱

色谱柱 1：DB-608(30 m×0.53 mm×0.83 μm)或同类产品。

确认柱：DB-1701(30 m×0.53 mm×1.0 μm)或同类产品。

7.6.2　窄内径柱子

程序升温：60 ℃到 300 ℃，升温速率 4 ℃/min；

氦气流速：30 cm/s；

进样体积：2 μL，不分流，45 s 溶剂延迟；

进样口温度：250 ℃；

检测器温度：320 ℃。

7.6.3　宽内径柱子

程序升温：150 ℃初始柱温，保持 0.5 min，150～270 ℃，升温速率 5 ℃/min；

氦气流速：7 mL/min；

进样体积：1 μL；

进样口温度：250 ℃；

检测器温度：320 ℃。

7.7　校准

表 6-9 可作为选择校准曲线最低点的参考。

7.8　气相色谱法分析样品

7.8.1　若用了内标，在进样前往样品里面加 10 μL 内标。

7.8.2　确定分析次序，适当稀释，建立一般保留时间窗口和定性标准，包括分析次序中每组 10 个样品的浓度中点标准。

7.8.3　表 6-10 和表 6-11 给出了酯化后目标化合物的保留时间，分别对应于重氮甲烷衍生化和五氟苄溴衍生化。

7.8.4　记下进样体积和峰大小(用峰高或者峰面积来计)。

7.8.5　用内标或者外标法测定样品色谱图中的每个峰的组分和含量，旨在校准时寻找对应的化合物。

7.8.6　若用甲酯化合物(不是用此法进行酯化的)来作为校准标准物，那么求算浓度时必须与除草剂的酸形式进行比较来对甲酯的分子量校正。

7.8.7　若因干扰无法对色谱峰进行检测和指认时，需要进一步纯化处理。在进行纯化前，必须在整个操作中使用一系列标准物，以确保无试剂干扰发生。

7.9　气相色谱质谱联用(GC/MS)确认(表 6-12 至表 6-14)

7.9.1　GC/MS 能提供很好的定性支持。可参照 GB 5085.3 附录 K 的 GC/MS 实验条件和分析步骤。

7.9.2　如果可以，化学电离源质谱能支持定性确认过程。

7.9.3　若用 MS 仍给不出令人满意的结果，则再次分析前必须考虑另外的辅助步骤。比如说换一下色谱柱或者进行更好的预处理。

表 6-9　重氮甲烷衍生化对应的检出限估计值

化合物	水样	土壤	
	GC/ECD 检出限估计值 (μg/L)	GC/ECD 检出限估计值 (μg/kg)	GC/MS 检出限估计值 (ng)
三氟羧草醚(Acifluorfen)	0.096	—	—
灭草松(Bentazon)	0.2	—	—
草灭平(Chloramben)	0.093	4.0	1.7
2,4-滴(2,4-D)	0.2	0.11	1.25
茅草枯(Dalapon)	1.3	0.12	0.5
2,4-滴丁酸(2,4-DB)	0.8	—	—
DCPA 二元酸(DCPA diacide)	0.02	—	—
麦草畏(Dicamba)	0.081	—	—
3,5-二氯代苯甲酸(3,5-Di-chlorobenzoic acid)	0.061	0.38	0.65
1,3-二氯丙烯(1,3-Dichloropropylene)	0.26	—	—
地乐酚(Dinoseb)	0.19	—	—
5-羟基麦草畏(5-Hydroxydicamba)	0.04	—	—
2-(4-氯苯氧基-2-甲基)丙酸(MCPP)	0.09d	66	0.43
2-甲基-4-氯苯氧乙酸(MCPA)	0.056d	43	0.3
4-硝基苯酚(4-Nitrophenol)	0.13	0.34	0.44
五氯苯酚(Pentachlorophenol)	0.076	0.16	1.3
氨氯吡啶酸(Picloram)	0.14	—	—
2,4,5-涕(2,4,5-T)	0.08	—	—
2,4,5-滴丙酸(2,4,5-TP)	0.075	0.28	4.5

注：①EDL 为估计检出限，又名 MDL，或者是 S/N=5 时萃取物中待分析物的出峰浓度。

②进样 5 μL，以 50 g 样品萃取浓缩至 10 mL 的标样给出检出限。用窄内径术，0.25 μm 膜，5%苯基或 95%甲基硅烷。

③分析物最小最对应于 Finnigan INCOS FIT 上的值为 800 作为甲基衍生物，由 50 g 除草剂对应的自由酸形式得到谱图。

④源自方法 1658"城市工业废水中苯氧酸除草剂含量的测定"，城市工业废水中非常规除草剂测定方法，以及工程分析委员会 USEPA 水办的 EPA-821-R-93-010-A。检出限估计值由电导检测器检出。

⑤方法包括了 DCPA 一元酸和二元酸代谢物测定。其中二元酸代谢物用作校准，DCPA 是二甲酯。

表 6-10　氯代除草剂用甲基衍生化后对应的保留时间(分钟)

化合物	保留时间(min)		容量因子(k)	
	LC-18	LC-CN	LC-18	LC-CN
茅草枯(Dalapon)	3.4	4.7	—	—
3,5-二氯代苯甲酸(3,5-Dichlorobenzoic acid)	18.6	17.7		
4-硝基苯酚(4-Nitro-phenol)	18.6	20.5		
二氯乙酸(DCAA:替代品)	22.0	14.9		
麦草畏(Dicamba)	22.1	22.6	4.39	4.39
1,3-二氯丙烯(1,3-Dichloropropylene)	25.0	25.6	5.15	5.46
2,4-滴(2,4-D)	25.5	27.0	5.85	6.05
(DBOB:内标)	27.5	27.6	—	—
五氯酚钠(Pentachlorophenol)	28.3	27.0		
草灭平(Chloramben)	29.7	32.8		
2,4,5-滴丙酸(2,4,5-TP)	29.7	29.5	6.97	7.37
5-羟基麦草畏(5-Hydroxydicamba)	30.0	30.7		
2,4,5-涕(2,4,5-T)	30.5	30.9	7.92	8.20
2,4-滴丁酸(2,4-DB)	32.2	32.2	8.74	9.02
地乐酚(Dinoseb)	32.4	34.1		
灭草松(Bentazon)	33.3	34.6		
氨氯吡啶酸(Picloram)	34.4	37.5		
DCPA 二元酸(DCPA 二元酸©)	35.8	37.8		
三氟羧草醚(Acifluorfen)	41.5	42.8		
2-(4-氯苯氧基-2-甲基)丙酸(MCPP)	—	—	4.24	4.55
2-甲基-4-氯苯氧乙酸(MCPA)	—	—	4.74	4.94

注:①分析柱:5%苯基 95%甲基硅烷;

　　确认柱:14%氰丙基苯基聚硅氧烷;

　　程序升温:60~300 ℃,升温速率 4 ℃/min;

　　氦气流速:30 cm/s;

　　进样体积:2 μL,不分流,45 s 延迟;

　　进样口温度:250 ℃;

　　检测器温度:320 ℃;

②分析柱:DB-608;

　　确认柱:14%氰丙基苯基聚硅氧烷

　　程序升温:初始柱温 150 ℃,维持 0.5 min,150~270 ℃,升温速率 5 ℃/min;

　　氦气流速:7 mL/min;

　　进样体积:1 μL。

©本方法含 DCPA 一元酸和二元酸代谢物,用于证实研究的是 DCPA 二元酸的代谢物,是二甲酯。

表 6-11　氯代除草剂的五氟苄溴衍生物的保留时间(min)

化合物	气相色谱柱		
	薄膜 DB-5	SP-2550	厚膜 DB-5
茅草枯(Dalapon)	10.41	12.94	13.54
2-(4-氯苯氧基-2-甲基)丙酸(MCPP)	18.22	22.30	22.98
麦草畏(Dicamba)	18.73	23.57	23.94
2-甲基-4-氯苯氧乙酸(MCPA)	18.88	23.95	24.18
1,3-二氯丙烯(1,3-Dichloropropylene)	19.10	24.10	24.70
2,4-滴(2,4-D)	19.84	26.33	26.20
2,4,5-涕丙酸(Silvex)	21.00	27.90	29.02
2,4,5-涕(2,4,5-T)	22.03	31.45	31.36
地乐酚(Dinoseb)	22.11	28.93	31.57
2,4-滴丁酸(2,4-DB)	23.85	35.61	35.97

注:①DB-5 毛细管柱,膜厚 0.25 μm,内径 0.25 mm,长 30 m,初始柱温 70 ℃维持 1 min,升温速率每分钟
10 ℃/min 至 240 ℃,维持 17 min。

②SP-2550 毛细管柱,膜厚 0.25 μm,内径 0.25 mmol/L,长 30 m,初始柱温 70 ℃维持 1 min,升温速率
10 ℃/min 至 240 ℃,维持 10 min。

③DB-5 毛细管柱,膜厚 1.0 μm,内径 0.32 mm,长 30 m,初始柱温 70 ℃维持 1 min,升温速率 10 ℃/min
至 240 ℃,维持 10 min。

表 6-12　不含有机物试剂水基底重氮甲烷衍生后的准确度和精密度

化合物	加标质量浓度 (μg/L)	平均回收率	回收率标准偏差
三氟羧草醚(Acifluorfen)	0.2	121%	15.7%
灭草松(Bentazon)	1	120%	16.8%
草灭平(Chloramben)	0.4	111%	14.4%
2,4-滴(2,4-D)	1	131%	27.5%
茅草枯(Dalapon)	10	100%	20.0%
2,4-滴丁酸(2,4-DB)	4	87%	13.1%
DCPA 二元酸(DCPA diacidb)	0.2	74%	9.7%
麦草畏(Dicamba)	0.4	135%	32.4%
3,5-二氯代苯甲酸(3,5-Dichlorobenzoic acid)	0.6	102%	16.3%
1,3-二氯丙烯(1,3-Dichloropropylene)	2	107%	20.3%
地乐酚(Dinoseb)	0.4	42%	14.3%
5-羟基麦草畏(5-Hydroxydicamba)	0.2	103%	16.5%
4-硝基苯酚(4-Nitrophenol)	1	131%	23.6%
五氯酚钠(Pentachlorophenol)	0.04	130%	31.2%

化合物	加标质量浓度（μg/L）	平均回收率	回收率标准偏差
氨氯吡啶酸（Picloram）	0.6	91%	15.5%
2,4,5-滴丙酸（2,4,5-TP）	0.4	117%	16.4%
2,4,5-涕（2,4,5-T）	0.2	134%	30.8%

注：①平均回收率由 7～8 个不含有机试剂水的加标测定得出。

　　②本方法包括 DCPA 一元酸和二元酸代谢物，用于证实研究的 DCPA 为二甲酯。

表 6-13　黏土基底重氮甲烷衍生后的准确度和精密度

化合物	平均回收率	线性范围（ng/g）	标准偏差（n＝20）
麦草畏（Dicamba）	95.7%	0.52～104	7.5%
2-(4-氯苯氧基-2-甲基) 丙酸（MCPP）	98.3%	620～61 800	3.4%
2 甲 4 氯（MCPA）	96.9%	620～61 200	5.3%
1,3-二氯丙烯（1,3-Dichloropropylene）	97.3%	1.5～3 000	5.0%
2,4-滴（2,4-D）	84.3%	1.2～2 440	5.3%
2,4,5-滴丙酸（2,4,5-TP）	94.5%	0.42～828	5.7%
2,4,5-涕（2,4,5-T）	83.1%	0.42～828	7.3%
2,4-滴丁酸（2,4-DB）	90.7%	4.0～8 060	7.6%
地乐酚（Dinoseb）	93.7%	0.82～1 620	8.7%

注：①以线性范围内 10 次加标黏土和黏土/底样的测定得出平均回收百分率。

　　②线性范围由标准溶液测定，校正至 50 g 固态样品。

　　③相对标准偏差百分率由标准溶液计算，10 个高浓度点，10 个低浓度点。

表 6-14　除草剂五氟溴苄衍生物的相对回收率

化合物	标准质量浓度（mg/L）	回收百分率								
		1	2	3	4	5	6	7	8	平均
2-(4-氯苯氧基-2-甲基) 丙酸（MCPP）	5.1	95.6%	88.8%	97.1%	100%	95.5%	97.2%	98.1%	98.2%	96.3%
麦草畏（Dicamba）	3.9	91.4%	99.2%	100%	92.7%	84.0%	93.0%	91.1%	90.1%	92.7%
2 甲 4 氯（MCPA）	10.1	89.6%	79.7%	87.0%	100%	89.5%	84.9%	92.3%	98.6%	90.2%
1,3-二氯丙烯（Dichloroprop）	6.0	88.4%	80.3%	89.5%	100%	85.2%	87.9%	84.5%	90.5%	88.3%
2,4-滴（2,4-D）	9.8	55.6%	90.3%	100%	65.9%	58.3%	61.6%	60.8%	67.6%	70.0%

化合物	标准质量浓度（mg/L）	回收百分率								
		1	2	3	4	5	6	7	8	平均
2.4.5-涕丙酸（Silvex）	10.4	95.3%	85.8%	91.5%	100%	91.3%	95.0%	91.1%	96.0%	93.3%
2,4,5-涕（2,4,5-T）	12.8	78.6%	65.6%	69.2%	100%	81.6%	90.1%	84.3%	98.5%	83.5%
2,4-滴丁酸（2,4-DB）	20.1	99.8%	96.3%	100%	88.4%	97.1%	92.4%	91.6%	91.6%	95.0%
平均值		86.8%	85.7%	91.8%	93.4%	85.3%	89.0%	87.1%	91.4%	

注：以 8 次加标水样得出平均回收率。

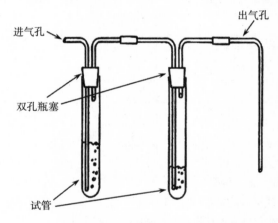

图 6-1　重氮甲烷发生装置

八、可回收石油烃总量的测定

高效液相色谱法（GB 5085.6—2007　附录 O）

1　范围

本方法适用于土壤、水体和废物介质中 Aldicarb（Temik），Aldicarb Sulfone，Carbaryl（Sevin），Carbofuran（Furadan），Dioxacarb，3-Hydroxycarbofuran，Methiocarb（Mesurol），Methomyl（Lannate），Promecarb，Propoxur（Baygon）等 10 种 N-甲基氨基甲酸酯的红外光谱测定。

本方法适用于固体废物中由超临界色谱法可提取的石油烃总量（TRPHs）的测定。本方法不适于测定汽油或其他挥发性组分。

本方法可检测质量浓度 10 mg/L 的提取物。当提取 3 g 样品时（假设提取率为 100%），则折合对土壤的检测质量浓度为 10 mg/kg。

2　原理

样品用 SFE 提取，干扰物质用散装的硅胶除去，或者通过硅胶固相提取小柱。样品通过与标准样品对比红外光谱方法(IR)分析。

3　试剂和材料

3.1　四氯化碳:光谱级。

3.2　对照品油混合物原料:光谱级。

3.2.1　正十六烷。

3.2.2　异辛烷。

3.2.3　氯苯。

3.3　硅胶

3.3.1　硅胶固相提取小柱(40 μm 粒度,60 mm),0.5 g。

3.3.2　硅胶,60~200 目(用112%的水去活)。

3.4　校正混合物

3.4.1　对照品油:取15.0 mL 正己烷,15.0 mL 异辛烷和10.0 mL 氯苯,加入一个50 mL 带玻璃塞的瓶中。盖紧瓶塞以避免样品挥发损失。在4℃下保存。

3.4.2　贮存标准样品:取0.5 mL 上述对照品油(3.4.1),加入100 mL 已称重的容量瓶中,立即盖紧瓶盖。称重,并用四氯化碳稀释到刻度。

3.4.3　工作标准溶液:根据比色皿大小,取适量贮备标准样品放入100 mL 容量瓶中。用四氯化碳稀释至刻度。根据贮备标准样品浓度,计算工作标准溶液浓度。

3.5　硅胶净化的校正

3.5.1　取玉米油和矿物油各1 mL(0.5~1 g),置于100 mL 已称重的容量瓶中,制成玉米油和矿物油的贮备液。称重,精确到毫克。用四氯化碳稀释至刻度,摇匀,使所有内容物溶解。

3.5.2　根据需要,制备目标浓度的稀释液。

3.5.3　将2 mL(或适当体积)稀释的玉米油/矿物油样品加入样品瓶。再加入0.3 g 散装硅胶,将混合物振摇5 min,或通过含硅胶填料0.5 g 的固相提取小柱。若使用固相提取小柱,需将小柱事先用5 mL 四氯化碳活化。用四氯化碳洗脱,收集3 mL 洗脱液。如果使用散装硅胶,需要将提取液用洗净的玻璃毛过滤(用一次性玻璃吸液管)。

3.5.4　将上述洗脱液或提取液加入洁净的红外比色皿中。在2 800~3 000 cm(烃)和1 600~1 800 cm(酯)波数下,确定哪一洗脱流分中烃类被洗脱出来且没有玉米油的存在。如果扫描的结果显示硅胶的吸附能力过强或者不足(玉米油与目标烃类一同在提取液中),则需选择新的硅胶或固相提取小柱。

4　仪器

4.1　红外光谱仪:扫描型或固定波长型,可在950 cm^{-1} 附近进行扫描。

4.2　比色皿:10 mm、50 mm 和100 mm 规格,氯化钠或 IR-级玻璃。

4.3　磁力搅拌器:带表面材质 PTFE 的搅拌棒。

5　分析步骤

5.1　采用液-液萃取或正向固相萃取方法制备样品。

5.2　将0.3 g 散装硅胶加入提取液,振摇混合物5 min,或者将提取液通过含硅胶填料0.5 g 的固相提取小柱(小柱事先用5 mL 四氯化碳活化)。如果使用散装硅胶,需要将提取液用洗净的玻璃毛过滤(用一次性玻璃吸液管)。

5.3　硅胶净化后,将溶液加入红外比色皿,确定提取液的吸光度。如果吸光度超过红外光度计的线性范围,则需将样品进行适当稀释之后重新分析。通过重复净化和分析过程,亦可以判断硅胶的吸附能力是否过强。

5.4 选择适当浓度的工作标准溶液,并根据浓度选择合适大小的比色皿(表6-15)。

表6-15 根据浓度选择合适大小的比色皿

皿长(mm)	质量浓度范围(μg/mL,提取液)	体积(mL)
10	5～500	3
50	1～100	15
100	0.5～50	30

5.5 用一系列工作标准溶液和适当的比色皿校正仪器。在约 2 950 cm^{-1} 的最大波数下直接确定每一溶液吸光度,作石油烃浓度对吸光度的校正曲线。

6 结果计算

样品中 TRPHs 的质量分数(mg/kg)用下式计算:

$$\omega(\text{TRPHs}) = \frac{\rho \times D \times V}{M}$$

式中:ρ——由校准曲线得出的质量浓度,mg/mL;

V——提取液体积,mL;

D——提取液稀释因子;

M——固体样品的重量,kg。

九、羰基化合物的测定

高效液相色谱法(GB 5085.6—2007 附录 P)

1 范围

本方法适用于固体废物中的多种羰基化合物包括乙醛(Acetaldehyde)、丙酮(Acetone)、丙烯醛(Acrolein)、苯甲醛(Benzaldehyde)、正丁醛[Butanal (Butyraldehyde)]、巴豆醛(Crotonaldehyde)、环己酮(Cyclohexanone)、癸醛(Decanal)、2,5-二甲基苯甲醛(2,5-Dimethyl-benzaldehyde)、甲醛(Formaldehyde)、庚醛(Heptanal)、己醛[Hexanal (Hexaldehyde)]、异戊醛(Isovaleraldehyde)、壬醛(Nonanal)、辛醛(Octanal)、戊醛[Pentanal (Valeraldehyde)]、丙醛[Propanal (Propionaldehyde)]、间-甲基苯甲醛(m-Tolualdehyde)、邻-甲基苯甲醛(o-Tolualdehyde)、对-甲基苯甲醛(p-Tolualdehyde)的高效液相色谱法测定。

本方法对各种羰基化合物的检出限为 4.4～43.7 μg/L。

2 原理

样品提取后玻璃纤维漏斗过滤,在 pH 为 3 的条件用 2,4-二硝基苯肼(DNPH)进行衍生化。经固相提取或溶剂提取,HPLC 分离和检测提取物中各种羰基化合物,检测波长为 360 nm。

3 试剂和材料

除非特别说明,本方法所使用的都是试剂级的无机化学药品。

3.1 试剂水:不含有机物的水,在目标化合物的方法检测限并未观察到水中有干扰物。

3.2 福尔马林:甲醛在试剂水中配成溶液,通常为 37.6%(质量分数)。

3.3 醛和酮:分析纯级别,用于为除甲醇外的其他目标分子准备 DNPH 衍生标准。

3.4　二氯甲烷(CH_2Cl_2)：HPLC级高效液相色谱纯或同等纯度。

3.5　乙腈(CH_3CN)：HPLC级或同等纯度。

3.6　氢氧化钠溶液($NaOH$)：1.0 mol/L 和 5 mol/L。

3.7　氯化钠($NaCl$)：饱和溶液，用过量的试剂纯氯化钠固体溶于试剂水中制得。

3.8　亚硫酸钠(Na_2SO_3)：0.1 mol/L。

3.9　硫酸钠(Na_2SO_4)：粒状，无水。

3.10　柠檬酸($C_8H_8O_7$)：1.0 mol/L 溶液。

3.11　柠檬酸钠($C_6H_5Na_3O_7·2H_2O$)：1.0 mol/L 二水化合物的三钠盐溶液。

3.12　乙酸(CH_3CO_2H，冰)。

3.13　醋酸钠(CH_3CO_2Na)。

3.14　盐酸(HCl)：0.1 mol/L。

3.15　柠檬酸缓冲液：1 mol/L，pH3，将 80 mL 1 mol/L 柠檬酸溶液加入 20 mL 1 mol/L 柠檬酸钠溶液中配制，充分混匀。如果需要，用 NaOH 或 HCl 调节 pH。

3.16　醋酸盐缓冲液：pH＝5.0，5 mol/L，仅用于甲醛分析。40 mL 5 mol/L 醋酸溶液加入到 60 mL 5 mol/L 醋酸钠溶液中，充分混匀。如果需要，用 NaOH 或 HCl 调节 pH。

3.17　2,4-二硝基苯肼：$[2,4-(O_2N)_2C_6H_3]NHNH_2$(DNPH)，试剂水配成 70%溶液（质量分数）。将 428.7 mg 70%（质量分数）DNPH 溶于 100 mL 乙腈中配成 3.00 mg/mL 的溶液。

3.18　提取溶液：64.3 mL 1.0 mol/L 的 NaOH 和 5.7 mL 冰醋酸用 900 mL 试剂水稀释。用试剂水稀释到 1 L。pH 为 4.93±0.02。

3.19　标准贮备溶液。

3.19.1　甲醛贮备液（约 1 000 mg/L）：用试剂水稀释适当量的已鉴定的标准甲醛（约 265 μL）至 100 mL 配制。如果已鉴定的标准甲醛不可用或者已鉴定的标准甲醛有任何质量问题，溶液可能需要用 3.19.2 的操作步骤重新标定。

3.19.2　甲醛标准贮备液，转移 25 mL 0.1 mol/L Na_2SO_3 溶液到烧杯中，记录其 pH。加入 25.0 mL 甲醛贮备液(3.19.1)，并记录其 pH。用 0.1 mol/L HCl 滴定混合溶液至最初 pH。甲醛的质量浓度可以用如下方程计算得出：

$$\rho(甲醛)=\frac{30.03\times C(HCl)\times V(HCl)}{0.025}$$

式中：ρ(甲醛)——甲醛的质量浓度，mg/L；

　　　C(HCl)——所用的盐酸标准溶液的浓度，mmol/L；

　　　V(HCl)——所用的盐酸标准溶液的体积，mL；

　　　30.03——甲醛的摩尔质量，mg/mmol；

　　　0.025——甲醛的体积，L。

3.19.3　醛和酮的贮备液：将适量的纯原料溶于 90 mL 乙腈中，稀释到 100 mL，最终质量浓度为 1 000 mg/L。

3.20　配制 HPLC 分析用的标准 DNPH 衍生物溶液和工作曲线标准品。

3.20.1　标准贮备液，溶解准确质量的单个各个目标分析物的 DNPH 衍生物于乙腈中，分别配成标准贮备液。每个标准贮备液的质量浓度约为 100 mg/L，可以通过溶解 0.010 g 固体衍生物于 100 mL 乙腈中制得。

3.20.2 二次稀释标准液:用上述所得单个标准贮备液于乙腈中混匀,制备含有从目标分析物中得到的DNPH衍生物的二级稀释标准液。100 μg/L的溶液可由100 μL的100 mg/L溶液用乙腈稀释到100 mL配制。

3.20.3 工作曲线标准品:以二次稀释标准品配制工作曲线混合标准品的时候,使DNPH衍生物浓度范围在0.5~2.0 μg/L(该范围包含了大部分室内空气分析目标分析物的质量浓度)。DNPH衍生物标准混合溶液的浓度可能需要调整以反映真实样品中的相对浓度分配比例。

4 仪器、装置及工作条件

4.1 高效液相色谱

4.1.1 泵系统:梯度泵,能够控制1.50 mL/min的稳定流量。

4.1.2 20 μL定量环的高压进样阀。

4.1.3 色谱柱:250 mm×4.6 mm ID,5 μm粒径,C18色谱柱。

4.1.4 紫外吸收检测器。

4.1.5 流动相贮液器和吸滤头:用于存放和过滤HPLC的流动相。过滤系统需全部是玻璃和聚四氟乙烯,且使用0.22 μm聚酯滤膜。

4.1.6 进样针:用于将样品加载到HPLC定量杯中,容量至少是定量杯体积的4倍。

4.2 反应器:250 mL抽滤瓶。

4.3 分液漏斗:250 mL,带聚四氟乙烯活塞。

4.4 Kunderna - Danish(K - D)仪器。

4.5 沸石碎片:用于二氯甲烷溶剂提取。

4.6 pH计:能检测0.01pH单位。

4.7 玻璃纤维滤纸:1.2 μm孔径(费歇尔等级G4或等价)。

4.8 固相提取柱:填充2 g C18。

4.9 真空提取装置:能够同时提取12个以上样品。

4.10 样品容器:60 mL容量。

4.11 吸量管:能精确转移0.10 mL溶液。

4.12 水浴:加热,带有同心圆环盖,能够控温(±2℃)。水浴需要在防风罩中使用。

4.13 样品混合器:带振荡轨的能够控温的恒温箱(±2℃)。

4.14 进样针:5 mL,500 μL,100 μL。

4.15 进样针过滤器:0.45 μm过滤盘。

4.16 注射器:10 mL,带Luer-Lok类适配器,用于支持重力作用加载样品的小柱。

4.17 注射器架。

4.18 容量瓶:5 mL、10 mL和250 mL或500 mL。

5 样品的采集、保存和预处理

5.1 样品需在4℃冷藏。水相样品必须在采集到样品的3日以内衍生化和提取。固体样品浸析液的放置时间需尽量短。所有样品衍生化后的提取物需在3日内完成分析。

5.2 所有的标准液放在带聚四氟乙烯内衬的螺纹盖玻璃仪器中,顶部空间尽量小,避光保存在4℃下。标准液需要在6周内保持稳定。所有的标准液需要经常检验以标明降解或挥发,特别是在用他们配制工作曲线标准品前。

6　分析步骤

6.1　固体样品的提取

6.1.1　所有固体样品都需要进行以下类似的处理,搅拌和除去树枝、石头和其他无关材料。当样品不够干燥时,取具有代表性的部分测定样品的干重。

6.1.2　测定干重

在某些情况下,样品结果需要基于干重来得到。当需要或要求这种数据时,样品的一部分在被用于分析测定的同时也需要称出干重。

注意:干燥箱必须在通风橱中使用。实验室的大量污染物可能来源于烘干严重污染的有害废物样品。

6.1.3　称取样品后立即做衍生化,将 $5\sim10$ g 重的样品加入到扣除重量的坩埚中。在 $105\,℃$ 测量样品的干重百分率。将样品在 $105\,℃$ 过夜后测定样品的干重质量分数。在称重前允许在干燥器重冷却。

$$干重质量分数 = \frac{干样品的质量(g)}{样品质量(g)} \times 100\%$$

6.1.4　在 500 mL 带聚四氟乙烯内衬螺纹盖或者压盖的瓶中加入 25 g 固体,加入 500 mL 提取液。在摇床上以 30 r/min 旋摇样品瓶约 18 h 来提取固体。用玻璃漏斗和纤维滤纸过滤提取物并在密封瓶中 $4\,℃$ 贮存。每毫升提取物对应 0.050 g 固体。更小量的固体样品可能需要用相对小体积的提取液,保证固体、提取液的质量体积比为 $1:20$。

6.2　净化和分离

6.2.1　对于相对干净的样品,可能不需要进行基质净化操作。本方法中推荐的净化操作用于多种不同样品的分析。如果某些特殊样品要求使用其他可选择的净化操作,分析者必须保证洗脱并证明甲醛在加标样品中的回收率大于 85%。形成乳状液的样品回收率可能会低一些。

6.2.2　如果不清楚样品是什么,或者是未知的复杂样品,整个样品需要用 2 500 r/min 的速度离心 10 min。移出离心管中的上层液体,玻璃漏斗纤维滤纸过滤到密封性优良的容器中。

6.3　衍生化

6.3.1　对于水样品,适用于测量一定量(通常 100 mL)的预先确定被分析物的浓度范围的部分样品。定量转移一定量的部分样品到反应容器中。

6.3.2　对于固体样品,通常需要 $1\sim10$ mL 提取物。特定样品使用的总量必须通过预实验来确定。

注意:在选定的样品或提取液的量小于 100 mL 的情况下,水层的总量需要用试剂水调整到 100 mL。稀释前记录原始样品量。

6.3.3　目标分析物的衍生化和提取,可能通过液-固(6.3.4)或液-液(6.3.5)操作完成。

6.3.4　液-固衍生化和提取

6.3.4.1　对于除了甲醛以外的被分析物,加入 4 mL 柠檬酸缓冲液,用 6 mol/L HCl 或 6 mol/L NaOH 调节 pH 至 3.0 ± 0.1。加入 6 mL DNPH 试剂,将容器密封,放入加热($40\,℃$)的回旋式振荡器搅拌 1 h。调节振荡搅拌使溶液形成温和的旋涡。

6.3.4.2　如果甲醛是唯一的目标分析物,加入 4 mL 醋酸缓冲液,用 6 mol/L HCl 或 6 mol/L NaOH 调节 pH 至 5.0 ± 0.1。加入 6 mL DNPH 试剂,将容器密封,放入加热($40\,℃$)的回旋式振荡器搅拌 1 h。调节振荡搅拌使溶液形成温和的旋涡。

6.3.4.3　将真空提取装置和水流式抽气管或真空泵连接好。将含 2 g 吸附剂的萃取柱连接在真空提取装置上。每根萃取柱用 10 mL 稀柠檬酸缓冲液(10 mL 1 mol/L 柠檬酸缓冲液用试剂水稀释到 250 mL)冲洗以达到要求的条件。

6.3.4.4 严格控制反应过程为 1 h,到时间立即取出反应容器,加入 10 mL 饱和 NaCl 溶液到容器中。

6.3.4.5 定量转移反应溶液到固相萃取柱上,并且抽真空使溶液以 3～5 mL/min 的速度从萃取小柱流出。液体样品从萃取柱流出后继续抽真空约 1 min。

6.3.4.6 当维持真空条件时,每根提取柱用 9 mL 乙腈直接淋洗至 10 mL 容量瓶中。用乙腈稀释溶液并定容,充分混匀,存入密封优良的小瓶中待分析。

注意:因为本方法使用了过量的 DNPH,完成 6.3.4.5 操作后,提取柱仍然是黄色的。此颜色的出现并不表示还有被分析物的衍生物残留在柱上。

6.3.5 液-液衍生化和提取

6.3.5.1 对于除了甲醛以外的其他分析物,加入 4 mL 柠檬酸缓冲液,用 6 mol/L HCl 或 6 mol/L NaOH 调节 pH 至 3.0±0.1。加入 6 mL DNPH 试剂,将容器密封,放入加热(40 ℃)的回旋式振荡器搅拌 1 h。调节振荡搅拌使溶液形成温和的旋涡。

6.3.5.2 如果甲醛是唯一的目标分析物,加入 4 mL 醋酸缓冲液,用 6 mol/L HCl 或 6 mol/L NaOH 调节 pH 至 5.0±0.1。加入 6 mL DNPH 试剂,将容器密封,放入加热(40 ℃)的回旋式振荡器搅拌 1 h。调节振荡搅拌使溶液形成温和的旋涡。

6.3.5.3 用二氯甲烷在 250 mL 分液漏斗中连续提取溶液三次,每次 20 mL。如果提取过程中形成乳状液,将乳状液全部取出,在 2 000 r/min 离心 10 min。分离上下层液体,进行下一步提取。合并二氯甲烷层到一个装有 5.0 g 无水硫酸钠的 125 mL 锥形瓶中。摇动瓶中物质完成提取物的干燥过程。

6.3.5.4 把一个 10 mL 浓缩管的 Kuderna-Danish(K-D)浓缩器和一个 500 mL 蒸馏烧瓶连接在一起。将提取物转移到蒸馏烧瓶中,注意尽量少转移硫酸钠。用 30 mL 二氯甲烷洗涤锥形瓶,将洗涤液也加入到蒸馏烧瓶中,以完成定量的转移。用 K-D 技术将提取液浓缩至 5 mL。分析前将溶剂更换为乙腈。

6.4 校准

6.4.1 建立液相色谱操作条件。

推荐色谱条件为:

色谱柱:C18 4.6 mmol/L×250 mmol/L ID,5 μm 粒径;

流动相梯度:70/30 乙腈/水(体积分数),20 min;70/30 乙腈/水到 100% 乙腈 15 min;100% 乙腈 15 min;

流速:1.2 mL/min;

检测器:紫外检测器,360 nm;

进样体积:20 μL。

6.4.2 从衍生和提取物中配制绘制标准曲线所用溶液的方法与从样品中配制的方法一样。

6.4.3 分析溶剂背景以保证体系干净无干扰。

6.4.4 分析每一个处理好的标准曲线样品,按峰面积对标准溶液的质量浓度(μg/L)列表。

6.4.5 沿进样的标准浓度对峰面积列表以确定分析物在每个浓度的校准因子(CF)(见 7.1 的方程)。平均标准曲线样品的 CF 的百分比相对标准偏差(RSD,%)应该是≤20%。

6.4.6　标准工作曲线每天分析前后都需要通过分析一个或多个标准曲线所需的样品进行检查。CF 值需要落在初始测定的 CF 值±15％以内。

6.4.7　在检测最多 10 个样品后,就需要对某一个标准曲线测定溶液进行重新分析以保证 DNPH 衍生化的 CF 值仍然落在初始 CF 值的±15％范围内。

6.5　样品分析

6.5.1　用 6.4.1 中建立的条件对样品进行 HPLC 分析。

6.5.2　如果峰面积超过标准曲线的线性范围,需要减小样品的进样体积。或者将溶液用乙腈稀释重新测量。

6.5.3　目标分析物洗脱后,用 7.2 中的方程或者特殊取样方法计算出样品中被分析物的质量浓度。

6.5.4　如果由于观察到干扰物影响了峰面积的测量,则需要进行进一步的净化。

7　结果计算

7.1　计算各个校准因子、平均校准因子、标准偏差和百分比相对标准偏差的方法如下:

$$CF = \frac{标准样中化合物的峰面积}{化合物的进样质量浓度(\mu g/L)}$$

$$\overline{CF} = \frac{\sum\limits_{i=1}^{n} CF}{n}$$

$$SD = \sqrt{\frac{\sum\limits_{i=1}^{n}(CF_i - \overline{CF})^2}{n-1}}$$

$$RSD = \frac{SD}{\overline{CF}} \times 100$$

式中:$\overline{CF}$——用 5 个标准质量浓度做出的平均校准因子;

　　　CF——对于标准溶液 i 的校准因子($i = 1 \sim 5$);

　　　RSD——校准因子的相对标准偏差;

　　　n——标准溶液的个数;

　　　SD——标准偏差。

7.2　样品浓度的计算

7.2.1　液体样品质量浓度的计算方式如下:

$$醛质量浓度(\mu g/L) = \frac{样品峰面积 \times 100}{\overline{CF} \times Vs}$$

式中:$\overline{CF}$——被分析物的平均校准因子;

　　　Vs——样品体积(mL)。

7.2.2　固体样品的浓度计算方法如下:

$$醛质量浓度(\mu g/L) = \frac{样品峰面积 \times 100}{\overline{CF} \times Vex}$$

其中:$\overline{CF}$——被分析物的平均校准因子;

　　　Vex——提取溶液部分体积(mL)。

十、多环芳烃的测定

高效液相色谱法(GB 5085.6—2007 附录 Q)

1 范围

本方法适用于固体废物中苊、苊烯、蒽、苯并[a]蒽、苯并[a]芘、苯并[b]荧蒽、苯并[ghi]芘、苯并[k]荧蒽、二苯并[ah]蒽、荧蒽、芴、茚并[1,2,3-cd]芘、萘、菲、芘等多环芳烃(PAHs)的高效液相色谱法测定。各分析物的保留时间见表6-16。

表6-16 PAHs的高效液相色谱测定

化合物	保留时间(min)	柱容量因子(K*)	方法检测限(μg/L)	
			紫外线	荧光
萘	16.6	12.2	1.8	
苊烯	18.5	13.7	2.3	
苊	20.5	15.2	1.8	
芴	21.2	15.8	0.21	
菲	22.1	16.6		0.64
蒽	23.4	17.6		0.66
荧蒽	24.5	18.5		0.21
芘	25.4	19.1		0.27
苯并[a]蒽	28.5	21.6		0.013
䓛	29.3	22.2		0.15
苯并[b]荧蒽	31.6	24.0		0.018
苯并[k]荧蒽	32.9	25.1		0.017
苯并[a]芘	33.9	25.9		0.023
二苯并[ah]蒽	35.7	27.4		0.030
苯并[ghi]芘	36.3	27.8		0.076
茚并[1,2,3-cd]芘	37.4	28.7		0.043

注:HPLC条件——反相柱 HC-ODS Sil-X,5 μm,不锈钢 250 mm×ϕ2.6 mm;流动相:乙腈:水=4:6(体积分数);流速 0.5 mL/min,在洗脱 5 min 后,以线性梯度上升,在 25 min 内乙腈上升到 100%。如果使用其他柱的内径值,则应保持线速度为 2 mm/s。

2 原理

本方法提供了用高效液相色谱检测 10^{-9} 级含量的多环芳烃的 HPLC 条件。在使用这种方法之前,必须采用适当的样品提取技术。提取物 5~25 μL 注入 HPLC,经色谱分离后流出物用紫外线(UV)和荧光检测器检测。

3 试剂和材料

3.1 试剂水:不含有机物的试剂级水。

3.2 乙腈:HPLC 纯,经玻璃装置蒸馏过。

3.3　贮备标准溶液

3.3.1　制备浓度为 $1.00\,\mu g/\mu L$ 的贮备标准溶液,制备方法是将 $0.0100\,g$ 的标准参考物质溶解在乙腈中,然后转移到 $10\,mL$ 容量瓶内,用乙腈稀释至刻度。如果市售的贮备标准溶液的纯度已由制造商或独立来源所确认,可直接配成各种浓度来使用。

3.3.2　移取贮备标准溶液到有聚四氟乙烯衬里密封的旋盖瓶内,在 $4\,℃$ 避光保存。贮备标准溶液要经常检查是否有降解和蒸发的迹象。

3.3.3　贮备标准溶液在贮放 1 年以后,或者在检查中一旦发现有问题时都应立即重新配制。

3.4　校准标准溶液:可利用添加乙腈稀释贮备标准溶液的方法制备,至少要配制 5 种不同浓度的校准溶液。其中 1 种浓度含量是接近但高于方法检测限,其他 4 种浓度含量相当于实际样品中预期的浓度范围,或者能符合 HPLC 的分析范围要求。校准标准溶液在贮放半年以后,或者在检查中一旦发现有问题时都应即时重新配制。

3.5　内标标准溶液(如果使用内标校准法的话):使用这种方法时,必须选择和待测物具有相似特性的一种或多种内标标准物,同时分析者还需证实,内标标准物在测量中不受该方法和基体干扰的影响,由于上述这些条件的限制,没有一种内标能应用于所有样品。

3.5.1　对每个待测物,都至少要配制 5 种不同浓度的校准溶液。

3.5.2　对每一种校准溶液,应加入已知含量一种或多种内标溶液,然后用乙腈稀释到定容体积。

3.6　替代标准物:在处理各种样品基体时加入 1 种或 2 种适合于本方法的温度程序范围的替代标准物到各种样品、标准物和试剂水中(替代标准物,如十氟代联苯或样品中不存在的其他多环芳烃),以监测提取、净化(如需要的话)和分析系统的性能以及本方法的有效性。由于共同的洗涤问题的影响,在 HPLC 分析中不用待测物的,氘的同系物将作为替代标准物。

4　仪器、设备

4.1　K-D 浓缩器。

4.1.1　浓缩管:$10\,mL$ 带刻度用磨口玻璃塞以避免提取物的挥发。

4.1.2　蒸发烧瓶:$500\,mL$ 用弹簧与浓缩器相连。

4.1.3　Snyder 柱:三球微型。

4.1.4　Snyder 柱:两球微型。

4.2　沸片:用溶剂提取过,$10\sim40$ 目(硅碳化物或其相当物)。

4.3　水浴:能控温在 $\pm5\,℃$,该水浴应在通风橱内使用。

4.4　注射器:$5\,mL$。

4.5　高压注射器。

4.6　HPLC 仪器。

4.6.1　梯度泵系统:恒流量。

4.6.2　反相色谱柱:ODS 色谱柱,填料粒径为 $5\,\mu m$,$250\,mm\times4.6\,mm$。

4.6.3　检测器:紫外或荧光检测器。

4.7　容量瓶:$10\,mL$、$15\,mL$ 和 $100\,mL$。

5　分析步骤

5.1　提取

5.1.1　一般来说,水样的提取是按照 GB 5085.3 附录 U,先把水样 pH 调为中性后用二氯甲烷提取。固体样品的提取则按照 GB 5085.3 附录 V。为使该方法达到最高灵敏度,提取物的体积应浓缩到 1 mL。

5.1.2 在 HPLC 分析之前,提取物的溶剂必须更换为乙腈。可以用 K-D 浓缩器来进行这种更换,具体操作如下。

5.1.2.1 将 Snyder 微柱连接到 K-D 浓缩器后,把二氯甲烷的提取物浓缩到 1 mL,然后冷却和沥干至少 10 min。

5.1.2.2 先将水浴温度上升到 95～100 ℃,然后把 K-D 浓缩器上 Snyder 微柱迅速移出,加入 4 mL 乙腈和新的沸片,安装上二球 Snyder 微柱并用 1 mL 乙腈将柱润湿,最后把这套 K-D 浓缩器放置到水浴上,让浓缩管的一部分被热水浸没。根据需要调整装置的垂直位置和水的温度,以使在 15～20 min 完成浓缩。在适合蒸发比时,Snyder 柱内微球将会有"吱吱"声,但球室内不会有液体溢流。当浓缩的液体表观体积达到 0.5 mL 时,从水浴上移出 K-D 装置,让它冷却沥干至少 10 min。

5.1.2.3 当 K-D 装置冷却以后,移去 Snyder 微柱,并用约 0.2 mL 乙腈洗涤下部连接端,洗涤液流入浓缩管内,推荐用 5 mL 注射器来完成这一步骤,并调整提取物总体积到 1.0 mL。如不立即进行以下步骤,把浓缩管取下盖上塞后贮放在 4 ℃冰箱内。如果提取物贮放时间超过 2 d,则应转移到有聚四氟乙烯衬垫密封的旋盖瓶内贮放,如不需要进一步纯化即可作 HPLC 分析用。

5.2 HPLC 分析条件

先用乙腈:水=4:6(体积分数)以 0.5 mL/min 流速洗脱 5 min,然后作线性梯度洗脱,在 25 min 内乙腈含量由 40% 上升到 100%。如果使用其他内径的柱,则应调整流速使其线速度保持在 2 mmol/L·S^{-1}。

十一、丙烯酰胺的测定

气相色谱法(GB 5085.6—2007 附录 R)

1 范围

本方法用于固体废物中丙烯酰胺的气相色谱法测定。

本方法的方法检测限为 0.032 μg/L。

2 引用标准

下列文件中的条款通过在本方法中被引用而成为本方法的条款,与本方法同效。凡是不注明日期的引用文件,其最新版本适用于本方法。

GB/T 6682 分析实验室用水规格和实验方法。

3 原理

本方法是基于丙烯酰胺的双键溴化的。在经过硫酸钠盐析之后,以乙酸乙酯将反应产物(2,3-二溴丙酰胺)从反应混合物中萃取出来。萃取物经硅酸镁载体柱净化之后,用电子捕获检测器的气相色谱进行分析(GC/ECD)。化合物鉴定结果应该以至少一种其他的定性手段进行辅证。可采用另一根气相色谱确认柱或气相色谱/质谱联用来进行化合物确证。

4 试剂和材料

4.1 除另有说明外,本方法中所用的水为 GB/T 6682 规定的一级水。

4.2 乙酸乙酯:色谱纯。

　　4.3　二乙醚：色谱纯。必须用试纸检测不含过氧化氢。净化后，必须在二乙醚中加入20 mL乙醇作为防腐剂。

　　4.4　甲醇：色谱纯。

　　4.5　苯：色谱纯。

　　4.6　丙酮：色谱纯。

　　4.7　饱和溴水溶液：将溴和水混合摇动，在暗处4℃下静置1 h，使用水相溶液。

　　4.8　硫酸钠（无水，粒状）：分析纯，置于浅托盘中，在400℃加热4 h，或用二氯甲烷预洗涤硫酸钠。若用二氯甲烷预洗涤硫酸钠的方法，则必须分析方法空白，以证明硫酸钠不会造成干扰。

　　4.9　硫代硫酸钠：分析纯，配制成1 mol/L水溶液。

　　4.10　溴化钾：分析纯，为红外检测准备。

　　4.11　浓氢溴酸：$\rho=1.48 \text{ g/mL}$。

　　4.12　丙烯酰胺单体：纯度大于等于95%。

　　4.13　邻苯二甲酸二甲酯：纯度99.0%。

　　4.14　硅酸镁载体（60/100目）：将硅酸镁载体在130℃活化至少16 h，或者将其在烘箱中130℃贮存。将5 g硅酸镁载体悬浮在苯中，在玻璃柱中装柱。

　　4.15　标准贮备溶液

　　100 mL容量瓶中，将105.3 mg丙烯酰胺单体溶于水中，以水稀释至刻度。将该丙烯酰胺溶液稀释，以获得质量浓度在0.1～10 mg/L范围内的丙烯酰胺单体标准溶液。

　　4.16　校正标准

　　将丙烯酰胺标准贮备溶液以水稀释，以制得质量浓度为0.1～5 mg/L的丙烯酰胺。在进样之前，将校正标准以和环境样品相同的方式反应和萃取。

　　4.17　内标

　　内标化合物为邻苯二甲酸二甲酯。在乙酸乙酯中配制质量浓度为100 mg/L的邻苯二甲酸二甲酯溶液。在样品萃取物和校正标准中邻苯二甲酸二甲酯的质量浓度应该为4 mg/L。

　　5　**仪器、装置**

　　5.1　气相色谱仪：配有电子捕获检测器。

　　5.2　分液漏斗：150 mL。

　　5.3　容量瓶：100 mL，带有磨口玻璃塞。25 mL，棕色，带有磨口玻璃塞。

　　5.4　注射器：5 mL。

　　5.5　微量注射器：5 μL，100 μL。

　　5.6　取液器：A级。

　　5.7　玻璃气相色谱柱：30 cm×2 cm。

　　5.8　机械摇床。

　　6　**分析步骤**

　　6.1　溴化

　　移取50 mL样品到100 mL带磨口玻璃塞容量瓶中，将7.5 g溴化钾溶于样品中。用浓氢溴酸调整溶液pH为1～3。将容量瓶外包裹铝箔用来避光。边搅拌边加入2.5 mL饱和溴水溶液。将这瓶溶液在0℃下暗处存放至少1 h。逐滴加入1 mol/L的硫代硫酸钠以分解过量的溴，直到溶液变为无色。加入15 g硫酸钠，用磁子剧烈搅拌。

6.2 萃取

将溶液移入一个 150 mL 的分液漏斗内。用水润洗反应瓶 3 次,每次 1 mL。将洗涤液倒入分液漏斗中。用乙酸乙酯萃取水溶液 2 次,每次 10 mL,每次萃取 2 min,用机械摇床以 240 r/min 的速度摇动。将有机相用 1 g 硫酸钠干燥后移入一个 25 mL 棕色容量瓶,用乙酸乙酯洗涤硫酸钠 3 次,每次 1.5 mL,将洗涤液和有机相合并。准确称量 100 μg 邻苯二甲酸二甲酯,加入容量瓶中,用乙酸乙酯定容至 25 mL 刻度线。每次向气相色谱注射 5 μL 该溶液。

6.3 净化,只要还能看到液-液界面,样品就需用以下方法净化。

将干燥后的提取液移入蒸发皿中,加入 15 mL 苯。在 70℃ 下将溶剂减压蒸发,使溶液浓缩至约 3 mL。加入 50 mL 苯,使该溶液以 3 mL/min 的流速流入硅酸镁载体柱。先用 50 mL 的二乙醚-苯(1∶4)以 5 mL/min 的流速洗脱,然后用 25 mL 的丙酮-苯(2∶1)以 2 mL/min 的流速洗脱。弃去所有第一次洗脱的洗脱液以及第二次洗脱的最初 9 mL 洗脱液,用其余洗脱液进行检测。采用邻苯二甲酸二甲酯(4 mg/L)作为内标。

6.4 气相色谱条件

氮气载气流速:40 mL/min;

柱温:165℃;

进样温度:180℃;

检测温度:185℃;

进样体积:5 μL。

6.5 样品分析

将样品萃取液取 5 μL(含有 4 mg/L 内标)进样。图 6-2 为一个样品的 GC/ECD 色谱图的例子。

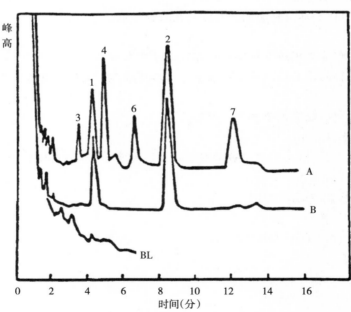

图 6-2 水溶液中丙烯酰胺溴化产物得到的典型色谱图

A—未经处理;B—经硅酸镁载体净化;BL—空白的色谱图,气相色谱分析之前浓缩 5 倍。

峰:1—2,3-二溴丙酰胺;2—邻苯二甲酸二甲酯;4～7—溴化钾引起的杂质

(样品体积=100 mL;丙烯酰胺 = 0.1 μg)

6.6　空白试验

除不称取样品外,均按上述步骤进行。

7　计算

根据以下公式来计算丙烯酰胺单体在样品中的质量浓度:

$$质量浓度(\mu g/L) = \frac{A_x \times \rho_{is} \times D \times V_i}{A_{is} \times \overline{RF} \times V_s \times 1\,000}$$

式中: A_x——样品中被分析物的峰面积(或峰高);

$\quad A_{is}$——内标的峰面积(或峰高);

$\quad \rho_{is}$——浓缩样品萃取液中内标的质量浓度, $\mu g/L$;

$\quad D$——稀释系数,如果样品或萃取液在分析前被稀释,没有稀释时 $D=1$,稀释系数是无量纲的;

$\quad V_i$——萃取液的进样体积, μL,样品和校正标准液的进样体积必须相同;

$\quad \overline{RF}$——初始校正的平均响应系数;

$\quad V_s$——被提取或吹扫的水溶液样品体积,如果该变量的单位用升,则结果需乘以 $1\,000$;

$\quad 1\,000$—— $1\,mL$ 等于 $1\,000\,\mu L$。如果进样体积(V_i)以 mL 表示,则可省去 $1\,000$。用此处说明的变量单位计算得到的结果质量浓度单位为 ng/mL,也等同于 $\mu g/L$。

十二、多氯代二苯并二噁英和多氯代二苯并呋喃的测定

高分辨气相色谱/高分辨质谱法(GB 5085.6—2007　附录 S)

1　范围

本方法适用于固体废物中多氯代二苯并二噁英(4～8 个氯的取代物;PCDDs)和多氯代二苯并呋喃(4～8 个氯的取代物;PCDFs)的 10^{-6} 和 10^{-9} 量级的高分辨气相色谱/高分辨质谱法检测。包括:2,3,7,8-四氯二苯并对二噁英、1,2,3,7,8-五氯二苯并对二噁英、1,2,3,6,7,8-六氯二苯并对二噁英、1,2,3,4,7,8-六氯二苯并对二噁英、1,2,3,7,8,9-六氯二苯并对二噁英、1,2,3,4,6,7,8-七氯二苯并对二噁英、1,2,3,4,6,7,8,9-八氯二苯并对二噁英、2,3,7,8-四氯二苯并呋喃、1,2,3,7,8-五氯二苯并呋喃、2,3,4,7,8-五氯二苯并呋喃、1,2,3,6,7,8-六氯二苯并呋喃、1,2,3,7,8,9-六氯二苯并呋喃、1,2,3,4,7,8-六氯二苯并呋喃、2,3,4,6,7,8-六氯二苯并呋喃、1,2,3,4,6,7,8-七氯二苯并呋喃、1,2,3,4,7,8,9-七氯二苯并呋喃、1,2,3,4,6,7,8,9-八氯二苯并呋喃。

2　原理

本方法分析过程包括针对特定基质的提取、对特定分析物的纯化,以及 HRGC/HRMS 分析技术。不同基质使用不同方法进行提取,提取物随后进行酸洗处理和干燥。经过一步溶剂交换后,提取物经过纯化,在加入 $10～50\,\mu L$ (视基质而定)含有 $50\,pg/\mu L$ 回收率标准物 $^{13}C_{12}$-1,2,3,4 - TCDD 和 $^{13}C_{12}$-1,2,3,7,8,9 - HxCDD 的壬烷溶液后,用于 HRGC/HRMS 分析的最终提取物即制备完成。

3　试剂和材料

3.1　不含有机物试剂水,本方法中使用的所有水均为不含有机物的试剂水。

3.2　柱色谱试剂

3.2.1 氧化铝:中性,80～200 目(超 1 级)在室温下贮存于有硅胶干燥剂的密封容器内。

3.2.2 氧化铝:酸性 AG4,若空白检测显示有污染,以二氯甲烷为溶剂用索氏提取法提取 24 h,然后放入箔片覆盖的玻璃容器内以 190 ℃加热活化 24 h。最终贮存在有 Teflon TM 螺纹盖的密封玻璃瓶中。

3.2.3 硅胶:高纯级,60 型,70～230 目。若空白检测显示有污染,以二氯甲烷为溶剂用索氏提取法提取 24 h,然后放入箔片覆盖的玻璃容器内以 190 ℃加热活化 24 h。最终贮存在有 Teflon TM 螺纹盖的密封玻璃瓶中。

3.2.4 氢氧化钠浸泡的硅胶:在 2 份(质量)的硅胶(经萃取和活化)中加入 1 份(质量)的 1 mol/L NaOH 溶液,在有螺纹盖的玻璃瓶中混合并用玻璃棒搅拌,使没有块状物。贮存在有 Teflon TM 螺纹盖的密封玻璃瓶中。

3.2.5 用 40%(质量分数)硫酸浸泡的硅胶:在 3 份(重量)的硅胶(经萃取和活化)中加入 2 份的浓硫酸,在具螺纹盖的玻璃瓶中混合并用玻璃棒搅拌至无块状物。贮存在有 Teflon TM 螺纹盖的密封玻璃瓶中。

3.2.6 Celite 助滤剂。

3.2.7 活性炭:用甲醇冲洗并在 110 ℃真空干燥。贮存在有 Teflon TM 螺纹盖的密封玻璃瓶中。

3.3 试剂

3.3.1 硫酸(H_2SO_4):浓硫酸,ACS 级,$\rho=1.84$。

3.3.2 氢氧化钾(KOH):ACS 级,20%(质量分数)溶解于不含有机物试剂水中。

3.3.3 氯化钠(NaCl):分析纯试剂,5%(质量分数)溶解于不含有机物试剂水中。

3.3.4 碳酸钾(K_2CO_3):无水,分析纯试剂。

3.4 干燥试剂

硫酸钠(Na_2SO_4),粉末状,无水,在表面皿中 400 ℃加热纯化 4 h,或用二氯甲烷预清洗。若硫酸钠用二氯甲烷预清洗过,必须做空白分析以证明硫酸钠不会引入干扰。

3.5 溶剂

3.5.1 二氯甲烷(CH_2Cl_2):高纯,用玻璃瓶蒸馏或最高级纯。

3.5.2 正己烷(C_6H_{14}):高纯,用玻璃瓶蒸馏或最高级纯。

3.5.3 甲醇(CH_3OH):高纯,用玻璃瓶蒸馏或最高级纯。

3.5.4 壬烷(C_9H_{20}):高纯,用玻璃瓶蒸馏或最高级纯。

3.5.5 甲苯($C_6H_5CH_3$):高纯,用玻璃瓶蒸馏或最高级纯。

3.5.6 环己烷(C_6H_{12}):高纯,用玻璃瓶蒸馏或最高级纯。

3.5.7 丙酮(CH_3COCH_3):高纯,用玻璃瓶蒸馏或最高级纯。

3.6 高分辨浓度校准溶液

用 5 种含有已知浓度未标记和同位素碳-13 标记的 PCDDs 和 PCDFs 的壬烷溶液校准仪器。质量浓度范围依不同物质而定,四氯化的二噁英和呋喃质量浓度最低(1.0 pg/μL),八氯化的二噁英和呋喃质量浓度最高(1 000 pg/μL)。

3.6.1 溶液应该在分析员的实验室配制。实验室必须在分析样品前确保所获得的(或配制的)标准溶液在适当的浓度范围内。

3.6.2 浓度校准溶液贮存在 1 mL 小瓶中,室温暗处存放。

3.7 气相色谱柱性能鉴定溶液

3.8 样品加标溶液:含有 9 种微量内标物的壬烷溶液,

3.9　基体加标混合液:用来制备 MS 和 BSD 样品的溶液。

4　仪器

4.1　高分辨气相色谱/高分辨质谱/数据系统(HRGC/HRMS/DS)——气相色谱必须有程序升温,并且所有需要的附件齐备,如进样器、载气和毛细管柱。

4.1.1　气相色谱进样口。

4.1.2　气相色谱/质谱(GC/MS)接口。

4.1.3　质谱:仪器的静态分辨率必须保持至少 10 000(10％谷底)。

4.1.4　数据系统:一个专用的数据系统控制快速的多离子检测和获得数据。

4.2　色谱柱

4.2.1　60 m DB-5 熔融石英毛细管柱。

4.2.2　30 m DB-225 熔融石英毛细管柱或同类物产品。

5　样品的采集、保存和预处理

5.1　样品采集

5.1.1　样品采集人员应该尽可能在装入样品容器前将样品混匀。

5.1.2　随机和复合样品都应采集在玻璃容器内,瓶子在采样之前不要用样品预洗涤。采样装置必须是没有潜在污染源。

5.2　保存和存放时间

所有样品必须在 4℃暗处存放,在 30 d 内要提取,在提取后 45 d 内应分析完毕。分析的样品一旦超过保存期限,测定结果只能被认为是样品当中至少含有的量。

5.3　相分离

对水分含量＞25％的土壤、沉积物和纸浆样品,将 50 g 样品放入合适的离心瓶中 2 000 r/min 离心 30 min,取出离心瓶,在瓶上标记液面位置,估计两相的相对体积。用移液管将液层移入另一干净瓶中。用不锈钢刮刀混合固相物质,并取出一部分进行称重和分析(干重质量分数测定,提取)。将剩余固相物质装入原始的样品瓶(空)或装入一个干净的适合标记的样品瓶,适当保存。记录液相的粗略体积,然后作为废弃物处理。

5.4　干重质量分数的测定

土壤、沉积物或纸浆样品中若含有可检测量级(见下面备注)的至少一种 2,3,7,8-取代的 PCDD/PCDF 同类化合物,其干重质量分数可按以下程序测定。以 3 位有效数字称 10 g 土壤或沉积物样品(±0.5 g)在通风烘箱里 110℃烘至恒重,然后在干燥器中冷却。称准干燥后样品至 3 位有效数字,计算并记录干重质量分数。不要使用这部分样品进行提取,将其按有毒废弃物处理。

备注:除非检测限被确定,否则方法定量下限将用作估测最低检出限。

$$干重质量分数 = \frac{干燥后样品质量}{原样品质量} \times 100\%$$

注意:分散良好的被 PCDDs/PCDFs 污染的土壤和沉积物是危险的,含有 PCDDs/PCDFs(包括 2,3,7,8-TCDD)的微粒可能被吸入或摄取。这些样品应该在有限空间进行处理(如密闭的通风橱或手套箱)。

6　分析步骤

6.1　加入内标物

6.1.1　取待测的样品 1～100 g 进行分析。表 6-17 提供了不同基体所需的典型样品量。然后将样品转移到配衡烧瓶中测定其质量。

6.1.2　在样品中加入适量的样品加标混合物。所有样品都加入 $100 \mu L$ 样品加标混合物,使样品中的内标物含量如表6-17所示。

6.1.2.1　对土壤、沉积物、灰尘、水、纸浆和淤泥样品加标时,将样品加标液与 $1.0 mL$ 丙酮混合。

6.1.2.2　对于其他基体,不要稀释壬烷溶液。

6.2　提取及纯化纸浆样品

6.2.1　在 $10 g$ 混匀的纸浆样品中加入 $30 g$ 无水硫酸钠并用不锈钢刮刀彻底混匀。在粉碎所有块状物后,将纸浆/硫酸钠混合物加入索氏提取器的玻璃棉塞上方,然后加入 $200 mL$ 甲苯,回流 $16 h$。容积必须每小时在体系中完全循环一次。

6.2.2　将6.2.1的提取物转移到一个 $250 mL$ 容量瓶中用二氯甲烷滴定到刻度线,充分混合,定量地将全部纸浆提取液转移到配有 Snyder 柱的 K-D 装置中。

注意:也可以选用旋转蒸发仪代替 K-D 装置进行提取液浓缩。

6.2.3　加入 Teflon TM 沸石或同类产品。将提取液在水浴中浓缩到表观体积 $5 mL$。从水浴中取出装置冷却 $5 min$。

6.2.4　向 K-D 瓶中加入 $50 mL$ 正己烷和一新沸石。在水浴中浓缩至表观体积 $5 mL$。从水浴中取出装置冷却 $5 min$。

注意:二氯甲烷必须在下道步骤之前被完全除去。

6.2.5　取出并倒转 Snyder 柱,然后用正己烷向 K-D 装置中冲洗两次,每次 $1 mL$。将 K-D 装置和浓缩管中的溶液倒入 $125 mL$ 分液漏斗。用正己烷冲洗 K-D 装置两次,每次 $5 mL$,合并入分液漏斗。然后按照6.4.1.1开始的说明进行纯化。

6.3　环境和废弃物样品的提取和纯化

6.3.1　淤泥/燃料油

6.3.1.1　将约 $2 g$ 含水淤泥或燃料油样品放入盛有 $50 mL$ 甲苯的 $125 mL$ 连有一个 Dean-Stark 分水器的烧瓶内回流提取。连续回流样品直到水被全部除去为止。

注意:若淤泥或燃料油样品溶解于甲苯,则按6.3.2进行处理。若标记的淤泥样品来源于纸浆(造纸厂),则按从6.2开始的方法处理,但不加硫酸钠。

6.3.1.2　样品冷却后,用玻璃纤维过滤器或与其相当的过滤器过滤甲苯提取物到 $100 mL$ 圆底烧瓶内。

6.3.1.3　用 $10 mL$ 甲苯洗涤过滤器,合并洗液和提取液。

6.3.1.4　在旋转蒸发仪内于 $50 ℃$ 下浓缩近干。也可在惰性气氛下浓缩提取液,然后按6.3.4进行操作。

6.3.2　釜脚/油

6.3.2.1　为提取釜脚样品,先将 $10 g$ 样品和 $10 mL$ 甲苯(苯)在小烧杯中混合,然后用玻璃纤维滤纸(或相当物)过滤,滤液装入 $50 mL$ 圆底烧瓶内,再用 $10 mL$ 甲苯洗涤烧杯和过滤器。

6.3.2.2　合并滤液和洗液,用旋转蒸发器在 $50 ℃$ 下浓缩近干,下一步处理见6.4。

6.3.3　浮尘

注意:因浮尘有漂浮倾向,所有操作步骤应在通风处进行,使污染最小化。

6.3.3.1　称取 $10 g$ 浮尘,准确到小数点后第二位,并装入提取瓶中。加入 $100 \mu L$ 样品加标液用丙酮稀释至 $1 mL$,再加入 $150 mL$ $1 mol/L$ HCl。用 Teflon TM 螺纹盖密封广口瓶,室温振荡 $3 h$。

6.3.3.2　用甲苯冲洗玻璃纤维滤器,样品经 Buchner 漏斗中的滤纸过滤后,流入 1 L 烧瓶。用约 500 mL 不含有机物试剂水冲洗浮尘块并在干燥器中室温干燥过夜。

6.3.3.3　加入 10 g 无水硫酸钠粉末,充分混合,放置在密闭容器中 1 h,再混合,再放置 1 h,第三次混合。

6.3.3.4　将样品和滤纸一起放入提取套管中,用 200 mL 甲苯在索氏提取装置按 5 个循环的程序提取 16 h。

注意:也可以甲苯为溶剂,用 Soxhlet/Dean Stark 萃取器进行操作,此法必须要加入硫酸钠。

6.3.3.5　待样品冷却后,经玻璃纤维滤膜过滤到 500 mL 圆底烧瓶内,再用 10 mL 甲苯洗涤过滤器,合并洗液和滤液,在旋转蒸发器内 50 ℃ 下浓缩近干,下步处理见 6.4.4。

6.3.4　用 15 mL 己烷将接近干涸样品转移到 125 mL 分液漏斗中,用两份 5 mL 正己烷先后洗涤烧瓶,将洗涤液也倒入漏斗内,加入 50 mL 质量分数为 5% 的 NaCl 溶液一起振荡 2 min,弃去水层后,下一步处理见 6.4。

6.3.5　含水样品

6.3.5.1　样品达到室温,为了能最后确定样品的确切体积,在 1 L 样品瓶的外壁上做一个水样弯月面的标记。按要求加入丙酮稀释的样品加标液。

6.3.5.2　当样品中含有 1% 或更多固体物质,必须先用玻璃纤维滤纸进行过滤,然后用甲苯冲洗滤纸。若悬浮的固体物质多到无法用 0.45 μm 滤纸过滤,要将样品离心,倒出水相进行过滤。

注意:造纸厂流出水样通常含有 0.02%~0.2% 固体物质,不需要过滤。但为得到最佳分析结果,所有流出水样应该过滤,固相合液相分别提取,再合并提取液。

6.3.5.3　合并离心管中的固体物质和滤纸及其上面的颗粒,用 6.4.6.1~6.4.6.4 描述的索氏提取方法提取。取出倒转 Snyder 柱,并用 1 mL 正己烷冲洗到 K-D 装置中。

6.3.5.4　将滤液倒入 2 L 分液漏斗,向样品瓶内加入 60 mL 氯甲烷,密封后摇荡 30 min 以洗涤瓶的内壁后,转移到分液漏斗内,摇荡 2 min,并定时排气以提取样品。

6.3.5.5　至少静置 10 min 待有机相和水相分离。如果在两相的层间出现乳化层,且乳化层高度大于溶液层高度的 1/3,那么分析者必须使用机械技术来完成相分离(如玻璃搅棒)。

6.3.5.6　把样品提取液通过装有玻璃棉滤团和 5 g 无水硫酸钠的过滤漏斗后,将二氯甲烷层直接收集到 500 mL K-D 装置内(装有一个 10 mL 浓缩管)。

注意:也可用旋蒸仪代替 K-D 装置进行提取液浓缩。

6.3.5.7　用二氯甲烷重复提取两次,每次 60 mL。第三次提取后,用 30 mL 二氯甲烷冲洗硫酸钠,确保定量转移。混合所有提取物和洗液,加入 K-D 装置中。

注意:如果实验中样品发生了严重乳化问题或者在分液漏斗中遇到了乳化问题,则应使用连续的液-液提取器来代替分液漏斗。将 60 mL 的二氯甲烷加入到样品瓶内,密封后摇荡 30 min 以洗涤瓶的内壁,将溶剂转移入提取器内;再用 50~100 mL 二氯甲烷加入样品瓶内作重复操作。另外,用 200~500 mL 二氯甲烷加入与提取器相连蒸馏烧瓶内,为了便于操作还应加入足够量的不含有机物的试剂水,然后提取 24 h。冷却后,拆下蒸馏烧瓶,按 6.3.5.6 和 6.3.5.8 到 6.3.5.10 要求干燥和浓缩提取物。再按 6.3.5.11 继续进行下步操作。

6.3.5.8　将 Snyder 柱连接到浓缩器上,在水浴上将提取物浓缩到大约 5 mL 体积,移下 K-D 浓缩器,并至少冷却 10 min。

6.3.5.9　取下 Snyder 柱,加入 50 mL 正己烷和用索氏提取法得到的固体悬浮物提取液(6.3.5.3),再重新连上 Snyder 柱,浓缩到大约 5 mL 体积。在进行第二次浓缩之前,应加入新沸石到 K-D 浓缩器内。

6.3.5.10 用正己烷洗涤烧瓶和低处接口两次,每次 5 mL,合并提取液和洗液,最后体积大约为 15 mL。

6.3.5.11 为确定原始样品体积,在样品瓶中装水至标记处,并转移到 1 000 mL 量筒。记录样品体积,精确到 5 mL,然后按 6.5 处理。

6.3.6 土壤/沉积物

6.3.6.1 在样品(如 10 g)中加入 10 g 无水硫酸钠粉末,用不锈钢刮刀混合均匀。所有块状物被粉碎后,将土壤/硫酸钠混合物加入带有玻璃棉塞的索氏提取器中(也可用提取管)。

注意:也可用 Soxhlet/Dean Stark 提取器代替,以甲苯为溶剂。此时不加硫酸钠。

6.3.6.2 在索氏提取器中加入 200～250 mL 甲苯,回流 16 h。溶剂必须每小时在体系中完全循环 5 次。

注意:若干燥样品自由流动黏度大,必须多加硫酸钠。

6.3.6.3 提取物冷却后经玻璃纤维滤纸,流入 500 mL 圆底烧瓶,以蒸发甲苯。用甲苯洗涤滤纸,与滤液合并后用旋蒸仪在 50 ℃ 蒸发近干。从水浴取出烧瓶,冷却 5 min。

6.3.6.4 用 15 mL 正己烷将残渣转移入 125 mL 分液漏斗,用正己烷冲洗烧瓶两次,也加入漏斗。按 6.5 进行下步操作。

6.4 纯化

6.4.1 分离

6.4.1.1 用 40 mL 浓盐酸分离正己烷提取物,振荡 2 min。取出并弃置浓硫酸层(底层)。重复酸洗直到酸层没有可见颜色(酸洗最多 4 次)。

6.4.1.2 用 40 mL 5%(质量分数)氯化钠水溶液分离提取液。振荡 2 min,取出并弃置水层(底层)。

6.4.1.3 用 40 mL 20%(质量分数)氢氧化钾(KOH)水溶液分离提取液。振荡 2 min,放出下部水层弃去,重复用碱洗至下部水层内观察不到颜色时止(碱洗最多只进行 4 次),因为强碱(KOH)会使某些 PCDDs 或 PCDFs 降解,所以与碱接触时间应越短越好。

6.4.1.4 用 40 mL 5%(质量分数)氯化钠水溶液分离提取液。振荡 2 min,取出并弃去水层(底层)。使提取液流经玻璃棉上带有硫酸钠的漏斗进行干燥,收集流出液到 50 mL 圆底烧瓶。用正己烷冲洗含硫酸钠的漏斗两次,每次 15 mL,然后用旋蒸仪(35 ℃水浴)浓缩正己烷溶液至近干,确保全部甲苯被蒸干。也可吹惰性气体浓缩提取液。

6.4.2 硅/铝柱纯化

6.4.2.1 填充一根带有聚四氟乙烯旋塞的硅胶柱(玻璃,30 cm×10.5 mmol/L):在柱的底部插入玻璃棉滤团,加入 1 g 硅胶,轻轻敲击柱,使硅胶沉降。再加入 2 g 氢氧化钠浸泡的硅胶,4 g 硫酸浸泡的硅胶和 2 g 硅胶。每次加入后都轻敲柱。可能需要使用微弱正压力的纯净氮气(0.03 MPa)。用 10 mL 正己烷淋洗柱子,当加入的正己烷逐渐往下移动到顶层硅胶将要接触到空气前时,立即关闭聚四氟乙烯旋塞,流出柱外的淋洗液弃去。检查柱内是否出现沟槽,如果有沟槽出现则此柱不能使用。切勿敲击湿柱。

6.4.2.2 填充一根带有聚四氟乙烯旋塞的氧化铝柱(玻璃,300 mmol/L×10.5 mmol/L):在柱的底部插入玻璃棉滤团,然后加入 4 g 硫酸钠层,再加入 4 g Woelm® Super 1 中性氧化铝层,轻轻敲击柱的顶部使硫酸钠层和氧化铝层逐渐填充紧密。Woelm® Super 1 中性氧化铝使用前不需要活化和清洗,但要保存在密封的干燥器内。在氧化铝层上部再加入 4 g 无水硫酸钠覆盖氧化铝,再用 10 mL 正己烷淋洗柱子,当加入的己烷逐渐往下移动到上层硫酸钠将要接触到空气前时,立即关闭聚四氟乙烯旋塞,流出柱外的淋洗液弃去。检查柱内是否出现沟槽:如果有沟槽出现则此柱不能使用。切勿敲击湿柱。

注意:酸性氧化铝(5.2.2)也可用来代替中性氧化铝。

6.4.2.3　将6.4.1.4的残留物,用2 mL正己烷溶解,将此正己烷溶液加入柱的顶部。再用足够量正己烷(3～4 mL)冲洗烧瓶,将样品定量转移到硅胶柱表面。

6.4.2.4　用90 mL正己烷冲洗硅胶柱,用旋蒸仪(35 ℃水浴)浓缩流出液至约1 mL,然后将浓缩液加入氧化铝柱顶部(6.4.2.2)。用2 mL正己烷冲洗旋蒸仪两次,洗液也加入氧化铝柱顶部。

6.4.2.5　将20 mL正己烷加入氧化铝柱,然后使正己烷流出,直至液面刚好低于硫酸钠顶部。不要弃去流出的正己烷,用另一烧瓶收集贮存待后面使用。如果回收率不理想,可以用其来检测标记分析物的流失位置。

6.4.2.6　在氧化铝柱中加入15 mL含60%二氯甲烷的正己烷溶液(体积分数),用15 mL锥形浓缩管收集流出液。通入仔细调节的氮气流,浓缩60%二氯甲烷的正己烷溶液至2 mL。

6.4.3　碳柱纯化

6.4.3.1　制备AX-21/Celite 545®柱:彻底混合5.4 g活性炭AX-21和62.0 g Celite 545®,制备8%(质量分数)混合物。130 ℃活化该混合物6 h,并贮存在保干器中。

6.4.3.2　一次性血液学用的10 mL吸液管,切割两端制成10 cm(4英寸)的柱,然后在火上把管的两头烧圆滑,必要时还扩成喇叭口。在一端塞入玻璃棉滤团后填充进足够的Celite 545®形成1 cm堵头,加入1 g AX-21/Celite 545®混合物,顶端再加Celite 545®(足够形成1 cm堵头),用另一玻璃棉将填充物盖上。

注意:每批新的AX-21/Celite 545®必须进行如下检测:在950 μL正己烷中加入50 μL连续标准液,使之经过碳柱纯化操作,浓缩到50 μL进行分析。若任何分析物的回收率小于80%,弃去这批AX-21/Celite 545®。

6.4.3.3　依次用5 mL甲苯,2 mL 75:20:5(体积分数)二氯甲烷/甲醇/甲苯,1 mL 1:1(体积分数)环己烷/二氯甲烷和5 mL正己烷冲洗AX-21/Celite 545®柱,弃去洗液。当柱还未被正己烷浸润时,在柱顶加入样品浓缩液(6.4.2.6)。1 mL正己烷冲洗样品浓缩管(盛放样品浓缩液)两次,洗液也加入柱顶。

6.4.3.4　依次用正己烷冲洗两次,2 mL环己烷/二氯甲烷(50:50,体积分数)和2 mL二氯甲烷/甲醇/甲苯(75:20:5,体积分数)各一次。洗液混合,该混合液可以用来检测柱效。

6.4.3.5　将柱倒置,用20 mL甲苯冲洗PCDD/PCDF组分。确保流出液中没有碳粒,若有,则用玻璃纤维滤纸(0.45 μm)过滤,并用2 mL甲苯冲洗滤纸,将洗液加入流出液中。

6.4.3.6　用旋蒸仪在50 ℃水浴中将甲苯溶液浓缩至约1 mL,小心转移浓缩液到1 mL小瓶中。然后在升温(50 ℃)的沙浴中通入氮气流,使体积减至约100 μL。用300 μL含浓度为1%甲苯溶液的二氯甲烷溶液冲洗旋蒸烧瓶3次,洗液并入浓缩液。在土壤、沉积物、水、纸浆样品中加入10 μL壬烷回收标准液,或在淤泥、釜脚和浮尘样品中加入50 μL该标准液。室温暗处存放样品。

6.5　色谱/质谱条件和数据采集参数

6.5.1　气相色谱

柱涂料:DB-5;

涂膜厚:0.25 μm;

柱尺寸:60 m×0.32 mmol/L;

进样口温度:270 ℃;

不分流阀时间:45 s;

接口温度:随最终温度而定;

程序升温:200 ℃,保持 2 min;5 ℃/min,到 220 ℃,保持 16 min;5 ℃/min,到 235 ℃,保持 7 min;5 ℃/min,到 230 ℃,保持 5 min。

6.5.2 质谱

6.5.2.1 质谱必须使用选择离子监测(SIM)模式,循环时间为 1 s 或更短(6.5.3.1)。至少对于 5 个 SIMMOL/LRM 时间序列中每一种应监测的离子必须进行监测。除最后一个 MRM 时间序列(OCDD/OCDF)外,所有 MRM 时间序列都包含 10 种离子。对于本身含有较高浓度 HxCDDs 和 HpCDDs 的样品,即使在高分辨质谱条件下,也要选择 M 和 M+2 作为 13C-HxCDF 和 13C-HpCDF 分子离子,而不是 M+2 和 M+4(保持连续性),是为了消除这两个离子通道中的干扰。对于标准液和样品提取液,保持一致的离子设定是非常重要的。锁定质量由操作实验室自行选择。

6.5.2.2 建议质谱的调谐条件选择离子组确定。使用调谐液,在 m/z 为 304.982 4 或其他任何靠近 m/z 303.901 6(源于 TCDF)的参考信号,调整仪器到最低要求的分辨率 10 000(10%谷底)。通过峰匹配条件和上述的 PFK 参照峰,确定 m/z 380.976 0(PFK)的精确质量在 5×10⁻⁶ 的要求值内。

注意:选择高、低质量离子时,必须保证他们在 5 个质量检测器中的任何一个内有最大的电压跳跃。

6.5.3 数据采集

6.5.3.1 数据采集的总时间必须小于 1 s。总时间包括所有弛豫时间和电压重设时间之和。

6.5.3.2 采集所有 5 种 MRM 时间序列监测的全部离子的 SIM 数据。

6.6 校准

6.6.1 初始校准

初始校准分析样品中 PCDDs 和 PCDFs 之前,和任何常规校准方法(6.6.3)不能达到 6.6.2 所列标准时所需的校准方法。

6.6.2 良好校准的标准

17 种未标记的标准物平均响应因子[RFn 和 RFm]的相对标准差百分数必须不超过 ±20%,对于 9 种标记的参照化合物必须不超过 ±30%。每个 SICP(包括加标化合物)中 GC 信号的信噪比必须大于 10。

6.6.3 常规校准(连续校准检测)

常规校准必须在成功的质量分辨和 GC 分辨验收后,在 12 h 周期的开始时进行。在 12 h 末尾交替时也需要做常规校准。

6.6.4 合格常规校准的标准

在下一步操作前,下面的标准必须满足。

6.6.4.1 在常规校准中得到的 RFs 值[未标记标准物的 RFn 值]必须在初始校准测得的平均值的 ±20%范围内。

6.6.4.2 在常规校准中得到的 RFs 值[标记标准物的 RFm 值]必须在初始校准测得的平均值的 ±30%范围内。

6.6.4.3　离子强度比必须在允许的控制限内。

6.7　分析

6.7.1　取出贮存的样品或空白提取液(6.4.3.6),通入干燥纯净的氮气,使提取物体积减小至 $10\sim50\,\mu L$。

注意:最终用体积为 $20\,\mu L$ 或更多的溶液来测试。最终 $10\,\mu L$ 的体积很难操作,并且从 $10\,\mu L$ 中取出 $2\,\mu L$ 进样,几乎没有剩余样品用来确认和重复进样。

6.7.2　向 GC 中进样 $2\,\mu L$ 提取液,在对性能鉴定溶液能得到满意结果的条件下进行操作(6.5.1 和 6.5.2)。

6.7.3　鉴定标准

一个气相色谱峰被鉴定为一种 PCDD 或 PCDF,必须符合下列全部标准。

6.7.3.1　保留时间

6.7.3.1.1　对于 2,3,7,8-取代的组分,若样品提取液(代表总共含有 10 种共存物包括 OCDD)中含有一个同位素标记的内标物或回收率标准物,样品组分的保留时间(RRT,在最大峰高处)必须在同位素标记标准物的 $-1\,s$ 至 $+3\,s$ 内。

6.7.3.1.2　对于样品提取液中不含其同位素取代的内标物的 2,3,7,8-取代的化合物,保留时间必须落入常规校准测定的相对保留时间的 0.005 个保留时间单位内。鉴定 OCDF 是基于其相对于 $^{13}C_{12}$-OCDD 在每日常规校准结果中的保留时间。

6.7.3.1.3　对于非 2,3,7,8-取代的化合物(4$\sim$8,共 119 个组分),其保留时间必须在柱性能溶液检测中建立的该种系列化合物的保留时间窗内。

6.7.3.1.4　用于定量的两种离子的离子流响应(例如,对于 TCDDs:m/z 319.896 5 和 321.893 6)必须同时($\pm2\,s$)达到最大值。

6.7.3.1.5　标记标准物的两种离子的离子流响应必须同时($\pm2\,s$)达到最大值。

6.7.3.2　信噪比

对于确定一个 PCDD/PCDF 化合物或者一组共流出异构体的存在,所有的离子流强度必须$\geqslant2.5$ 倍噪声。

6.7.3.3　多氯代二苯醚干扰

除上述标准外,只有当在相应的多氯代二苯醚(PCDPE)通道没有检测到具有相同保留时间($\pm2\,s$)且 S/N$>$2.5 的峰,才能鉴定一个 GC 峰为 PCDF。

7　**结果计算**

用下列公式计算 PCDD 或化合物质量分数:

$$W_x = \frac{A_x \times M_{is}}{A_{is} \times W \times \overline{RF_n}}$$

式中:W_x——用 pg/g 表示的为标记的 PCDD/PCDF 组分的质量分数(或一组属于同类化合物的共流出异构体);

　　A_x——未标记的 PCDDs/PCDFs 的定量离子的积分离子强度总和;

　　A_{is}——内标物的定量离子(表 6-18)的积分离子强度总和;

　　M_{is}——样品提取前加入内标物的量,pg;

　　W——以 g 为单位的样品质量(固体或有机液体),或以 mL 为单位的水样体积;

　　$\overline{RF_n}$——计算得到的分析物平均相对响应因子(其中 $n=1\sim17$)。

表 6 - 17 基体类型,样品量和基于 2,3,7,8 - TCDD 的方法校准限(10⁻¹²量级)

	水	土壤沉积物纸浆[ⓑ]	浮尘	鱼组织[ⓒ]	人类脂肪组织	淤泥燃料油	釜脚
MCL 下限[ⓐ]	0.01	1.0	1.0	1.0	1.0	5.0	10
MCL 上限[ⓐ]	2	200	200	200	200	1000	2000
质量(g)	1000	10	10	20	10	2	1
内标量(10⁻¹²)	1	100	100	100	100	500	1000
最终提取液体积(μL)	10~50	10~50	50	10~50	10~50	50	50

注:ⓐ对于其他物质,TCDF/PeCDD/PeCDF 乘以 1,HxCDD/HxCDF/HpCDD/HpCDF 乘以 2.5,OCDD/OCDF 乘以 5。

　ⓑ5.3.样品除水,见 5.3。

　ⓒ20 g 样品提取液中的一半用来测定油脂含量。

若表观状态相似,则化学反应器残渣处理方法同釜脚。

表 6 - 18 HRGC/HRMS 分析 PCDDs/PCDFs 的监测离子

MRM 时间序列	准确质量[ⓐ]	离子 ID	元素组成	分析物
1	303.9016	M	$C_{12}H_4{}^{25}Cl_4O$	TCDF
	305.8987	M+2	$C_{12}H_4Cl_3{}^{37}ClO$	TCDF
	315.9419	M	$^{13}C_{12}H_4Cl_4O$	TCDF[ⓢ]
	317.9389	M+2	$^{13}C_{12}H_4{}^{35}Cl_3{}^{37}ClO$	TCDF[ⓢ]
	319.8965	M	$C_{12}H_4{}^{35}Cl_4O_2$	TCDD
	321.8936	M+2	$C_{12}H_4{}^{35}Cl_3{}^{37}ClO_2$	TCDD
	331.9368	M	$^{13}C_{12}H_4{}^{35}Cl_4O_2$	TCDD[ⓢ]
	333.9338	M+2	$^{13}C_{12}H_4{}^{35}Cl_3{}^{37}ClO_2$	TCDD[ⓢ]
	375.8364	M+2	$C_{12}H_4{}^{35}Cl_3{}^{37}ClO_2$	HxCDPE
	[354.9792]	LOCK	C9F13	PFK
2	339.8597	M+2	$C_{12}H_3{}^{35}Cl_4{}^{37}ClO$	PeCDF
	341.8567	M+4	$C_{12}H_3{}^{35}Cl_4{}^{37}Cl_2O$	PeCDF
	351.9000	M+2	$^{13}C_{12}H_3{}^{35}Cl_4{}^{37}ClO$	PeCDF[ⓢ]
	353.8970	M+4	$^{13}C_{12}H_3{}^{35}Cl_3{}^{37}Cl_2O$	PeCDF[ⓢ]
	355.8546	M+2	$C_{12}H_3{}^{35}Cl_4{}^{37}ClO_2$	PeCDD
	357.8516	M+4	$C_{12}H_3{}^{35}Cl_3{}^{37}Cl_2O_2$	PeCDD
	367.8949	M+2	$^{13}C_{12}H_3{}^{35}Cl_4{}^{37}ClO_2$	PeCDD[ⓢ]
	369.8919	M+4	$^{13}C_{12}H_3{}^{35}Cl_3{}^{37}Cl_2O_2$	PeCDD[ⓢ]
	409.7974	M+2	$C_{12}H_3{}^{35}Cl_6{}^{37}ClO$	HpCDPE
	[354.9792]	LOCK	C9F13	PFK

MRM 时间序列	准确质量[@]	离子 ID	元素组成	分析物
3	373.820 8	M+2	$C_{12}H_2{}^{35}Cl_5{}^{37}ClO$	HxCDF
	375.817 8	M+4	$C_{12}H_2{}^{35}Cl_4{}^{37}Cl_2O$	HxCDF
	383.863 9	M	$^{13}C_{12}H_2{}^{35}Cl_6O$	HxCDF[S]
	385.861 0	M+2	$^{13}C_{12}H_2{}^{35}Cl_5{}^{37}ClO$	HxCDF[S]
	389.815 6	M+2	$C_{12}H_2{}^{35}Cl_5{}^{37}ClO_2$	HxCDD
	391.812 7	M+4	$C_{12}H_2{}^{35}Cl_{54}{}^{37}Cl_2O_2$	HxCDD
	401.855 9	M+2	$^{13}C_{12}H_2{}^{35}Cl_5{}^{37}ClO_2$	HxCDD[S]
	403.852 9	M+4	$^{13}C_{12}H_2{}^{35}Cl_{54}{}^{37}Cl_2O_2$	HxCDD[S]
	445.755 5	M+4	$C_{12}H_2{}^{35}Cl_6{}^{37}Cl_2O$	OCDPE
	[430.972 8]	LOCK	C9F17	PFK
4	407.781 8	M+2	$C_{12}H{}^{35}Cl_6{}^{37}ClO$	HpCDF
	409.778 8	M+4	$C_{12}H{}^{35}Cl_5{}^{37}Cl_2O$	HpCDF
	417.825 0	M	$C_{12}H{}^{35}Cl_7O$	HpCDF[S]
	419.822 0	M+2	$^{13}C_{12}H{}^{35}Cl_6{}^{37}ClO$	HpCDF
	423.776 7	M+2	$C_{12}H{}^{35}Cl_6{}^{37}ClO_2$	HpCDD
	425.773 7	M+4	$C_{12}H{}^{35}Cl_5{}^{37}Cl_2O_2$	HpCDD
	435.816 9	M+2	$^{13}C_{12}H{}^{35}Cl_6{}^{37}ClO_2$	HpCDD[S]
	437.814 0	M+4	$^{13}C_{12}H{}^{35}Cl_5{}^{37}Cl_2O_2$	HpCDD[S]
	479.716 5	M+4	$C_{12}H{}^{35}Cl_7{}^{37}Cl_2O$	NCDPE
	[430.972 8]	LOCK	C9F17	PFK
5	441.742 8	M+2	$C_{12}{}^{35}Cl_7{}^{37}ClO$	OCDF
	443.739 9	M+4	$C_{12}{}^{35}Cl_6{}^{37}Cl_2O$	OCDF
	457.737 7	M+2	$C_{12}{}^{35}Cl_7{}^{37}ClO_2$	OCDD
	459.734 8	M+4	$C_{12}{}^{35}Cl_6{}^{37}Cl_2O_2$	OCDD
	469.778 0	M+2	$^{13}C_{12}{}^{35}Cl_7{}^{37}ClO_2$	OCDD[S]
	471.775 0	M+4	$^{13}C_{12}{}^{35}Cl_6{}^{37}Cl_2O_2$	OCDD[S]
	513.677 5	M+4	$C_{12}{}^{35}Cl_8{}^{37}Cl_2O$	DCDPE
	[442.972 8]	LOCK	C10F17	PFK

注:[@]采用下列元素质量:

H=1.007825   O=15.994915

C=12.000000 $^{35}Cl=34.968853$

$^{13}C=13.003355$ $^{37}Cl=36.965903$

F=18.9984

[S]——内标/回收率标准物。

参 考 资 料

1. 安徽省固体废物管理中心:《固体废物环境管理工作手册》资料汇编,2011年。

2. 李金惠,杨连威:《危险废物处理技术》,中国环境科学出版社,2006年。

3. 孙英杰,赵由才:《危险废物处理技术》,化学工业出版社,2006年。

4. 王琪,黄启飞,段华波:《我国危险废物特性鉴别技术体系研究》,《环境科学研究》,2006,19(5):165-179。

5. 中国环境科学研究院固体废物污染控制技术研究所:《危险废物鉴别技术手册》,中国环境科学出版社,2011年。

6. 王琪,段华波,黄启飞:《危险废物鉴别体系比较研究》,《环境科学与技术》,2005,28(6):16-18。

7. 胡勇,汪帅马,关志强:《浅析我国危险废物鉴别工作存在的问题与对策》,《江西化工》,2015(5):18-20。

8. 赵鑫鑫:《探讨我国危险废物鉴别工作存在的问题及措施》,《化工管理》,2016(13):91-92。

9. 岳战林:《美国的危险废物鉴别体系与政策》,《节能与环保》,2009年。

10. 卿海航:《危险废物鉴别、危险废物鉴定、危险废物检测》,中国科学院广州化学研究所分析测试中心,2016年。

11. 徐波:《浅谈危险废物的鉴别与监测》,《环境科学与管理》,2007,32(7):39-41。

12. 孙绍峰,胡华龙,郭瑞,蒋文博:《我国危险废物鉴别体系分析》,《环境与可持续发展》,2015,40(2):37-39。

13. 岳战林:《中国危险废物鉴别体系完善性研究》,《节能与环保》,2009(1):27-29。

14. 段华波,黄启飞,王琪,张丽颖:《危险废物浸出毒性鉴别标准比较研究》,《环境科学与技术》,2005,28(b12):1-3。

15. 熊新宇,邵孝峰,蒋龙进:《危险废物处理技术及综合利用工程可行性研究实例》,安徽科学技术出版社,2018年。

16. 王琪:《危险废物及其鉴别管理》,中国环境出版社,2008年。

17. 岳战林:《危险废物属性鉴别方法实践与研究》,《中国环境管理干部学院学报》,2016,26(2):73-76。

18. 俞学如,周艳文:《危险废物鉴定程序研究与实践》,《污染防治技术》,2016(6):29-31。

19. 林锋,姚琪,张艳,马丽:《我国危险废物鉴别工作现状、问题及建议研究》,《江西化工》,2016(3):106-108。

20. 唐娜,徐凤,杨瑞:《我国危险废物鉴别监测现状及规范建议》,《环境与发展》,2017,29(7):254。

21. 李琴,蔡木林,李敏,朱静,谷雪景:《我国危险废物环境管理的法律法规和标准现状及建议》,《环境工程技术学报》,2015,5(4):306-314。

22. 陈蓓蓓:《危险废物鉴别实验室能力建设浅析》,《环境保护科学》,2014,40(3):64-67。

23. 邵亮:《我国危险废物管理现状与建议浅析》,《资源节约与环保》,2014(4):75。

24. 沈莉萍,姚琪,张瑜:《危险废物鉴别管理的调研评估及现状分析》,《绿色科技》,2017(16)。

25. 张瑜,沈莉萍:《我国各省市危险废物鉴别体系研究》,《江西化工》,2017(3):38-41。

26. 刘琉:《江苏省现行危废鉴别体系问题及优化方案》,《绿色科技》,2017(12):142-144。

27. 陈小亮,吕晶:《固体废物危险性鉴别有关问题的思考研究》,《环境科学与管理》,2014,39(4):48-51。

28. 周炳炎,于泓锦,郝雅琼,王琪:《固体废物属性鉴别有关问题的再思考》,《再生资源与循环经济》,2012,5(11):37-39。

29. 滕海燕:《固体废物属性鉴别现状、问题及对策分析》,《资源节约与环保》,2013(12):77。

30. 郝雅琼,朱雪梅,田书磊:《进口固体废物鉴别现状和鉴别依据存在的问题及对策研究》,《环境污染与防治》,2016,38(1):106-110。

31. 张庆建,岳春雷,郭兵:《固体废物属性鉴别及案例分析》,中国标准出版社,2015年。

32. 张力军:《固体废物属性鉴别案例手册》,中国环境科学出版社,2010年。

33. 周炳炎,于泓锦:《探讨进口物品的固体废物属性鉴别》,《中国检验检疫》,2012(6):23-24。